台科大圖書
since 1997

Introduction to
Advanced Intelligent
Driving Systems and
Motorcycle Electronic
Control Technology

達人必學

先進智駕汽車與機車電控技術概論

周國達・邱裕仁　編著
黃靖雄　校閱

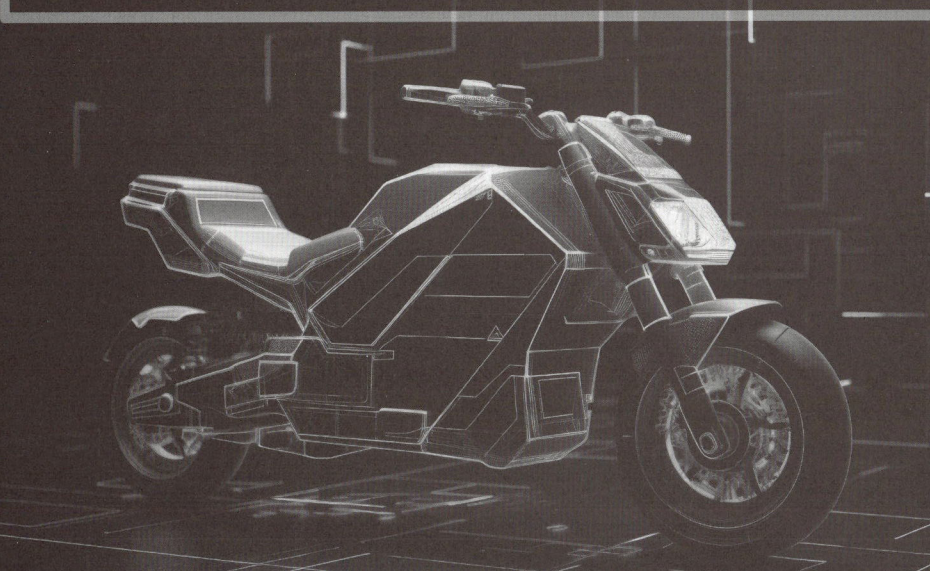

推薦序

本書第一篇機車概論：第 1 章從機車電控基本概論切入，接著第 2 章說明完整電路與檢修概要、第 3 章說明機車電路圖識別及相關知識、第 4 章燃油車常見英文縮寫代號說明，對機車電控打下良好基礎；第二篇燃油機車篇：第 5 章機車智能啟動、第 6 章點火系統比較說明、第 7 章充電系統比較說明、第 8 章照明系統比較說明、第 9 章怠速控制系統比較說明、第 10 章自動阻風系統比較說明、第 11 章機車進氣機構比較說明、第 12 章噴射系統比較說明、第 13 章其他系統，對市場上主要機車廠光陽、三陽、山葉各型主流新舊燃油機車系統均有詳細介紹比較；第三篇電動機車篇：第 14 章中華電動機車說明、第 15 章光陽電動機車說明、第 16 章三陽電動機車說明、第 17 章山葉電動機車說明，對各廠電動機車系統做詳細介紹；第四篇汽車智駕篇：第 18 章未來電動車產業發展趨勢、第 19 章電動車概論與新科技、第 20 章 T-BOX 概要、第 21 章 TCU 電路技術說明、第 22 章 ADAS_J2 概要、第 23 章 ADAS 與 5G 結合、第 24 章車用 IVI 未來應用、第 25 章電動車電池應用，介紹先進智駕汽車技術的基本原理及其零組件，包括感應器、演算法及數據處理等晶片技術。內容豐富且實用，是動力機械群汽車科同學入門及精進最佳實用教材。

本書作者邱裕仁先生高職汽車修護科畢業，並取得乙級汽車修護技術士、汽車修護技工、乙級機器腳踏車修護技術士證，在台灣山葉機車工業股份有限公司服務 28 年退休，對傳統化油器及汽油噴射機器腳踏車到最新之電動機車之設計、製造、維修有豐富經驗。曾代表 YAMAHA 擔任勞動部機器腳踏車職類乙、丙級學、術科檢定命題委員、監評委員。2017 年起在東南科技大學機械系兼任講師，2022 年起在萬能科技大學車輛工程系擔任專案講師 / 助理教授。曾編寫動力機械群 / 機器腳踏車檢修實習教科書，達人必學 - 機器腳踏車電路檢修實務，PBGN 聯盟電動機車概論（含實習）。邱先生教學及實務經驗豐富更勤於筆耕，將知識和經驗分享給廣大的讀者，無論您是業內專家、學術研究者，還是對車輛科技充滿好奇的普通讀者，都能從中學習獲益。

本書另一作者周國達博士曾服務於國瑞汽車 (股) 公司品質企劃 / 研發工程師，外派日本豐田汽車株式會社生準技術工程，並曾任鴻海科技集團 FIH 北京 CDS 車用事業處處長、萬能科大車輛工程系助理教授。專長：車載 ADAS 技術應用、引擎 / 汽車設計實務、車輛工程技術、汽車輪胎底盤定位、…等。撰寫第四篇汽車智駕篇，能把握最新的新能源智駕車技術精華，值得推薦。

中華民國汽車工程學會榮譽理事長 南開科技大學榮譽教授
教育部技術型高級中等學校動力機械科中心諮詢委員 黃靖雄 謹識
謹識 2025 年 6 月 5 日於霧峰

作者序

在快速變動的世代，AI 科技進步的腳步從未停止，尤其是在交通運輸領域。隨著全球對環境保護及持續發展的日益重視，電動機車與先進智駕汽車的技術應運而生，未來的交通方式帶來了嶄新的可能性。本書《**先進智駕汽車與機車電控技術概論**》旨在為讀者提供一個全面、深入的技術概覽，幫助您理解這兩個領域的發展趨勢及其未來潛力。

作為本書的兩位作者，我們都有著對智慧交通與綠色出行的熱情。在過去 20 多年業界歷練中，深入研究相關技術的發展，並參與了多項國產汽機車專案業務，從設計開發與車載電子產品精實生產製造的實踐與探索。我們希望通過本書的撰寫，能夠將知識和經驗分享給廣大的讀者，無論您是業內專家、學術研究者，還是對車輛科技充滿好奇的普通讀者，都能從中學習獲益。

本書分為幾個主要部分，首先電動機車的設計理念、動力系統及其在城市交通中的應用；接著深入探討介紹先進智駕汽車技術的基本原理及其零組件，包括感應器、演算法及數據處理等晶片技術。每個章節都包含了實際案例，以幫助讀者更好理解理論與實務之間的整合。

無論您身在何處，對於智慧交通的認知程度為何，誠摯地希望您能從本書中汲取到寶貴的知識和啟發，並對未來的出行方式產生更深刻的理解與思考。感謝您讓我們一起踏上這段探索之旅，邁向更加智能及可持續的交通未來。

敬祝

　　順心，幸福・美滿・愉快

國立虎尾科技大學 車輛工程系 周國達 助理教授
萬能科技大學 車輛工程系 邱裕仁 助理教授
謹識
2025 年 5 月

目　錄

第一篇　機車概論篇

第 1 章	電控基本概論	2
第 2 章	完整電路與檢修概要說明	14
第 3 章	機車電路圖識別說明相關知識	25
第 4 章	燃油車常見英文縮寫代號說明	38

第二篇　燃油機車篇

第 5 章	機車智能啟動	48
第 6 章	點火系統比較說明	88
第 7 章	充電系統比較說明	97
第 8 章	照明系統比較說明	110
第 9 章	怠速控制系統比較說明	118
第 10 章	自動阻風系統比較說明	133
第 11 章	機車進氣機構比較說明	142
第 12 章	噴射系統比較說明	153
第 13 章	其他系統	171

目 錄

第三篇　電動機車篇

第 14 章	中華電動機車說明	186
第 15 章	光陽電動機車說明	213
第 16 章	三陽電動機車說明	247
第 17 章	山葉電動機車說明	253

第四篇　汽車智駕篇

第 18 章	未來電動車產業發展趨勢	278
第 19 章	電動車概論與新科技	298
第 20 章	T-BOX 概要	318
第 21 章	TCU 電路技術說明	335
第 22 章	ADAS_J2 概要	351
第 23 章	ADAS 與 5G 結合	369
第 24 章	車用 IVI 未來應用	389
第 25 章	電動車電池應用	403

附錄　課後習題簡答　413

第一篇　機車概論篇

- 第 1 章　電控基本概論
- 第 2 章　完整電路與檢修概要說明
- 第 3 章　機車電路圖識別說明相關知識
- 第 4 章　燃油車常見英文縮寫代號說明

第 1 章 電控基本概論

1-1 電控基本概論說明

一、前言

傳統燃油機車的電系控制，一般均以實體按鍵來操作相關系統的作動，例如按下喇叭開關時喇叭就會響，此時人為操作佔絕大部分因素。隨著噴射系統的導入，面對驅動器的作動（如噴油嘴、點火線圈的作動均由電腦操控）已與傳統化油器機車有很大的不同；接著電動機車時代的來臨其操控方式與現行燃油車又有非常大的不同。對技師而言應該要充分了解機種間的差異以利後續維修保養作業。

機車電子控制系統（非侷限於噴射系統）其作動方式可簡略敘述如下：(1) 透過相關感知器收集環境訊號、騎士操作訊號與車上系統作動現況…等資訊傳送至電腦（ECU）→ (2) 電腦內部程式計算出驅動器最佳作動時機與方式→ (3) 進而由電腦內部的輸出介面來驅動相關驅動器的作動。依此來完成相關系統的操作。如圖所示 1-1。

◆ 圖 1-1　機車電子控制系統作動方式

關鍵提醒
1. 輸入訊號的種類：開關類、感知器類。
2. 電腦的種類：有很多型式的稱呼（如 ECU、VCU、DCU…等），具有輸入訊號處理、計算與比較並進行驅動功能均屬之。
3. 驅動器的種類：除噴射系統的驅動器外，另外如燈光、喇叭…等均屬之（由電腦驅動者都是）。

二、控制迴路說明

1. 搭鐵控制（又稱為低端控制）電路說明：現行機車均採用此方式設計，如機車採用負極搭鐵方式；若開關採半導體方式進行控制則可做到自動操作。
2. 電源控制（又稱為高端控制）電路說明：電子控制系統使用電晶體來控制電源開關，現行電動機車（PBGN 聯盟機種）採用此方式較多；若開關使用 MOS 電晶體進行電源控制則可作到自動操作。

關鍵提醒 不論是搭鐵控制或電源控制其控制方法有很多種形式（如：雙極性電晶體 BJT、PWM、MOSFET、P-MOS、P-MOS…等），機車製造商於設計時均會為該機種選擇合適方式，詳細內容請以原廠設計為主。

3. 一般而言，機車各負載的作動是由開關來決定。
   - 若開關是控制該負載的電源導通與否→稱為電源控制。
   - 若開關是控制該負載的搭鐵導通與否→稱為搭鐵控制。

了解車上開關是何種控制很重要，當使用三用電錶或檢測工具進行系統檢測時，電錶探針檢測位置正確才能得到正確的數值並作為故障判定的依據。

以 YAMAHA 的 Vinoora 車系為例說明：

(1) 喇叭判讀方法：將喇叭（負載）從中畫一條線；靠近電瓶一側為正電端（電源端；電瓶正極），靠近搭鐵一側為搭鐵端（電瓶負極）。因此主開關是控制喇叭作動與否的電源端，喇叭開關是控制喇叭作動與否的搭鐵端。

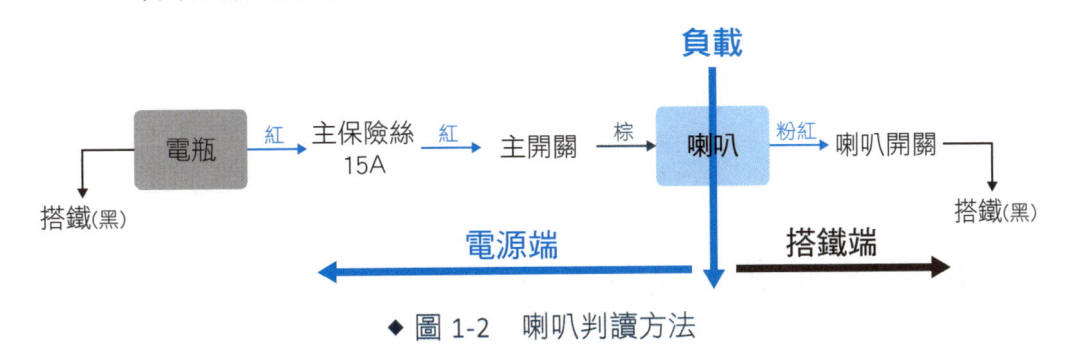

◆ 圖 1-2　喇叭判讀方法

(2) 頭燈判讀方法：將頭燈繼電器線圈端（負載）從中畫一條線；靠近電瓶一側為正電端（電源端；電瓶正極），靠近搭鐵一側為搭鐵端（電瓶負極）。因此主開關是控制頭燈繼電器線圈端作動與否的電源端，SGCU（開關）是控制頭燈繼電器線圈端作動與否的搭鐵端；一般而言電腦控制搭鐵端較多。

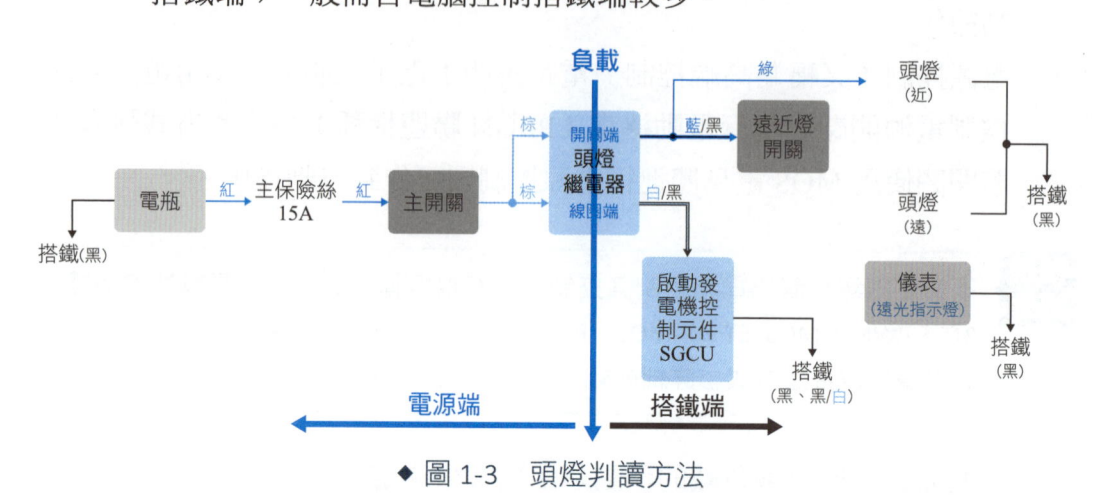

◆ 圖 1-3　頭燈判讀方法

三、說明一：傳統迴路

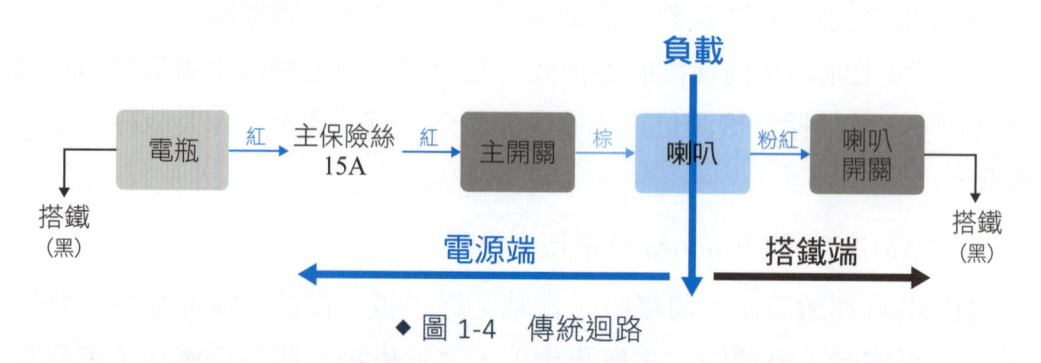

◆ 圖 1-4　傳統迴路

如圖 1-4 所示，喇叭作動需透過以上方式進行：電瓶＋極→主保險絲→主開關→喇叭→喇叭開關→電瓶－極；完成迴路喇叭即可作動；這操作都需要由駕駛進行人為控制方能完成此動作。

四、說明二：迴路機能說明

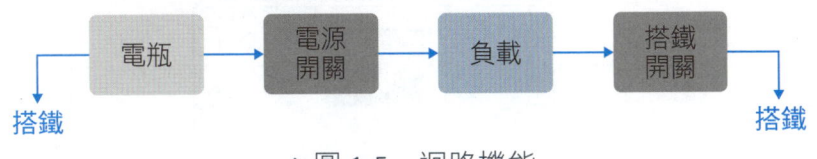

◆ 圖 1-5　迴路機能

如說明一，喇叭作動需透過主開關（電源控制）與喇叭開關（搭鐵控制）後進行操作，若將人為操作的開關改為電腦控制，即可作到電控的自動化操作。

五、說明三：電子控制作法示意

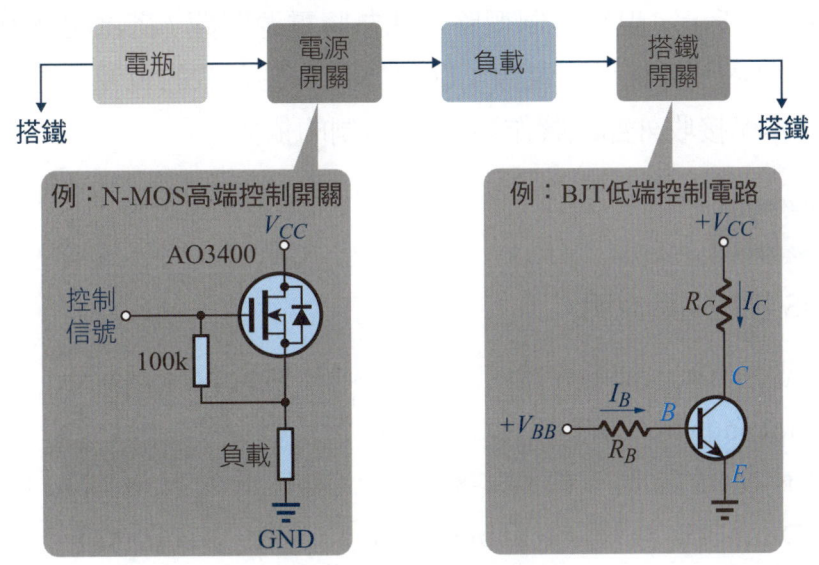

◆ 圖 1-6　自動化控制

如圖 1-6 所示，若迴路中將電源開關以 N-MOS 控制開關取代、搭鐵開關以 BJT 控制開關取代後即可完成自動化控制（電子控制）。

> **關鍵提醒**　上述所稱的控制開關為示意圖表示，非原廠規範請以原廠設定為主。

六、說明四：電控迴路示意說明

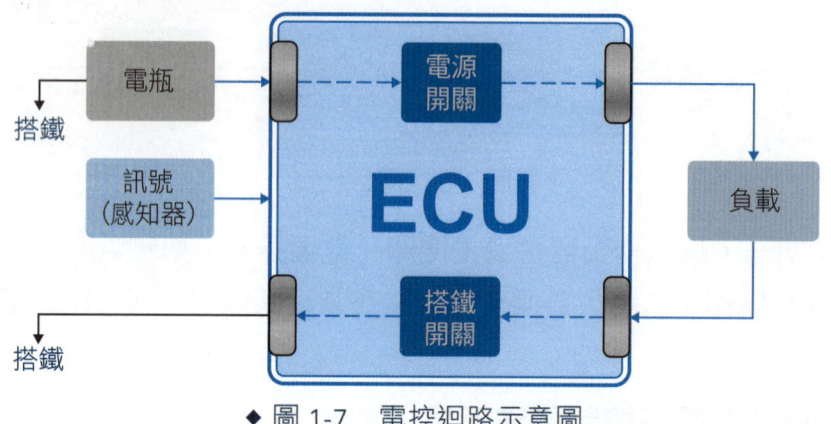

◆ 圖 1-7　電控迴路示意圖

如圖 1-7 所示，現行控制迴路作法為將電源開關 / 搭鐵開關機能內建於 ECU 本體內，外接供應電源；ECU 本體作為負載的電源供應或搭鐵控制，ECU 本體接收外部訊號作為 ECU 控制的依據。

> **技術補給站**
>
> N-MOS 控制開關說明
>
> - N 型金屬氧化物半導體場效電晶體（N Type Metal Oxide Semiconductor FET, N-MOSFET）
> - 以 N-MOS 為例，如圖 1-8 所示，具有下列三個端點：汲極（Drain，D）、源極（Source，S）、閘極（Gate，G）。當 G-S 間輸入的電壓產生之電場效應為正偏且高於門檻電壓，則 D-S 通道呈現導通，如同開關導通般，即可使電流流動。
> - 作動：當 ECU 收到作動訊號時經計算後送出驅動訊號（控制信號）至閘極（當 G-S 持續增壓時，通道電阻會變小而可流通的電流加大），可透過對閘極的控制而使電流從汲極流至源極（D → S）。
>
> **關鍵提醒**　上述所稱的控制開關為示意圖表示、非原廠規範請以原廠設定為主。

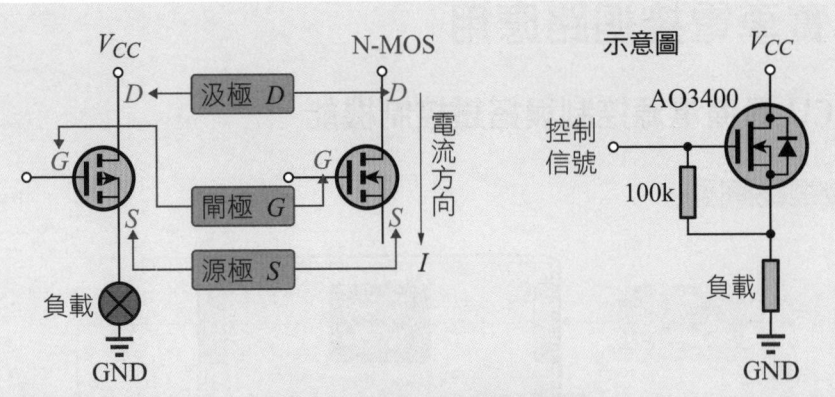

◆ 圖 1-8　N-MOS 控制開關

BJT 控制開關說明

- 雙極性電晶體（Bipolar Junction Transister, BJT）
- 以 NPN 為例，如圖 1-9 所示，具有下列三個端點：集極（collector，C）、射極（emitter，E）、基極（base，B），當 B-E 間呈現順向電壓時則 C-E 呈現導通，如同開關導通般，即可將負載予以搭鐵。
- 作動：當 ECU 收到作動訊號時經計算後送出驅動訊號至基極（B-E 為順向偏壓），可透過對基極的控制而使電流從集極流至射極。

> **關鍵提醒**　上述所稱的控制開關為示意圖表示、非原廠規範請以原廠設定為主。

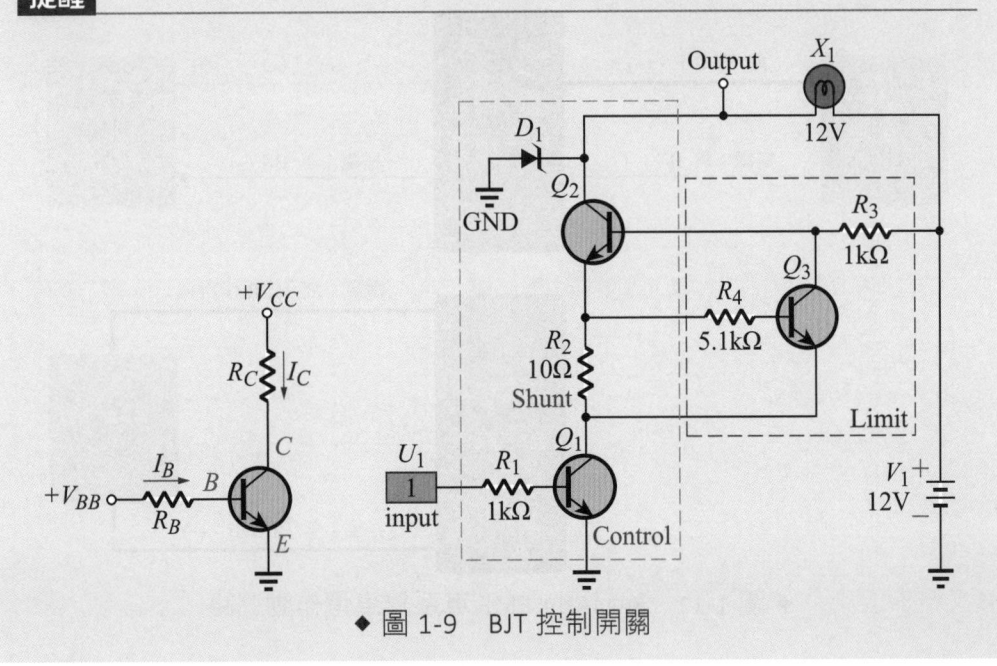

◆ 圖 1-9　BJT 控制開關

1-2 實車電控迴路應用

一、ECU 具備電源控制與搭鐵控制機能

1. 電控迴路簡圖

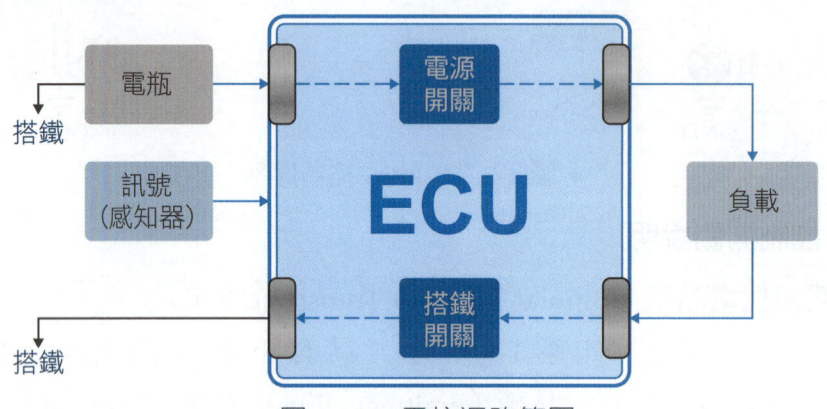

◆ 圖 1-10　電控迴路簡圖

(1) 作動訊號：訊號（感知器）→ ECU
(2) 負載作動：外部電瓶→ECU（電源開關）→負載→ECU（搭鐵開關）→搭鐵→電瓶負極；完成此負載的電腦控制操作。

2. 實車運用說明：（以 YAMAHA EMF 車系煞車燈作動為例）

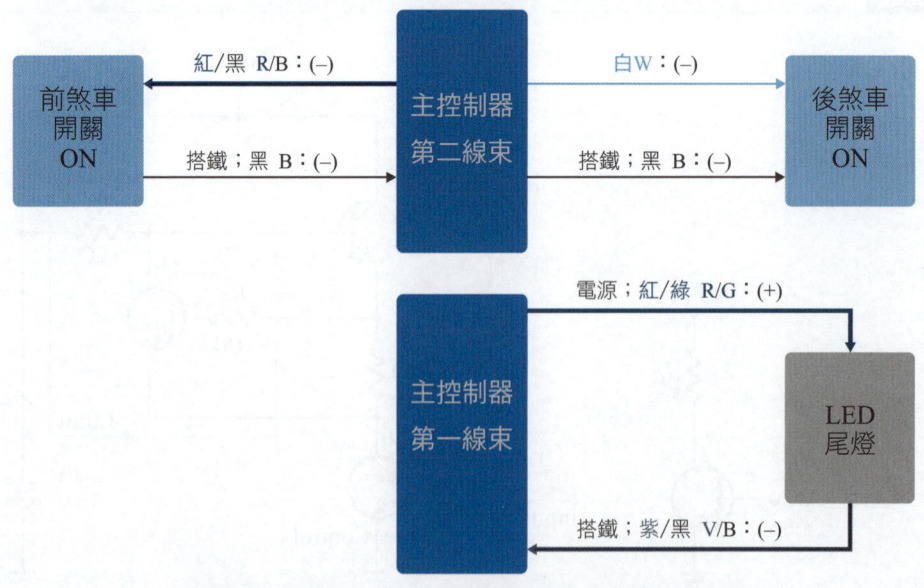

◆ 圖 1-11　YAMAHA EMF 車系煞車燈作動迴路

(1) 作動訊號：訊號（前、後煞車燈開關）→ ECU（主控制器）
(2) 負載作動：外部電源→ ECU（主控制器）→負載（LED 尾燈）→ ECU（主控制器）→搭鐵→電源負極；完成此負載的電腦控制操作（電源與搭鐵控制）。

> **關鍵提醒**
> 1. 此圖示為簡圖表示非完整圖示請以原廠線路圖為主。
> 2. 此機種的外部電源由 DC-DC 或備用電池提供（依不同模式而定）。
> 3. 此機種負載所需電源供應與搭鐵控制常見於 PBGN 聯盟機種。

二、ECU 具備搭鐵控制機能

1. 電控迴路簡圖

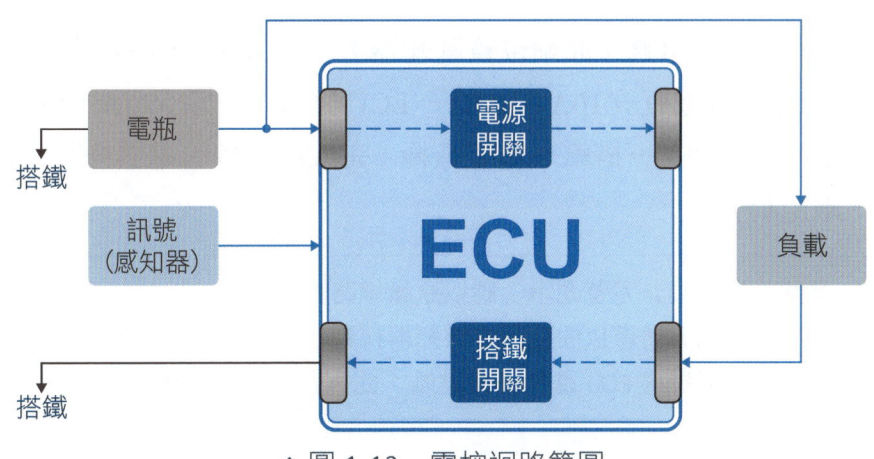

◆ 圖 1-12　電控迴路簡圖

(1) 作動訊號：訊號（感知器）→ ECU
(2) 負載作動：外部電瓶→負載→ ECU（搭鐵開關）→搭鐵→電瓶負極；完成此負載的電腦控制操作。

2. 實車運用說明：（以 KYMCO 雷霆車系點火線圈作動為例）

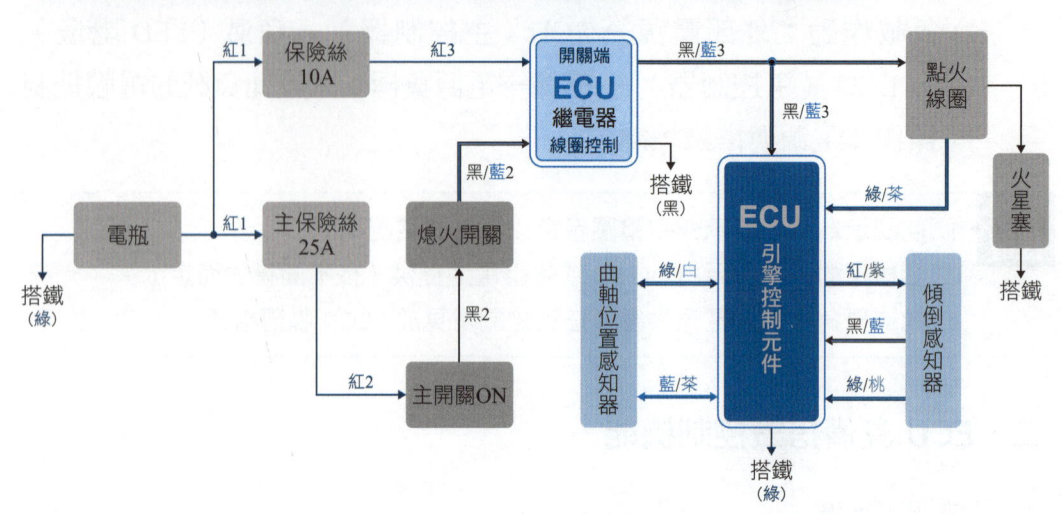

◆ 圖 1-13　KYMCO 雷霆車系點火線圈作動迴路

(1) 作動訊號：訊號（曲軸位置感知器）→ ECU（引擎控制元件）
(2) 負載作動：電瓶→ 10A 保險絲→ ECU 繼電器→點火線圈→ ECU（引擎控制元件）→搭鐵→電瓶負極；完成此負載的電腦控制操作（搭鐵控制）。

關鍵提醒
1. 此圖示為簡圖非完整圖示；請以原廠線路圖為主。
2. 此機種作動訊號僅以曲軸位置感知器作為代表（非全數列出）。
3. 此機種負載透過 ECU 進行搭鐵控制；此方式常見於傳統噴射機種。

三、ECU 具備電源控制機能

1. 電控迴路簡圖

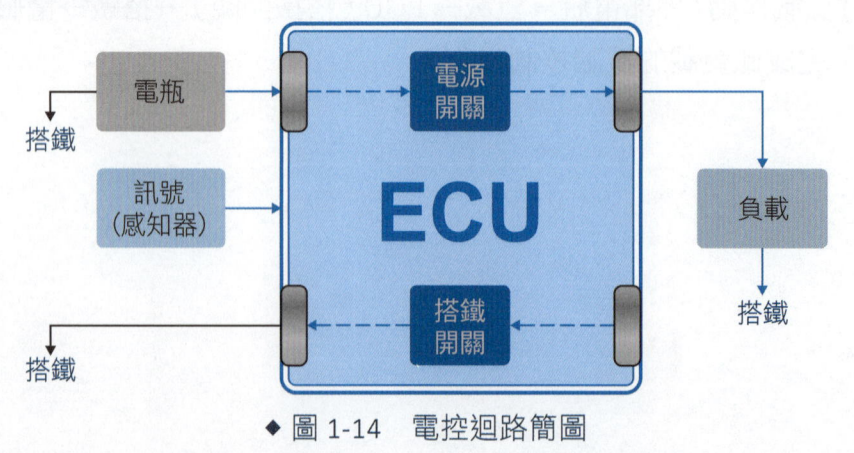

◆ 圖 1-14　電控迴路簡圖

(1) 作動訊號：訊號（感知器）→ ECU
(2) 負載作動：外部電瓶→ECU（電源開關）→負載→搭鐵→電瓶負極；完成此負載的電腦控制操作。

2. 實車運用說明：（以中華 EZ-1 車系喇叭作動為例）

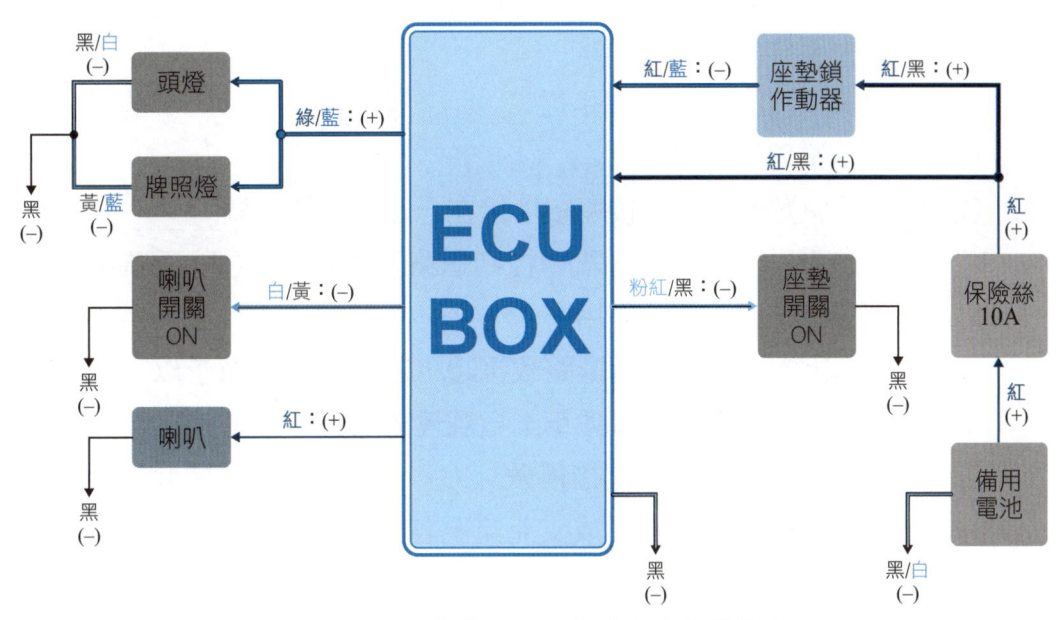

◆ 圖 1-15　中華 EZ-1 車系喇叭作動迴路

(1) 作動訊號：ECU BOX →喇叭開關→搭鐵。
(2) 負載作動：外部電源（備用電池；或 DC-DC 降壓後供應給 ECU 之電源）→保險絲 10A → ECU BOX →負載（喇叭）→搭鐵→電源負極；完成此負載的電腦控制操作（電源控制）。

> **關鍵提醒**
> 1. 此圖示為簡圖非完整圖示；請以原廠線路圖為主。
> 2. 此機種作動訊號為當喇吧開關 ON 時（ECU BOX 訊號搭鐵）。
> 3. 此機種負載透過 ECU 進行電源控制；常見於 PBGN 聯盟機種。

第 1 章 ｜ 課後習題

填充題

1. 一般而言機車的構造大致可以區分為_____、_____、_____三大部分。
2. 一般而言、電流流動的方向是從_____流向_____、了解電流方向對維修作業是很重要的。
3. 名詞說明：將數個負載直接連續地接在一起的方法稱做_____。
4. 同上；若該迴路（例：起動系統中控制迴路）中某開關（例：啟動按鈕）失效，則該系統_____作用。
5. 消費者機車因電瓶沒電進行道路救援時，若將 12V 電瓶予以_____（正接負、負接正），將導致車上負載燒毀之可能發生（24V）。
6. 名詞說明：負載是以平行連接稱做_____（頭共用、尾共用），它的迴路中途被分開使電流形成支流流至各負載，而連接的負載電壓相同。
7. 同上；若該迴路（例：起動系統中控制迴路）中某開關（例：前或後煞車燈開關之一故障）失效，則該系統仍有_____作用；仍然可以電動啟動及煞車燈也會亮。
8. 名詞說明：將導線直接與電瓶正、負極端子連接而沒有在中間接上負載時（例：燈泡或電阻器…等），將導致大量的電流流經導線進而造成損壞，稱為_____，這是非常危險的動作。
9. 同上；若系統發生主保險絲一安裝即燒毀（瞬間流過超額大電流）的現象，表示該線路發生短路情形，短路位置一般發生於負載_____。
10. 名詞說明：一般而言，機車各負載的作動是由_____來決定，若開關是控制該負載的電源導通與否→稱為_____控制；若開關是控制該負載的搭鐵導通與否→稱為_____控制。

11. 噴射機車欲發動時，當主開關轉至 ON 時，汽油幫浦會運轉 3~5 秒後停止，其 ECU 會控制汽油幫浦先運轉然後停止，而 ECU 是控制流經汽油幫浦的電流是否回到電瓶負極，故此 ECU（開關）是＿＿＿＿控制。

簡答題

1. 何謂搭鐵控制（又稱為低端控制）電路？

2. 何謂電源控制（又稱為高端控制）電路？

3. 請列出機車的電裝系統可分成幾個子系統？

第 2 章 完整電路與檢修概要說明

2-1 完整迴路說明

隨著七期排放法規的導入，電動機車的市場占比已逐漸提升，甚至純粹電動機車製造廠〔以 GOGORO 為例（該廠也為其他車廠代工製造 PBGN 聯盟的電動機車）；其餘製造廠均同時生產燃油車與電動車〕，其市占率已達台灣市場第四名（見 2024 年 10 月國內機車市場佔有率），由此可見油、電並行的政府策略是現行的主流。對技師而言除了傳統燃油車的知識與技能須具備與強化外，電動車相關課題也須同步加強，其中電路維修為最重要的課題。本章節將針對電路與維修進行說明並提供相關手法以利有效學習。

一、完整迴路說明

不論是燃油車或電動車，其車上的電器設備（如燈類、馬達、喇叭、開關、感知器、驅動器、電腦…等）均由主配線將上述零件連結起來，並提供電氣設備作動所需電源與透過設定的開關予以控制相關系統的作動。

因此完整的迴路應具有下列組成要件：

1. 電源：提供電源的裝置，如電瓶、發電機…等（ECU 提供感知器所需電源亦可視為電源）。
2. 負荷：使用電力進而產生作用的裝置，如：燈泡、喇叭、馬達、繼電器線圈（產生磁場）…等；需要電力作動的裝置均可稱為負荷。
3. 開關：可分成可人為操控（例：主開關、煞車燈開關、啟動按鈕…等）與不可人為操控（例；ECU、自動阻風門控制器、LED 控制器…等；其負荷作動依系統設定而非人為可控制）兩類。
4. 導線：分成正極導線與負極導線；若系統透過保險絲進行電路保護、引擎或車體作為迴路時（例：車體搭鐵）、亦可視為導線；（對電動車而言因安全性的考量均採用專線回至負極）。

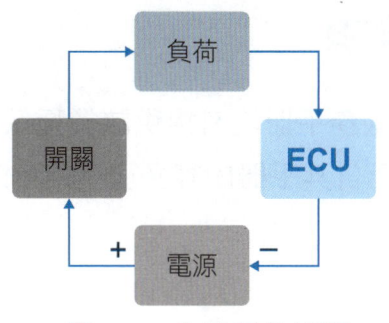

◆ 圖 2-1　完整迴路簡圖

二、電流方向說明

電流流動的方向是從電瓶正極流向電瓶負極（即＋ → －；與電子流從－ → ＋不同；在此不列入說明），了解電流方向是很重要的；當使用三用電錶或相關檢測工具進行系統檢測時，才能檢測出所需要的數值與作為故障判定的依據。

因此以下例作為課題 1 與課題 2 說明：（以山葉 YAMAHA 的 Vinoora 車系為例）

1. 完整的迴路：
   - 電源：12V 鉛酸電瓶。
   - 負荷：LED 煞車燈。
   - 開關：主開關、前、後煞車燈開關（並聯）。
   - 導線：黑色線（－）、紅色線（＋）、棕色線（＋）、綠/黃色線（＋）；（15A 主保險絲亦屬導線的一部分；可視為導線）。

2. 電流方向：電瓶正極→主保險絲→主開關→前、後煞車燈開關→煞車燈→電瓶負極。

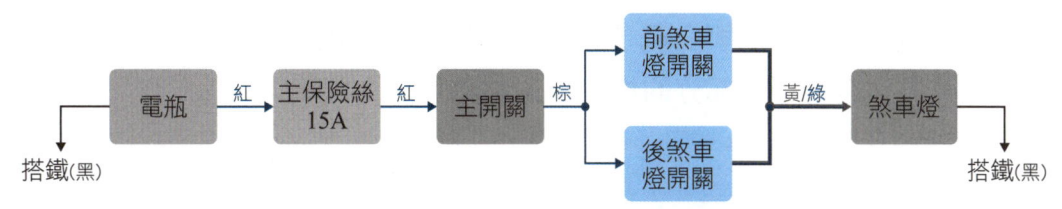

◆ 圖 2-2　電流方向示意圖

3. 開關控制說明：電源控制與搭鐵控制。

關鍵提醒　請參考總說篇→電控基本概論→控制迴路說明。

2-2 檢修概要說明

　　一般而言，各廠牌服務手冊均有提供該機種保養與維修作業時所需資訊，以 YAMAHA 廠牌而言其手冊內容涵蓋下列章節：

1. 總說篇
2. 服務資料篇
3. 定期檢查與調整篇
4. 車體篇
5. 引擎篇
6. 汽油系統篇
7. 電裝系統篇
8. 故障排除篇

　　各廠牌手冊除編排手法有所差異外，呈現方式不脫上述內容；對技師而言手冊中所附記的電路圖是重中之重，尤其是對六、七期對應機種（含電動車）應用於故障排除時更顯重要。此章節將針對本書中所呈現的流程圖予以說明，以期提升技師的學習效率。

一、電路設計的差異

燃油車的設計

1. 電源供應：因其電源來自 12V 鉛酸電池與發電機→穩壓整流器所提供的電源，因此車上各系統電流的起點為電瓶、終點為各系統（負載）後經搭鐵完成迴路。
2. 控制方式：電路之負載控制有實體開關控制與系統（電腦）控制兩種，且電源、控制與負載（驅動器）是在同一迴路上完成。

上述方式符合絕大部分的燃油車的電路設計方式。

範例一：山葉 (YAMAHA) Vinoora 車系方向燈尾燈流程圖

1. 電源供應：12V 鉛酸電池。
2. 控制方式：由實體開關（主開關、方向燈開關）控制。
3. 設計特徵：電源、控制與負載均為同一迴路設計。

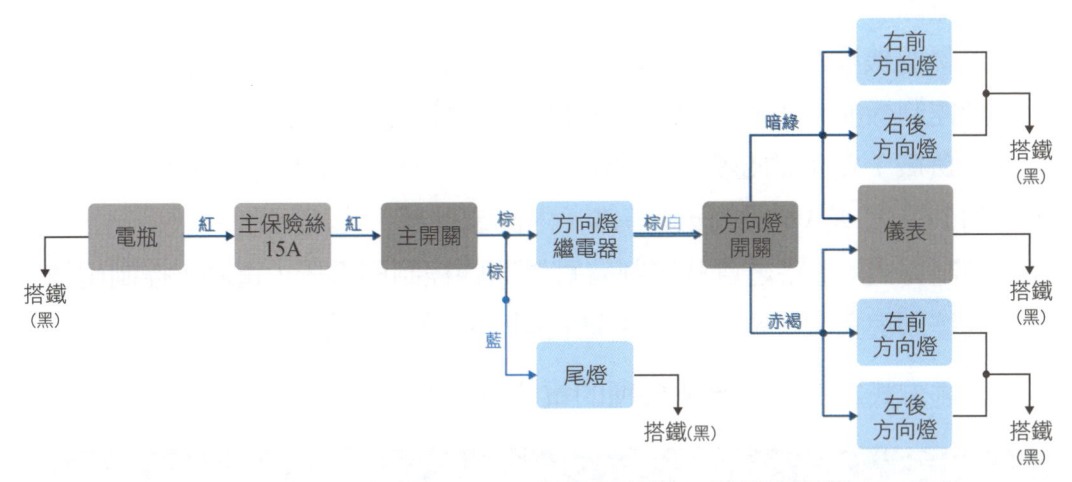

◆ 圖 2-3　山葉 Vinoora 車系方向燈、尾燈流程圖

範例二：山葉 (YAMAHA) X MAX300 車系點火系統流程圖

1. 電源供應：12V 鉛酸電池。
2. 控制方式：由實體開關（主開關）控制電源端、由系統設定（ECU）控制搭鐵端。
3. 設計特徵：電源、控制與負載均為同一迴路設計。

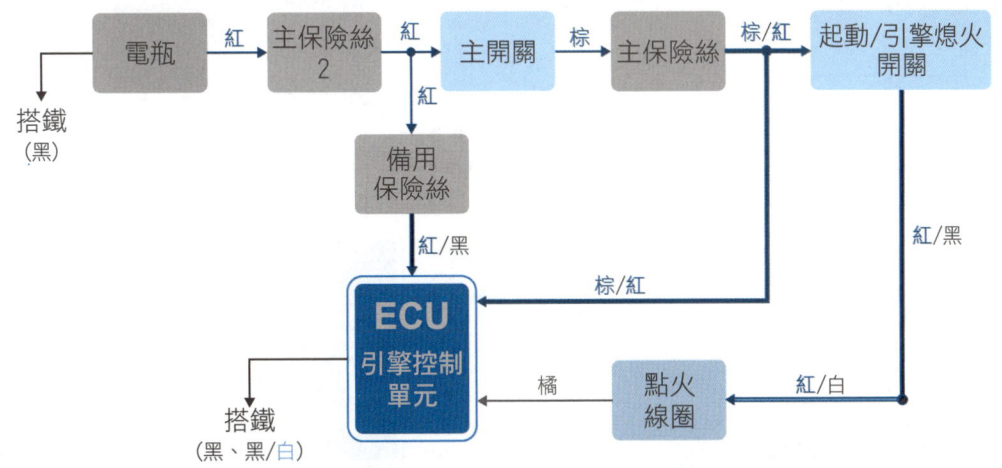

◆ 圖 2-4　山葉 X MAX300 車系點火系統流程圖

電動車的設計【PBGN 聯盟機種】

1. 車上電源共有大電壓與小電壓兩種電源，其中大電壓電源提供動力馬達所需；小電壓【（鋰電池或鉛酸電池）與（抽換式電池→DC-DC 降壓後電源）】透過 ECU（或 VCU）提供系統與車上 12V 電系所需的電源。
2. 此聯盟機種的 ECU（或 VCU）同時具備 12V 負載所需電源供應與作動控制機能；不同於燃油車電路傳統的設計，因此車上 12V 的各系統（負載）電流的起點為 ECU（或 VCU）、終點為各系統（負載）回到 ECU（或 VCU）後經搭鐵（內部或外部）完成迴路。
3. 控制方式：電路之負載控制有實體開關控制與系統（電腦）控制兩種；其控制與負載（驅動器）不是在同一迴路上完成。

上述方式為 PBGN 聯盟機種的電路設計方式。

範例三：山葉 (YAMAHA) EMF 車系馬達待命模式流程圖

1. 電源供應：12V 備用電池（鋰電池或鉛酸電池）與 DC-DC 降壓後的電源。
2. 12V 備用電池：休眠模式、上鎖模式使用。
3. DC-DC 降壓後的電源：解鎖模式、馬達待命模式使用；當備用電池電壓不足可於此模式下進行充電。

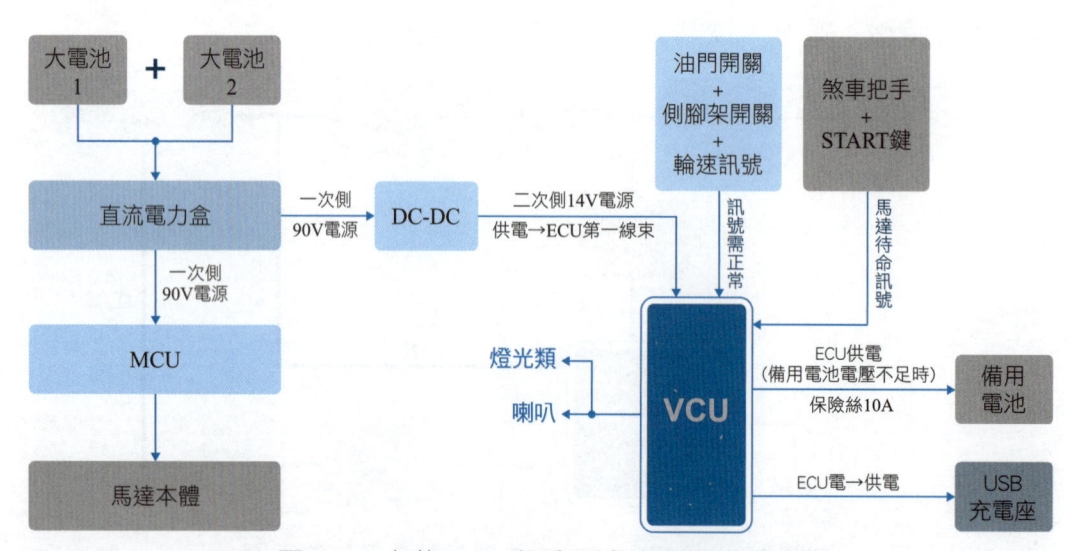

◆ 圖 2-5　山葉 EMF 車系馬達待命模式流程圖

範例四：山葉 (YAMAHA) EMF 車系煞車燈迴路流程圖

1. 電源供應：VCU 供應 LED 尾燈所需電源（並於 VCU 內部完成負載的搭鐵）。
2. 控制方式：由實體開關（前、後煞車開關）控制訊號端的導通與否，當系統（VCU）收到訊號並予以搭鐵後，此時 VCU 供應 LED 尾燈的電源與作動。
3. 設計特徵：電源、控制與負載並非同一迴路設計。

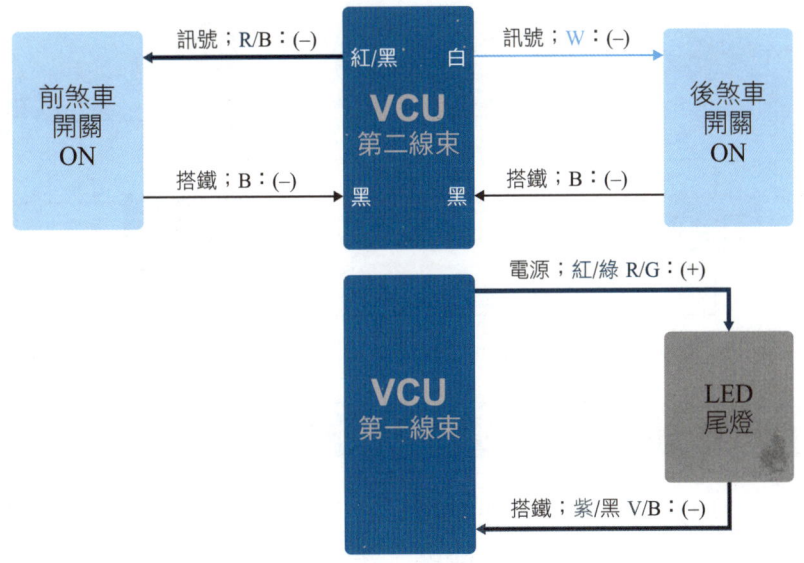

◆ 圖 2-6　山葉 EMF 車系煞車燈迴路流程圖

電動車的設計【非 PBGN 聯盟機種（以光陽廠牌為例）】

1. 車上電源共有大電壓與小電壓兩種電源，其中大電壓電源（抽取電池或固定電池）提供動力馬達所需；小電壓【（鉛酸電池）與（大電壓電池→DC-DC 降壓後電源）】提供系統與車上 12V 電系所需的電源。
2. 該廠牌的 DC-DC 提供 12V 負載所需電源；與 PBGN 聯盟電動車電路的設計不同，其 12V 的各系統迴路控制與傳統燃油車相似；因此車上各系統的電流的起點為 DC-DC、終點為各系統（負載）後經搭鐵完成迴路。
3. 控制方式：其電路之負載的控制有實體開關控制與系統（電腦）控制兩種且控制與負載（驅動器）是在同一迴路上完成。

上述方式可視為 PBGN 聯盟機種的電路設計與燃油車電路設計綜合方式設計。

範例五：光陽 (KYMCO) Many 110 EV 車系小電壓供應流程圖

1. 電源供應：12V 鉛酸電池與 DC-DC 降壓後的電源。
2. 12V 鉛酸電池：系統待命使用。
3. DC-DC 降壓後的電源：供應全車 12V 電器使用；當 12V 鉛酸電池電壓不足時，系統設定核心電池 / 租賃電池透過 BMS 對鉛酸電池進行充電。

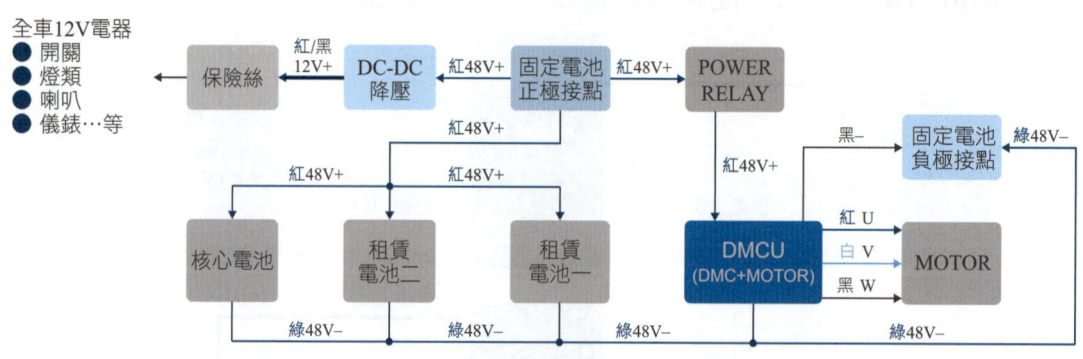

◆ 圖 2-7　光陽 Many 110 EV 車系小電壓供應流程圖

範例六：光陽 (KYMCO) Many 110 EV 車系方向燈尾燈流程圖

1. 電源供應：DC-DC 降壓後的電源。
2. 控制方式：由實體開關（主開關、方向燈開關）控制。
3. 設計特徵：電源、控制與負載均為同一迴路設計。

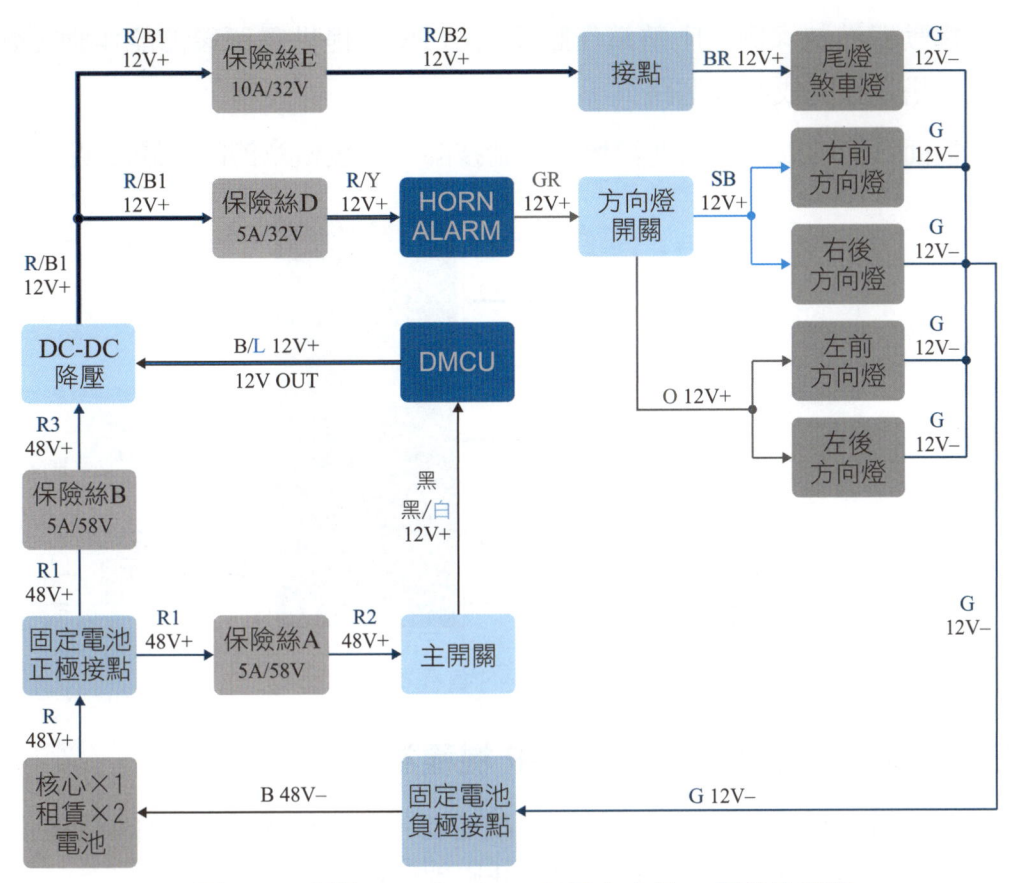

◆ 圖 2-8　光陽 Many 110 EV 車系方向燈、尾燈流程圖

二、圖示內容配線之電源正、負極標記說明（以中華 EZ-R 機種為例）

1. 腳位說明：依各廠牌規範而定，在此是說明 DCU 元件單品的 Pin 腳位置與功能。例：Pin 35 腳位為遠燈控制腳位。

2. 部品名稱：方框內標記為單品元件名稱。例：頭燈、喇叭開關、、等。

3. 配線顏色：該系統的配線顏色標記。例：牌照燈的配線顏色有橘色線與紅／黑色線。

4. 電源極性：可區分成負載類極性與開關類極性。例：喇叭（負載類）的配線顏色→黃／白色線為正極線、黃／紅色線為負極線；喇叭開關（開關類）的配線顏色→白／黑色線為負極線、黑色線為負極線（當喇叭開關 ON 時）。

5. 開關定義：可區分成電源控制與搭鐵控制兩種。例：座墊開關訊號為搭鐵控制；CG 繼電器（開關端）為電源控制。

6. 驅動器控制：例：座墊鎖作動器是由 DCU 提供電源後方能作動（外部搭鐵後完成系統迴路）。

後面章節均以此原則進行標示，請技師了解後續章節的課題說明。

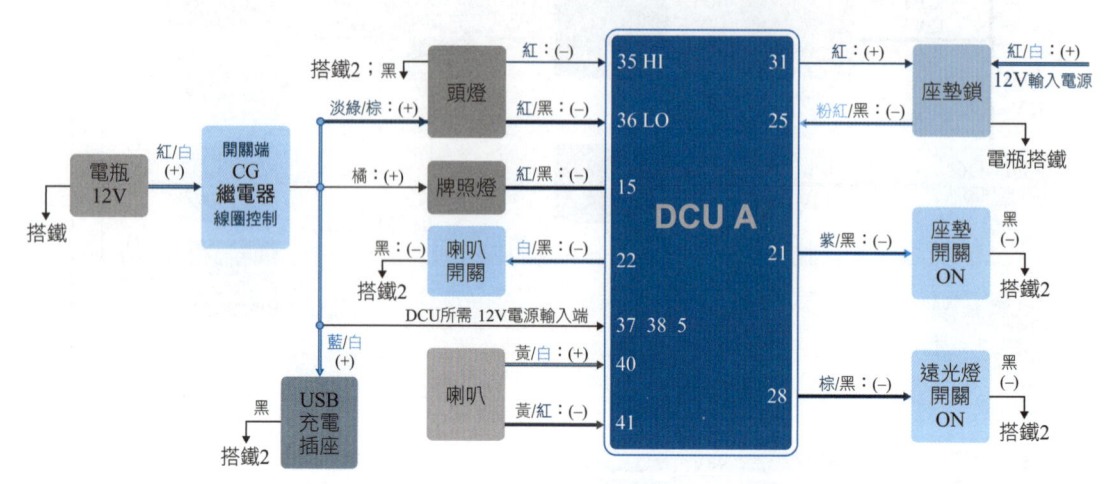

◆ 圖 2-9　電源正、負極標示說明

三、檢修運用說明（以中華 EZ-R 機種為例）

1. 開關類說明：對電腦控制相關系統而言，若是以實體開關作為驅動器作動與否的訊號源，我們可以以此原則進行檢測。

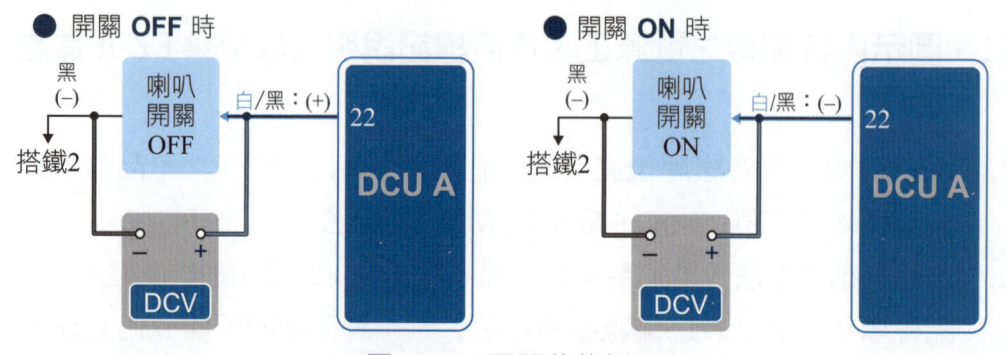

◆ 圖 2-10　開關狀態說明

(1) 開關 OFF 時：此時 DCU 腳位 22 因喇叭開關未導通，若以三用電錶如圖示連接則可量測到電瓶電壓。

說明：因開關呈斷路，故配線黑色線側其電路極性為負極、配線白 / 黑色線側其電路極性為正極，因此可測得電瓶電壓。

(2) 開關 ON 時：此時 DCU 腳位 22 因喇叭開關導通，若以三用電錶如圖示連接則可量測到電瓶電壓接近於 0V。

說明：因開關呈導通，故配線黑色線與白 / 黑色線可視為同一段配線；因此可測得電瓶電壓接近於 0V（即該段配線的電壓降）。

2. 負載類說明：負載又可稱為驅動器，對電腦控制相關系統而言，其驅動器作動所需電源是由 DCU（電腦）供應，我們可以以此原則進行檢測。

系統作動時：此時 DCU 腳位 31 送出電源至座墊鎖作動器，再經外部搭鐵完成迴路，若以三用電錶如圖示連接則可量測到電瓶電壓。

說明：因 DCU 作為電源供應者，故配線紅色線側其電路極性為正極、配線粉紅 / 黑色線側其電路極性為負極，因此可測得電瓶電壓（DC-DC 降壓後電壓）。

> **關鍵提醒** 上述測量方式請使用治具（專用工具），以免造成配線與電腦損傷。

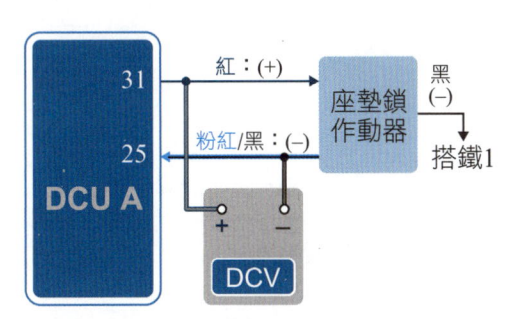

◆ 圖 2-11　驅動器電源正、負極說明

第 2 章 | 課後習題

簡答題

1. 請說明完整的迴路應具有的組成要件為何？

2. 請列舉五項 YAMAHA 服務手冊內容章節為何？

3. 技師如欲查詢維修標準值，除了在相對應的章節外，還可以在哪個章節查詢到所需資訊？

4. 請說明燃油車電路設計的差異為何？

5. 請說明電動車 PBGN 聯盟機種電路設計的差異為何？

第 3 章 機車電路圖識別說明相關知識

隨著科技的世代交替,技師需時時學習最新的技能與知識以滿足工作需求,學習的管道除回原廠研習外,另外如服務手冊、商品指南、廣宣品…等等都是學習知識的來源。新進技師使用服務手冊進行維修保養作業最常遇見的問題點:如何找到想要的資訊、線路圖上線路所標記的英文代號其意為何、開關所標記的英文代號其意為何、如何透過整體電路圖知曉維修訊息…等;此章節將提供相關說明以利有效學習。

一、電線顏色標記定義

手冊如採用黑白印刷者,其電路圖標記最常使用代號作為電線顏色的識別,表 3-1 所示為目前各廠牌常見的顏色代號,例如代號 G 為綠色電線。各廠牌對同一顏色電線有不同的中文稱呼,例如代號 SB 有些廠商稱空色電線、天空藍色電線、淺藍色電線。

◆ 表 3-1 常見單 / 雙色電線顏色代號

序號	代號	顏色	序號	代號	顏色
1	G	綠	10	GR	灰
2	LG	淺綠	11	Y	黃
3	B	黑	12	BR	茶 / 棕
4	R	紅	13	PU 或 V	紫
5	B/W	黑 / 白	14	P	桃 / 粉紅
6	G	綠	15	W/L	白 / 藍
7	B	黑	16	L	藍
8	SB	空 / 天空藍 / 淺藍	17	W	白
9	O	橙 / 橘	18	B	黑

表 3-1 所示為單色線代號，若實車電線為雙色線者其定義為電線表面 80% 線色為主色、20% 為副色，例如點火系統中常見的源頭線圈為黑 / 紅色電線，其黑色為主色、紅色為副色，電線代號則取上表單色線表示 B/R 色電線。

> **關鍵提醒** 若是以彩色電路圖表示雙色線者；依廠牌而定，KY 與 YA 採段線（一段、一段呈現）表示；SY 以中間細線表示（等同實際電線呈現）。

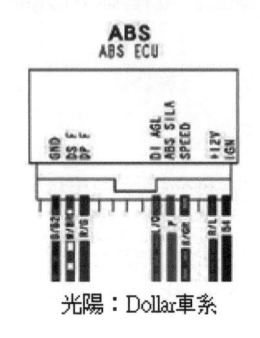

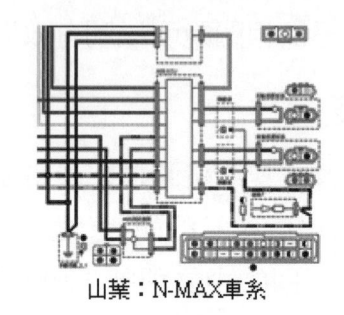

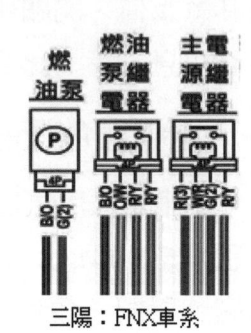

光陽：Dollar車系　　山葉：N-MAX車系　　三陽：FNX車系

◆ 圖 3-1　電線顏色圖示

二、電線機能之階層說明

對三陽與光陽廠牌而言，電路圖標記電線顏色常常可見電線代號後標記數字（例：R1、G2、B3、Y/G1），其意指該條電線的上與下的階層關係，具有先後順序、共通來源與同一機能表示。在此透過三陽 FNX 機種來說明。

1. 基本原理說明：詳細說明請參考概論篇〈第二章 完整電路與檢修概要說明〉。
   (1) 完整迴路組成要件：電源、負載、開關、導線。
   (2) 電流流動方向：從正極流到負極（電子流不在此說明）。

> **關鍵提醒** 機車各系統均由電瓶作為電源供應的來源，故進行電路圖識別時均以電瓶正極作為起點。

2. 電線機能之階層說明：以三陽 FNX 機種（FP12W2）為例

    (1) 電瓶正極輸出端為 R1、經過 20A 保險絲後為 R2（主開關的電源輸入端）與 R3（主電源繼電器、控制器電源繼電器、儀錶、診斷器接頭的電源輸入端）。

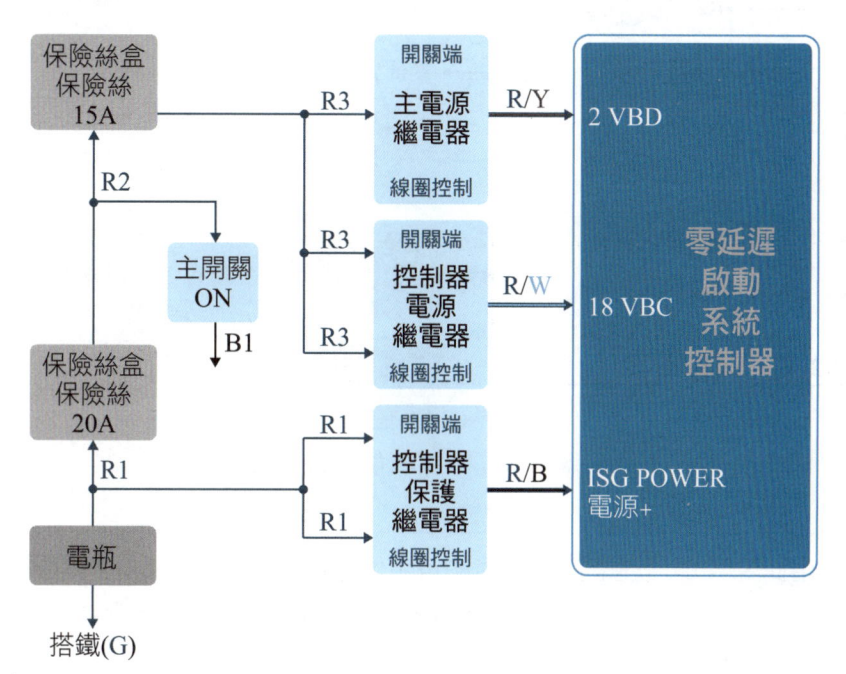

◆ 圖 3-2　電線機能階層說明

關鍵提醒　從此說明 R1 是最初的電源供應，而 R2 與 R3 是由 R1 透過保險絲轉換而來，因此可知 R1 是上階層；此為上與下的階層關係表示。

    (2) R2 是主開關的輸入端而輸出端是 B1（主開關 ON 後的電源供應），經過 10A 保險絲後成為 B2。

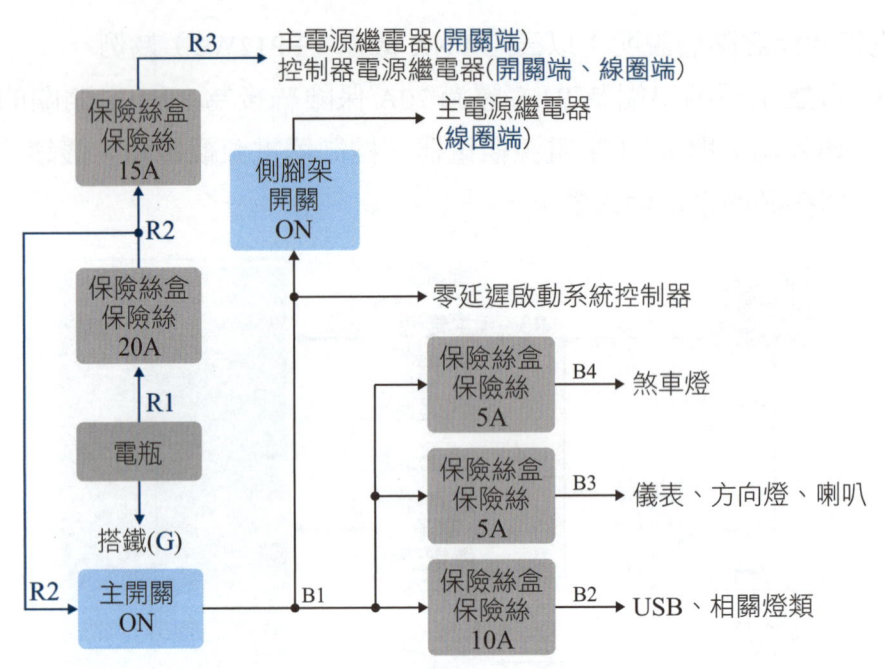

```
                            R3    主電源繼電器(開關端)
                          ┌──────  控制器電源繼電器(開關端、線圈端)
                          │
                       ┌──┴──┐    主電源繼電器
                       │保險絲盒│  ┌──(線圈端)
                       │保險絲 │  │
                       │ 15A │ ┌┴──┐
                       └──┬──┘ │側腳架│
                        ↑ R2  │ 開關 │
                          │   │ ON │
                       ┌──┴──┐└──┬──┘
                       │保險絲盒│   │
                       │保險絲 │   └────→ 零延遲啟動系統控制器
                       │ 20A │
                       └──┬──┘     ┌──┐ B4
                        ↑ R1       │保險絲盒├───→ 煞車燈
                          │       │保險絲 │
                       ┌──┴──┐    │ 5A │
                       │ 電瓶│    └──┘
                       └──┬──┘     ┌──┐ B3
                          │       │保險絲盒├───→ 儀表、方向燈、喇叭
                        搭鐵(G)    │保險絲 │
                  R2                │ 5A │
                   ┌──┴──┐ B1      └──┘
                   │主開關├──┬────→┌──┐ B2
                   │ ON │   │   │保險絲盒├───→ USB、相關燈類
                   └────┘   │   │保險絲 │
                            │   │ 10A │
                            │   └──┘
```

◆ 圖 3-3　電線機能階層說明

> **關鍵提醒**
> - 由此說明 B1 是主開關 ON 後的電源供應端，而 B2、B3、B4 是由 B1 透過保險絲（10A、5A、5A）轉換而來，因此可知 B 1 是上階層；此為<u>上與下</u>的階層關係表示。
> - 側腳架開關、智能控制器、B2、B3、B4（保險絲盒）均使用 B 1 作為電源供應端；此為共通來源表示。

(3) Y/R1（ECU→起動/熄火開關）、Y/R2（ECU→起動/熄火控制系統）、Y/R3（控制器保護繼電器線圈→起動/熄火控制系統），此三條線其電線顏色相同均屬智能起動的作動步驟，其順序為 YR1 → YR2 → YR3；（ECU 收到起動信號→ ECU 將起動信號送至控制系統→控制器驅動控制器保護繼電器線圈）；經此三步驟可將引擎起動。

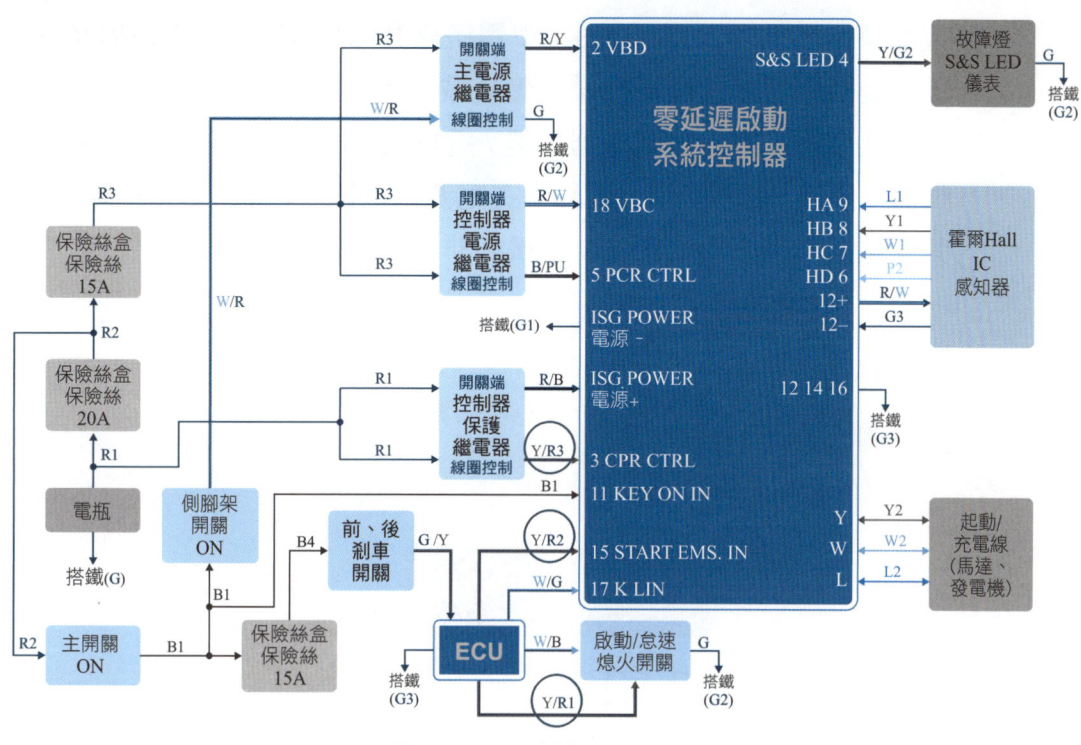

◆ 圖 3-4　電線機能順序說明

> **關鍵提醒**　此範例可視為完成某作業的步驟順序；此為先後順序表示。

(4) Y/G1（ECU 故障燈信號）、Y/G2（控制器故障燈信號），此兩條線其電線顏色相同均屬電腦故障訊號；無關順序而是屬同一機能；此為同一機能表示。

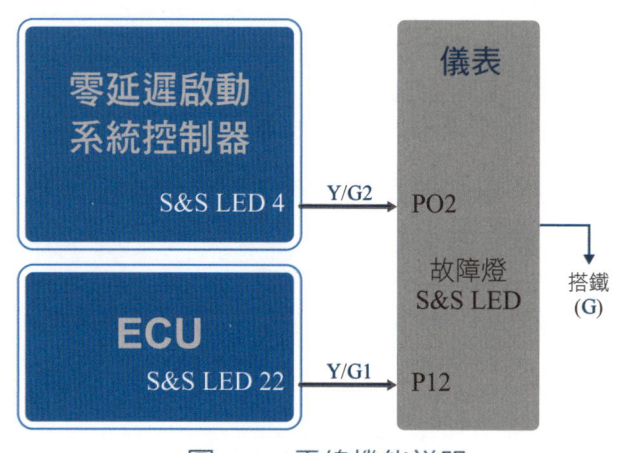

◆ 圖 3-5　電線機能說明

29

(5) 電瓶負極搭鐵端為 G1、G3；車體搭鐵為 G1、G2，不論是哪條線最終是回到電瓶負極端搭鐵車體搭鐵。下列部品使用 G2 搭鐵（尾燈、煞車燈、方向燈繼電器、遠 / 近燈驅動器、方向燈 / 車位燈驅動器、儀錶、起動 / 熄火開關、主電源繼電器、燃油、USB…等）；其餘電系部品使用 G1、G3 搭鐵（非車體搭鐵）。

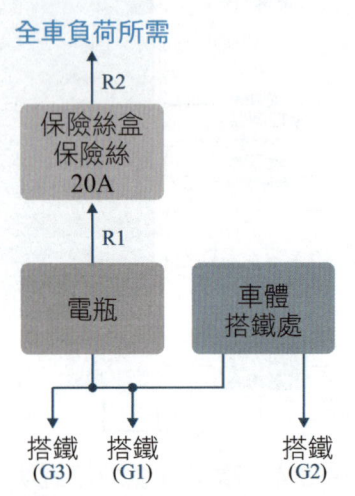

全車負荷所需
R2
保險絲盒
保險絲
20A
R1
電瓶　　車體搭鐵處
搭鐵(G3)　搭鐵(G1)　搭鐵(G2)

使用G2搭鐵部品：尾燈、煞車燈、方向燈繼電器、遠/近燈驅動器、方向燈/車位燈驅動器、儀表、啟動/熄火開關、主電源繼動器、燃油、USB…等

◆ 圖 3-6　電線機能說明

關鍵提醒
- 此機種的噴射系統、智能起動控制器、馬達 / 發電機、診斷接頭、跨接接頭…等部品使用 G1、G3 搭鐵（直接與電瓶負極搭鐵完成迴路）；此為同一機能表示。
- 為避免車體搭鐵因內部的電腦作業異常，導致突出電壓造成損壞，故上述系統採直接電瓶負極搭鐵。

圖 3-7 為三陽 FNX 車系線路示意圖（請自行參閱該機種線路圖；請遵守原廠規範、該版權屬原廠所有）。

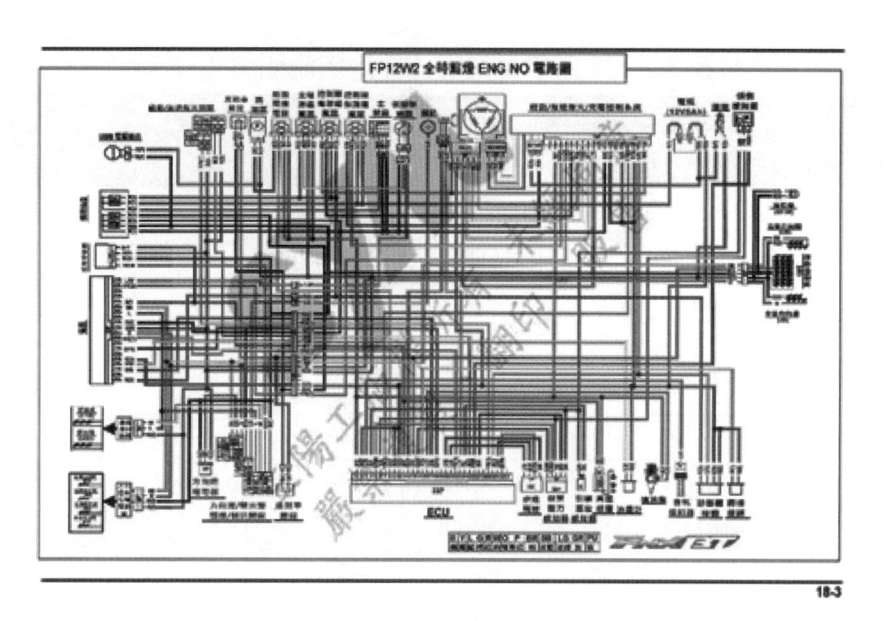

◆ 圖 3-7 三陽 FNX 車系線路示意圖

三、開關作動之腳位定義

　　不論是彩色版或黑白版電路圖，圖上均有開關標記其上，透過開關可了解相關系統的作動方式、前因後果的關係、電線的配置關係…等資訊。但是電路圖上開關類表示常常以英文代號表示，若不了解其代號定義者往往會造成學習困擾。

◆ 表 3-2　開關標示說明（部分例說明）

開關名稱	英文名稱	開關腳位定義			備註（開關動作）
^	^	標記	名稱	中文名	^
起動開關	START SW	ST	STARTER	起動繼電器	FREE- PUSH
^	^	E	EARTH	搭鐵	^
喇叭開關	HORN SW	HO	HORN	喇叭	FREE- PUSH
^	^	BAT 2	BATTERY2	電源 2	^
主開關	MAIN SW	BAT 1	BATTERY1	電源 2	LOCK- OFF- ON- LOCK 或（ON- OFF- LOCK）註：機車使用的 IG 為空位（汽車為轉動主開關啟動、機車為按啟動開關起動）
^	^	IG	IGNITION	點火	^
^	^	E	EARTH	搭鐵	^
^	^	BAT 2	BATTERY 2	電源 2	^
方向燈開關	WINKER SW	R	RIGHT	右	L- N- R
^	^	L	LEFT	左	^
^	^	WR	WINKER	閃光器	^

31

◆ 表 3-2 開關標示說明（部分例說明）（續）

開關名稱	英文名稱	開關腳位定義			備註（開關動作）
		標記	名稱	中文名	
前燈開關（AC 點燈）	LIGHT SW	HL	HEADLIGHT	前燈	OFF- N- P- N- H
		CI	COIL	點燈線圈	
		TL	TAILLIGHT	尾燈	
		PO	POSISION	位置	
		RE	RESISTOR	電阻器	
遠近燈切換 / 超車燈開關	DIMMER & PASSING SW	HL	HEADLIGHT	前燈	PASS- LO- N- HI 或（LO- N- HI- PUSH）
		HI	HIGHT	遠	
		LO	LOWER	近	
		PASSING	PASS	超車	
		BAT 2	BATTERY 2	電源 2	
超車警示燈開關	HAZARD SW	R	RIGHT	右	OFF- HAZARD
		HZ	HAZARD	警示	
		L	LEFT	左	
前煞車燈開關	FR STOP SW				
後煞車燈開關	RR STOP W				

說明：透過上表（開關標示說明）所示可得知相關訊息：

1. 開關名稱與英文名稱。例：起動開關（START SW）。
2. 該開關的腳位定義與接線對象。例：前燈開關（AC 點燈）
   - HL→為 HEADLIGHT 的英文縮寫→其意指前燈→表示該腳位接往前燈線路。
   - CI→為 COIL 的英文縮寫→其意指點燈線圈→表示該腳位接往發電機內點燈線圈線路。
   - TL→為 TAILLIGHT 的英文縮寫→其意指尾燈→表示該腳位接往尾燈線路。
   - PO→為 POSITION 的英文縮寫→其意指位置→表示該腳位接往位置燈線路。
   - RE→為 RESISTOR 的英文縮寫→其意指電阻器→表示該腳位接往電阻器線路。

3. 開關作動說明。例：方向燈開關→ L - N - R（撥左邊 - 空檔 - 撥右邊）。

> **關鍵提醒** 上述表格皆以實體開關表示，車上具有開關功能的控制器（如 ECU…等）則未列入此表說明。

◆ 表 3-3　線路圖開關圖示（以光陽為例）

喇叭開關

HORN SW	HO	BAT
FREE		
PUSH	O—————O
CORD COLOR	LG	B

啟動開關

START SW	ST	E
FREE		
PUSH	O—————O
CORD COLOR	Y/R	G/Y

主開關

	IG	E1.E2	BAT1	BAT2
ON			O—————O
OFF	O—————————O		
LOCK	O—————————O		
CORD COLOR	B/W	G	R	B

方向燈

WINKER SW	WR	R	L
L ←	O—————O		
N ■			
R →	O—————————O	
CORD COLOR	GR	SB	O

遠近燈/超車燈

DIMMER & PASSING SW	HL	LO	HI	PASS
LO	O—————O		
(N)	O—————O		
HI	O—————O		
PUSH	O—————O————————O
CORD COLOR	L/W	W	L	B

說明：透過上表（線路圖開關圖示）所示可得知相關訊息：

1. 相關開關名稱→含中文與英文。例：遠近燈 / 超車燈（DIMMER & PASSING SW）。
2. 該開關的功能與操作方式。以主開關為例：此開關有 ON、OFF、LOCK 等三個功能，操作方式為 LOCK → OFF → ON 或 ON → OFF → LOCK 依序操作。
3. 該開關的接腳定義與配線顏色。以方向燈開關為例：開關接腳接往閃光器（WR）其配線顏色為 GR 線色（灰色線）、開關接腳接往右側方向燈（R）其配線顏色為 SB 線色（淺藍色線）、開關接腳接往左側方向燈（L）其配線顏色為 O 線色（橘色線）。

4. 該開關的操作導通說明。以起動開關為例：當開關 PUSH（按下）時，開關接腳 ST 與 E 應該導通（標示方式為對應腳位劃 O 且用線連接；配線 Y/R 色線與 G/Y 色線導通）；反之不導通。

> **關鍵提醒** 依此原則可對開關進行單品檢查、配線檢查進而進行相關系統檢修，掌握此技巧對維修保養作業有非常大的助益。

四、如何透過電路圖讀取所需資訊

電路圖的功能就是將實車上各系統於線路圖上呈現出來，與實車 3D 電路相比可得知線路圖的表示是經過調整與整理後呈現於 2D 平面；不論是彩色版或黑白版電路圖，技師均能於線路圖中獲取下列資訊。以起動系統為例：

1. 各系統的完整簡圖→該機種的起動系統、點火系統、充電系統、照明系統、訊號系統、噴射系統…等等。
2. 該系統的組成部品→由電瓶、保險絲、主開關、前 / 後煞車燈開關、起動繼電器、起動按鈕、起動馬達…等所組成。
3. 該系統的控制方式→透過起動繼電器線圈端來控制起動馬達的作動，起動按鈕控制起動繼電器線圈的搭鐵端控制。
4. 該系統的維修參考依據→如電瓶電壓、開關的導通性、繼電器的線圈電阻…等維修參考。
5. 該系統的維修步驟參考→可從驅動器（馬達或繼電器）端往回逐項檢測。

◆ 表 3-4　常用電氣符號：線路圖所標記常用符號（部分略）

Description	Symbol	Description	Symbol
Wire	———	Spark plug	▷◁
Wire connected	—+—	Generator	∼ G
Wire not connected	⌒ +	Motor	M
Earth	⏚	Ampere meter	A
Connector	▷◁	Volt meter	V
Resistor	∿	Current flow direction Flowing	⊗
Variable resistror	∿	Current flow direction Flowing toward you	⊙
Coil	⌒⌒⌒	Diode	P ▷▏ N
Ignition coil	⌒⌒⌒⌒	Zener diode	P ▷▏ N
Condenser	—∥—	NPN Transistor	B C/E
Switch	—/—	PNP Transistor	B E/C
Fuse	～	SCR, Thyristor	A ▷▏ K, G
Battery	—∣⊢—	Thermistor	∿
Contact breaker	—/○—		
Point			

五、如何學習、判讀與運用

依據前述說明，技師須了解如何透過電路圖得到應有的資訊，以完成維修、保養作業。對此識別電路圖有其基本建議步驟，列舉如下：

1. **前期能力**

    (1) 須具備基礎電學知識。

    (2) 須了解電路圖上的符號代表意義。

    (3) 須了解各系統的作動原理。

    (4) 須了解各系統的操作方法。

2. **當下識別 / 判別說明**

    (1) 找到起點位置。

    (2) 找到終點位置。

    (3) 配合該系統作動原理與操作方法找到該系統的組成部品（包含先、後順序）。

    (4) 將該系統以簡圖方式呈現。

    (5) 驗證系統合理性。

3. **後期維修 / 保養的運用**

    (1) 查修順序的參考。

    (2) 檢測工具（例：三用電錶）的運用。

    (3) 故障原因的判斷。

第 3 章 | 課後習題

填充題

1. 請依顏色代號填入中文電線顏色。

常見電線顏色代號					
序號	代號	顏色	序號	代號	顏色
1	G	_____	10	GR	_____
2	LG	_____	11	Y	_____
3	B	_____	12	BR	_____
4	R	_____	13	PU 或 V	_____
5	B/W	_____	14	P	_____
6	G	_____	15	W/L	_____
7	B	_____	16	L	_____
8	SB	_____	17	W	_____
9	O	_____	18	B	_____

2. 請依開關英文名稱填入對應的中文名稱。

開關名稱	英文名稱
_____	START SW
_____	HORN SW
_____	MAIN SW
_____	WINKER SW
_____	LIGHT SW
_____	DIMMER & PASSING SW
_____	HAZARD SW
_____	FR STOP SW
_____	RR STOP SW

第 4 章 燃油車常見英文縮寫代號說明

隨著科技的世代交替，技師處於現今的世代需時時學習最新的技能與知識，學習的管道除回原廠參加研習外，比如參閱服務手冊、商品指南、廣宣品、網路訊息…等都是學習的來源，但技師可能會遇到下列問題：相關資料上常常可見到英文代號，此代號常常代表的是專有名詞或機構名，若非了解其內容與定義往往會造成學習上的困難、增加學習的難度，因此技師需了解其代號定義與功能。

在此特別將各廠牌於手冊上所列出常見的英文代號、中文簡稱與功能列出，並將各廠牌之間的差異性予以說明，希望透過相關列表的呈現來減輕學習壓力進而提升學習成效。

◆ 表 4-1 服務手冊常見代號及說明

編號	KY 縮寫	SY 縮寫	YA 縮寫	英文全名	中文翻譯名	備註（以 YAMAHA 為例說明）
1	IGN	IG	IG	IGNITION COIL	點火線圈	驅動點火線圈使用
2	FUEL-PUMP	FUEL PUMP	FP	Fuel Pump	汽油泵浦	驅動汽油泵浦使用
3		FPR			燃油泵繼電器	部分噴射機種其燃油泵浦作動是由燃油泵繼電器控制（常見於 SY、KY）；非由 ECU 直接驅動（YA）
4	INJ	INJ	IJ		燃油噴嘴驅動端	驅動噴油嘴使用
5		TACHO			可變汽門控制端	驅動可變汽門壓力閥機構（電控）使用
6		EXAI			二次空氣控制閥	驅動二次空氣控制閥使用

編號	KY 縮寫	SY 縮寫	YA 縮寫	英文全名	中文翻譯名	備註（以 YAMAHA 為例說明）
7			VVA+	Variable Valve Actuator +	可變汽門作動器 +	VVA 機構作動所需電源供應（該機構是一個電磁閥裝置；當引擎轉速達到設定轉速時、電磁閥通電作動將原來低速進氣凸輪轉成高速進氣凸輪；當引擎轉速降至設定轉速時、電磁閥斷電、依慣性作動將高速進氣凸輪轉成低速進氣凸輪）
8			VVA-	Variable Valve Actuator-	可變汽門作動器-	
9		ISC AP	ISCA+	Idle Speed Controller A+	惰速控制單元 A +	ISC 機構內線圈 A；惰速控制步進馬達電源正極 +A
10		ISC AN	ISCA-	Idle Speed Controller A-	惰速控制單元 A-	ISC 機構內線圈 A；惰速控制步進馬達電源負極 -A
11		ICS BP	ISCB+	Idle Speed Controller B+	惰速控制單元 B +	ISC 機構內線圈 B；惰速控制步進馬達電源正極 +B
12		ICS BN	ISCB-	Idle Speed Controller B-	惰速控制單元 B-	ISC 機構內線圈 A；惰速控制步進馬達電源負極 -B
13			SGR	Starter Generation Relay	起動充電繼電器	SGCU（各廠家功能定義不一）控制起動充電繼電器作動（功能切換）
14		VIS			VIS 低速繼電器	SY DRG 車系 Hyper-SVIS 系統配置（低速進氣通道用）
15		VIS			VIS 高速繼電器	SY DRG 車系 Hyper-SVIS 系統配置（高速進氣通道用）
16	RPM				引擎訊號	ECU 提供引擎轉速訊號（儀錶指示）
17	VACS				可變進氣閥門	可改變進氣閥門的揚程或正時機構

第 4 章　燃油車常見英文縮寫代號說明

編號	KY 縮寫	SY 縮寫	YA 縮寫	英文全名	中文翻譯名	備註（以 YAMAHA 為例說明）
18	CELP	CHK			引擎檢測燈驅動端	ECU 提供噴射系統檢測訊號（故障指示）
19		H/L RLY	HLR	Head Light Relay	頭燈繼電器	驅動頭燈繼電器使用
20		FAN			風扇繼電器	驅動風扇繼電器使用
21		STR			啟動繼電器輸出	
22		IDL			怠速熄火指示燈	
23		MIL			故障指示燈	系統相關故障指示（儀錶故障警示燈）
24		TRC-IND			循跡防滑控制指示燈	
25		TW IND			水溫警示燈	
26	CRK-POS		VCRK	Voltage Crankshaft	曲軸位置感知器電源	HALL 信號所感應的訊號低、因此需要透過霍爾 IC 予以將訊號放大後才能有效使用；因此需提供電源供放大 IC 使用
27			CRKU	Crankshaft Position U	曲軸位置感知器 U	轉子線圈依 HALL 信號 U、V、W、P(轉子角度偵測) 依序通電產生磁場使轉子（永久磁鐵）轉動（啟動馬達 / 交流發電機轉子角度偵測用）
28			CRKV	Crankshaft Position V	曲軸位置感知器 V	
29			CRKW	Crankshaft Position W	曲軸位置感知器 W	
30			CRKP	Crankshaft Position P	曲軸位置感知器 P	
31		CRK-M			曲軸位置感知器	線圈式曲軸位置感知器
32		CRK-P			曲軸位置感知器	線圈式曲軸位置感知器
33	CRK-NEG				曲軸位置感知器負級	HALL（霍爾 IC）搭鐵端
34		PG 1	CGND1	Controller Ground 1	控制搭鐵	控制器（ECU）搭鐵（此範例為控制器搭鐵 1）

編號	KY 縮寫	SY 縮寫	YA 縮寫	英文全名	中文翻譯名	備註（以 YAMAHA 為例說明）
35	V-SENS	VCC	VCC1	Volt Current Circuit 1	感知器電源	感知器的供電電壓（感知器電源）
36	SGND	SG	SGND4	Sensor Ground 4	感知器搭鐵	感知器搭鐵
37		TH	TP	Throttle Position	節流閥位置感知器	油門（節流閥）開度訊號輸入
38	HEGO-HEAT	O2HT-F	OH1	Oxygen Heater 1	含氧量感知器加熱器	依產品別不同、某些含氧量感知器需配置加熱器、縮短冷車時間（此範例是第一加熱器）
39		PM	PB	Intake air Pressure sensor	進氣壓力感知器	進氣岐管內壓力訊號輸入（真空）
40		TA	AT	Intake Air Temperature sensor	進氣溫度感知器	進氣溫度訊號輸入
41		TW			引擎冷卻水溫度感知器	引擎冷卻水溫度訊號輸入
42			SP2	wheel speed sensor 2	車輪速感知器 2	輪速 2 訊號輸入（此範例是第二輪速訊號）
43	HEGO-SENS	O2-F	O2-1	Oxygen Sensor	含氧量感知器	排放廢氣中含氧量訊號輸入（此範例是第一含氧量訊號）
44		O2F-GND			含氧感知器搭鐵	依機種差異而定；此為搭鐵端
45		TW	WT	Water Temperature sensor	水溫感知器	冷卻水溫度訊號輸入
46	ECT	ENG TEMP			引擎溫度感知器	氣冷式引擎溫度訊號輸入（一般是偵測機油溫度作為引擎溫度）
47	TSW	ROLL SENSOR			傾倒感知器	車輛是否傾倒訊號輸入
48		ST SW	ST	Start Switch	起動開關	啟動訊號輸入
49			SS	Side Swich	側支架開關	側支架是否收起訊號輸入（一般是配合法規設置）

第 4 章　燃油車常見英文縮寫代號說明

41

編號	KY縮寫	SY縮寫	YA縮寫	英文全名	中文翻譯名	備註（以 YAMAHA 為例說明）
50		IDLSSW	ISS	Idle Start Swich	怠速熄火控制開關	怠速熄火控制功能是否使用訊號輸入
51		BRK SW			煞車開關	煞車訊號輸入
52		TRC SW			循跡防滑控制	循跡防滑控制開關（TRC）功能切換用
53			ECU	Engine control unit	引擎控制單元	控制內燃機引擎各個部分運作的電子裝置；一般簡稱為電腦
54			SGCU	Start Generator Control Unit	起動發電機控制單元	YAMAHA 機種所配置智能起動系統的控制元件
55	CAN-HIGH	CAN-H	CAN H	Controller Area Network H	控制器區域網路 H	是一種車用匯流排標準。可用於在不需要主機（Host）的情況下，允許網路上的單晶片和儀器相互通訊。使用 CAN H、CAN L 將迴路上的元件予以連接
56	CAN-LOW	CAN-L	CAN L	Controller Area Network L	控制器區域網路 L	
57	K-LINE					K-LINE 具有 ECU 和診斷工具之間進行數據傳遞的功能；可實現車輛的各功能控制和數據處理
58			LAN	Local Area Network	儀錶通訊	區域網路（此範例作為 SGCU 與儀錶之間的通訊）
59	DIG-2					TPI、APC 歸零
60			YDT	YAMAHA Diagnosis Tool	YAMAHA 診斷工具	YAMAHA 噴射/ABS 診斷工具
61		TEST			診斷開關	特定廠牌設置
62		VBU	VB	Vehicle Battery	ECU 電源	ECU 器的供電電壓（ECU 12 V 電源）；（對部分機種而言、此電壓可作為噴射補償參考使用）
63		IGP			驅動元件主電源正極	驅動器電源供應

編號	KY 縮寫	SY 縮寫	YA 縮寫	英文全名	中文翻譯名	備註（以 YAMAHA 為例說明）
64	VBK				ECU 電源正極（通過主開關）	此為經過主開關 ON 後的電源供應端
65		LG			ECU 接地	
66	PGND		PGND1	Power Ground 1	電源搭鐵	搭鐵端（迴路需求）
67		VBATT	BAT	Battery	電源	SGCU（各廠家功能定義不一）永久電源供應
68			SG+	Starter Generation +	起動發電機 +	當作為啟動馬達時的 12V 正極電源輸入 當作為發電機時的 12V 直流電輸出
69			SG-	Starter Generation-	起動發電機 -	當作為啟動馬達時的 12V 負極電源搭鐵 當作為發電機時的 12V 負極直流電搭鐵
70			SGU	Starter Generation U	起動發電機 U	當作為啟動馬達時：供應 12V 三相直流電源（U 相、V 相、W 相）給 ISG 發電機。當作為發電機時：由 ISG 發電機產生的三相交流電源給 SGCU（各廠家功能定義不一）予以穩壓／整流成直流電。
71			SGW	Starter Generation V	起動發電機 V	
72			SGV	Starter Generation W	起動發電機 W	

第 4 章 燃油車常見英文縮寫代號說明

第 4 章 ｜ 課後習題

填充題

1. 請依開關英文名稱填入對應的中文名稱

編號	KY 縮寫	SY 縮寫	YA 縮寫	英文全名	中文翻譯名
(1)	IGN	IG	IG	IGNITION COIL	_____
(2)	FUEL-PUMP	FUEL PUMP	FP	Fuel Pump	_____
(3)		FPR			_____
(4)	INJ	INJ	IJ		_____
(5)		ISC AP	ISCA+	Idle Speed Controller A+	_____
(6)		ISC AN	ISCA-	Idle Speed Controller A-	_____
(7)		H/L RLY	HLR	Head Light Relay	_____
(8)	CRK-POS		VCRK	Voltage Crankshaft	_____
(9)		CRK-M			_____
(10)		CRK-P			_____
(11)	CRK-NEG				_____
(12)		PG 1	CGND1	Controller Ground 1	_____
(13)	V-SENS	VCC	VCC1	Volt Current Circuit 1	_____
(14)	SGND	SG	SGND4	Sensor Ground 4	_____
(15)		TH	TP	Throttle Position	_____
(16)	HEGO-HEAT	O2HT-F	OH1	Oxygen Heater 1	_____

編號	KY 縮寫	SY 縮寫	YA 縮寫	英文全名	中文翻譯名
(17)		PM	PB	Intake air Pressure sensor	_____
(18)		TA	AT	Intake Air Temperature sensor	_____
(19)		TW			_____
(20)			SP2	wheel speed sensor 2	_____
(21)	HEGO-SENS	O2-F	O2-1	Oxygen Sensor	_____
(22)		O2F-GND			_____
(23)		TW	WT	Water Temperature sensor	_____
(24)	ECT	ENG TEMP			_____
(25)	TSW	ROLL SENSOR			_____
(26)		ST SW	ST	Start Switch	_____
(27)			SS	Side Switch	_____
(28)		IDLSSW	ISS	Idle Start Switch	_____
(29)		BRK SW			_____
(30)		TRC SW			_____
(31)			ECU	Engine control unit	_____
(32)			SGCU	Start Generator Control Unit	_____
(33)	CAN-HIGH	CAN-H	CAN H	Controller Area Network H	_____
(34)	CAN-LOW	CAN-L	CAN L	Controller Area Network L	_____

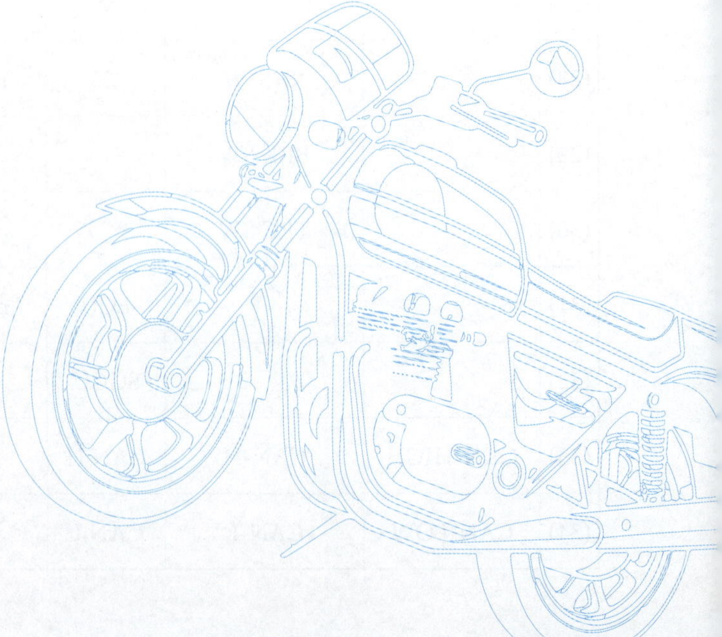

第二篇　燃油機車篇

- 第 5 章　機車智能啟動
- 第 6 章　點火系統比較說明
- 第 7 章　充電系統比較說明
- 第 8 章　照明系統比較說明
- 第 9 章　怠速控制系統比較說明
- 第 10 章　自動阻風系統比較說明
- 第 11 章　機車進氣機構比較說明
- 第 12 章　噴射系統比較說明
- 第 13 章　其他系統

第 5 章 機車智能起動

5-1 山葉 (YAMAHA) 車系

範例機種

山葉 CUXI 115 車系

圖片出處：https://autos.yahoo.com.tw/new-bikes/trim/yamaha-cuxi

山葉 VINOORA 125 車系

圖片出處：https://autos.yahoo.com.tw/new-bikes/trim/yamaha-vinoora

山葉勁戰 Cygnus Gryphus 125 車系

圖片出處：https://autos.yahoo.com.tw/news/6%E4%BB%A3yamaha

一、概要說明

1. 前言

目前機車若採用內燃機引擎者仍需透過起動系統將引擎予以起動，當引擎運轉後方能透過變速箱（打檔車或速克達機種）將曲軸的轉速與扭力適時地傳輸至後輪進而帶動機車行走，因此起動系統是決定引擎能否作動的重要因素。

起動系統佔機車電氣系統中的一環（起動、點火、充電、照明、訊號、噴射…等系統）；傳統設計上起動與充電系統是分開設置，近年來則整合在一起（線圈、磁場、運動；佛萊明右手 / 左手三指法則）；此設置非新科技，近期最有名的即是 HONDA PCX 車系所配置的 ACG 交流發電機 / 起動馬達。

本章節內容便是以智能起動系統導入原由開始，進一步做傳統起動、充電系統的介紹，以及過渡期與最新的整合系統，希望依此說明能使技師了解起動與充電相關知識與技能。

2. 導入原由：法規 5、6、7 期差異說明（機車停等零污染之規定）以 YAMAHA 為例

原定計畫 2035 年禁燃油車販賣的政策隨著各方角力與妥協下，政策轉為油電並行並需符合法規，各廠牌仍以油電並行作為營業策略，短時間市售車輛仍以燃油車為大宗，但電動車仍為後續發展主力。

1. 法規差異

新車型檢驗標準加嚴，使用中車輛標準同六期規範。

◆ 表 5-1　法規差異說明

項目		五期車（排氣量 150cc 以下）民國 96 年 7 月 1 日 排放標準等同歐三（Euro 3）	六期車 民國 106 年 1 月 1 日 排放標準等同歐四（Euro 4）	七期車 民國 110 年 1 月 1 日 排放標準等同歐五（Euro 5）
廢氣排放控制系統功能保證	最大車速未達 130 公里/小時	三年或 15,000 公里以內（以先到者為準）。	五年或 20,000 公里以內（以先到者為準）。	同六期
	最大車速高於 130 公里/小時	－	五年或 35,000 公里以內（以先到者為準）。	
故障警告燈		點滅方式顯示故障碼（恆亮或閃爍）	恆亮方式顯示故障	同六期
故障代碼		故障代碼：2 碼 例：曲軸位置感知器 → 12	故障代碼：5 碼 例：曲軸位置感知器 → P0335	同六期
診斷工具		YDT2	YDT3（診斷接頭為 3PIN 或 4PIN）	舊款 YDT3 需搭配線材（診斷接頭為 6PIN）90890-03266
車上診斷系統		YAMAHA FI	OBD 1	依據法規，廠商可自行選擇配備 OBD 1 或 OBD 11（目前 YMT 國產及 CBU 均選擇配備 OBD 1）
新車型審驗排放標準	CO（一氧化碳）	2000	1140	1000
	HC（碳氫化合物）	800	170	100
	NMHC（非甲烷碳氫化合物）	無	無	68
	Nox（氮氧化物）	150	70	60
	PM（細懸浮微粒）	無	無	4.5
使用中車輛檢驗		CO：3.5%； HC：1600ppm	CO：2.0%； HC：1000ppm	同六期
前燈		●有照明開關 ●沒有晝間（全時）點燈	●取消照明開關 ●晝間（全時）點燈	●取消照明開關 ●晝間（全時）點燈

2. OBD 差異

台灣機車自第 6 期排放標準實施日起,所有機車都應配備與目前汽、柴油車相同功能的車上診斷系統(On Board Diagnostics,簡稱 OBD)。

◆ 表 5-2　法規差異說明

故障問題點	YAMAHA 規範（五期車）	OBD（六期車）	OBD（七期車）
故障範例： 線路斷線→問題排除前	故障警告燈點亮（恆亮或閃爍） • 點亮方式顯示故障碼	故障警告燈點亮（恆亮） • 故障碼檢出條件成立時,故障警告燈點亮。【需使用診斷工具（YDT）才能讀取故障碼】	故障警告燈點亮（恆亮） • 故障碼檢出條件成立時,故障警告燈點亮。【需使用診斷工具（YDT3.0）才能讀取故障碼】
故障範例： 線路斷線→問題排除後	故障警告燈熄滅 • 修復後故障警告熄滅,會記錄故障履歷。 • 可使用診斷工具（YDT）將故障履歷清除。	故障警告燈點亮（恆亮） • 必須使用診斷工具才能將故障警告燈熄滅,無法自動熄滅。所以必須到購買店處理。	故障警告燈點亮（恆亮） • 必須使用診斷工具才能將故障警告燈熄滅,或經過三次連續駕駛循環後（例：主開關 ON/OFF 三回）,若監控系統停止偵測故障或無偵測到其他故障發生,故障指示燈自動熄滅。 備註：台灣 YAMAHA 七期機車配備 OBD I、但是 FW（韌體部分）採 OBD II 仕樣

關鍵提醒 七期車清除故障碼除了用診斷工具外、系統亦可經過三個連續駕駛循環後自動清除。

3. 機車停等零污染之規定

　　另外新增機車停等零污染之規定，將逐期增加機車停等零污染之引擎族比例，例如全年總銷售量達一萬輛以上之業者，六期實施後須有 20% 以上的引擎族數量符合惰轉零排放之規定；而七期後更須有 50% 以上引擎族數量符合惰轉零排放之規定，例如：具惰轉熄火 (idle-stop) 功能之機車、複合動力電動機車或電動機車皆可符合此一功能。

二、系統演進：傳統→過渡→智能

◆ 表 5-3　傳統→過渡→智能系統特點

項目	傳統起動系統	過渡期起動系統	智能起動 / 充電系統
系統架構	具備起動系統（起動馬達、起動小齒輪、單向離合器、繼電器…等）與充電系統（發電機、穩壓整流器、電瓶…等）。	具備起動系統（起動馬達、起動小齒輪、單向離合器、繼電器…等）與充電系統（發電機、穩壓整流器、電瓶…等）。	將起動系統與充電系統整合。
控制方式	起動系統與充電系統各自獨立互不干涉。	起動系統與充電系統各自獨立互不干涉；追加引擎怠速啟停機能（ECU 內設置；條件成熟後由 ECU 控制回油門停車後引擎熄火與轉動油門後引擎起動機能）。	起動系統與充電系統由 SGCU 或專用控制器自動控制。
系統機能	起動系統負責引擎的起動；充電系統負責電瓶與整車電源供應。	起動系統負責引擎的起動；充電系統負責電瓶與整車電源供應；ECU 介入引擎啟停機能。	ECU 或專用控制器依需求與現況控制起動與怠速啟停機能。

三、優勢說明

1. 怠速熄火機構特點

1. 藉由引擎自動怠速熄火 (Idling Stop, IS) 運轉，達成節省實際油耗。
2. 重新起動：利用油門握把旋轉即可輕易起動。
3. 怠速熄火開關可使消費者選擇是否使用此功能，或使技師能進行車輛動態檢查，例如：充電電壓、充電電流或其它檢測。

2. 怠速熄火條件

設定方式：符合怠速熄火條件後（各機種條件不一，例如：引擎溫度、走行比率⋯等），回油門、車輛停止後約莫 1~2 秒即進入怠速熄火（此時相對應儀表符號閃爍）。

> **關鍵提醒** 因故障原因所導致熄火；例如引擎磨損、汽門積碳、汽油泵浦異常、傳動設定異常、ISC 機構異常⋯等（非設定條件）不予以討論。

3. 起動方式說明

1. 過渡期起動方式：有起動馬達（內文範例為山葉 CUXI 115 NB IS 機型）。
2. 智能起動（SMG）：馬達與發電機合一（內文範例為 N-MAX 155 機型）。

4. 差異說明

傳統方式與智能起動的比較

1. 傳統起動系統

    傳統的機種是將起動系統的起動馬達和單向離合器予以單獨配置，現今已將此配置整合於發電機內，此方式可讓引擎更輕、結構更緊湊，並且起動更安靜。

    透過將發電機中的電流予以反向供應，它還可以用作起動馬達的機能。此外，SGCU（起動發電機控制單元）對發電進行精確的控制，可減少因過度發電造成的能量損失。

說明：
1. 引擎由起動馬達啟動。
2. 電池由發電機（交流發電機）和穩壓整流器進行充電。
3. ECU控制機車的噴射系統。

◆ 圖 5-1　傳統的機型是將起動功能和發電功能分開配置

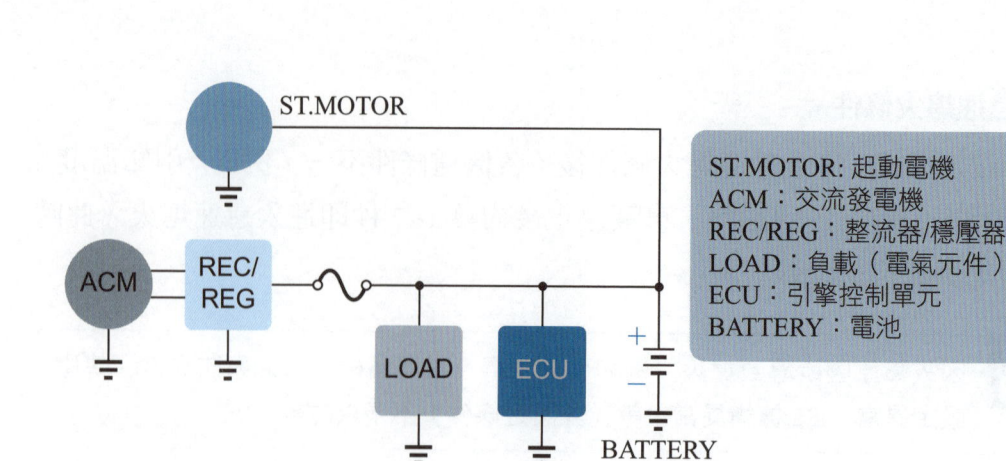

◆ 圖 5-2　傳統起動系統電路圖

2. 智能起動系統

　　智能起動發電機總成整合了起動功能和發電功能，無須透過驅動齒輪即可直接轉動曲軸，減少了齒輪接合的聲音，實現了安靜的起動。

　　智能起動馬達發電機功能如下：（以 N-MAX 155 為例）

(1) 智能起動馬達發電機可起動引擎與進行充電。

(2) SGCU 可精確地控制充電與機車的噴射系統。

(3) SGCU 控制繼電器，該繼電器可控制起動引擎與電池充電的需求。

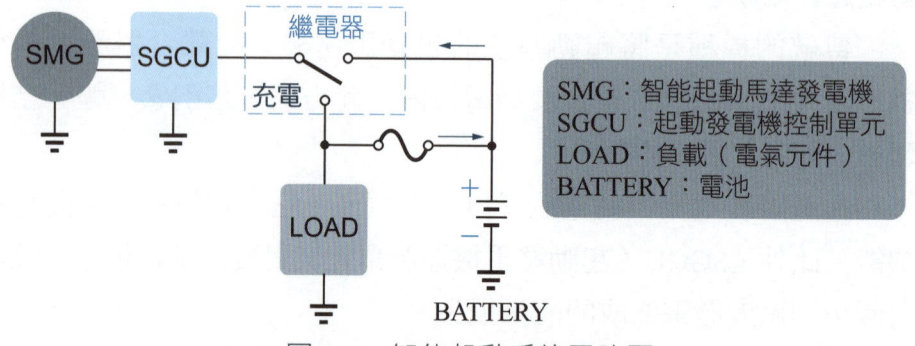

◆ 圖 5-3　智能起動系統電路圖

範例一：傳統方式→有起動馬達 （Model：山葉 CUXI 115）

1. CUXI-115 機能特點
   (1) 藉由引擎自動怠速熄火 (Idling Stop) 運轉，達成節省實際油耗的系統。
   (2) 重新起動利用油門握把旋轉即可輕易起動。

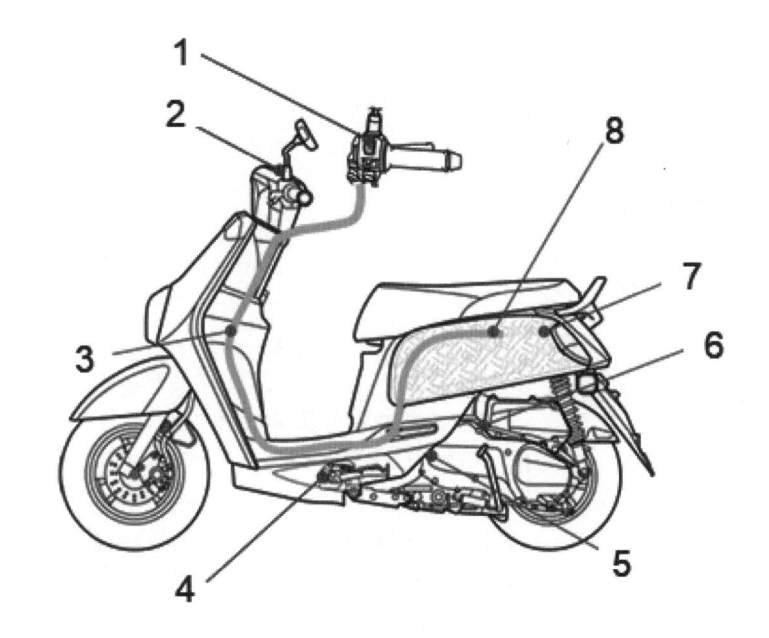

◆ 圖 5-4　山葉 CUXI-115 機能特點示意圖
（資料截錄自山葉 CUXI-115 商品指南內容並予以編寫呈現）

◆ 表 5-4　山葉 CUXI-115 起動機能各部說明

序號	項目	內容	目的
1	怠速熄火選擇開關（右把手開關）	—	IS 的功能選擇（ON/OFF）
2	怠速熄火指示燈（速度錶內）	—	通知關於 IS 的狀態
3	主配線	追加 QS 和 IS 迴路	為了追加 QS 和 IS 功能
4	側支架開關（側支架安全栓）	—	防止在使用側支架狀態下，意外的旋轉加油握把起動。
5	交流磁石發電機	• 電功率加大（150W → 190W） • QS 追加曲軸位置感知器和轉子凸點加	為了確保 IS 用的充電量和 QS 功
6	起動馬達	• 電樞外徑加大 • 油封追加防塵功能	為了確保起動可靠度（耐久性）
7	蓄電池	• YTX5L-BS（乾式；4AH） • YTZ6V（濕式；5AH）	為了符合 IS 用蓄電池壽命
8	ECU	• 追加 QS & IS 用迴路 • 33pin → 48pin 接頭	為了追加 QS & IS 功能

備註

※ 代字定義

QS (Quick Start) →快速起動

IS (Idling Stop) →怠速熄火

2. 山葉 CUXI 車系 IS 系統架構

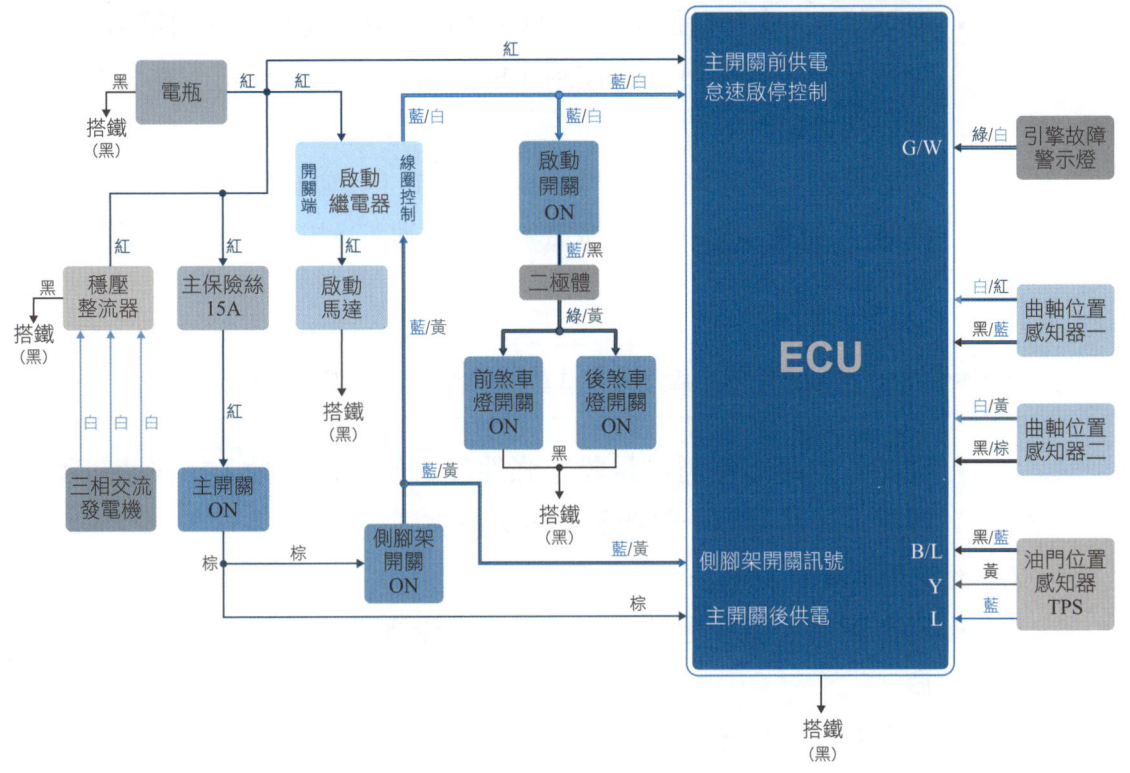

◆ 圖 5-5　山葉 CUXI 車系 IS 系統架構圖

(1) 引擎起動作動說明

- 階段 1：電瓶 + 極→主保險絲 15A →主開關 ON →側腳架開關 ON →起動繼電器（線圈端）→ ECU →搭鐵（電瓶 – 極）。
- 階段 2：電瓶 + 極→起動繼電器（開關端）→起動馬達→搭鐵（電瓶 – 極）。

> **關鍵提醒**　在此階段與一般起動系統無異（其中差異為繼電器線圈端透過 ECU 進行搭鐵控制；傳統機種為直接搭鐵；另一差異是為應付頻繁的起停動作，故該機種的起動馬達規格強化）。

- 總結：當騎士操作機車時（主開關 ON），起動引擎與一般無異。

(2) 起動後→怠速起停作動說明
- 怠速熄火：走行時回油門→ECU 判定（例：走停比、引擎溫度、車速訊號…等）→熄火控制（ECU 停止供油、供電；並將曲軸停於快速起動的位置）。
- 引擎起動：停車時加油門→ECU 控制（起動繼電器線圈端予以搭鐵）；電瓶+極→起動繼電器（開關端）→起動馬達→搭鐵（電瓶-極）。

關鍵提醒 ECU 控制繼電器（線圈端）作動（取代起動開關的操作）。

- 總結：怠速起停需滿足設定條件後方能進行作動（採快速起動設計），其餘與一般起動系統架構雷同。

(3) 充電系統作動說明
- 充電說明（引擎運轉時）：三相交流發電機→穩壓整流器→電瓶。
- 供電說明（引擎運轉時）：三相交流發電機→穩壓整流器→主開關→全車負載。
- 供電說明（發電量不足時）：電瓶→主開關→全車負載。

關鍵提醒 與一般充電系統無異（唯一差異是為應付頻繁的啟停動作，故該機種的電瓶與發電機規格強化）。

- 總結：車上的電瓶只負責①起動馬達與②發電機充電不足時使用，因此怠速時測量充電電流為負值是有可能的，正常走行測量充電電流應為正值。

3. 山葉 CUXI 車系 IS 系統概要

◆ 圖 5-6　山葉 CUXI 車系 IS 系統概要圖

(1) 車主輸入系統
- 側支架開關→【功能】輸出 ON/OFF 訊號→安全機制。
- TPS →【功能】偵測油門開度→安全機制。
- 怠速熄火→開關【功能】偵測 ON/OFF 訊號→是否啟用此怠速起停機制。

(2) 車輛輸入系統
- 車速感知器【功能】偵測停車→確定車輛需完全停止。
- 引擎溫度感知器【功能】偵測引擎溫度→引擎需完全熱車。
- 吸氣壓力感知器【功能】偵測吸氣壓力→引擎需作動正常。
- 曲軸感知器【功能】偵測曲軸位置→偵測引擎停止時利於快速起動最佳位置。
- QS 曲軸感知器【功能】偵測起動突出點→引擎快速起動使用。

(3) 電源系統
- 電瓶容量加大．YTX5L-BS → YTZ6V；應付起停頻繁使用需求。
- 交流發電機．電功率加大；應付起停頻繁使用需求。

(4) 車輛輸出系統
- ①起動繼電器→起動馬達．出力提升；②起動離合器，減速比提升（③二極體【功能】→預防尾燈錯誤亮燈）。
- 噴油嘴→【功能】燃料噴射。
- IS 指示燈→【功能】顯示 IS 的作動狀態。

範例二：新起動方式→無起動馬達（Model：2021 VINOORA）

1. 山葉 VINOORA 車系起動 / 充電系統架構

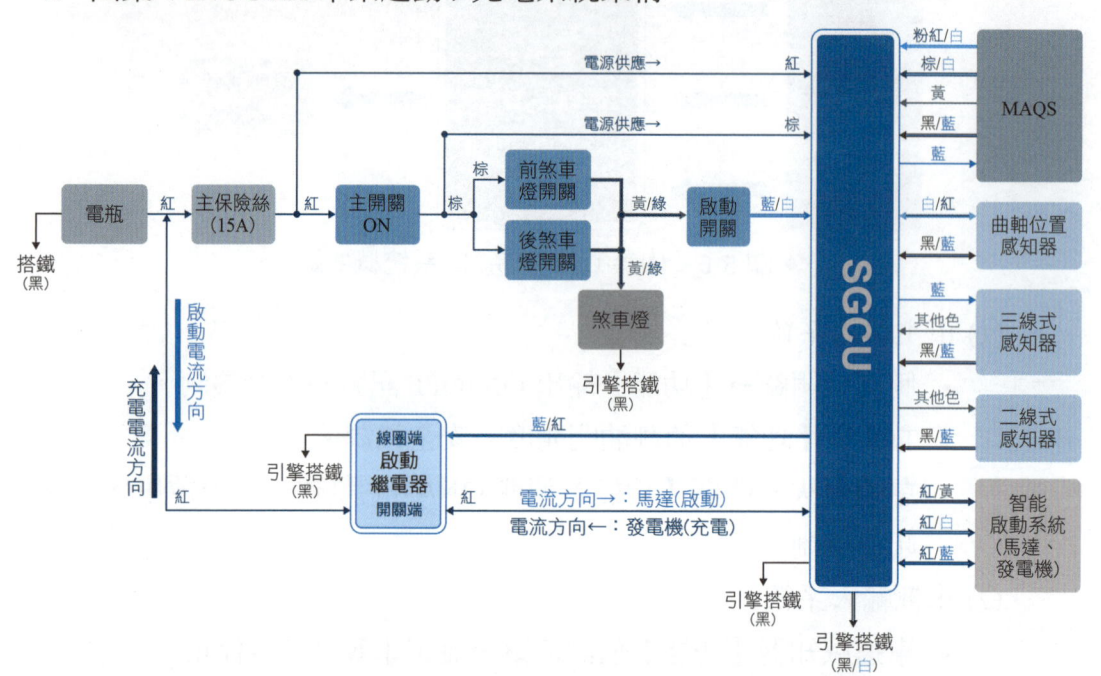

◆ 圖 5-7　山葉 VINOORA 車系起動 / 充電系統架構圖

(1) 起動說明

- 人員操作：電瓶→主保險絲→主開關 ON → SGCU →搭鐵（電瓶 - 極）；系統起動。

- 人員操作：電瓶→主保險絲→主開關 ON →前、後煞車燈開關→起動開關→ SGCU →搭鐵（電瓶 - 極）；起動訊號成立。

- 系統操作：SGCU →起動繼電器（線圈端）→搭鐵；起動繼電器起動；電瓶→起動繼電器（開關端）→ SGCU：供應 12V 的電源給 SGCU。

- 系統操作：SGCU 檢測智能起動系統（ISG）轉子外圓的突起接近感知器（拾波線圈 / 曲軸位置感知器）時引起的磁場變化；轉子角度偵測。

- 內轉子線圈依拾波線圈磁場變化信號 (轉子角度偵測) 依序通電（U 相、V 相、W 相）產生磁場使轉子（永久磁鐵）轉動：同三相無刷馬達作動概念。

- 系統操作：ISG 馬達持續轉動（起動初期配合進氣凸輪的減壓設置以利起動）：此時為起動馬達功能。

(2) 充電說明
- 系統操作：SGCU 判定引擎已順利起動：例如 650rpm 以上（各機種不同請依原廠規範）。
- 系統操作：SGCU 切斷供應 ISG 馬達（U 相、V 相、W 相電源）。
- 系統操作：ISG 發電機→ SGCU →電瓶（全車負荷），引擎持續自主運轉、發電機三組線圈產出三相交流電，透過 SGCU 將交流電轉成直流電後，將電瓶予以充電並供應全車系統使用。

關鍵提醒
- 上述說明內容以（ISG 馬達/發電機）一詞代替智能起動系統（馬達、發電機）定義。
- 該系統的 SGCU 包含噴射系統的 ECU 與充電系統的穩壓整流器兩者功能。
- 與 SY 及 KY 不同之處為：前述廠牌的 ECU 與智能起動/充電的控制器兩者是分開並使用 CAN 或 K-LINE 予以通訊連接。而 YA 廠牌將兩者整合於 SGCU 元件內。

2. SGCU 元件接腳說明

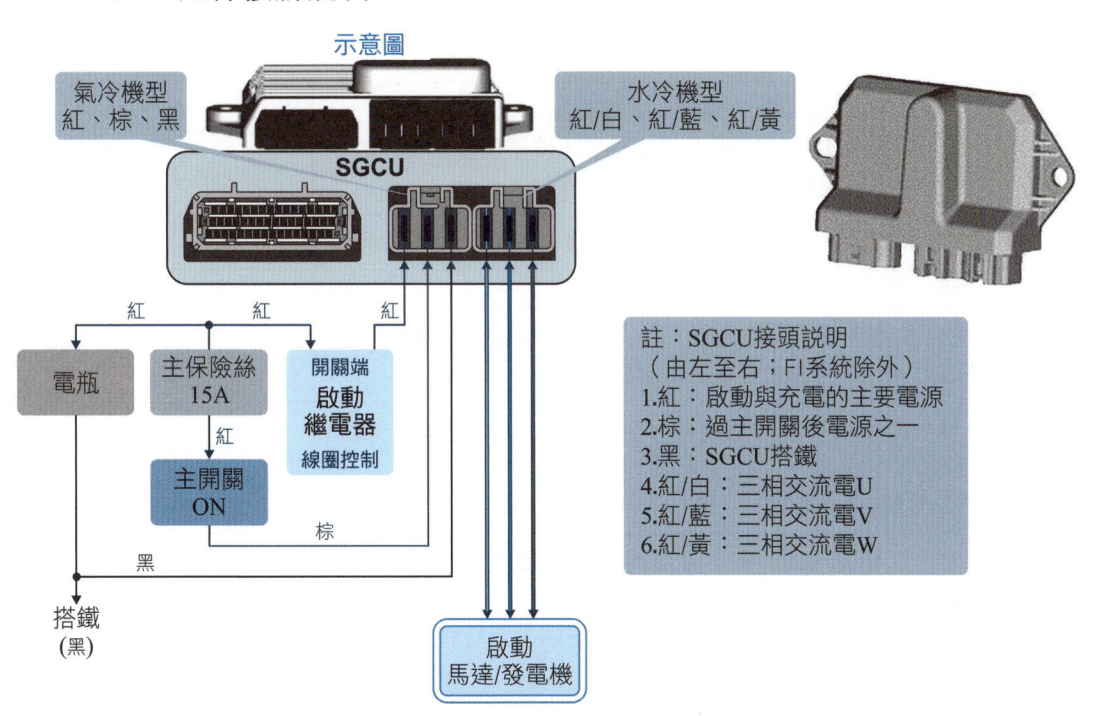

註：SGCU 接頭說明
（由左至右；FI 系統除外）
1. 紅：啟動與充電的主要電源
2. 棕：過主開關後電源之一
3. 黑：SGCU 搭鐵
4. 紅/白：三相交流電 U
5. 紅/藍：三相交流電 V
6. 紅/黃：三相交流電 W

◆ 圖 5-8　SGCU 元件接腳圖

3. 山葉 VINOORA 車系起動引擎作動步驟

◆ 表 5-5　山葉 VINOORA 車系起動引擎作動步驟（ISG 當成起動馬達 / 發電機作動時）

步驟	作動說明	人員作動	系統作動
1	STEP 1 主開關 ON 電瓶 + 極→紅色線→主保險絲 15A →紅色線→主開關 ON →棕色線→ SGCU →黑、黑 / 白色線→搭鐵	V	
2	STEP 2 前、後煞車燈開關 電瓶 + 極→紅色線→主保險絲 15A →紅色線→主開關 ON →棕色線→前、後煞車燈開關→綠 / 黃色線	V	
3	STEP 3 起動 / 怠速熄火開關 電瓶 + 極→紅色線→主保險絲 15A →紅色線→主開關 ON →棕色線→前、後煞車燈開關→綠 / 黃色線→ 起動開關→藍 / 白色線→ SGCU →黑、黑 / 白色線→搭鐵	V	
4	STEP 4 SGCU 控制器起動繼電器（線圈端） SGCU →藍 / 紅色線→起動繼電器（線圈端）→黑色線→搭鐵		V
5	STEP 5 起動繼電器（開關端）供應 12V 電源給 SGCU 電瓶 + 極→紅色線→起動繼電器（開關端）→紅色線→ SGCU		V
6	STEP 6 SGCU 供應 12V 三相直流電源給 ISG 馬達 SGCU → U 相、V 相、W 相→ ISG 發電機		V
7	STEP 7 ISG 馬達轉動（起動馬達驅動曲軸以發動引擎） 轉子線圈依拾波線圈磁場變化信號 (轉子角度偵測) 依序通電產生磁場使轉子（永久磁鐵）轉動		V
8	STEP 8 確認引擎轉速達到規定轉速後判定引擎已正常發動 SGCU 判定（引擎轉速是否符合規範）		V
9	STEP 9 切斷三相供應之 U、V、W, 此時起動馬達功能停止 SGCU ≠ ISG 發電機（U 相、V 相、W 相）		V
10	STEP 10 引擎持續自主運轉、發電機三組線圈產出三相交流電 ISG 發電機→ SGCU		V
11	STEP 11 透過 SGCU 將交流電轉成直流電後將電瓶予以充電並供應全車系統使用 SGCU →紅色線→起動繼電器（開關端）→紅色線→電瓶（全車負荷）		V

關鍵提醒 由上表內容所示，零延遲起動系統控制器內設置了許多的作動條件，此作動條件稱為制御，意指依此進行相關控制。

1. 制御條件說明：
    (1) 該氣冷引擎系統從發動引擎到轉換成發電機充電；這個過程中可分成 11 個步驟。
    (2) 對消費者（騎士）而言，其使用方式與傳統燃油車使用習慣相同（步驟 1～步驟 3）。
    (3) 對系統而言因制御設定的關係，其相關操作均由 ECU 與零延遲起動系統控制器完成（步驟 4～步驟 11），消費者不需另行控制；可提升使用的便利性與系統的穩定性。
    (4) 該系統的制御流程可簡化為人員操作→系統作動（SGCU →驅動器控制→電源供應→相位電源轉換→馬達驅動→引擎發動判定→機能轉換→穩壓整流→直流電供應）。
    (5) 與傳統燃油車的作動相同，維修作業時不需將 K - LINE、CAN 的檢測概念導入保養維修作業中（該機種無此配置）。

2. 特點說明：
    (1) 該系統不同三陽、光陽車系設計（ECU 與零延遲起動系統控制器兩者是分開），YAMAHA 車系是整合為一體的。
    (2) 該氣冷引擎系統使用曲軸位置感知器做為轉子角度偵側使用，因此與水冷引擎系統採用的霍爾 IC 不同，其構造較為簡單。
    (3) 該系統整體迴路較三陽、光陽車系簡單（相關系統繼電器只有 1 個），對技師而言其後續保養與維修作業容易執行。

範例三：新起動方式→無起動馬達（Model：2020 勁戰車系）

1. 山葉勁戰車系起動系統架構

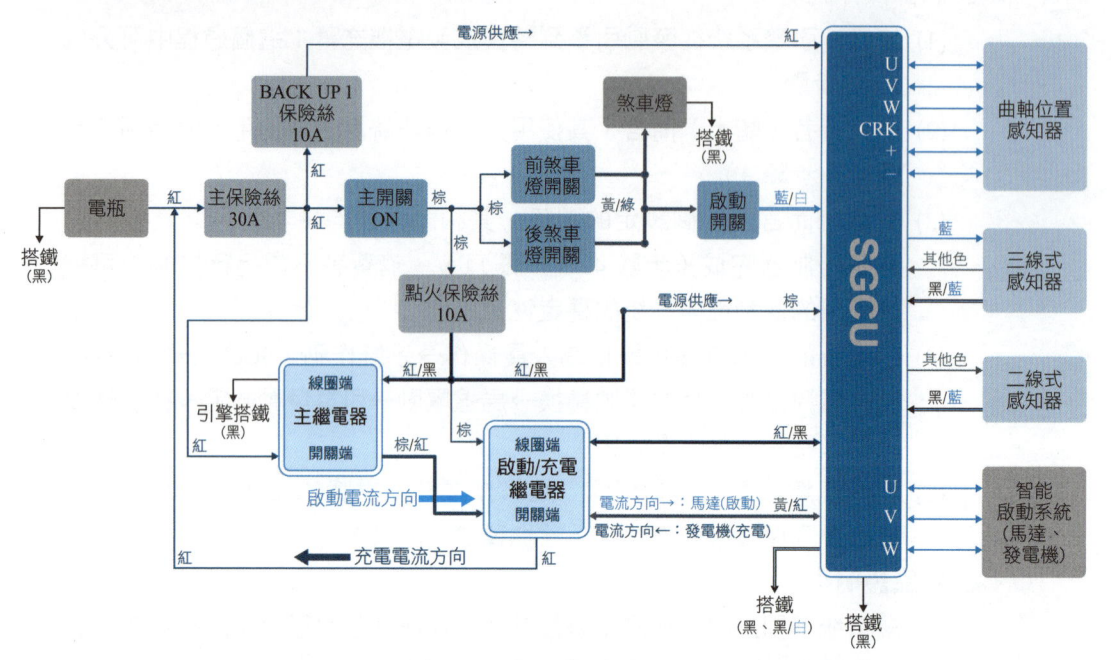

◆ 圖 5-9　2020 山葉勁戰車系起動系統架構圖

(1) 起動說明

- 人員操作：電瓶→主保險絲→主開關 ON →點火保險絲→ SGCU →搭鐵（電瓶－極）；系統起動。
- 人員操作：電瓶→主保險絲→主開關 ON →前、後煞車燈開關→起動開關→ SGCU →搭鐵（電瓶－極）；起動訊號成立。
- 系統操作：電瓶→主保險絲→主開關 ON →點火保險絲→主繼電器（線圈端）→搭鐵；主繼電器起動；電瓶→主保險絲→主繼電器（開關端）→起動 / 充電繼電器（開關端）→ SGCU：供應 12V 的電源給 SGCU。
- 系統操作：SGCU 檢測智能起動系統（ISG）檢測轉子磁鐵接近霍爾 IC 時引起的磁場變化；轉子角度偵測。
- 內轉子線圈依霍爾 IC 時引起的磁場變化信號 (轉子角度偵測) 依序通電（U 相、V 相、W 相產生磁場使轉子（永久磁鐵）轉動：同三相無刷馬達作動概念）。

- 系統操作：ISG 馬達持續轉動（起動初期配合進氣凸輪的減壓設置、以利起動）：此時為起動馬達功能。

(2) 充電說明
- 系統操作：SGCU 判定引擎已順利起動：例如 650rpm 以上（各機種不同請依原廠規範）。
- 系統操作：SGCU 切斷供應 ISG 馬達（U 相、V 相、W 相電源）。
- 系統操作：電瓶→主保險絲→主開關 ON →點火保險絲→起動 / 充電繼電器（線圈端）→ SGCU →搭鐵；起動 / 充電繼電器起動。
- 系統操作：ISG 發電機→ SGCU →起動 / 充電繼電器（開關端）→電瓶（全車負荷）：引擎持續自主運轉、發電機三組線圈產出三相交流電，透過 SGCU 將交流電轉成直流電後透過起動 / 充電繼電器（開關端）將直流電電瓶予以充電並供應全車系統使用。

關鍵提醒
- 上述說明內容以（ISG 馬達 / 發電機）一詞代替智能起動系統（馬達、發電機）定義。
- 該系統的 SGCU 包含噴射系統的 ECU 與充電系統的穩壓整流器兩者功能。
- 該系統適用於山葉廠牌水冷系統，其轉子偵側方式與三陽、光陽廠牌相同採霍爾 IC 進行。

2. SGCU 元件接腳說明

示意圖

水冷機型
黃/紅、白/黑、黑

水冷機型
紅/白、紅/藍、紅/黃

SGCU

主保險絲 30A — 紅 — 電瓶 — 黑 — 搭鐵（黑）

開關端 主繼電器 線圈控制（棕/紅）

開關端 啟動充電繼電器 線圈控制（黃/紅）

開關端 頭燈繼電器 線圈控制（白/黑）

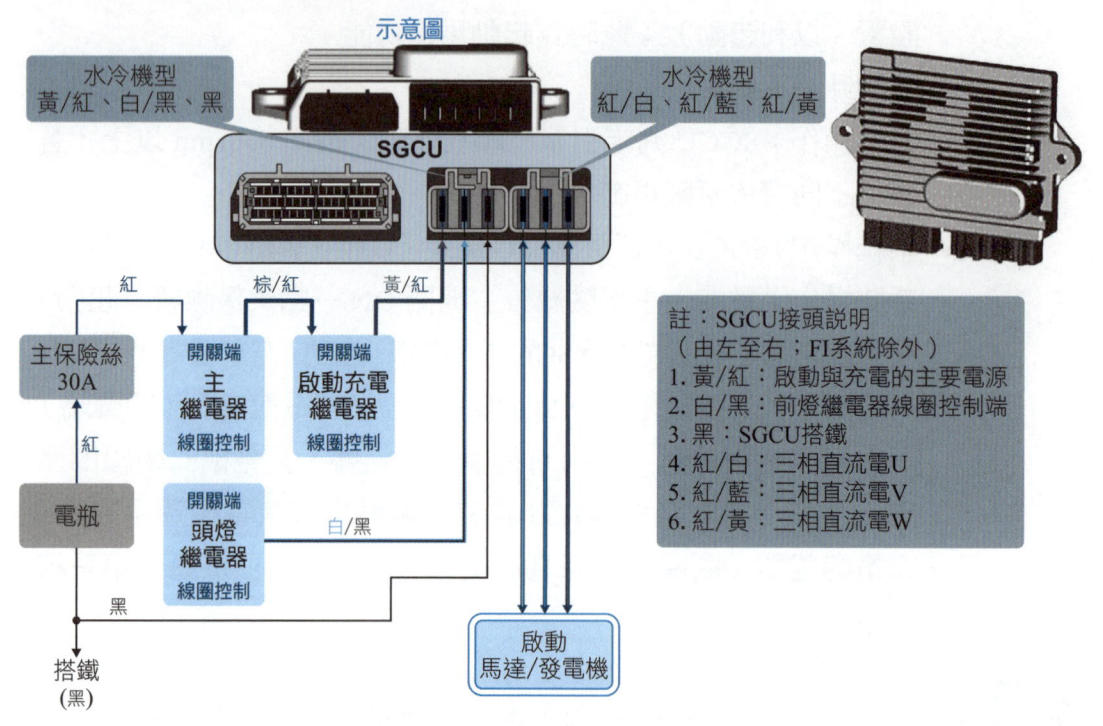

啟動馬達/發電機

註：SGCU接頭說明
（由左至右；FI系統除外）
1. 黃/紅：啟動與充電的主要電源
2. 白/黑：前燈繼電器線圈控制端
3. 黑：SGCU搭鐵
4. 紅/白：三相直流電U
5. 紅/藍：三相直流電V
6. 紅/黃：三相直流電W

◆ 圖 5-10　SGCU 元件接腳圖

3. 山葉勁戰車系起動引擎作動步驟

◆ 表 5-6　山葉勁戰車系起動引擎作動（ISG 當成起動馬達/發電機作動時）

步驟	作動說明	人員作動	系統作動
1	STEP 1 主開關 ON 電瓶 + 極→紅色線→主保險絲 15A →紅色線→主開關 ON →棕色線→點火保險絲 10A → SGCU →黑、黑/白色線→搭鐵	V	
2	STEP 2 前、後煞車燈開關 電瓶 + 極→紅色線→主保險絲 15A →紅色線→主開關 ON →棕色線→前、後煞車燈開關→綠/黃色線	V	
3	STEP 3 起動開關 電瓶 + 極→紅色線→主保險絲 15A →紅色線→主開關 ON →棕色線→前、後煞車燈開關→綠/黃色線→ 起動開關→藍/白色線→ SGCU →黑、黑/白色線→搭鐵	V	
4	STEP 4 主繼電器（線圈端）作動 電瓶 + 極→紅色線→主保險絲 15A →紅色線→主開關 ON →棕色線→點火保險絲 10A →紅/黑色線→主繼電器（線圈端）→黑色線→引擎搭鐵		V

步驟	作動說明	人員作動	系統作動
5	STEP 5 起動 / 充電繼電器（開關端）供應 12V 電源給 SGCU 電瓶 + 極→紅色線→主保險絲 15A →紅色線→主繼電器（開關端）→棕 / 紅色線→起動 / 充電繼電器（開關端）→黃 / 紅色線→ SGCU		V
6	STEP 6 SGCU 供應 12V 三相直流電源給 ISG 馬達 SGCU → U 相、V 相、W 相→ ISG 發電機		V
7	STEP 7 ISG 馬達轉動（起動馬達驅動曲軸以發動引擎） 轉子線圈依霍爾 IC 時引起的磁場變化信號 (轉子角度偵測) 依序通電產生磁場使轉子（永久磁鐵）轉動		V
8	STEP 8 確認引擎轉速達到規定轉速後判定引擎已正常發動 SGCU 判定（引擎轉速是否符合規範）		V
9	STEP 9 切斷三相供應之 U、V、W, 此時起動馬達功能停止 SGCU ≠ ISG 發電機（U 相、V 相、W 相）		V
10	STEP 10 引擎持續自主運轉、發電機三組線圈產出三相交流電 ISG 發電機→ SGCU		V
11	STEP 11 起動 / 充電繼電器（線圈端）作動 電瓶 + 極→紅色線→主保險絲 15A →紅色線→主開關 ON →棕色線→點火保險絲 10A →棕色線→起動 / 充電繼電器（線圈端）→紅 / 黑色線→ SGCU →黑、黑 / 白色線→搭鐵		V
12	STEP 12 透過 SGCU 將交流電轉成直流電後將電瓶予以充電並供應全車系統使用 SGCU →黃 / 紅色線→起動 / 充電繼電器（開關端）→紅色線→電瓶（全車負荷）		V

關鍵提醒 由上表內容所示，零延遲起動系統控制器內設置了許多的作動條件，此作動條件稱為制御，意指依此進行相關控制。

1. 制御條件說明
    (1) 該水冷引擎系統從發動引擎到轉換成發電機充電；這個過程中可分成 12 個步驟。
    (2) 對消費者（騎士）而言其使用方式與傳統燃油車使用習慣相同（步驟 1～步驟 3）。
    (3) 對系統而言因制御設定的關係，其相關操作均由 ECU 與零延遲起動系統控制器完成（步驟 4～步驟 12），消費者不需另行控制；可提升使用的便利性與系統的穩定性。
    (4) 該系統的制御流程可簡化為人員操作→系統作動（SGCU→驅動器控制→電源供應→相位電源轉換→馬達驅動→引擎發動判定→機能轉換→穩壓整流→直流電供應）。
    (5) 與傳統燃油車的作動相同，維修作業時不需將 K-LINE、CAN 的檢測概念導入保養維修作業中（該機種無此配置）。
2. 特點說明
    (1) 該系統不同三陽、光陽車系設計（ECU 與零延遲起動系統控制器兩者是分開），YAMAHA 車系是整合為一體的。
    (2) 該水冷引擎系統使用霍爾 IC 做為轉子角度偵側使用，因此與氣冷引擎系統採用的曲軸位置感知器不同，其構造較為複雜。
    (3) 該系統整體迴路較三陽、光陽車系簡單（相關系統繼電器只有 2 個），對技師而言其後續保養與維修作業容易執行。

技術補給站

繼電器

1. 繼電器功能說明
   - 小電流控制大電流的運用。
   - 解決線路配線的困擾。
   - 可因應電系實體配置的可能性。
   - 可實現電氣控制的運用。

2. 繼電器常見種類

   僅說明傳統機械式種類：

   (1) 四線式：如圖 5-11 所示，繼電器可區分成線圈端（①、②）與開關端（③、④）共四條 PIN 腳設置，其作動為：
      - 繼電器 OFF：因線圈未通電故內部線圈無法產生磁場；故開關不導通、負載不作動。
      - 繼電器 ON：將線圈通電後、內部線圈產生磁場；此磁場將開關吸住進而開關導通、負載作動。

   > **關鍵提醒**
   > - 透過此方式我們可以利用供給線圈的小電流進而控制負載作動所需電流。
   > - 前述機種：VINOORA 125 所配置的起動繼電器即是採用此設置。

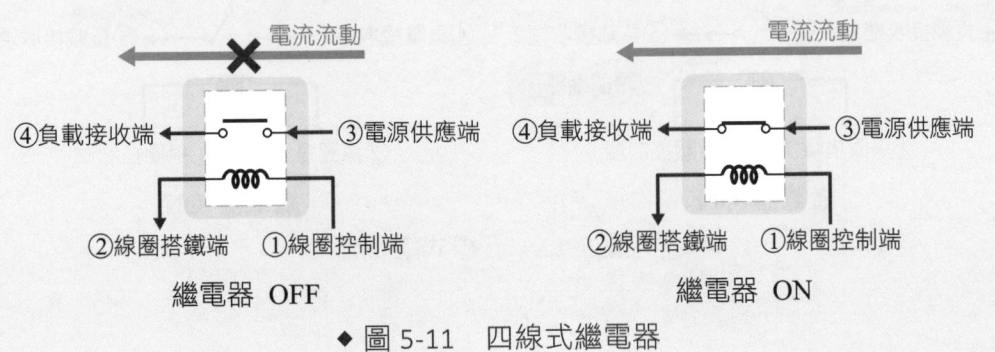

   電流流動　　　　　　　　　　　電流流動

   ④負載接收端　③電源供應端　　④負載接收端　③電源供應端
   ②線圈搭鐵端　①線圈控制端　　②線圈搭鐵端　①線圈控制端
   　　繼電器 OFF　　　　　　　　　繼電器 ON

   ◆ 圖 5-11　四線式繼電器

第 5 章　機車智能起動

(2) 五線式：如圖 5-12 所示，繼電器可區分成線圈端（①、②）與開關端（③、④、⑤）共五條 PIN 腳設置，其作動為：
- 繼電器 OFF：因線圈未通電故內部線圈無法產生磁場；故開關只有（③、④）導通、負載 1 作動。
- 繼電器 ON：將線圈通電後、內部線圈產生磁場；此磁場將開關吸住進而開關（③、⑤）導通、負載 2 作動。

關鍵提醒
- 透過此方式我們可以利用供給線圈的小電流進而控制負載作動所需電流。
- 繼電器內部開關端共有三個 PIN 腳，因此內部有兩個 PIN 腳永遠導通（此範例為③、④；線路圖上標示黑點處）；當繼電器線圈作動時則為另一端導通。
- 因此五線式繼電器不論線圈是否作動，其開關都會有兩 PIN 腳導通；工程師可利用此特性對系統進行規劃與設計。
- 此圖例所示：③為電源供應端、④與⑤為負載接收端；亦可將④與⑤為電源供應端、③為負載接收端，可依需求進行規畫配置。
- 前述機種：競戰 125 所配置的起動 / 充電繼電器即是採用此設置。

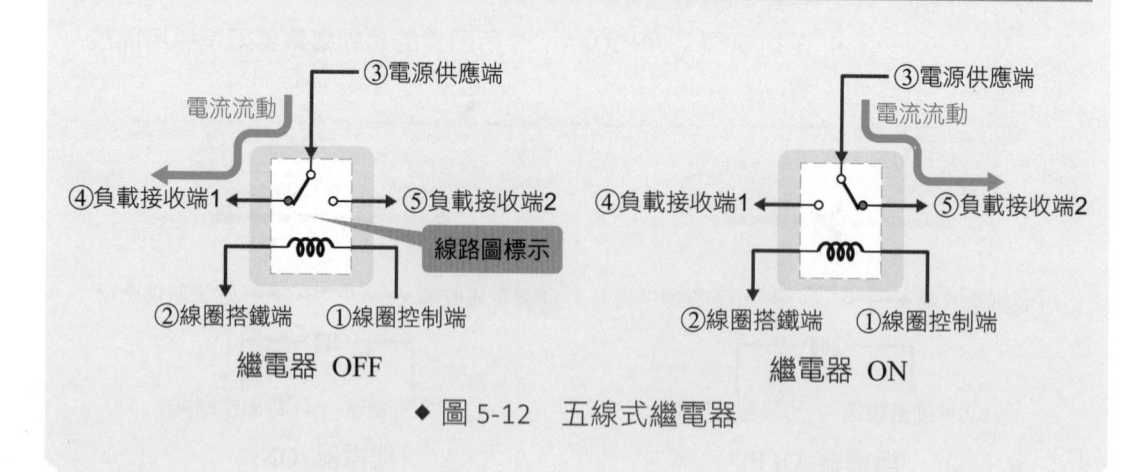

◆ 圖 5-12　五線式繼電器

5-2 三陽 (SANYANG) 車系範例機種

範例機種

三陽 FNX 車系（FP12W2）

◆ 表 5-7　三陽 FNX 車系機種規格

規格	尺寸
• 動力型式：汽油 • 車身型式：速克達 • 引擎型式：空冷單缸 SOHC 2V • 排 氣 量：124.9cc • 供油系統：電子噴射 • 變速型式：無段變速 • 油箱容量：6L • 起動方式：電動 • 煞車型式：前後碟式	• 車長：1890mm • 車寬：705mm • 車高：1110mm • 車重：115kg • 軸距：1295mm • 前輪尺碼：110/70-12 • 後輪尺碼：120/70-12

圖片出處：https://autos.yahoo.com.tw/new-bikes/trim/sym-fnx-2021-125-abs

相關媒體報導與官網介紹，此機種配置了「ZRSG 零延遲起動系統」。此機構與他牌競品有何特點與不同處，將於後續章節予以介紹。

一、系統架構

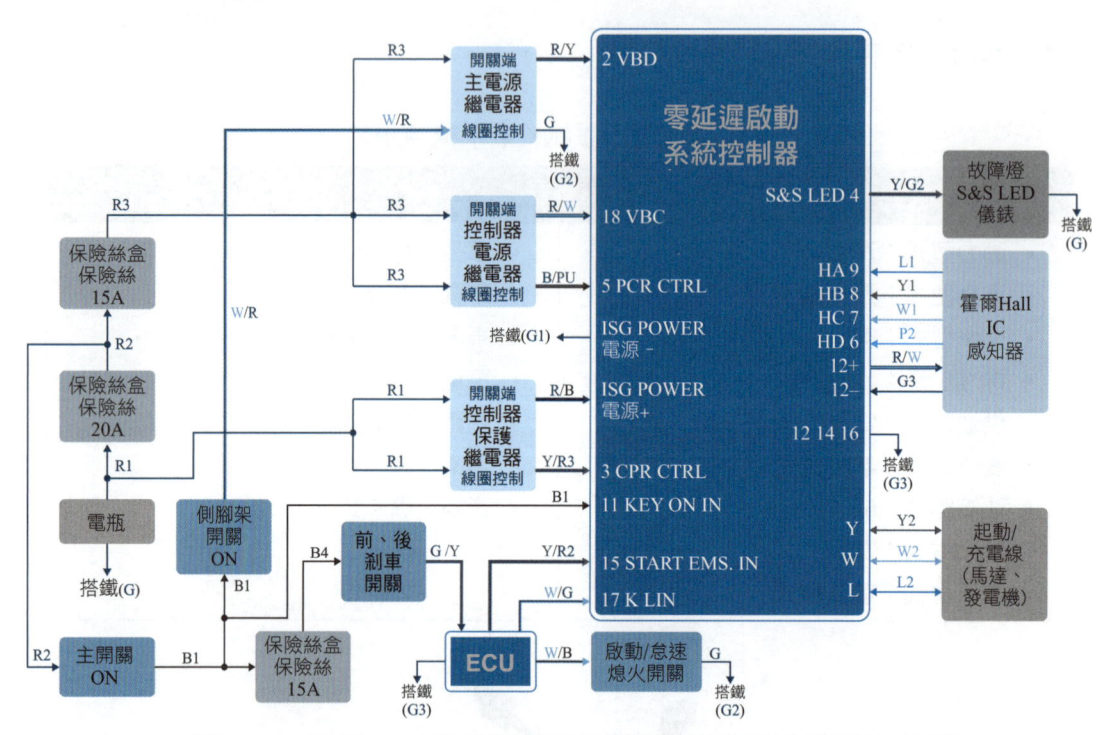

◆ 圖 5-13　三陽 FNX 車系零延遲起動系統控制器與電腦架構圖

1. 起動說明

1. 人員操作：電瓶→ 20A 保險絲→主開關 ON →側腳架開關 ON →主電源繼電器→搭鐵（電瓶 - 極）；安全性機制起動。

2. 人員操作：電瓶→ 20A 保險絲→主開關 ON →零延遲起動系統控制器→搭鐵（電瓶 - 極）；系統起動。

3. 人員操作：電瓶→ 20A 保險絲→主開關 ON → 15A 保險絲→前或後煞車燈開關 ON → ECU（起動制御）→起動 / 怠速熄火開關→搭鐵（電瓶 - 極）；起動訊號成立。

4. 系統操作：ECU → K-LINE →零延遲起動系統控制器；零延遲起動系統控制器進行起動控制。
5. 系統操作：
   (1) 電瓶→控制器保護繼電器（線圈端）→ ECU →搭鐵；控制器保護繼電器起動。
   (2) 電瓶→控制器保護繼電器（開關端）→零延遲起動系統控制器：供應 12V 的電源給零延遲起動系統控制器→ ISG。
6. 系統操作：ISG 發電機內轉子線圈依 HALL 信號 (轉子角度偵測) 依序通電（U 相 (L4)、V 相 (Y4)、W 相 (G4)）產生磁場使轉子（永久磁鐵）轉動：同直流無刷馬達作動概念。
7. 系統操作：ISG 發電機持續轉動（起動初期配合進氣凸輪的減壓設置以利起動）：此時為起動馬達功能。

2. 充電說明

1. 系統操作：K-LINE（零延遲起動系統控制器→ ECU）：ECU 判定引擎已順利起動：例：650rpm 以上（各機種不同請依原廠規範）。
2. 系統操作：零延遲起動系統控制器內切斷供應 ISG 發電機（U 相 (L2)、V 相 (Y2)、W 相 (W2)）電源。
3. 系統操作：ISG 發電機→零延遲起動系統控制器→電瓶（全車負荷）：引擎持續自主運轉、發電機三組線圈產出三相交流電，透過零延遲起動系統控制器將交流電轉成直流電後將電瓶予以充電並供應全車系統使用。

二、零延遲起動系統控制器

1. 腳位定義及說明

◆ 表 5-8　三陽零延遲起動系統控制器腳位

pin 腳位	名稱	定義	說明	手冊測量值	備註
1	VB	電源 1	電源 1 輸入	應有電瓶電壓	此機種無配置
2	VBD	電源 2	主電源繼電器開關端電源輸出→電源輸入（控制器內）	應有電瓶電壓	電瓶 + 極 → 保險絲盒 20A → 15A → 主電源繼電器開關端電源輸入；當主開關 ON 且側腳架開關 ON 時電源供應（控制器用電供應）
3	CPR CTRL	控制器保護繼電器 RELAY（繼電器）控制	控制器保護繼電器線圈控制端輸出→搭鐵（控制器內）	應有電瓶電壓	控制器內啟動 / 充電保護控制（提供 ISG：當啟動馬達時所需電源、當發電機時發電後 DC 電源輸出）
4	S&S LED (SIL)	異常燈號輸出	（控制器）故障訊號→儀錶端故障燈顯示	燈亮 1V 以下、燈滅 10~14V	當控制器故障時→故障訊號輸出至儀錶端顯示
5	PCR CTRL	控制器電源繼電器 CTRL：RELAY 控制	控制器電源繼電器線圈控制端輸出→搭鐵（控制器內）	應有電瓶電壓	電瓶 + 極→保險絲盒 20A → 15A →控制器電源繼電器（線圈端）搭鐵端輸出至控制器
6	HD IN	電機 HALL 信號 D	啟動馬達 / 交流發電機內霍爾 IC 訊號 D 輸入→（控制器內）	* 引擎不發動：順時針轉動轉子、應有 0~12V 電壓變化（高值：9~12V、低值：9~0.5V）	啟動馬達 / 交流發電機轉子角度偵測用
7	HC IN	電機 HALL 信號 C	啟動馬達 / 交流發電機內霍爾 IC 訊號 C 輸入→（控制器內）		啟動馬達 / 交流發電機轉子角度偵測用
8	HB IN	電機 HALL 信號 B	啟動馬達 / 交流發電機內霍爾 IC 訊號 B 輸入→（控制器內）		啟動馬達 / 交流發電機轉子角度偵測用

pin 腳位	名稱	定義	說明	手冊測量值	備註
9	HA IN	電機 HALL 信號 A	啟動馬達 / 交流發電機內霍爾 IC 訊號 A 輸入→（控制器內）		啟動馬達 / 交流發電機轉子角度偵測用
10	+5 VA	電源 +5V 輸出	控制器供應感知器工作電壓 5V 輸出	接近 5V 電壓	此機種無配置
11	KEY ON IN	鑰匙 ON / OFF 信號	機車操作狀態（ON 使用 / OFF 熄火）的訊號輸入	應有電瓶電壓	電瓶 + 極→保險絲盒 20A →主開關→控制器端電源輸入；主開關 ON 的電源供應 依此訊號進行機車使用與否的判定
12	GND	信號接地	控制器搭鐵端		控制器搭鐵
13	S&S LED (H2)		異常燈號輸出	接近 5V 電壓	此機種無配置
14	GND	信號接地	控制器搭鐵端		控制器搭鐵
15	STAR EMS IN	EMS 啟動信號	ECU 機車啟動信號→（控制器內）	按煞車時應有電瓶電壓	ECU→啟動按鈕→搭鐵（騎士操作啟動 / 啟動條件成立）；ECU →控制器（控制器進行馬達啟動作動） 控制器內啟動控制（啟動馬達 / 交流發電機控制）
16	GND	信號接地	控制器搭鐵端		控制器搭鐵
17	K- LINE	通訊界面	K- LINE 通信協議	主開關 OFF 1V 以下、主開關 ON 14V 以下	將 ECU、控制器與診斷器三者間以 K- LINE 予以相連進而進行相關資訊分享與控制
18	VBC	電源 3	控制器電源繼電器開關端電源輸出→電源輸入（控制器內）	應有電瓶電壓	控制器內主開關 ON 時電源供應

第 5 章　機車智能起動

pin 腳位	名稱	定義	說明	手冊測量值	備註
BAT +	R/B	電瓶正極	電瓶正極→零延遲啟動系統控制器		
BAT -	G1	電瓶負極	零延遲啟動系統控制器→電瓶負極		
U_phase	L2	三相電之 U 相位	啟動時：三相電之 U、V、W 相位→發電機；充電時：發電機→三相交流電→ ISG CONTROLLER 總成→電瓶		啟動時：零延遲啟動系統控制器將電瓶的直流電透過相位轉換成三相電之 U、V、W 相位驅動發電機內轉子轉動（直流無刷馬達概念）
V_phase	Y2	三相電之 V 相位			
W_phase	W2	三相電之 W 相位			

2. 功能彙整與特點

1. 功能說明

    (1) 空腳位：pin 1、pin 10、pin 13。

    (2) 霍爾元件（霍爾 IC）：pin 6（相位 D 訊號）、pin 7（相位 C 訊號）、pin 8（相位 B 訊號）、pin 9（相位 A 訊號）。

    (3) K‐LINE 訊號：pin 17。

    (4) 12V 電源：pin 18（控制器電源繼電器 ON 時）、pin 2（主開關 ON）。

    (5) 繼電器控制：pin 3（控制器保護繼電器線圈端）、pin 5（控制器電源繼電器線圈端）。

    (6) BAT +、BAT -：蓄電池正極、負極輸入。

    (7) U phase、V phase、W phase：起動時三相電輸出、發電時交流電輸入（L2、Y2、W2）。

2. 特點說明

    (1) 診斷器接頭、ECU、零延遲起動系統控制器三者間的通訊使用 K‐LINE 系統。

    (2) 此機種偵測轉子相應位置使用 4 個霍爾 IC；偵測曲軸位置仍使用脈衝線圈。

    (3) 零延遲起動系統控制器兼具逆變器（當作起動馬達）與穩壓整流器（當作發電機）功能。

三、三陽 FNX 車系起動引擎作動步驟

◆ 表 5-9　三陽 FNX 車系起動引擎作動（ISG 當成起動馬達 / 發電機作動時）

步驟	作動說明 電流方向（前、後部品間關係）	人員作動	系統作動
1	STEP 1 主開關 ON 電瓶 + 極→ R(1) →保險絲盒 20A → R(2) →主開關 ON → B(1) →零延遲啟動系統控制器→ G(3) →搭鐵	V	
2	STEP 2 前、後煞車燈開關 電瓶 + 極→ R(1) →保險絲盒 20A → R(2) →主開關 ON → B(1) →保險絲盒 15A → B(4) →前、後煞車燈開關→ G/Y → ECU → G(3) →搭鐵	V	
3	STEP 3 啟動 / 怠速熄火開關 ECU → W/B →啟動 / 怠速熄火開關→ G(2) →接地（搭鐵）	V	
4	STEP 4 ECU 通知 啟動 / 怠速熄火 / 充電控制系統（K- LINE 通信） ECU → W/G →零延遲啟動系統控制器		V
5	STEP 5 零延遲啟動系統控制控制器保護繼電器（線圈端）電瓶 + 極→ R(1) →控制器保護繼電器（線圈端）→ Y/R(3) →零延遲啟動系統控制		V
6	STEP 6 控制器保護繼電器（開關端）供應 12V 電源給零延遲啟動系統控制電瓶 + 極→ R(1) →控制器保護繼電器（開關端）→ R/B →零延遲啟動系統控制		V
7	STEP 7 零延遲啟動系統控制供應 12V 三相直流電源給 ISG 發電機零延遲啟動系統控制→ U 相 (L2)、V 相 (Y2)、W 相 (W2) → ISG 發電機		V
8	STEP 8 ISG 發電機轉動（啟動馬達驅動曲軸以發動引擎）轉子線圈依 HALL 信號（轉子角度偵測）依序通電產生磁場使轉子（永久磁鐵）轉動		V
9	STEP 9 確認引擎轉速達到規定轉速後判定引擎已正常發動 K- LINE（零延遲啟動系統控制 ⇆ ECU）		V
10	STEP 10 切斷三相供應之 U、V、W, 此時啟動馬達功能停止零延遲啟動系統控制器內 ≠ ISG 發電機（U 相 (L2)、V 相 (Y2)、W 相 (W2)）		V
11	STEP 11 引擎持續自主運轉、發電機三組線圈產出三相交流電零延遲啟動系統控制→電瓶（全車負荷）		V
12	STEP 12 透過零延遲啟動系統控制器將交流電轉成直流電後將電瓶予以充電並供應全車系統使用 零延遲啟動系統控制→電瓶（全車負荷）		V

> **關鍵提醒**　由上表內容所示，零延遲起動系統控制器內設置了許多的作動條件，此作動條件稱為制御，意指依此進行相關控制。

1. 制御條件說明
   (1) 該系統從發動引擎到轉換成發電機充電；這個過程中我們可分成 12 個步驟。
   (2) 對消費者（騎士）而言其使用方式與傳統燃油車使用習慣相同（步驟 1～步驟 3）。
   (3) 對系統而言因制御設定的關係，其相關操作均由 ECU 與零延遲起動系統控制器完成（步驟 4～步驟 12）、消費者不需另行控制；可提升使用的便利性與系統的穩定性。
   (4) 該系統的制御流程可簡化為人員操作→系統作動（通信→驅動器控制→電源供應→相位電源轉換→馬達驅動→引擎發動判定→機能轉換→穩壓整流→直流電供應）。
   (5) 與傳統燃油車的作動不同，維修作業時需將 K-LINE 的檢測概念導入保養維修作業中。

2. 特點說明
   (1) 該系統同光陽車系設計雷同，ECU 與零延遲起動系統控制器兩者是分開的（YAMAHA 車系是整合為一體的）。
   (2) 該系統使用 K－LINE 做為車上電腦間通訊使用（光陽車系使用 CAN），因此其響應範圍與速度較慢）。
   (3) 該系統整體迴路較光陽車系複雜（相關系統繼電器有 3 個），對技師而言其後續保養與維修作業不易執行。
   (4) 該系統設置側腳架開關，使用機車時須將側腳架收起後方能操作起動系統。

5-3 光陽 (KYMCO) 車系

範例機種

光陽大樂車系（Dollar 150 ABS HA-30BB）

◆ 表 5-10　光陽大樂車系機種規格

規格	尺寸
• 動力型式：汽油 • 車身型式：速克達 • 引擎型式：空冷單缸 SOHC 2V • 排　氣　量：150.1cc • 最大馬力：11.6hp@7000rpm • 最大扭力：1.31kgm@5500rpm • 供油系統：電子噴射 • 變速型式：無段變速 • 油箱容量：8L • 起動方式：電動 • 煞車型式：前碟 / 後鼓	• 座高：745mm • 車長：1935mm • 車寬：720mm • 車高：1065mm • 車重：125kg • 軸距：1395mm • 前輪尺碼：90/90-12 • 後輪尺碼：100/90-10

圖片出處：https://www.kymco.com.tw/product/dollar/

相關媒體報導與官網介紹，此機種配置了「ISG引擎」。此機構與他牌競品有何特點與不同處，將於後續章節予以介紹。

一、系統架構

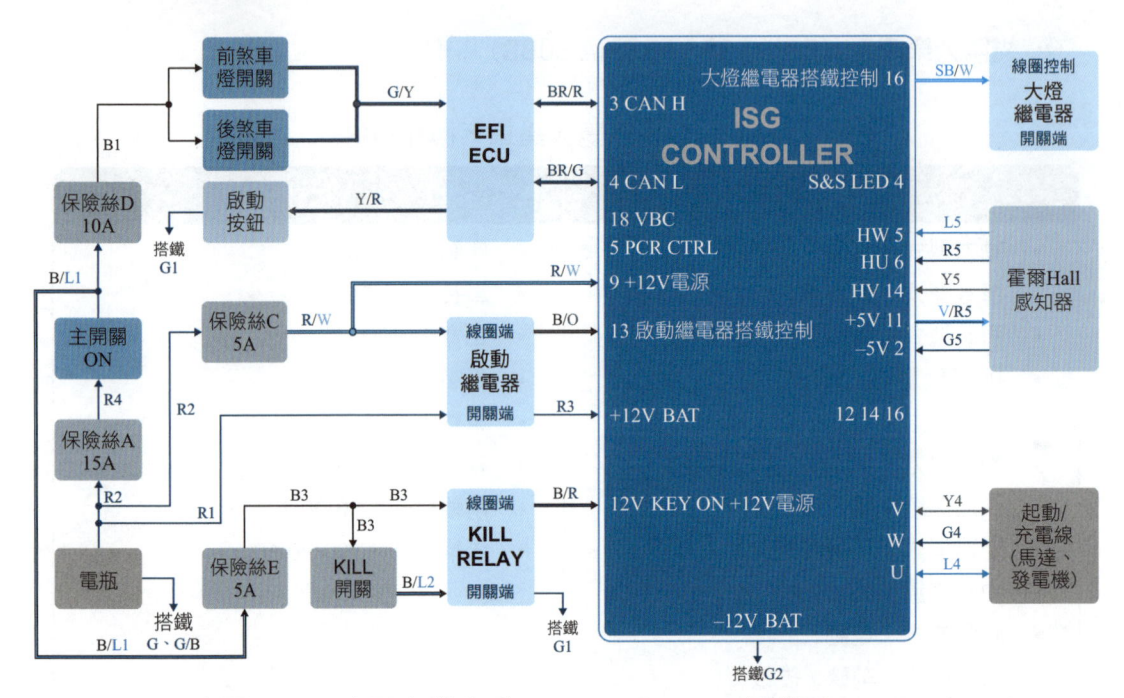

◆ 圖 5-14　光陽大樂車系 ISG CONTROLLER 架構圖 HA-30BB

1. 起動說明

1. 人員操作：電瓶→ 15A 保險絲 A →主開關 ON → 10A 保險絲 D →前或後煞車燈開關 ON → EFI ECU（起動制御）→起動按鈕→搭鐵（電瓶-極）；起動訊號成立。

2. 系統操作：EFI ECU → CAN H/L → ISG CONTROLLER；ISG CONTROLLER 進行起動控制。

3. 系統操作：

    (1) 電瓶→ 5A 保險絲 C →起動繼電器（線圈端）→ ISG CONTROLLER →搭鐵；起動繼電器起動。

    (2) 電瓶→起動繼電器（開關端）→ ISG CONTROLLER；供應 12V 的 U 相 (L4)、V 相 (Y4)、W 相 (G4) 所需電源給 ISG CONTROLLER。

4. 系統操作：ISG 發電機內轉子線圈依 HALL 信號（轉子角度偵測）依序通電產生磁場使轉子（永久磁鐵）轉動；同直流無刷馬達作動概念。
5. 系統操作：ISG 發電機持續轉動（起動初期配合進氣凸輪的減壓設置以利起動）；此時為起動馬達功能。

2. 充電說明

1. 系統操作：CAN H/L（ISG CONTROLLER → EFI ECU）：EFI ECU 判定引擎已順利起動，例：650rpm 以上（各機種不同請依原廠規範）。
2. 系統操作：ISG CONTROLLER 總成內切斷供應 ISG 發電機（U 相(L4)、V 相(Y4)、W 相(G4)）電源。
3. 系統操作：ISG 發電機 → ISG CONTROLLER 總成 → 電瓶（全車負荷）：引擎持續自主運轉、發電機三組線圈產出三相交流電，透過 ISG CONTROLLER 總成將交流電轉成直流電後將電瓶予以充電並供應全車系統使用。

> **關鍵提醒** 此系統架構為簡圖表示，非所有配線標示其上；請以原廠規範說明為主。

二、ISG 控制器

1. 腳位定義及說明

◆ 表 5-11　光陽 ISG 控制器（起動 / 怠速熄火 / 充電控制系統）腳位

pin 腳位	功能	顏色	檢測標準	說明	備註
1	為空腳；無功能				
2	霍爾元件-5V 搭鐵	G (5)		霍爾元件搭鐵→ ISG CONTROLLER 搭體輸入（控制器內）	ISG 控制器內霍爾元件感知器 5V 搭鐵輸入
3	CAN H	BR/R	2.5V±0.5V	儀錶、電子控制元件（EFU ECU）、ISG CONTROLLER 三者間區域控制迴路	區域控制迴路 CAN H
4	CAN L	BR/G	2.3V±0.5V	儀錶、電子控制元件（EFU ECU）、ISG CONTROLLER 三者間區域控制迴路	區域控制迴路 CAN L

pin 腳位	功能	顏色	檢測標準	說明	備註
5	電機 HALL 信號 (W)	L (5)	0~5V	啟動馬達 / 交流發電機內霍爾 IC 訊號 W 輸入→（控制器內）	啟動馬達 / 交流發電機轉子角度偵測用
6	電機 HALL 信號 (U)	R (5)	0~5V	啟動馬達 / 交流發電機內霍爾 IC 訊號 U 輸入→（控制器內）	啟動馬達 / 交流發電機轉子角度偵測用
7	為空腳；無功能				
8	為空腳；無功能				
9	電瓶電壓 +12V	R/W	12V	ISG CONTROLLER 所需電源輸入（永久電）	電瓶 + 極→ R2 →保險絲盒 5A → R/W → ISG CONTROLLER 電源輸入
10	為空腳；無功能				
11	霍爾元件 +5V 電源	V/R(5)	5V±0.5V	ISG CONTROLLER +5V 霍爾元件電源供應（控制器內）→發電機（霍爾元件）	提供發電機（霍爾元件）所需 +5V 電源
12	KEY ON +12V 電源	B/R	KEY ON ≒電瓶電壓 KEY OFF<1V	ISG CONTROLLER 所需 +12V 電源輸入（主開關 ON 時）供應 ISG 總成所需電源	電瓶 + 極→ R2 →保險絲盒 15A → R4 →主開關 ON → B/L 1 →保險絲盒 5A → B 3 → KILL 繼電器（開關端）→ B/R → ISG CONTROLLER 電源輸入
13	啟動繼電器（線圈端）搭鐵控制	B/O	KEYON<1V KEY OFF ≒ 電瓶電壓	啟動繼電器 (線圈端) 搭鐵端輸出→搭鐵（控制器內）	電瓶 + 極→ R2 →保險絲盒 5A → R/W →啟動繼電器 (線圈端) → B/O → ISG 控制器搭鐵輸入
14	電機 HALL 信號 (V)	Y (5)	0~5V	啟動馬達 / 交流發電機內霍爾 IC 訊號 V 輸入→（控制器內）	啟動馬達 / 交流發電機轉子角度偵測用
15	為空腳；無功能				

pin 腳位	功能	顏色	檢測標準	說明	備註
16	大燈繼電器（線圈端）搭鐵控制	SB/W	KEY ON ≒ 電瓶電壓	大燈繼電器（線圈端）搭鐵端輸出→搭鐵（控制器內）	電瓶＋極→ R2 →保險絲盒 15A → R4 →主開關 ON → B/L 1 →保險絲盒 10A → B1 →啟動繼電器（線圈端）→ SB/W → ISG 控制器搭鐵輸入
17	為空腳；無功能				
18	為空腳；無功能				
BAT＋	電瓶正極	R3		電瓶正極→ ISG CONTROLLER 總成	
BAT-	電瓶負極	G2		ISG CONTROLLER 總成→電瓶負極	
U_phase	三相電之 U 相位	L4		啟動時：三相電之 U、V、W 相位→發電機；充電時：發電機→三相交流電→ ISG CONTROLLER 總成→電瓶	啟動時：ISG CONTROLLER 總成將電瓶的直流電透過相位轉換成三相電之 U、V、W 相位驅動發電機內轉子轉動（直流無刷馬達概念）
V_phase	三相電之 V 相位	Y4			
W_phase	三相電之 W 相位	G4			

2. 功能彙整與特點

1. 功能說明

    (1) 空腳位：pin 1、pin 7、pin 8、pin 10、pin 15、pin 17、pin 18。

    (2) 霍爾元件（霍爾 IC）：pin 11（5V+ 極）、pin 2（5V- 極）、pin 6（相位 U 訊號）、pin 14（相位 V 訊號）、pin 5（相位 W 訊號）。

    (3) CAN 訊號：pin 3（CAN H）、pin 4（CAN L）。

    (4) 12V 電源：pin 9（永久電）、pin 12（主開關 ON）。

    (5) 繼電器控制：pin 13（起動繼電器線圈端）、pin 16（大燈繼電器線圈端）。

    (6) BAT ＋、BAT -：蓄電池正極、負極輸入。

    (7) U phase、V phase、W phase：起動時三相電輸出、發電時交流電輸入。

2. 特點說明
   (1) 儀錶、EFI ECU、ISG CONTROLLER 三者間的通訊使用 CAN 系統。
   (2) 此機種偵測轉子相應位置使用霍爾 IC；偵測曲軸位置仍使用脈衝線圈。
   (3) ISG CONTROLLER 總成兼具逆變器（當作起動馬達）與穩壓整流器（當作發電機）功能。

三、光陽 Dollar 150 車系起動引擎作動步驟

◆ 表 5-12　光陽 Dollar 150 車系起動引擎作動（ISG 當成起動馬達/發電機作動時）

步驟	作動說明 電流方向（前、後部品間關係）	人員作動	系統作動
1	STEP 1 主開關 ON 電瓶 +→ R2 →保險絲 15A → R4 →主開關 ON → B/L 1 →保險絲 10A → B1	V	
2	STEP 2 前、後煞車燈開關 B1→前、後煞車燈開關→ G/Y → EFI ECU	V	
3	STEP 3 啟動按鈕開關 EFI ECU → Y/R →啟動按鈕開關→ G 1 →電瓶-（搭鐵）	V	
4	STEP 4 EFI ECU 通知 ISG CONTROLLER（CAN 通信） EFI ECU → BR/R → ISG CONTROLLER → BR/G → EFI ECU		V
5	STEP 5 ISG CONTROLLER 控制啟動繼電器（線圈端） 電瓶 +→ R2 →保險絲 5A → R/W → 控制啟動繼電器（線圈端）→ B/O → ISG CONTROLLER		V
6	STEP 6 啟動繼電器（開關端）供應 12V 電源給 ISG CONTROLLER 電瓶 +→ R1 →啟動繼電器（開關端）→ R3 → ISG CONTROLLER → G2 →電瓶-（搭鐵）		V
7	STEP 7 ISG CONTROLLER 供應 12V 三相直流電源給 ISG 發電機 ISG CONTROLLER → U 相 (L4)、V 相 (Y4)、W 相 (G4) → ISG 發電機		V
8	STEP 8 ISG 發電機轉動（啟動馬達驅動曲軸以發動引擎） 轉子線圈依 HALL 信號（轉子角度偵測）依序通電產生磁場使轉子（永久磁鐵）轉動		V

步驟	作動說明 電流方向（前、後部品間關係）	人員作動	系統作動
9	STEP 9 確認引擎轉速達到規定轉速後判定引擎已正常發動 CAN H/L（ISG CONTROLLER ⇆ EFI ECU）		V
10	STEP 10 切斷三相供應之 U、V、W, 此時啟動馬達功能停止 ISG CONTROLLER 總成內 ≠ ISG 發電機（U 相(L4)、V 相(Y4)、W 相 (G4)）		V
11	STEP 11 引擎持續自主運轉、發電機三組線圈產出三相交流電 ISG 發電機→ ISG CONTROLLER 總成		V
12	STEP 12 透過 ISG CONTROLLER 總成將交流電轉成直流電後將電瓶予以充電並供應全車系統使用 ISG CONTROLLER 總成→電瓶（全車負荷）		V

關鍵提醒　由上表內容所示，ISG CONTROLLER 總成內設置了許多的作動條件。此作動條件稱為制御，意指依此進行相關控制。

1. 制御條件說明

1. 該系統從發動引擎到轉換成發電機充電；這個過程中我們可分成 12 個步驟。
2. 對消費者（騎士）而言其使用方式與傳統燃油車使用習慣相同（步驟 1 ～步驟 3）。
3. 對系統而言因制御設定的關係，其相關操作均由 EFI ECU 與 ISG CONTROLLER 總成完成（步驟 4 ～步驟 12）、消費者不需另行控制；可提升使用的便利性與系統的穩定性。
4. 該系統的制御流程可簡化為人員操作→系統作動（通信→驅動器控制→電源供應→相位電源轉換→馬達驅動→引擎發動判定→機能轉換→穩壓整流→直流電供應）。
5. 與傳統燃油車的作動不同，維修作業時需將 CAN H/L 的檢測概念導入保養維修作業中。

2. 特點說明

1. 該系統同三陽車系設計雷同，EFI ECU 與 ISG CONTROLLER 總成兩者是分開的（山葉車系是整合為一體的）。
2. 該系統使用 CAN 做為車上電腦間通訊使用（三陽車系使用 K-LINE），因此其響應範圍與速度較佳）。
3. 該系統整體迴路較三陽車系精簡（相關系統繼電器只有 1 個），對技師而言其後續保養與維修作業容易執行。
4. 該系統無設置側腳架開關，與三陽機種不同。

技術補給站

光陽 RTS 135 車系 ISG CONTROLLER 架構圖

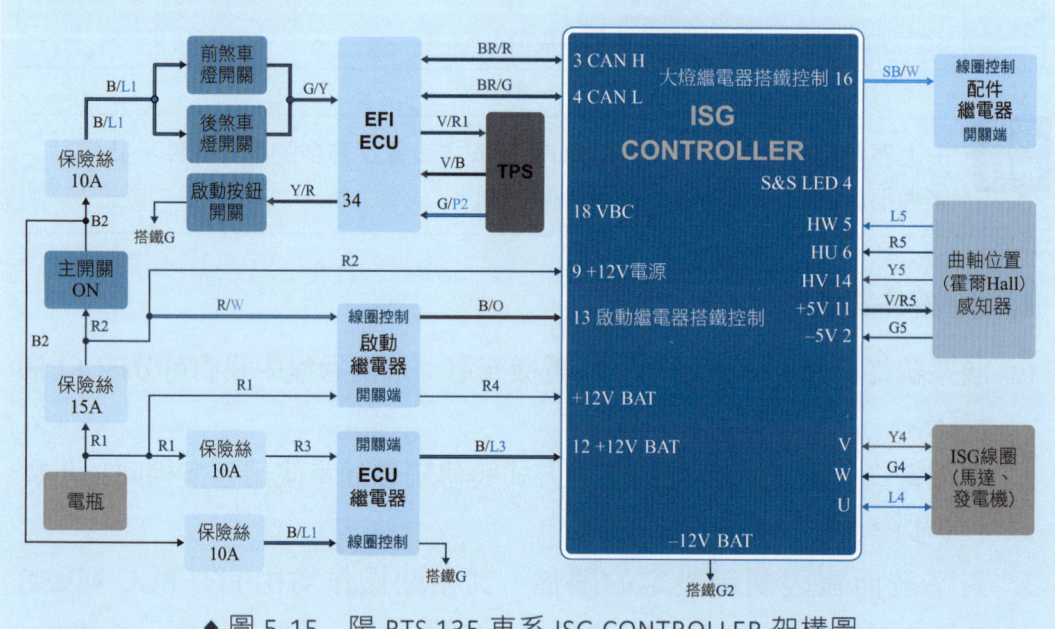

◆ 圖 5-15　陽 RTS 135 車系 ISG CONTROLLER 架構圖

第 5 章 ｜ 課後習題

簡答題

1. 試問 YAMAHA VINOORA 車系的啟動 / 充電簡圖中，馬達供電迴路為何？（從電瓶正極依序到電瓶負極）

2. 試問三陽 FNX 車系的零延遲啟動系統簡圖中，馬達供電迴路為何？（從電瓶正極依序到電瓶負極）

3. 試問光陽大樂車系的 ISG CONTROLLER 簡圖中，馬達供電迴路為何？（從電瓶正極依序到電瓶負極）

第 6 章 點火系統比較說明

6-1 機種介紹

範例機種

光陽 (KYMCO) 豪邁 125

圖片出處：https://forum.jorsindo.com/thread-2568086-1-1.html

光陽 (KYMCO) 雷霆 125

圖片出處：https://www.msbattery.com.tw/jck_detail/path/451

山葉 (YAMAHA) 迅光 12

圖片出處：https://www.msbattery.com.tw/jck_detail/path/605

山葉 (YAMAHA) 勁戰 125

圖片出處：https://www.gq.com.tw/gadget/article/yamaha

6-2 作動原理說明

一、點火系統概述

在汽油引擎中，化油器產生的混合氣（或是噴射引擎噴油嘴所噴出的高壓汽油），在汽缸內被壓縮然後透過火星塞點火，且為了產生火花需要很大的電壓。用來產生高電壓和點燃混合氣的裝置就叫做點火系統。

二、點火系統的型式

以電源分類，點火系統所需電源以電瓶或磁電機為主。

1. 電瓶點火
   (1) 電瓶點火（接點式）
   (2) 半晶體點火（接點式）
   (3) 全電晶體點火（無接點式）
   (4) DC-CDI 點火

2. 磁電機點火
   (1) 磁電機點火（接點式 ... 內建點火線圈）
   (2) AC 點火（接點式 ... 點火線圈在外側內建電源線圈）
   (3) CDI（無接點式）

關鍵提醒
- 點火是引擎作動三要素之一，因此系統需要能：①提供高電壓②確實的點火③點火時間正確。
- 點火對引擎性能的影響很大。

1. 電容放電式點火（CDI）

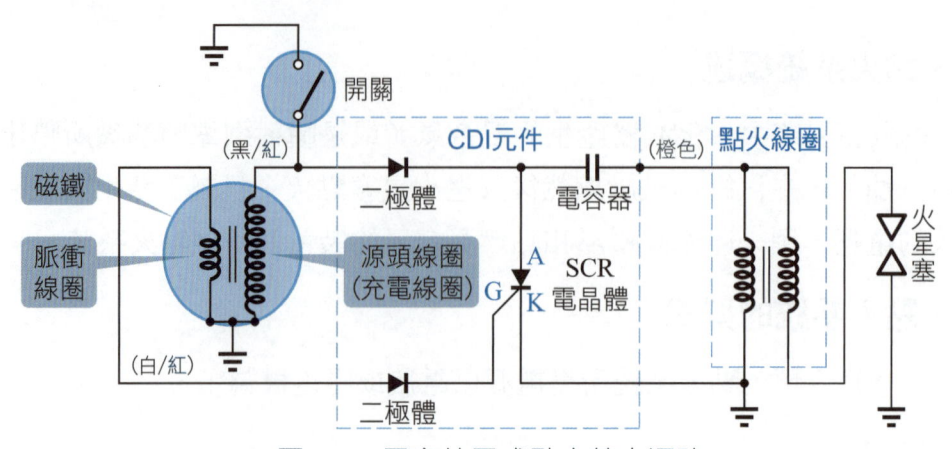

◆ 圖 6-1　電容放電式點火基本迴路

1. 點火系統原理

    電容器以繞著源頭線圈的永久磁鐵當作來源來儲存電流的能量，同時當脈衝線圈使電晶體作動而產生觸發信號時，則會使電容器立即放電，使電流流至點火線圈來產生高電壓。

2. 點火系統作動

    當引擎搖轉時，源頭線圈（或稱充電線圈）感應出電壓，並透過二極體送至電容器儲存，當引擎持續轉動脈衝線圈感應出電壓（即點火訊號），此電壓透過二極體送至 SCR 電晶體（G 極；基極）；而原送到電容器的電源因 SCR 電晶體的 G 流入使 A-K 導通，因此源頭線圈感應的電源流到搭鐵形成迴路；此時因電容器無電源流入進而將所儲存的電流至點火線圈的一次線圈，一次線圈的電流中斷（自我感應），使二次線圈產生高電壓（相互感應）並使火星塞跳火。

關鍵提醒　電晶體的作動就像開關一樣，當小電流經過 G 極（基極）時會使 A 極（射極）和 K 極（集極）導通而讓大量電流通過。

2. 全電晶體點火

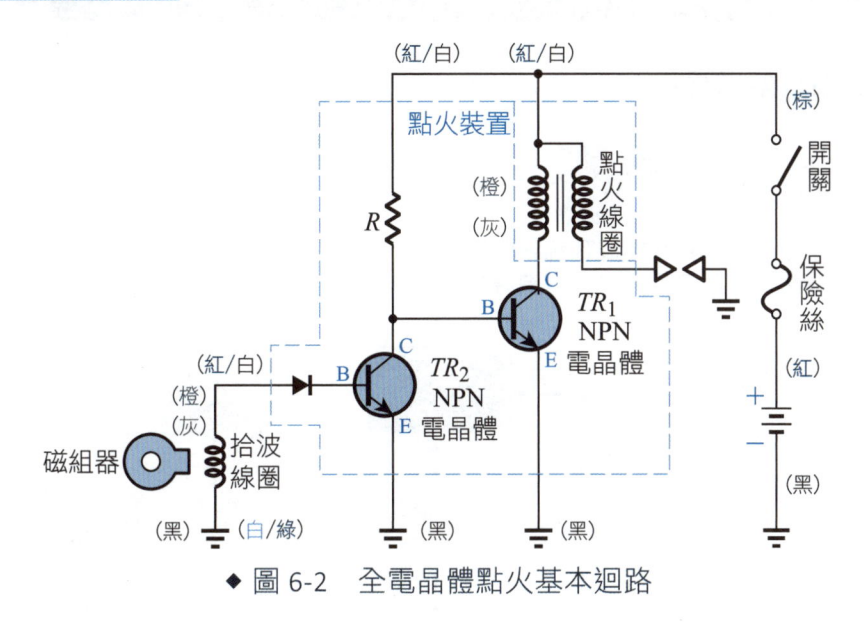

◆ 圖 6-2　全電晶體點火基本迴路

1. 點火系統原理

　　電流由電瓶供給而開閉動作是藉由電晶體來開閉，點火信號來源是從拾波線圈（脈衝線圈）產生，因此能使點火線圈產生高電壓。

2. 點火系統作動

　　當主開關接通，電流就會從電瓶送至保險絲及主開關，並從電晶體 1 的 B 流至 E 使 C-E 導通，而使點火線圈的一次線圈流通至搭鐵形成迴路，同時當引擎搖轉或運轉時，轉子旋轉，當轉子點火訊號凸點與拾波線圈（脈衝線圈）感應發出電流流至電晶體 2 的 B，此時電晶體 2 的 C-E 導通使電瓶電流經由電晶體 2 流至搭鐵形成迴路；此時電晶體 1 會關閉使流至一次線圈的電流中斷（自我感應），使二次線圈產生高電壓（相互感應）並使火星塞跳火。

關鍵提醒
1. 電晶體的作動就像開關一樣，當小電流經過 B 和 E 時會使 C 和 E 導通而讓大量電流通過。
2. 實際的點火裝置除了有觸發信號偵測迴路還有閉角控制迴路、有修正迴路的點火提前迴路、和放大迴路等。

範例 1：光陽 豪邁 125 車系（CDI 點火 AC 供電）

1. 點火系統架構圖

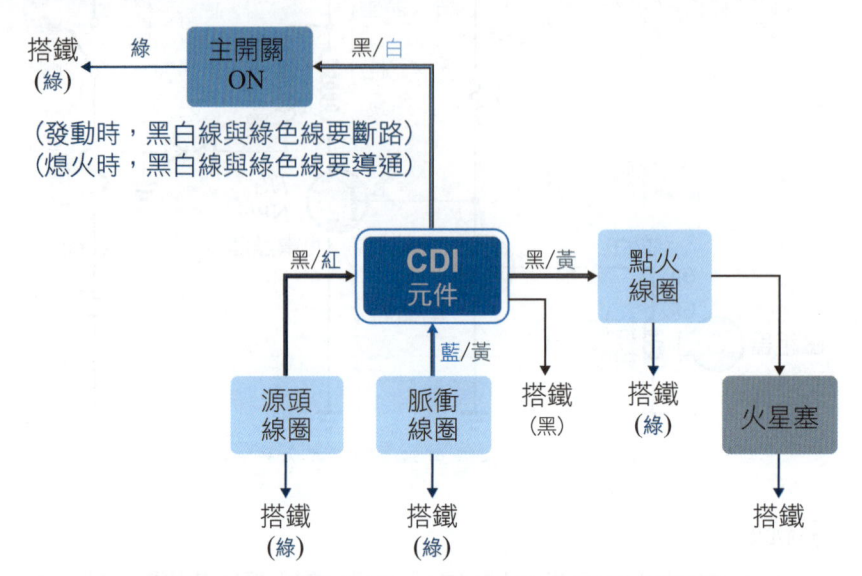

```
搭鐵 ← 綠 ─ 主開關 ── 黑/白 ┐
(綠)           ON
     (發動時，黑白線與綠色線要斷路)
     (熄火時，黑白線與綠色線要導通)

       黑/紅      CDI      黑/黃    點火
              ──  元件  ──         線圈  ── 火星塞
                        藍/黃
       源頭     脈衝     搭鐵     搭鐵
       線圈     線圈     (黑)     (綠)

       搭鐵     搭鐵              搭鐵
       (綠)     (綠)
```

◆ 圖 6-3　光陽豪邁 125 車系點火系統架構圖

2. 架構圖說明

(1) 該系統作動與否是由 CDI 元件所控制。

(2) 該系統所需電源是直接由發電機供應（AC 供電；源頭線圈）。

(3) 該系統點火訊號是直接由發電機供應（AC 供電；脈衝線圈）。

(4) 該系統特點之一是不用考慮電瓶是否有電、只需腳踩即可發動。

(5) CDI 元件透過黑/白線與主開關連接，發動引擎時需將黑/白線與搭鐵形成斷路、引擎熄火時需將黑/白線與搭鐵形成導通。

> **關鍵提醒**　CDI 與主開關相連接的設定；對 AC 供電的系統設置而言，該連接可視為系統起動或熄火的設定（視廠牌、機種而定）。

範例 2：山葉 迅光 125 車系（CDI 點火 AC 供電）

1. 點火系統架構圖

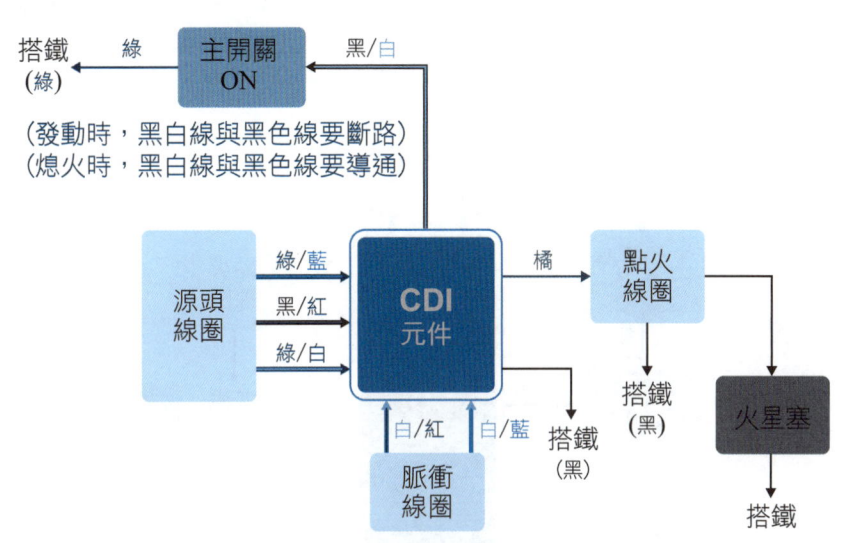

◆ 圖 6-4　山葉迅光 125 車系點火系統架構圖

2. 架構圖說明

(1) 該系統作動與否由 CDI 元件所控制。

(2) 該系統所需電源是直接由發電機供應〔AC 供電；源頭線圈：區分成高速線圈與低速線圈兩種（該線圈仍是一組線圈，只是從中間拉出引出線分成高、低速線圈）、與一般點火系統不同〕。

(3) 該系統點火訊號是直接由發電機供應（AC 供電；脈衝線圈）。

(4) 該系統特點之一是不用考慮電瓶是否有電、只需腳踩即可發動。

(5) 該系統特點之二是源頭與脈衝線圈其迴路均回到 CDI 元件完成回路，與外部搭鐵不同。

(6) CDI 元件透過黑 / 白線與主開關連接，發動引擎時需將黑 / 白線與搭鐵形成斷路、引擎熄火時需將黑 / 白線與搭鐵形成導通。

> **關鍵提醒**
> 1. CDI 與主開關相連接的設定；對 AC 供電的系統設置而言，該連接可視為系統起動或熄火的設定（視廠牌、機種而定）。
> 2. 源頭線圈區分成高速線圈（綠 / 白、綠 / 藍；504Ω ～ 756Ω）與低速線圈（黑 / 紅、綠 / 白；696Ω ～ 1044Ω），其目的為提供低速到高速運轉時 CDI 所需電源以產生強烈的火花。

範例 3：山葉 勁戰 125 車系（CDI 點火 DC 供電）

1. 點火系統架構圖

(主開關ON［發動時］，CDI透過藍/黑線至主開關搭鐵)
(主開關OFF［熄火時］，CDI透過藍/黑線至主開關斷路)

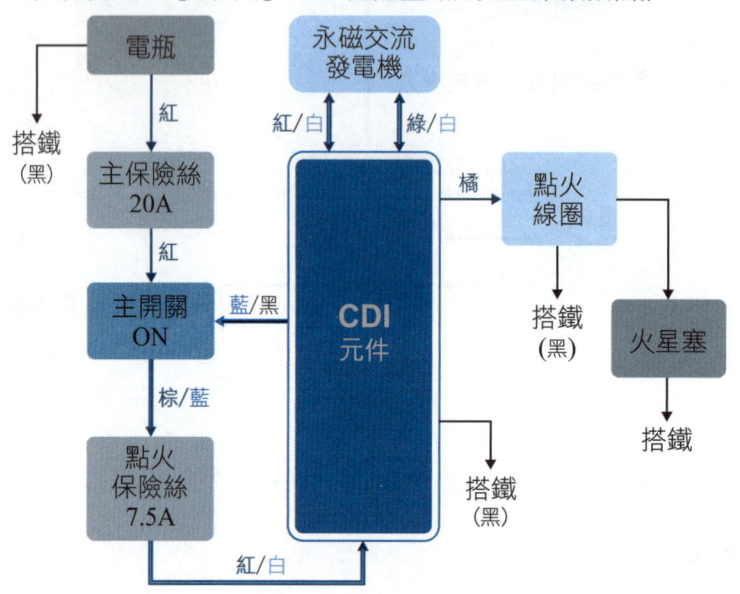

◆ 圖 6-5　山葉勁戰 125 車系點火系統架構圖

2. 架構圖說明

(1) 該系統最作動與否是由 CDI 元件所控制。

(2) 該系統所需電源是透過主開關由電瓶供應（DC 供電；紅/白線）。

(3) 該系統點火訊號是直接由永磁交流發電機供應（AC 供電；紅/白線、綠/白線）。

(4) 該系統使用電瓶供電，正常情況下只要電瓶有電即可順利發動引擎。

(5) CDI 元件透過藍/黑線與主開關連接，發動引擎時需將藍/黑線透過主開關與搭鐵導通、引擎熄火時需將藍/黑線透過主開關與搭鐵形成斷路。

關鍵提醒　CDI 與主開關相連接的設定；對 DC 供電的系統設置而言，藍/黑線的連接可視為系統起動或熄火的設定（視廠牌、機種而定）。

範例 4：光陽 雷霆車系 (京濱) 車系（電晶體點火 DC 供電）

1. 點火系統架構圖

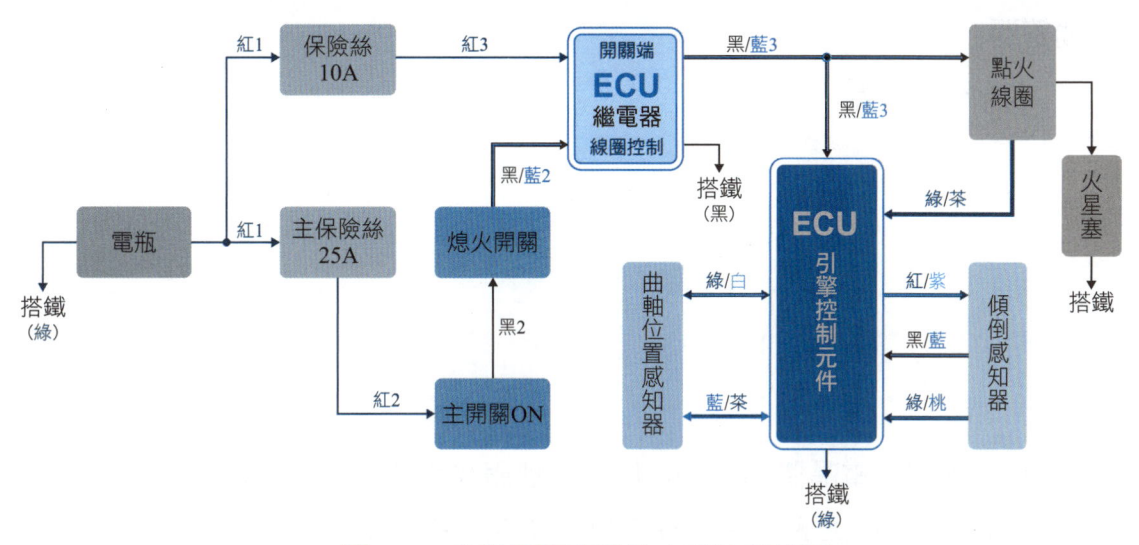

◆ 圖 6-6　光陽雷霆車系點火系統架構圖

2. 架構圖說明

(1) 該噴射系統（點火機能）作動與否是由 ECU（引擎控制元件）所控制。

(2) 該系統所需電源是透過 ECU 繼電器由電瓶供應（主開關 ON 時）。

(3) 該系統點火訊號是直接由發電機（曲軸位置感知器）供應（AC 供電；綠 / 白線、藍 / 茶線）。

(4) 噴射機種的傾倒感知器易會影響引擎能否起動的關鍵（部分機種已取消該感知器）。

(5) ECU 透過綠 / 茶線來控制點火線圈→點火時間的控制（提前或延後）。

第 6 章 ｜課後習題

簡答題

1. 何謂點火系統

2. 以手邊現有電晶體點火 DC 供電機種服務手冊為例、請繪製出該機種點火線圈供電迴路為何（從電瓶正極依序到電瓶負極）

第 7 章 充電系統比較說明

7-1 機種介紹

範例機種

光陽 (KYMCO) 豪邁 125

圖片出處：https://forum.jorsindo.com/thread-2568086-1-1.html

山葉 (YAMAHA) VINO 50

圖片出處：https://www.google.com/search?q=%E5%B1%B1%E8%91%89+VINO+50

三陽 (SANYANG) IRX 115

圖片出處：https://survey.fashionguide.com.tw/product/54046

7-2 作動原理說明

一、充電系統概述

1. 充電系統

充電系統產生電能供應電瓶充電及車上電氣裝置使用，主要是由發電機、整流器和電壓調整器組成。充電系統依發電機的型式、發電量、整流器和電壓調整器的匹配可分成很多種型式，但大致上可分成交流發電機和直流發電機兩種型式。

2. 電磁感應原理

如下圖所示若將磁鐵向線圈左、右方向移動，則磁鐵移動時線圈將會產生電流。若將兩個線圈互相靠近並在其中一個線圈上供給或中斷電流的話，則另一線圈也會有電流流動或產生電動勢，而當內部磁場改變時則會產生電動勢，上述作用稱為電磁感應，而發電機就是使用此作用來產出電。

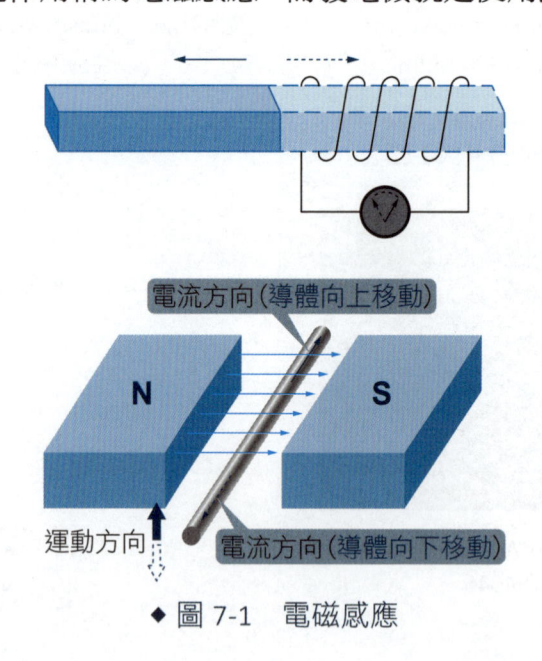

◆ 圖 7-1 電磁感應

3. 佛萊明右手定則

將導線橫過磁場時將會在導線內產生電動勢,而磁力線方向、導體運動方向和電動勢方向之間的關係可由佛萊明右手定則表示。

電動勢的大小 (E) 和磁場強度 (B)、導體長度 (L) 和導體運動速度 (V) 成正比。

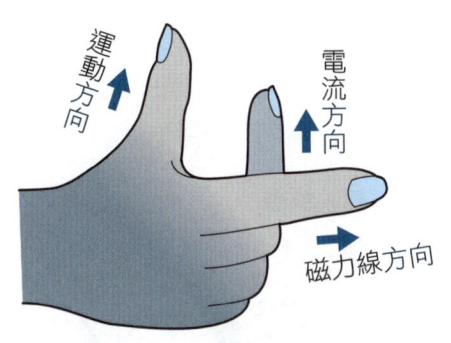

◆ 圖 7-2　佛萊明右手定則

二、發電機原理

當由導電材料製成的線圈在磁鐵內旋轉時,線圈會切割磁場使電動勢上升,而電流方向每旋轉 180 度就會改變一次,且電動勢大小會依切割磁力線的角度而變化,當線圈平面和磁力線垂直時電動勢為最大,而平行時電動勢最小。然後在線圈內就會產生交流電,由交流發電機來傳遞此電流,而在直流發電機中,交流電會先被整流成直流電才傳遞出去。實際上,交流發電機中是由永久磁鐵或電磁鐵繞著定子線圈旋轉,而直流發電機是轉子在固定電磁體內側旋轉。

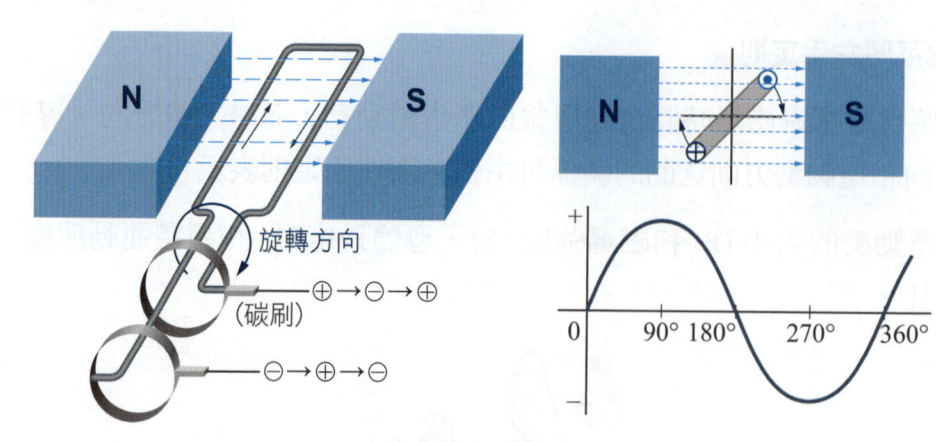

交流發電機

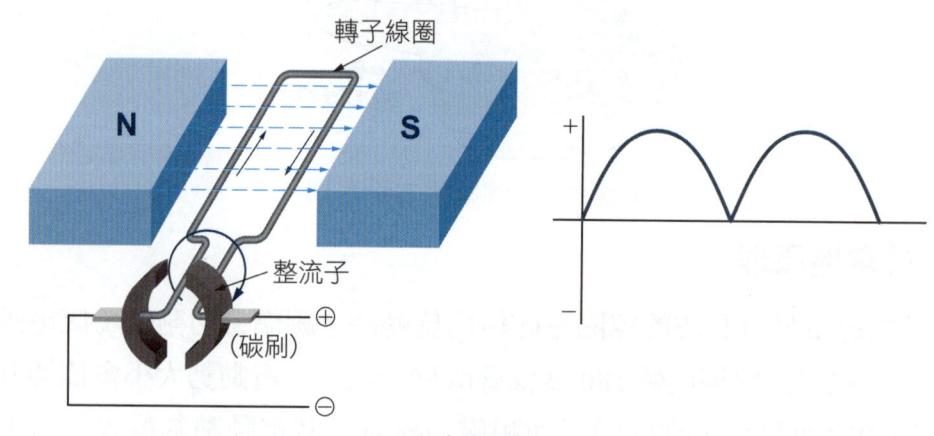

直流發電機

◆ 圖 7-3　交/直流發電機原理

三、交流發電機的型式

　　發電機產生交流電然後經由整流子變成直流將電瓶充電。交流發電機型式依線圈和轉子的種類而有差異，有些有使用電壓調整器有些沒有。

> **關鍵提醒**　目前國內機車市場主要以交流發電機為主：採永久磁鐵式（或稱轉子；發電機採單或三相交流發電、永久磁鐵繞著線圈旋轉）。

1. 永久磁鐵式單相交流發電機

1. 有交流調整器

　　交流調整器（電壓整流子）是用來增加發電機的發電量，除了可以點亮頭燈外也可增加白天時供至電瓶的電量，以延長頭燈和尾燈的壽命並避免電瓶充電過度。

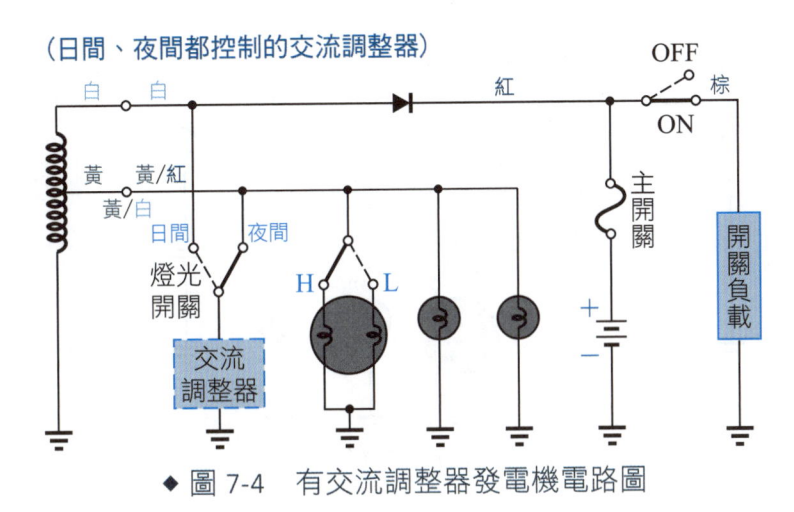

◆ 圖 7-4　有交流調整器發電機電路圖

　　有交流調整器發電機作動如圖 7-5 所示，交流調整器會偵測充電 / 照明線圈在負半週期所產生的交流電壓，並控制半波以防止輸出電壓過高並提供電壓至頭燈和尾燈，而正半週期的電壓則用來將電瓶充電。

　　在引擎轉速變化時，發電機輸出會被控制至穩定後才供應電壓至燈路，而充電電流亦被控制後才輸出。

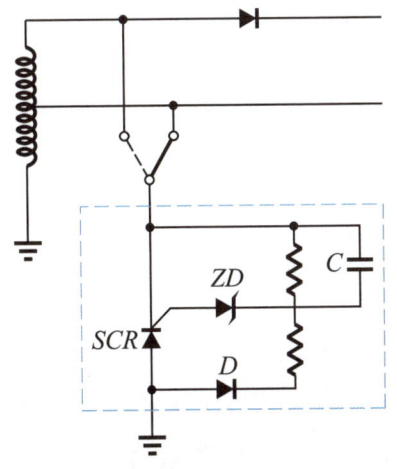

◆ 圖 7-5　有交流調整器發電機作動

2. 交流／直流調整器（穩壓整流器）

除了前述的交流電壓調整器外還加了一個調整器，依電瓶情況來控制充電電流。交流調整器和整流器合一〔一般稱為（穩壓整流器）〕。

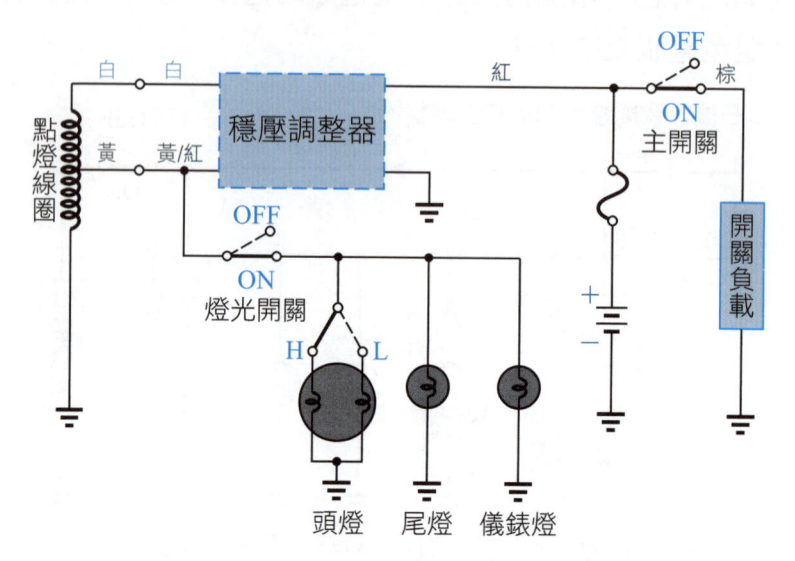

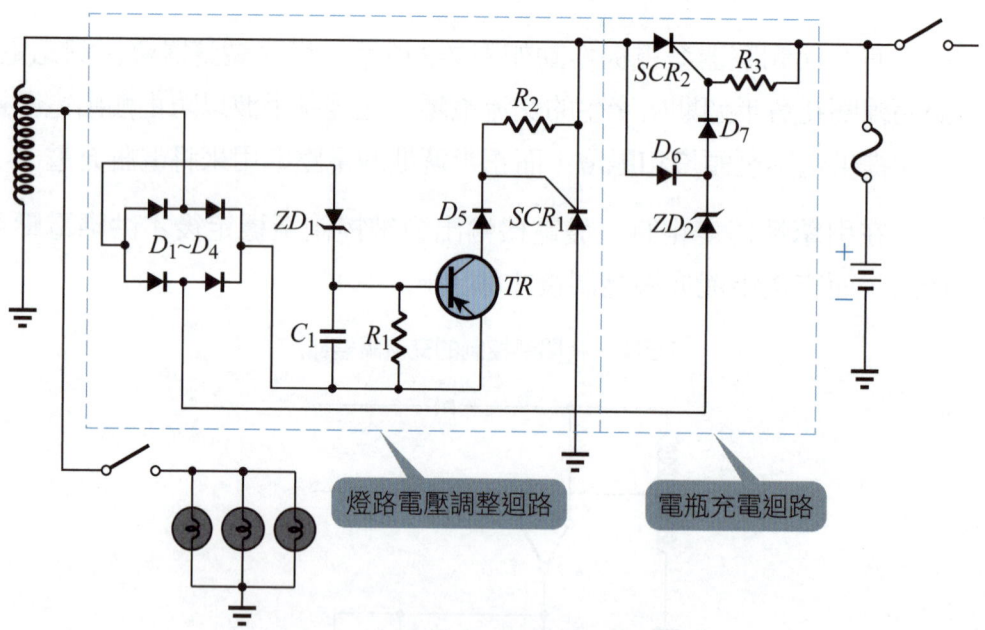

◆ 圖 7-6　穩壓整流器發電機電路圖

調整器會偵測到在正負半週循環時充電／照明線圈所產生的交流電壓，並將負半週波的電壓供至燈路使用。調整器也會偵測電瓶端子電壓來監控電瓶的情形以做為充電電流的依據。

交流電壓在正負半週波偵測到以保持燈路電壓不變，但燈路電壓可能會被電瓶充電電流控制的正半週波的電壓變化影響。

2. 永久磁鐵式三相交流發電機

當永久磁鐵繞著線圈旋轉時會在發電線圈上產生三相交流電，經由全波整流後對電瓶充電。電壓調整器和矽控整流器組合來切斷比預設值高的電壓波形，以控制電瓶充電量。

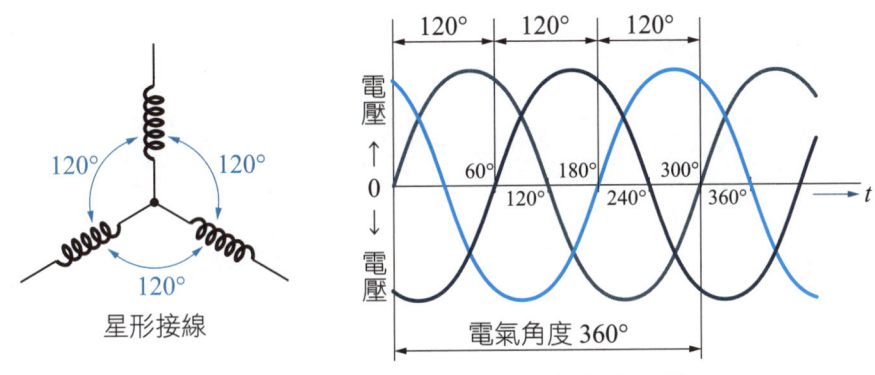

◆ 圖 7-7　永久磁鐵式三相交流發電機

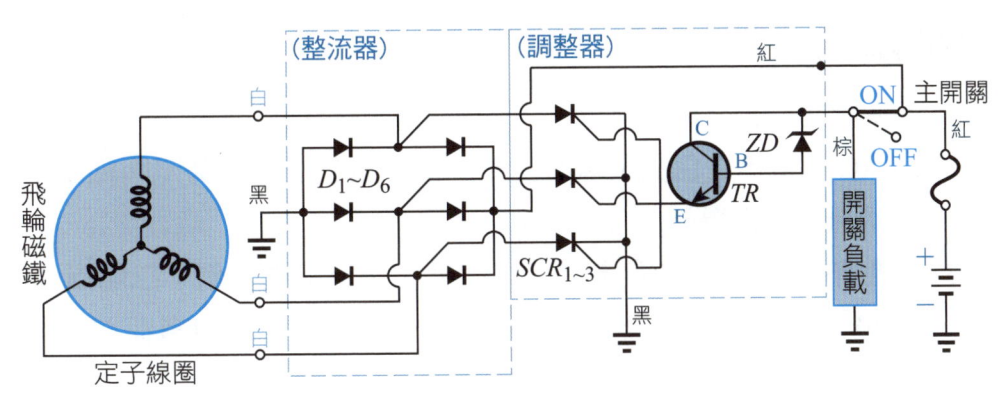

◆ 圖 7-8　矽控整流調整器基本迴路

永久磁鐵式三相交流發電機作動步驟如下：

Step 1：在調整器中的齊納 (ZD) 整流粒有一崩潰電壓，若電壓比齊納電壓低時 ZD 為關閉，而定子線圈所產生的交流電經由 D1~6 整流後對電瓶充電。

Step 2：在引擎轉速升高時所產生的電壓會大於齊納電壓使 ZD 接通，使基極電流從 B 流至 E 然後使 TR 導通，之後電流流至 SCR1~3 的閘極並將其全部導通，最後整流後的電流會流至搭鐵，使超出規定值的電壓中斷。

上述的 Step 1 和 2 會一直重複使電瓶充電正常。

範例 1：光陽豪邁 125 車系（單相半波）

1. 單相半波系統架構圖

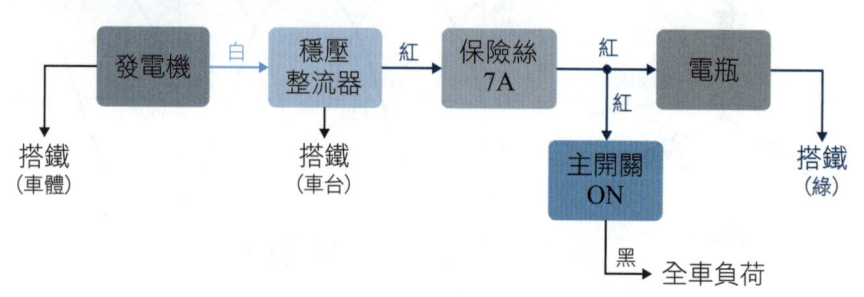

```
發電機 ─白─ 穩壓整流器 ─紅─ 保險絲 7A ─紅─ 電瓶
  │              │              │紅            │
搭鐵          搭鐵            主開關          搭鐵
(車體)        (車台)            ON            (綠)
                                │黑
                              全車負荷
```

◆ 圖 7-9　單相半波系統架構圖

2. 架構圖說明

(1) 該系統為單相交流發電機（單相半波）的傳統代表。

(2) 該 AC 發電機白色引出線為充電線圈（黃色引出線為照明線圈；此範例無呈現此機能）。

(3) 穩壓整流器調節發電機的工作電壓在一定範圍（例：三陽風 50：13.0V~14.0V），將交流電轉成直流電並供應給全車負荷與電瓶充電用。

(4) 該系統特點之一是照明系統的工作電壓為交流電、其餘為直流供電。

(5) 該系統為單相交流發電機（半波整流），故發電量不若三相交流發電機穩定（註）。

> **關鍵提醒**
> 1. 當全車系統越加複雜與耗電量需求高，因此該系統無法應付現行需求（例：配置噴射系統、ABS 系統…等）。
> 2. 單相半波整流需一顆二極體來滿足此機能。

範例 2：山葉 VINO 50 車系（單相全波）

1. 單相全波系統架構圖

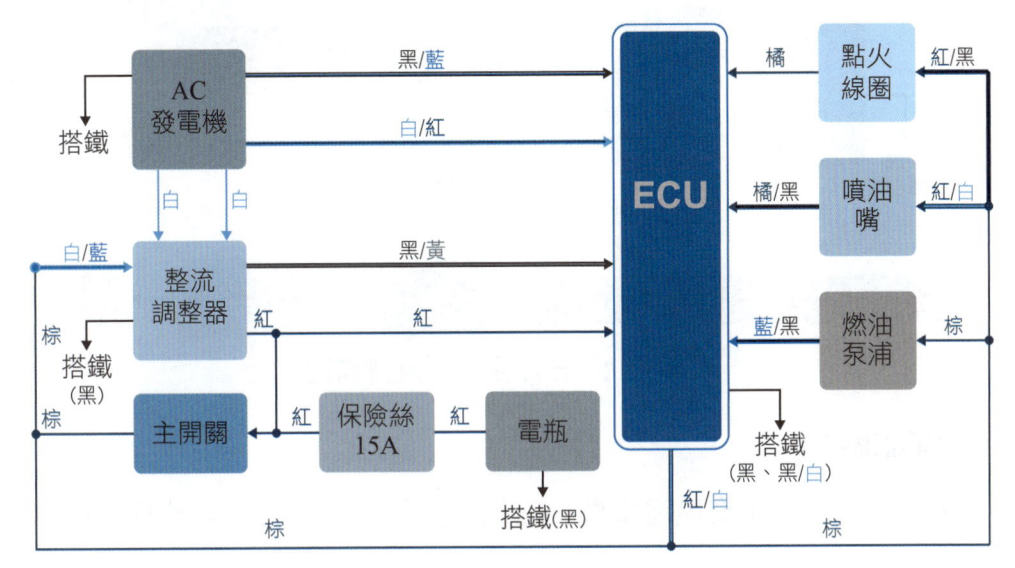

◆ 圖 7-10　單相全波系統架構圖

2. 架構圖說明

(1) 該系統為單相交流發電機（單相全波），常見於非入門機種的配置。

(2) 該 AC 發電機兩條白色引出線為充電線圈（無照明線圈配置；此範例為 DC 點燈設置）。

(3) 整流調整器調節發電機的工作電壓在一定範圍（例：VINO 50：14.1V~14.9V），將交流電轉成直流電並供應給全車負荷與電瓶充電用。

(4) 該系統特點之一是發電量比單相半波整流系統高、低於三相全波整流系統；在成本考量下可滿足商品配置需求。

(5) 該系統為單相交流發電機（全波整流），故發電量比單相交流發電機穩定（單相半波整流）。

關鍵提醒
1. 當全車系統越加複雜與耗電量需求高，因此該系統無法應付現行需求（例：配置噴射系統、ABS 系統…等；只能滿足小排氣量噴射機種）。
2. 單相全波整流需四顆二極體來滿足此機能。

範例 3：三陽 IRX 115 車系充電（三相全波）

1. 三相全波系統架構圖

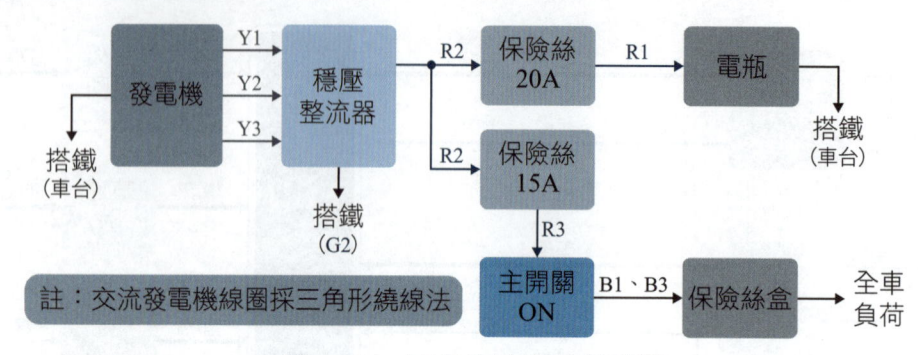

◆ 圖 7-11　三相全波系統架構圖

2. 架構圖說明

(1) 該系統為三相交流發電機（三相全波），為現行噴射機種的標準配置。

(2) 該 AC 發電機三條黃色引出線為充電線圈（內建三組充電線圈配置；充電線圈有三角形繞線法與 Y 型繞線法兩種形式）。

(3) 整流調整器調節發電機的工作電壓在一定範圍（例：三陽 IRX 115：14.0V~15.0V），將交流電轉成直流電並供應給全車負荷與電瓶充電用。

(4) 該系統特點之一是發電量比前述單相半波、全波整流系統高且穩定；缺點為成本較高。

(5) 該系統可滿足噴射系統與其他系統的用電需求。

關鍵提醒

1. 各廠牌的線路顏色不一樣（例：充電線圈為例，山葉為白色、三陽與光陽為黃色；進行維修、保養作業時請先查閱相關手冊）。
2. 三相全波整流需六顆二極體來滿足此機能。

> 技術補給站

如何判定充電系統是否有作用

對噴射機種而言，各廠牌服務手冊所標註數值稱為標稱值（新車與理想狀況下的系統輸出，例：山葉 VINOORA 車系其手冊標記充電系統標準輸出為 13.0 V，33.8 A / 5000 rpm 時），依此標準作為維修保養作業的參考在實務上是有所困難的。

實務上當車輛使用後因系統老化（如轉子磁力弱化、配線與接頭因老化造成電阻過大、穩壓整流器不良、電瓶老化…等因素均會導致系統充電不足），因此不建議以上述標準作維修參考；所以技師可以下列方式作為判定標準。

- 做法：連接電壓錶（並聯）與電流錶（串聯）於充電系統上。
- 判定：
  - 充電電流：電流顯示值正值出現時間（比例）應該大於負值時間。
    說明：若電流錶連接正確，當主開關 ON 時因汽油泵浦作動、此時由電瓶供電因此電流錶顯示負值；當引擎起動運轉時若系統正常此時電錶顯示正值。
  - 充電電壓：當引擎運轉時充電電壓應該大於（靜態）電瓶閉路電壓 0.5 V 以上。
    說明：若電壓錶連接正確，當主開關 ON 時（不發動）此時可量測到電瓶的閉路電壓；當引擎起動運轉時若系統正常此時充電電壓應高於上述的（靜態）電瓶閉路電壓值。

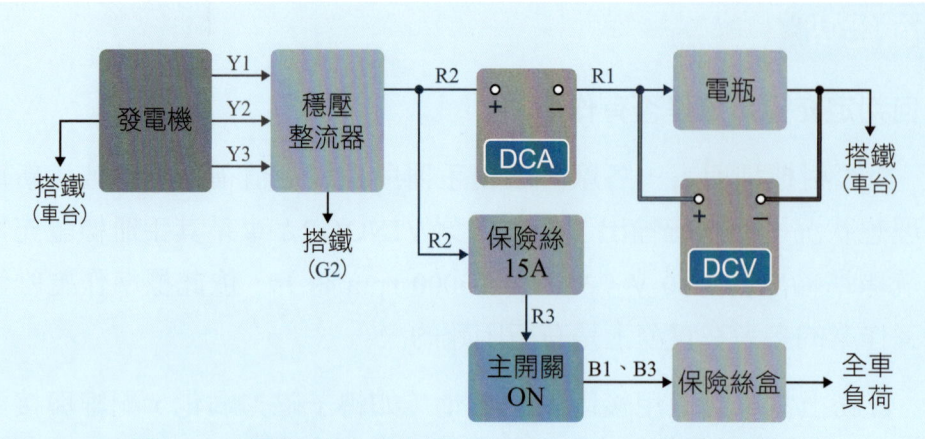

◆ 圖 7-12　電錶接法示意圖：三陽 IRX 115 車系充電系統

關鍵提醒

1. 影響發電機發電量的因素有三：線圈（充電線圈）、磁場（轉子）、運動（引擎轉速）。

2. 因車輛出廠時其硬體設備已固定（測試當下），所以會影響發電量的因素為引擎轉速（穩壓整流器與其他因素暫不列入）；所以模擬行車狀態時（非怠速）其系統應滿足上述條件。

第 7 章 ｜ 課後習題

簡答題

1. 何謂充電系統

2. 影響發電機發電量的因素為何

第 8 章 照明系統比較說明

8-1 機種介紹

範例機種

光陽 (KYMCO) 豪邁 125

圖片出處：https://forum.jorsindo.com/thread-2568086-1-1.html

山葉 (YAMAHA) 勁戰 125

圖片出處：https://www.gq.com.tw/gadget/article/yamaha

山葉 (YAMAHA) VINOORA 125

圖片出處：https://autos.yahoo.com.tw/new-bikes/trim/yamaha-vinoora-2024-standard-125-f

山葉 (YAMAHA) VINO 50

圖片出處：https://autos.yahoo.com.tw/new-bikes/trim/yamaha-vino-2017-50-f

8-2 作動原理說明

　　機車在公路上行駛時必須清楚、安全與合乎當地法規（運輸和交通工具相關法規）標準，因此機車上的照明和信號裝置必須合乎技術需求。

照明裝置用於夜間（六期法規標準則改為全時點燈），該照明系統包括了頭燈、位置燈、尾燈和儀錶燈⋯等，依電源供應來源可分成 4 種型式。

一、交流電源照明系統（主開關控制）

發電機所產生的交流電直接至照明裝置，此系統一般是由使用飛輪磁鐵的小型機車所用，所以在引擎運轉時將主開關設定在Ⅱ（黃昏）或Ⅲ（夜間）時燈才會點亮。

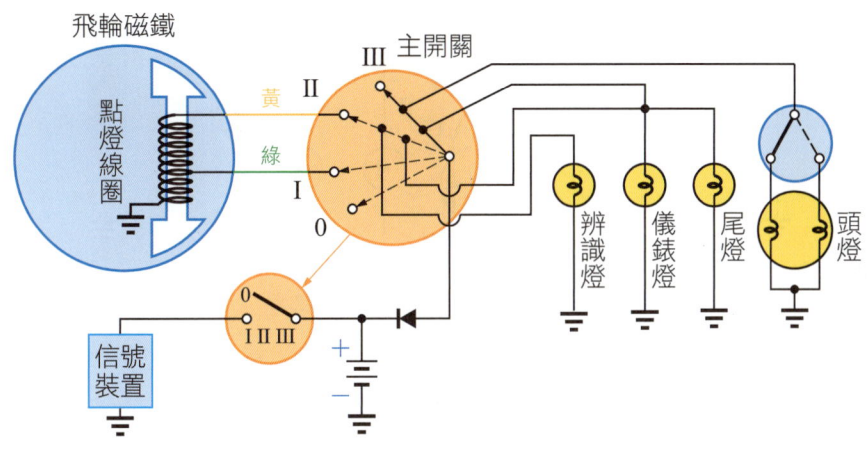

◆ 圖 8-1　交流電源照明系統示意圖

二、交流 / 直流電源照明系統（燈路開關控制）

使用飛輪磁鐵的機車，其辨識燈、尾燈和儀錶燈是以電瓶為電源，而頭燈則是以磁鐵發出的交流電為電源，此系統的目的是為了確保在停車或煞車時的安全並在晚上的充電迴路能使電瓶充分充電。燈路為分開控制，裝在把手上的燈路開關是用來切換燈路，而主開關只用來接通和中斷電源。

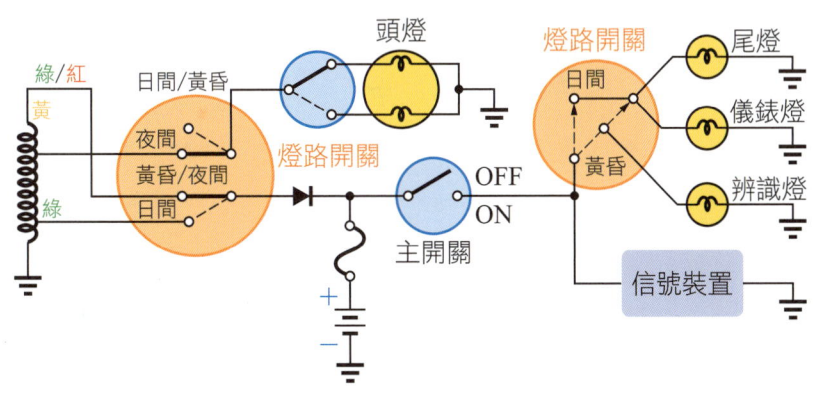

◆ 圖 8-2　交流 / 直流電源照明系統示意圖

三、交流電源照明系統（燈路開關控制）

這是最近的系統，AC 或 AC/DC 調整器將 AC 電壓供給頭燈、尾燈和儀錶燈使用，以延長燈泡的壽命。

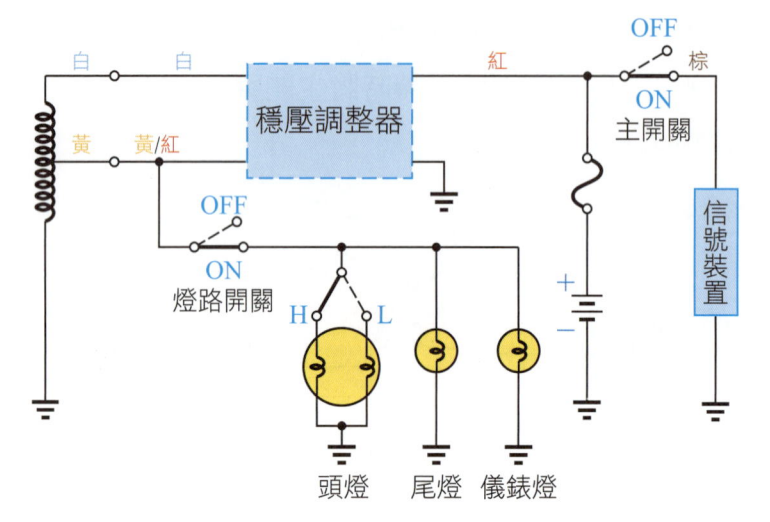

◆ 圖 8-3　交流電源照明系統示意圖

四、直流電源照明系統

所有的電燈電源都由電瓶供給，大部分使用 12 V 電源的中型和大型機車都使用此系統，而在高電壓產生時，電源就會供給照明裝置使用。

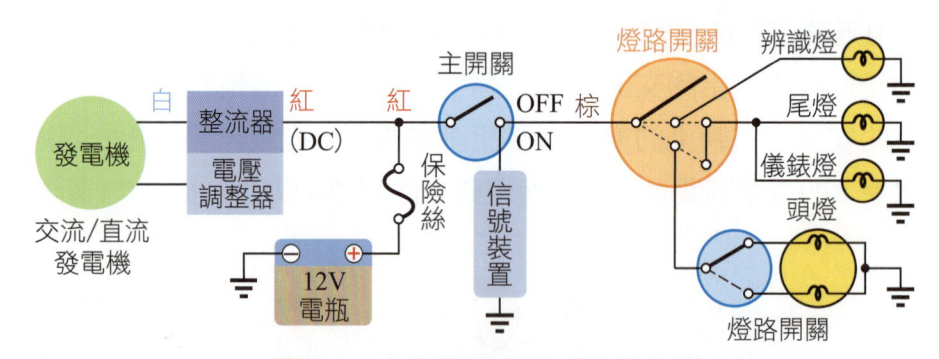

◆ 圖 8-4　直流電源照明系統示意圖

範例 1：光陽豪邁 125 車系 AC 點燈系統流程圖

1. 系統流程圖

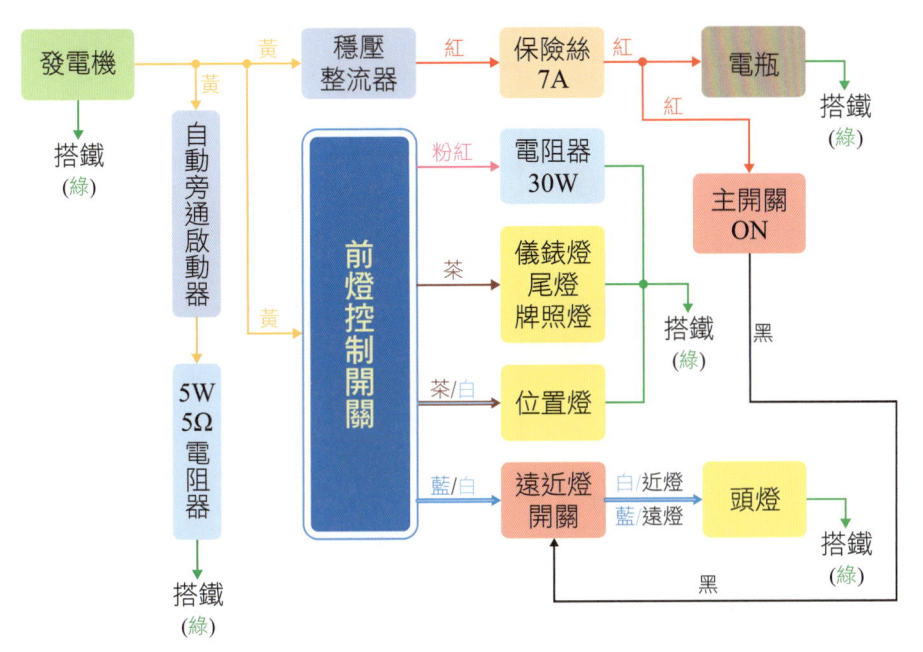

◆ 圖 8-5　光陽豪邁 125 車系 AC 點燈系統流程圖

2. 流程圖說明

(1) 該照明系統作動與否是由前燈控制開關所控制。

(2) 所需電源是引擎運轉時直接由發電機供應（AC 供電；一般使用單相交流發電機）。

(3) 該電源是由照明線圈所供應（照明線圈非獨立設置而是由充電線圈中拉出使用）；並運用穩壓整流器來穩定、調整工作電壓。

(4) 當前燈控制開關 OFF 時，此時發電機所發出的電需透過 30W 電阻器予以消耗（後期設計的機車無此電阻器、未使用的電由穩壓整流器予以消耗）。

(5) 該機種的超車燈所需電源由電瓶供應（DC 供電）。

關鍵提醒　該機種引擎要發動後照明系統才能作動，因此其照明亮度容易受引擎轉速影響（低速亮度較差）。

範例 2：山葉勁戰（化）125 DC 點燈系統流程圖

1. 系統流程圖

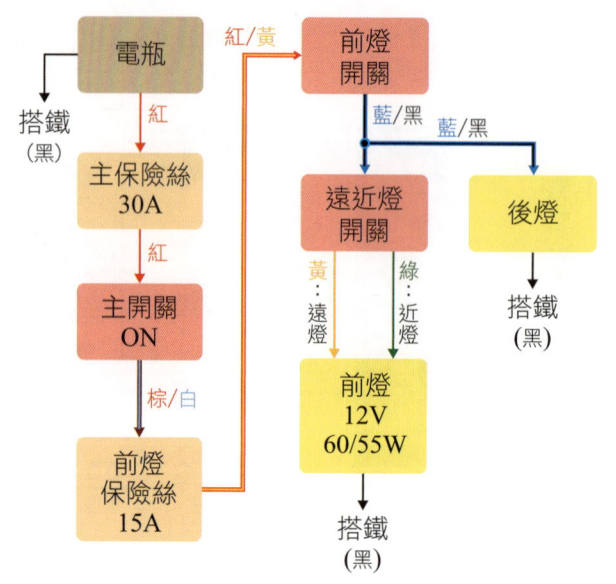

◆ 圖 8-6　山葉勁戰 125 車系 DC 點燈系統流程圖

2. 流程圖說明

(1) 該照明系統作動與否是由前燈開關所控制。

(2) 所需電源是直接由電瓶供應（DC 供電；一般使用三相交流發電機）。

(3) 該電源是由發電機→電瓶→大燈；因此大燈亮度不受引擎轉速高低影響；並運用穩壓整流器（三相全波整流）來穩定、調整工作電壓。

(4) 某些 DC 照明機種其發電機採單相全波整流充電系統以滿足 DC 照明的需求。

> **關鍵提醒**　該機種只要主開關 ON 後照明系統就能作動，因此需確認待命時間不可太久、以免電壓降太多導致無法電動起動。

範例 3：山葉 VINOORA 車系照明系統流程圖

1. 系統流程圖

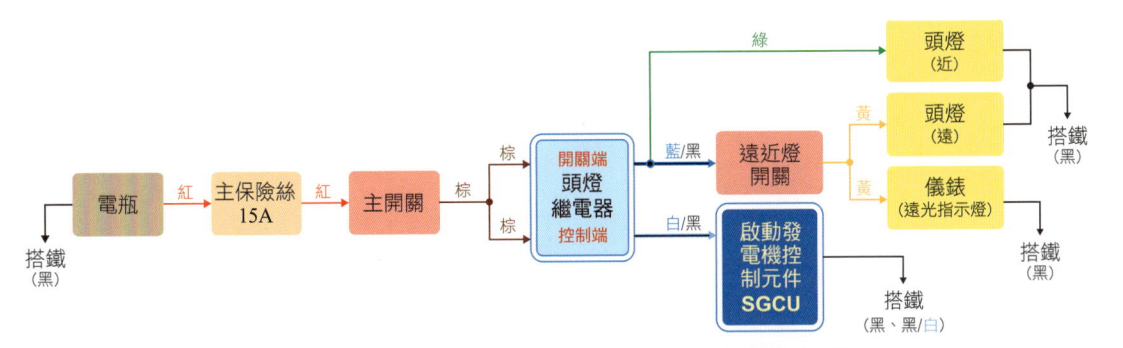

◆ 圖 8-7　山葉 VINOORA 車系照明系統流程圖

2. 流程圖說明

(1) 因應六期排放法規規定（106 年 1 月 1 日實施）：晝間（全時）點燈規定。

(2) 該照明系統作動與否是由頭燈繼電器所控制。

(3) 而頭燈繼電器作動與否是起動發電機控制元件（SGCU）所控制。

SGCU 控制方式：當 SGCU 確認引擎已起動且穩定運轉→將頭燈繼電器控制端→白/黑線→ SGCU 內部搭鐵。

頭燈供電方式：DC 電源→將頭燈繼電器開關端→頭燈（近燈）→搭鐵；此時近燈自動點亮。

(4) 該電源是由發電機→電瓶→大燈；因此大燈亮度不受引擎轉速高低影響；並運用穩壓整流器（三相全波整流）來穩定、調整工作電壓。

(5) 該系統一定要引擎發動後頭燈（近燈）自動點亮（符合法規），消費者只能控制遠、近燈的控制。

> **關鍵提醒**　該機種照明系統需引擎發動才能作動，因此電動起動不受待命時間長短影響。

技術補給站

山葉 Vino 50 車系照明流程圖

1. 系統流程圖

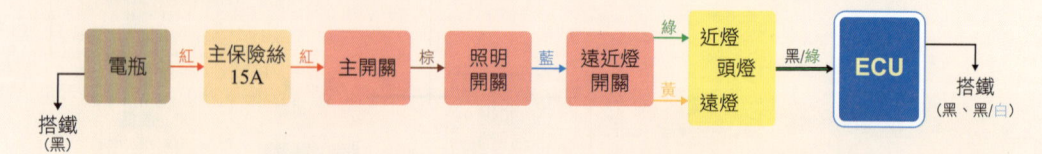

   電瓶 →(紅) 主保險絲 15A →(紅) 主開關 →(棕) 照明開關 →(藍) 遠近燈開關 →(綠)近燈/(黃)遠燈→ 頭燈 →(黑/綠) ECU → 搭鐵(黑、黑/白)

   搭鐵(黑)

   ◆ 圖 8-8　山葉 Vino 車系照明系統流程圖

2. 流程圖說明

   - 該機種約於 2007 導入台灣市場且為常時點燈設置〔早於六期排放法規規定（106 年 1 月 1 日實施）：晝間（全時）點燈規定〕。
   - 該照明系統作動與否是由 ECU 所控制。
   - 頭燈作動程序：
     1. 引擎起動運轉判定：當起動馬達搖轉引擎且轉速達設定轉速 → ECU 判定引擎已正常運轉。
     2. 頭燈控制程序：電瓶→主保險絲→主開關 ON →照明開關（遠燈/近燈）→頭燈→ ECU →搭鐵；此時頭燈自動點亮。
   - 該電源是由發電機→電瓶→大燈；因此大燈亮度不受引擎轉速高低影響；並運用穩壓整流器（單相全波整流）來穩定、調整工作電壓。
   - 該系統一定要引擎發動後頭燈自動點亮，消費者只能控制遠、近燈的控制。

> **關鍵提醒**
> 1. 該機種照明系統需引擎發動才能作動，因此電動起動不受待命時間長短影響。
> 2. ECU 控制頭燈的搭鐵來控制頭燈作動與否。

第 8 章 | 課後習題

簡答題

1. 以手邊現有直流點燈機種服務手冊為例、請繪製出該機種前燈供電迴路為何（從電瓶正極依序到電瓶負極）

2. 以手邊現有常時點燈機種服務手冊為例、請繪製出該機種前燈（遠燈）供電迴路為何（從電瓶正極依序到電瓶負極）

第 9 章 怠速控制系統比較說明

9-1 機種介紹（機械式、電磁閥式與步進馬達式車系）

範例機種

- 三陽 (SANYANG) WOWOW 100
- 山葉 (YAMAHA) LIMI 125

出處：https://autos.yahoo.com.tw/new-bikes/trim/sym-wowow-2014-100

出處：https://www.yamaha-motor.com.tw/news/news_202401_lim

9-2 作動原理說明

一、何謂怠速

1. 引擎的出力等於阻力時所能維持引擎運轉所需的轉速，稱為怠速。
2. 怠速狀況係表示動力與阻力 (損失或摩擦) 保持平衡。如果節流閥本體不能供應正確數量的空氣與燃料時，則燃燒不能完全，動力也將不足，引擎也不能保持穩定怠速。

二、維持怠速的主要零件型式：節流閥

常見運用的形式有下列種類：
1. 配置化油器的車輛：可區分成 VM 型化油器與 SU 型化油器。
2. 配置燃油噴射引擎的車輛：節流閥本體（蝴蝶閥型）。

三、節流閥本體功能

1. 同步化：配置兩個或以上節流閥的車輛，需進行同步調整以維持各缸出力的一致性。化油器機種調整各缸節流閥開度、噴射機種調整各缸的空氣迴路（By Pass 通道，不可調整各缸節流閥，以免改變每個汽缸的氣流量與空燃比 (A/F)）。
2. 進氣控制：因空氣質量輕，當加速時，進氣量會立刻增加，但是燃油較重，因此改變反應較慢，需要一些時間與空氣混合霧化；因非線性反應、會感覺機車難以控制；因此需配備空氣控制系統，於加速時供應適量進氣（而非大量的進氣；如節流閥內裝置膜片式活塞閥型式）。

四、快怠速與怠速控制系統

當引擎在冷車時，此時引擎機油的摩擦力較大，因此怠速必須加快。怠速速度不僅隨著燃油量增加而提高，也必須增加空氣量，增加空氣的裝置稱為「快怠速 (F.I.D.)」或「怠速控制（ISC）」系統，當冷車時控制怠速速度。

有 3 種常見的快怠速 (F.I.D.) 系統：①機械式（石臘體）、②電磁閥、③步進馬達。目前主流機型都裝置怠速控制（ISC），它結合引擎冷車時的快怠速與引擎熱車時的怠速控制。

1. 機械式快怠速系統

機械式快怠速系統一般配置在化油器機種上。

1. 快怠速系統
   通常阻風油路由石臘體來操控，控制氣流量供應足夠的空氣，以提高怠速轉速。本系統作動時，使用 AC 或 DC 電流來協助加熱石臘體使其膨脹，進而關閉阻風油路與空氣通道。
2. 怠速系統
   透過怠速調整螺絲來控制怠速所需進氣量；VM 化油器是調整活塞閥高度來決定進氣量、SU 化油器是調整節流閥開度來決定進氣量。兩者需定期檢查與調整以避免因積碳、磨損導致進氣量改變（怠速不穩定）。

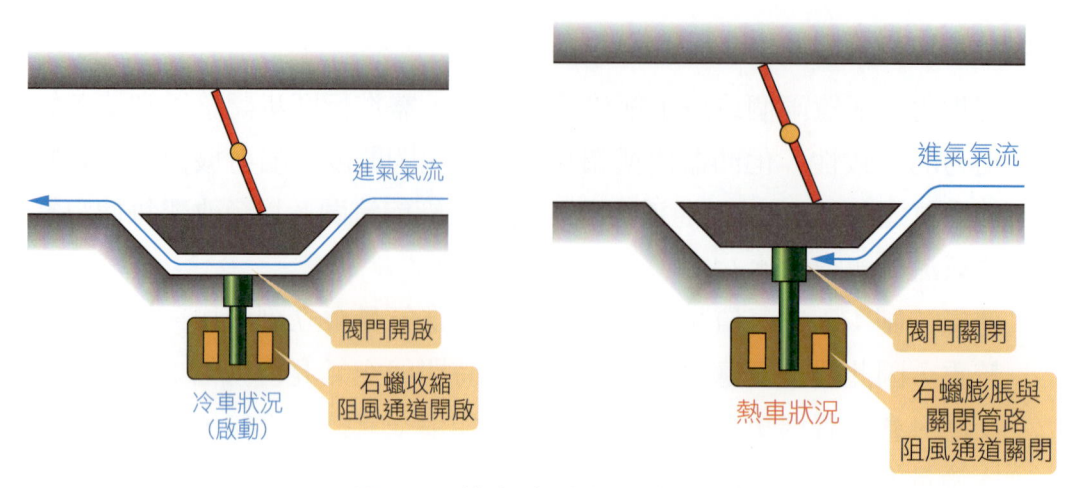

◆ 圖 9-1　快怠速系統作動示意圖

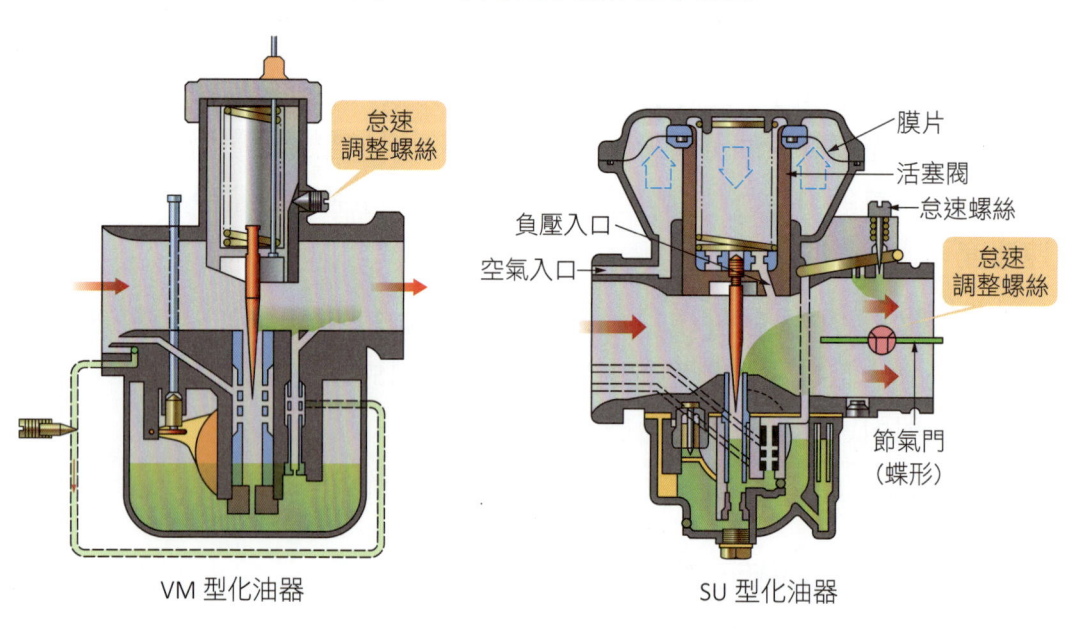

◆ 圖 9-2　怠速系統作動示意圖

2. 電磁閥式快怠速系統

電磁閥式快怠速系統一般配置在噴射機種上。

1. 快怠速系統
   (1) ECU（電子控制元件）控制快怠速系統的電磁閥線圈電流。當訊號傳至電磁閥線圈時，閥門關閉；當訊號停止時，閥門開啟。
   (2) 透過訊號周期的改變可以控制空氣迴路的空氣流量，使其持續供應適量空氣。

2. 怠速系統
   (1) 當引擎熱車後改變訊號週期減少空氣迴路空氣流量,使其維持怠速所需合適的空氣量。
   (2) 此系統的節流閥仍配置節流閥開度調整螺絲(為出廠設定的基本開度、且已上膠固定),原廠規定不可任意調整;但仍需定期清潔相關零件。

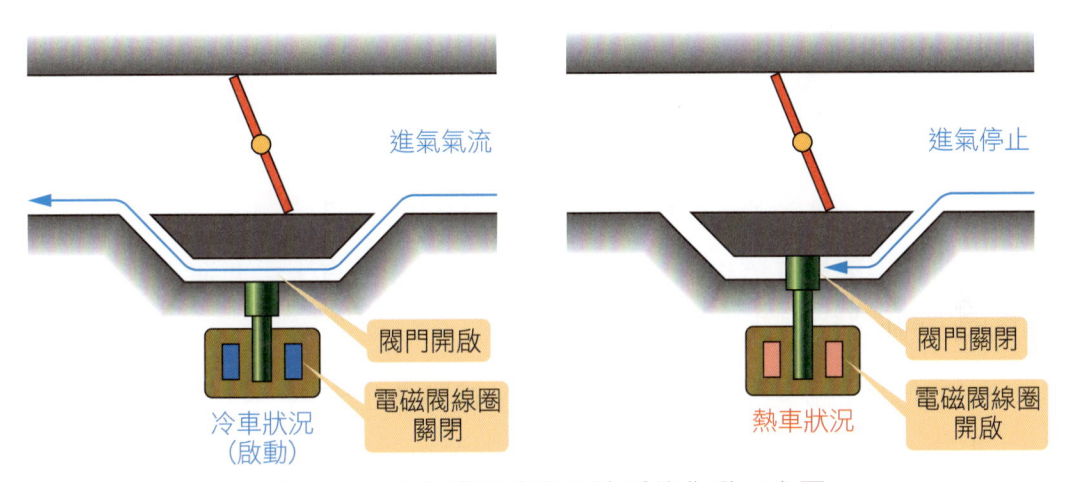

進氣氣流　　　　　　　　　進氣停止

閥門開啟　　　　　　　　　閥門關閉
電磁閥線圈關閉　　　　　　電磁閥線圈開啟
冷車狀況（啟動）　　　　　熱車狀況

◆ 圖 9-3　快怠速系統與怠速系統作動示意圖

關鍵提醒 透過改變訊號週期減少或增加空氣迴路的氣流量,使其維持快怠速、怠速所需合適的空氣量。

3. 步進馬達式快怠速系統

步進馬達式快怠速系統一般配置在噴射機種上。

1. 快怠速系統
   ECU 於引擎冷車狀態時,控制步進馬達,步進馬達加大閥門開度(空氣迴路),供應冷車必要的空氣量,確保引擎接近目標轉速(較高轉速以縮短冷車時間;因應環保需求)。

2. 怠速系統
   引擎熱車後,ECU 傳送訊號給步進馬達,步進馬達縮小閥門開度(空氣迴路),供應怠速必要的空氣量並隨時控制怠速,確保引擎接近目標轉速(怠速)。

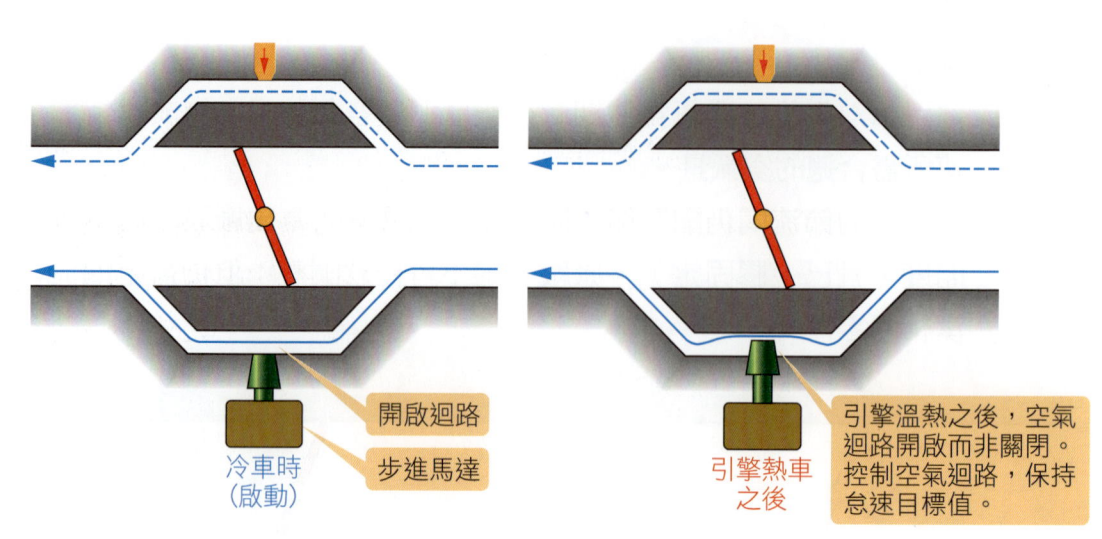

◆ 圖 9-4　快怠速系統與怠速系統作動示意圖

　　步進馬達屬於直流無刷馬達的一種形式，在機車上主要運用於怠速控制與頭燈轉向裝置。其作動方式如下：

　　ECU 傳送訊號至定子線圈 C1，然後線圈產生磁場，拉動永久磁鐵 N 極，因此，磁鐵向右轉動。ECU 切斷訊號至定子線圈 C1 之後，ECU 傳送訊號至定子線圈 C2。因此磁鐵繼續轉動，從 ECU 持續傳輸訊號至定子線圈 C3，然後依序傳輸訊號至定子線圈 C4。當 ECU 傳輸訊號從定子線圈 C4 至定子線圈 C1，磁鐵則依據另一方向轉動。

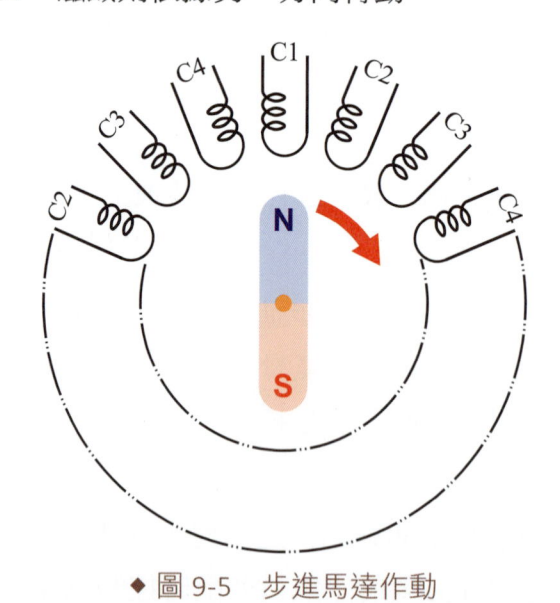

◆ 圖 9-5　步進馬達作動

範例1：三陽 WOWOW 車系

1. 系統架構圖

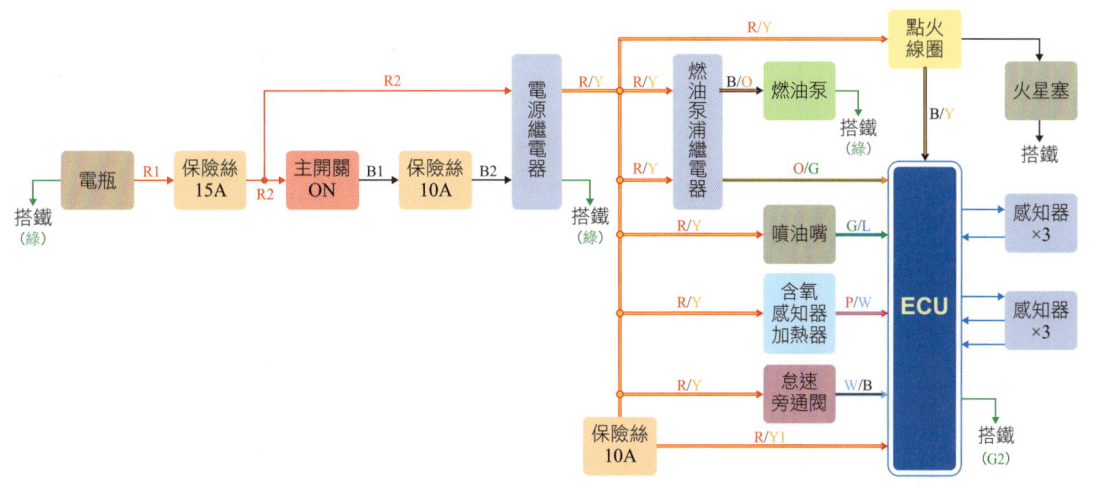

◆ 圖 9-6　三陽 WOWOW 車系快怠速系統與怠速系統架構圖

2. 架構圖說明

(1) 該系統快怠速與怠速控制系統採用電磁閥式（如上圖所示；怠速旁通閥）。

(2) 其電源提供由電源繼電器提供。

(3) 怠速旁通閥作動與否是由 ECU 控制（搭鐵控制；週期式控制、非持續 ON 或 OFF；而是以 DUTY CYCLE 決定）。

(4) 檢查方式；①供電電源檢查、②單品電阻檢查、③作動檢查（需用波形檢測工具、④接頭檢查、⑤配線檢查）。

(5) 該系統須遵循原廠規範定其針對相關部品（怠速旁通閥、節流閥本體）進行清潔動作。

> **關鍵提醒**　該系統控制精度與反應不如 ISC 裝置，因此安裝機種越來越少。

範例 2：山葉 LIMI 125 車系

1. 系統架構圖

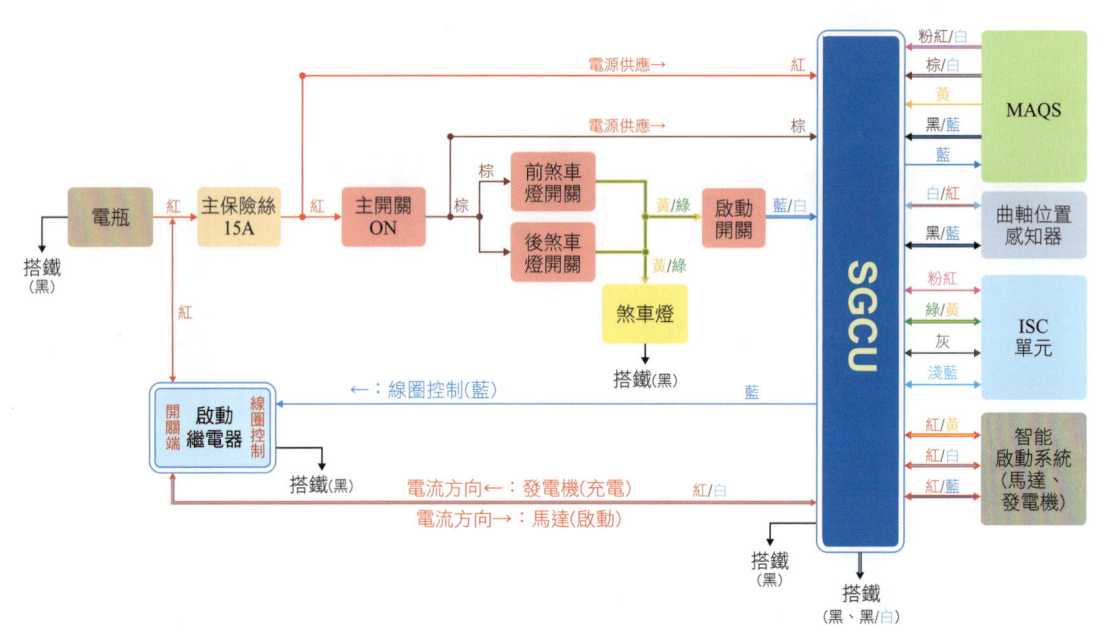

◆ 圖 9-7　山葉 LIMI 125 車系快怠速系統與怠速系統架構圖

2. 架構圖說明

(1) 該系統快怠速與怠速控制系統採用 ISC 閥式（如上圖所示；ISC 單元）。

(2) 其電源提供由 SGCU 提供。

(3) ISC 單元作動與否是由 SGCU 控制（ISC 單元內建兩組線圈；線圈 A〔粉紅、綠／黃〕、線圈 B〔灰、淺藍〕，兩組步進馬達其作動採推拉方式進行；其作動非一直旋轉而是階段式微動）。

(4) 檢查方式；①供電電源檢查、②單品電阻檢查、③作動檢查（需用波形檢測工具、④接頭檢查、⑤配線檢查）。

(5) 該系統須遵循原廠規範定其針對相關部品（ISC 單元、節流閥本體）進行清潔動作與歸零、學習。

> **關鍵提醒**　該系統控制精度與反應優於電磁閥裝置，因此安裝機種越來越多。

技術補給站 1

積碳與熄火的原由說明

自從噴射引擎導入，市場傳出當行駛里程數逐漸累積之下，消費者反應車輛會有不定期熄火現象；對比以往化油器機種而言其發生頻率似乎較高。經調查後發現是節流閥處產生積碳所致（排除異常原因、純粹正常使用下），為何噴射機種容易產生積碳，其原因說明如下：

1. 汽門重疊：當排氣末期、進氣初期，此時進、排門同時打開；這時排放廢氣因進氣門打開瞬間會回流至進氣歧管、節流閥、甚至到進氣機構（因此有些機構會設置隔焰板，以防進氣機構燒損）；久而久之就容易產生積碳附著其上。

2. 為什麼化油器機種不易產生積碳現象：化油器安裝於進氣機構與歧管之間，引擎運轉時霧化後的燃油從主油路噴出；因汽油有清淨作用所以可將附著於節流閥（蝴蝶片、油門）、進氣歧管、進汽門所堆積的積碳予以清潔。

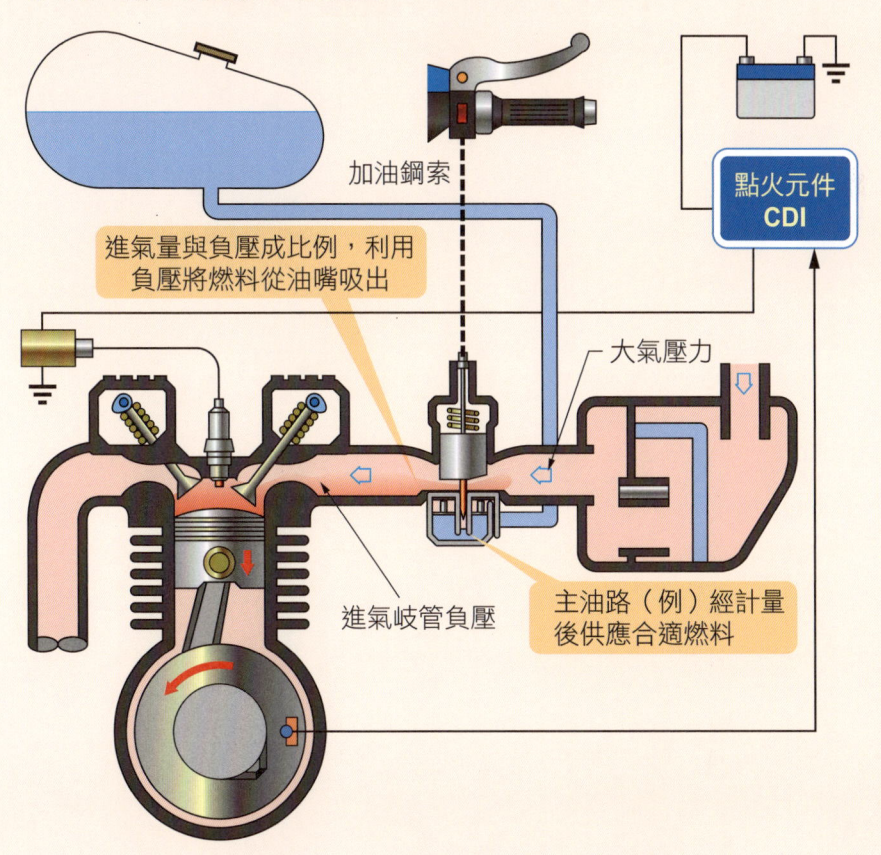

◆ 圖 9-8　化油器主油路噴出示意圖

3. 為什麼噴射機種容易產生積碳現象：噴射引擎的噴油嘴安裝於進氣歧管處（絕大部分機種）、其噴嘴朝進汽門處，因此其清淨效果侷限於岐管處；當汽門重疊造成排放廢氣回流時，容易於節流閥本體、蝴蝶片、怠速旁通道與 ISC 通道處產生積碳，當堆積至一定程度影響怠速所需空氣流量就容易造成熄火。

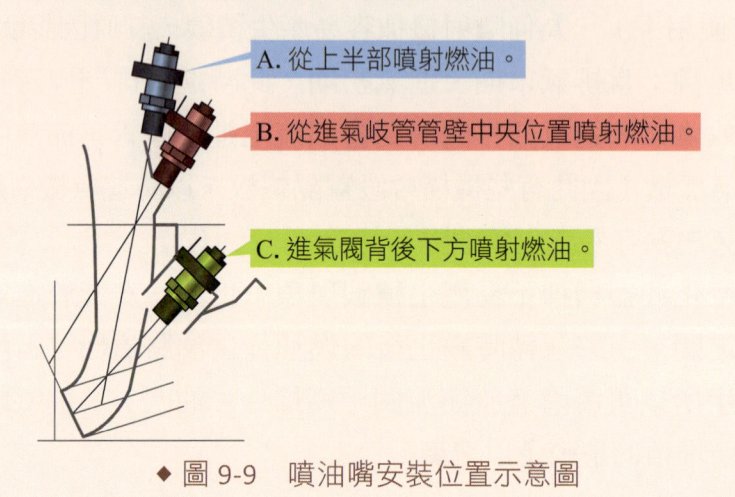

A. 從上半部噴射燃油。
B. 從進氣岐管管壁中央位置噴射燃油。
C. 進氣閥背後下方噴射燃油。

◆ 圖 9-9　噴油嘴安裝位置示意圖

技術補給站 2

ISC 機構與系統初始化、初期化與怠速學習之關係

1. 如前文說明，ISC 機構具有快怠速與怠速控制的功能；ECU 控制引擎全速域所需供油量，而 ISC 控制快怠速與怠速引擎所需空氣流量。我們可以比喻當提供的空氣多時則轉速會提高、當提供的空氣少時則轉速會降低，但提供的空氣不可低於維持怠速所需空氣，否則將會造成熄火現象。

2. 正常使用下，引擎內部機件會磨損、進氣系統會積碳。日積月累之下會改變壓縮壓力與進氣真空強度；且進氣機構的積碳累積會改變怠速空氣流量。ECU 會因這些外部環境的變化適時改變 ISC 設定，以滿足引擎運轉所需條件。

3. 上述因外部環境的變化適時改變 ISC 設定，稱為學習值（含氧感知器亦同；滿足當下運轉條件）；隨著運轉時間的加長改變設定值或學習值以滿足當下的硬體設備的現狀。

4. 何謂初始化：針對 ISC 機構而言、騎士於每回使用車輛後當騎至目標處熄火（主開關 OFF），ISC 機構會作動並回至設定位置（當下怠速最佳位置）；此位置由 ECU 控制並記錄於記憶體內（ROM），若機車因更換電池或不正常斷電（ECU 的永久電源），於更換電池或維修後需進行 ISC 設定，稱為初始化。

5. 何謂初期化：該系統具有 ISC 與 A/F 控制學習的機能（會隨著引擎運轉所導致的運轉條件變化來對應改變）；這改變稱為學習值。倘若因引擎大修、進氣機構進行深度清潔…等作業、導致運轉條件改變；原 ISC 學習與 A/F 控制學習值設定值已不符合新的運轉條件，因此需重新設定讓系統回到最初設定、稱為初期化。

6. 何謂怠速學習：該引擎具有 ISC 機構（快怠速與怠速控制的機能）、若機車因維修保養作業而更換 ECU、更換或清潔節流閥、ISC 閥…等作業（影響怠速空氣流量與記憶相關部件）；於更換或清潔作業後需進行怠速學習作業，以獲得更佳的騎乘感與系統穩定度。

技術補給站 3

系統初始化、初期化與怠速學習方式說明（各廠牌的方式或有不同，但其原理相似；在此以山葉為例進行說明）

1. 初始化的方法

   引擎起動前，請將鑰匙自主開關「OFF」旋轉到「ON」停留 5 秒以上，再轉回到「OFF」停留 5 秒以上後，接著相同的步驟再重複進行一次，以便將惰速運轉控制系統初始化。

   > **關鍵提醒** 此動作是為了讓 ISC 機構了解全開與全關所需的 STEP 步數，因原 ECU 已記錄了此車當下的怠速 STEP 步數為何；因此可透過此式讓更換電瓶後的機車可回復到原車的怠速控制。

2. 初期化的方法

   使用 YDT3 診斷工具進行 D67 及 D87 的操作。

   > **關鍵提醒** 此方法必須使用原廠診斷工具方可進行操作、其意指將原系統重新歸零與計算。

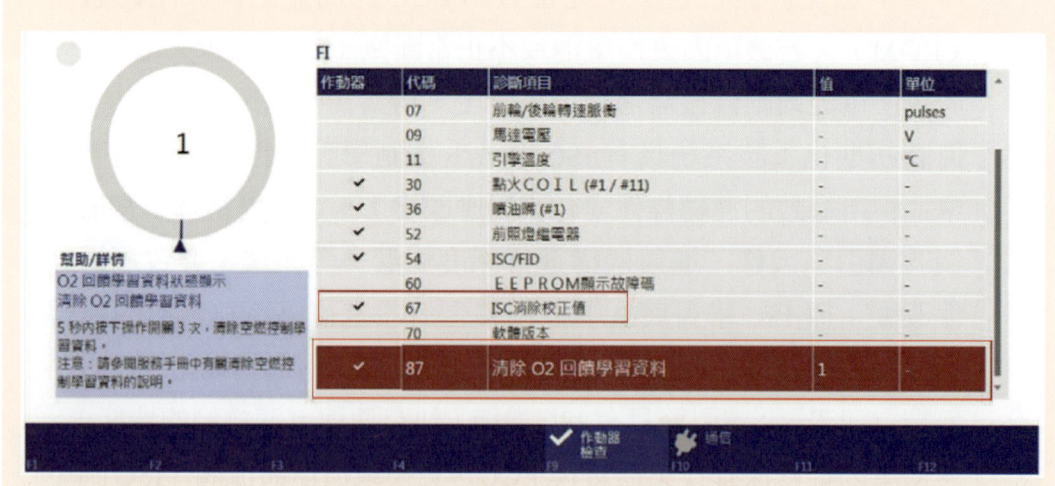

◆ 圖 9-10　山葉診斷工具示意圖

3. 怠速學習的方法

　　起動引擎並惰速運轉 2.5 分鐘後熄火，接著相同的方法再重覆進行二次。

> **關鍵提醒** 因汽車停車怠速管理辦法第三條規定〔停車怠速等候逾三分鐘者，應關閉引擎〕，此為滿足規範的變通作法。

　　下述資料參考山葉服務手冊與商品指南節錄與重新註解，請遵循原廠規範進行相關作業。

部品	場合	需進行之操作項目			SGCU 學習	操作項目二項以上之順序			SGCU 學習
			初期化（註四/註五）		ISC 初始化		初期化（註四/註五）		ISC 初始化	
		YDT3 D67	YDT3 D87	操作主開關		YDT3 D67	YDT3 D87	操作主開關	
保養手冊	交車前點檢表	新車交車前			V					
非燃燒相關之部品	電瓶（註一）	拆裝			V					
	保險絲（註二）	拆裝			V					
燃燒相關之部品	節流閥總成相關	拆裝（僅 ISC 或 MAQS 電線接頭）			V					
		ISC 清潔及更換（註三）| V		V	V	1		2	3
		拆裝（僅本體清洗）|		V					
		拆裝（本體更換新品）| V	V	V	V	1	2	3	4
		節流閥總成更換	V	V	V	V	1	2	3	4

部品		場合	需進行之操作項目			SGCU 學習	操作項目二項以上之順序			SGCU 學習
			初期化（註四/註五）		ISC 初始化		初期化（註四/註五）		ISC 初始化	
			YDT3 D67	YDT3 D87	操作主開關		YDT3 D67	YDT3 D87	操作主開關	
燃燒相關之部品	噴油嘴	清洗或更換新品	V							
	SGCU	拆裝（更換新品）			V	V			1	2
		拆裝（未更換新品）			V					

關鍵提醒

1. 在進行初始化或初期化時，必須先確保電瓶電壓在 12V 以上。
2. 只要有將電瓶導線拆離（例：將電瓶拆下充電、更換新電瓶、或因其他維修需將電瓶拆下時）的動作，再裝回電瓶後皆需做初始化。
   結論：只要 SGCU 永久電源有斷電發生再重新復電後需進行初始化作業。
3. 凡是有拆主保險絲或裝主保險絲時，就必需進行初始化的動作。
   結論：只要 SGCU 永久電源有斷電發生再重新復電後需進行初始化作業。
4. ISC 清潔及更換請參閱服務手冊內容。
   需慎選清潔劑的使用（建議使用煞車系統清潔劑，清潔後安裝需確認 ISC 閥作動正常）。
5. 不需進行初期化之場合：SGCU 及節流閥本體同時更換新品時。
   因更換 SGCU 新品（其內部記憶體為空白）、新節流閥本體（無使用後的積碳情形），故不需進行初期化。
6. ◎ D67：ISC 消除校正值（ISC 學習值清除）。
   ◎ D87：清除空燃控制學習。

結論：
D67 → 因清潔或更換相關部件故原先學習值需清除。
D87 → 同上原因，因運轉條件改變故空燃控制學習亦需清除。

技術補給站 4

進行維修保養作業後系統初始化、初期化與怠速學習方式說明

1. 請依場合別來決定需進行的操作項目。
2. 請依表格註解來進行操作項目。
3. 請依表格註解來進行操作順序。

例 1：若技師執行 ISC 清潔及更換作業後

正確做法：①先進行 D67 的清除作業、②再進行 ISC 初始化作業、③最後進行 SGCU 的怠速學習作業。

例 2：若技師拆裝 SGCU 本體（未更換新品）作業後

正確做法：只需進行 ISC 初始化作業。

第 9 章 ｜課後習題

簡答題

1. 以手邊現有配置怠速旁通閥機種服務手冊為例、請繪製出該機種怠速旁通閥供電迴路為何（從電瓶正極依序到電瓶負極）

2. 以手邊現有配置 ISC 閥機種服務手冊為例、請繪製出該機種前燈（遠燈）供電迴路為何（從電瓶正極依序到電瓶負極）

第 10 章 自動阻風系統比較說明

10-1 機種介紹

範例機種

光陽 (KYMCO) 豪邁 125 車系

圖片出處：https://www.mobile01.com/topicdetail.php?f=657&t=6909537

山葉 (YAMAHA) 迅光 125 車系

圖片出處：https://blog.xuite.net/tsai.kevin36/scooter/16314474

山葉 (YAMAHA) 勁戰 125 車系

圖片出處：https://zh.wikipedia.org/zh-tw/%E5%B1%B1%E8%91%89Cygnus

10-2 作動原理說明

化油器的功能是用來將空氣和燃料（汽油）以最適當比率混合並將其霧化噴入引擎以促進燃燒。空氣和燃料是以合適比率（空燃比）並以引擎所需的量供給（依行駛情況的改變）。流入燃燒室的混合氣會被活塞壓縮和氣化，以促進燃燒，因此化油器可看成噴霧器的一種。

化油器的三大功能：
1. 將燃料霧化：將汽油霧化使空氣和燃料充分混合。
2. 控制混合比：依引擎作業狀況供應適當濃度的混合氣。
3. 控制引擎動力：透過供給至燃燒室的混合氣可控制引擎動力（轉速和扭力）。

以上三種作用是以油門操作（節氣門的作動）和引擎的進氣作用（進氣負壓）來進行。

當環境空氣溫度低或引擎冷時：

會因化油器的空燃比不足而不容易起動，所以需要阻風裝置來使空燃比增濃。此時引擎潤滑油低溫導致黏稠，造成引擎起動轉速低影響起動。此時汽缸溫度低，汽缸與活塞間隙大導致壓縮力不足。

由此可見上述原因均會導致冷車起動不易，因此需要有阻風油路來對應。

阻風油路型式，依作動方式可分為：
1. 手動式：推拉 / 鋼索式。
2. 自動式：AC 供電、DC 供電。

作動方式將於後續說明。

一、手動式：推拉 / 鋼索式

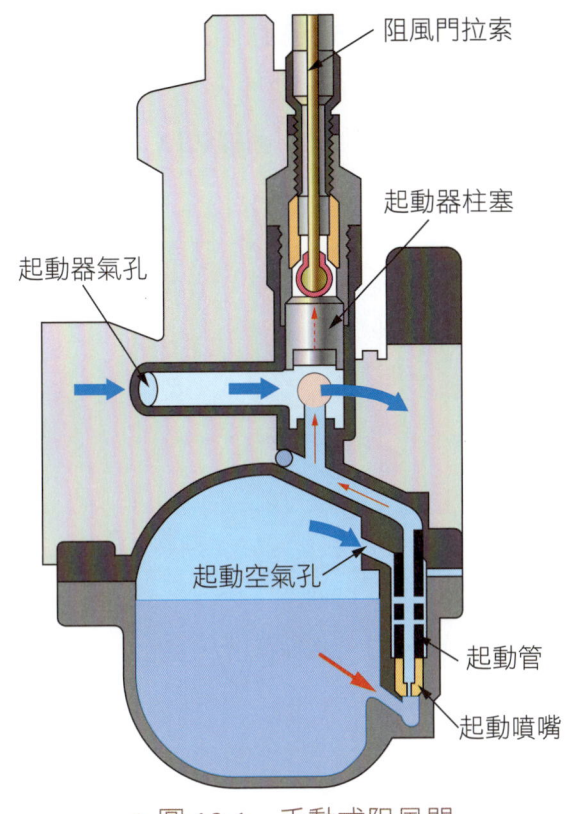

◆ 圖 10-1　手動式阻風門

起動系統的作動（起動阻風）

常見於國內配置 VM 化油器的檔車；如野狼車系。

- 當空氣溫度或引擎冷時，會因化油器的空燃比不足而不容易起動，所以需要阻風裝置來使空燃比增濃。
- 阻風門通常為遮氣式以減少空氣流入（起動器柱塞），此起動方式有專用裝置（阻風門拉索）。
- 在引擎起動時將起動柱塞以拉索或拉桿拉起，然後空氣通過起動器空氣孔流入柱塞室以增加吸力。
- 燃料是由起動噴嘴控制來和燃料混合，在起動管（乳狀管）霧化，然後進入起動器柱塞室和從起動器氣孔來的空氣混合，以形成起動用的空燃比（約 2~3：1），由阻風油路出口進入引擎。
- 因為是利用主進氣孔的負壓，故作動阻風門時需將節氣門（或是活塞閥）關閉。
- 此阻風油路是將空氣和燃料一同計量，所以可獲得正確的混合比。

二、自動式：電子式自動阻風門（AC 供電、DC 供電）

- 新型化油器上都配置電子式自動阻風門，具有可靠及冷車容易起動，燃料傳遞穩定且有良好起動性。
- 構成零件：電子式自動阻風門是由 P.T.C 感溫器、石蠟體和起動柱塞組成。

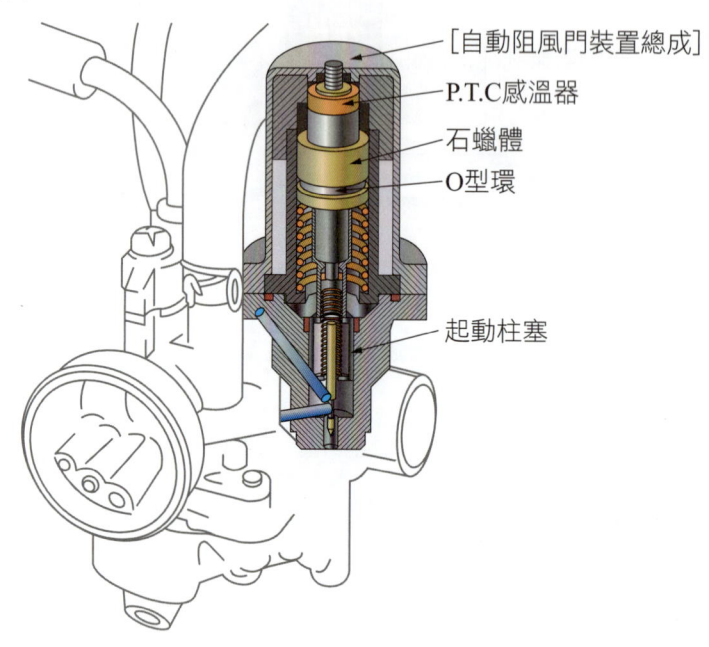

◆ 圖 10-2　電子式自動式阻風門

構成零件的作動說明：

- P.T.C 感溫器：當電流通過則會產生熱，在溫度到達預設值時保持一定溫度。
- 石蠟體：由 P.T.C 感溫器產生的溫度改變其容積，使柱塞作動（往下移動）。
- 起動柱塞：依石蠟體容積的變化來使起動油路開閉（冷車時：開、熱車時：閉）。
- 線路簡圖：電源是由 C.D.I 發電機的點燈線圈（AC 供電）提供。

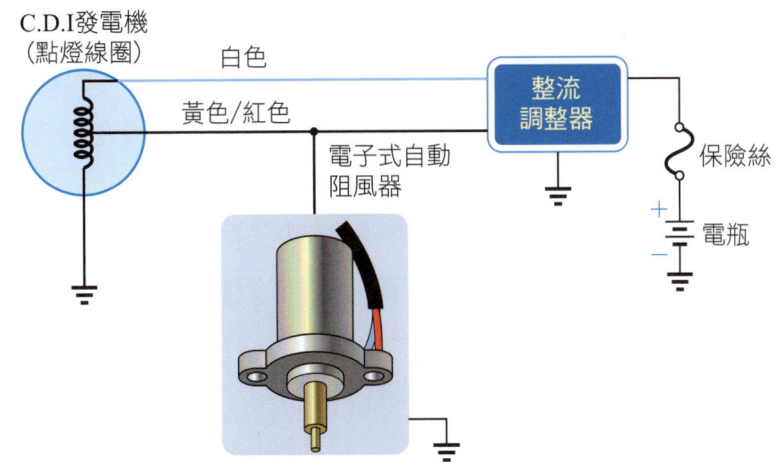

◆ 圖 10-3　電子式自動式阻風門線路簡圖

10-3 系統架構說明

一、手動式

　　引擎欲發動時，需透過騎士主動將阻風門拉起（依型式別而定）後將引擎起動；待引擎順利起動且運轉穩定後需記得將阻風門回位。

> **關鍵提醒**　若熱車走行時忘記將阻風門回位，恐導致混合氣過濃造成運轉不穩定與熄火現象發生。

二、自動式：AC 供電

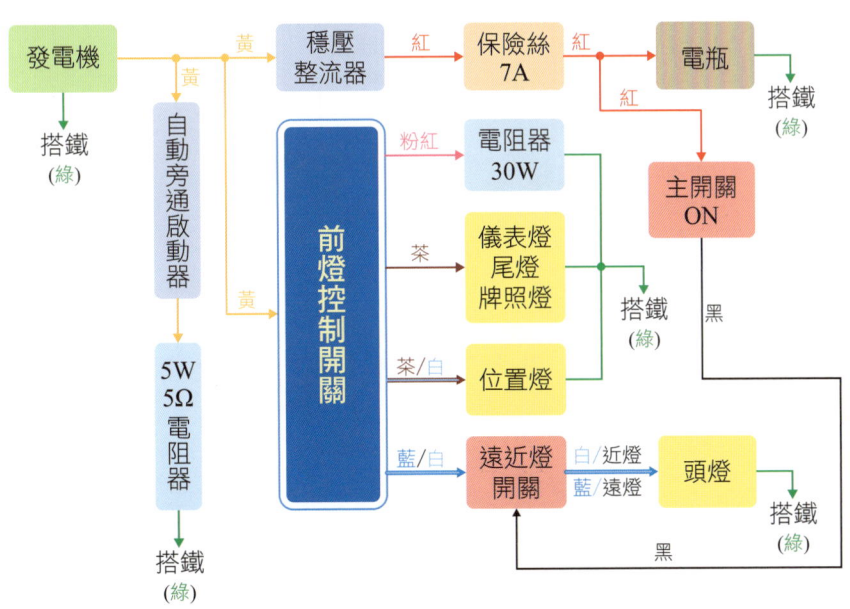

◆ 圖 10-4　自動式：AC 供電系統架構（光陽 豪邁 125 車系）

架構圖說明

1. 該系統所需電源直接由 AC 發電機內的照明線圈供應（依機種別而定；照明線圈是由充電線圈內擷取一段引出，主體仍沿用充電線圈）。
2. 仍需透過穩壓整流器予以控制電壓。
3. 需串聯一個 5W5Ω 電阻器；以免系統燒毀（同照明系統串聯一個 30W 的電阻器一樣；當照明開關未打開使用時須將發電機產生的 AC 電源予以消耗）。
4. 該系統只要引擎持續運轉其系統將持續作用，直到將主開關 OFF 後才無作用。

> **關鍵提醒**　該系統若引擎熄火後，因無持續的 AC 電源供應，PTC 將變冷而導致石蠟體容積縮小，使柱塞作動（往上移動；將阻風油路開啟），而此時引擎溫度仍高（尤其是速克達機種），若再次起動引擎恐導致混合氣過濃造成運轉不穩定與熄火現象發生。

三、自動式：DC 供電（控制元件控制）

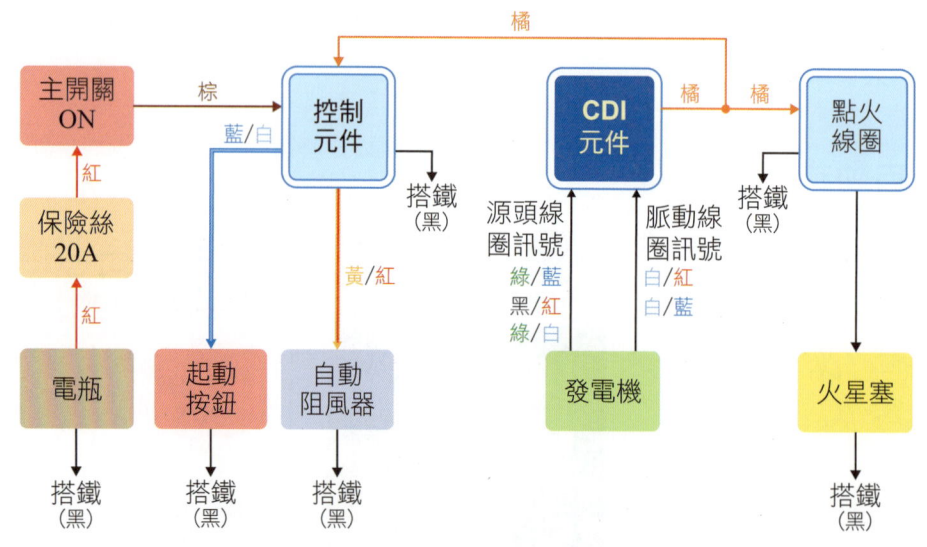

◆ 圖 10-5　自動式：DC 供電（控制元件控制）系統架構（山葉迅光 125 車系）

架構圖說明

1. 該系統阻風門作動與否是由控制元件所控制。
2. 所需電源是當主開關 ON 時直接由電瓶供應（DC 供電）。
3. 何時供應給自動阻風器作動需滿足下列條件：
   (1) 騎士按下起動按鈕（其用意為將起動繼電器線圈端作動，進而將起動馬達轉動帶動引擎）。
   (2) 持續接收 CDI 所送出的點火訊號作為引擎是否起動（依系統設定，需滿足轉速訊號〔例 650rpm 以上〕符合設定；方能判定引擎已持續運轉）。
   (3) 控制元件判定後方能將主開關提供的電源供應給自動阻風器作動。
4. 該系統只要引擎持續運轉其系統將持續作用，直到將主開關 OFF 後才無作用。

> **關鍵提醒** 該系統同 AC 供電方式作動，只是由專用控制元件控制系統作動。

四、自動式：DC 供電（CDI 元件控制）

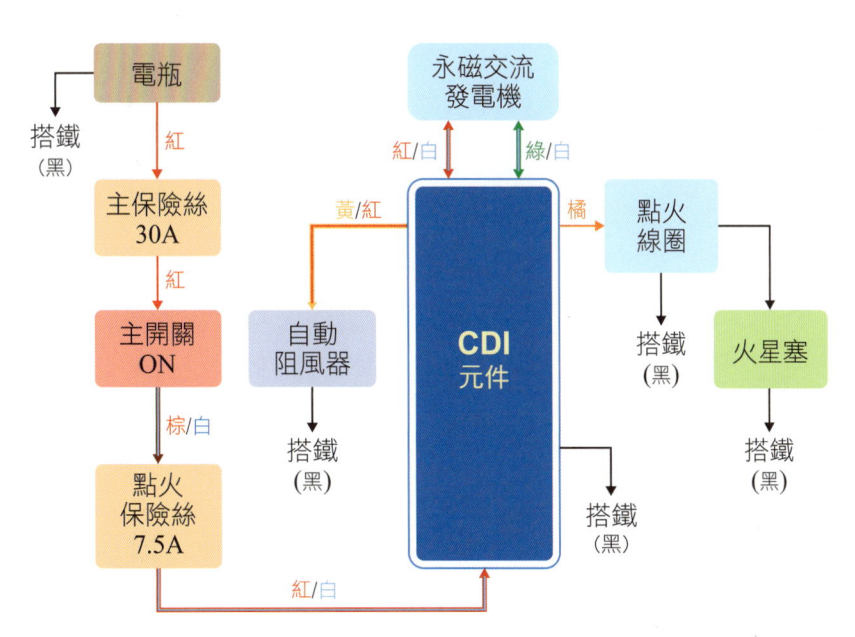

◆ 圖 10-6　自動式：DC 供電（CDI 元件控制）系統架構（山葉勁戰 125 車系）

架構圖說明

1. 該系統阻風門作動與否是由 CDI 元件所控制。
2. 所需電源是當主開關 ON 時直接由電瓶供應（DC 供電）。
3. 何時供應給自動阻風器作動需滿足下列條件：
   (1) 持續接收永磁交流發電機所送出的脈衝線圈訊號作為引擎是否起動（依系統設定、需滿足轉速訊號〔例 650rpm 以上〕符合設定；方能判定引擎已持續運轉）。
   (2) CDI 元件判定後方能將主開關提供的電源供應給自動阻風器作動。
4. 該系統只要引擎持續運轉其系統將持續作用，直到將主開關 OFF 後才無作用。

> **關鍵提醒**　該系統同 DC 供電方式作動，為了避免 AC 供電的缺失（請參考註示說明）；當引擎熄火而主開關 ON 時，CDI 仍持續供電給自動阻風器作動（將阻風油路關閉），以滿足熱車再次起動的需求。

第 10 章 ｜ 課後習題

簡答題

1. 以手邊現有配置 AC 供電機種服務手冊為例、請繪製出該機種自動阻風門供電迴路為何（從電瓶正極依序到電瓶負極）

2. 以手邊現有配置 DC 供電機種服務手冊為例、請繪製出該機種自動阻風門供電迴路為何（從電瓶正極依序到電瓶負極）

第 11 章　機車進氣機構比較說明

11-1　機種介紹

範例機種

山葉 Cygnus Gryphus 車系

圖片出處：https://www.yamaha-motor.com.tw/motor/motor_CYGNUS_GRYPHUS

三陽 DRG II 車系

圖片出處：https://tw.sym-global.com/drgbt2

光陽 G6 150

圖片出處：https://autos.yahoo.com.tw/new-bikes/trim/kymco-g6-2023-150

11-2 系統架構說明

一、可變進氣相關機構說明

廠　　牌	YAMAHA	SANYANG	KYMCO	
範例機種	Cygnus Gryphus	二代 DRG	新 G6	G6
機　　構	VVA	Hyper-SVIS	VVCS	VACS
全　　名	Variable Valve Actuation		Variable Valve-lift Control System	Variable Air Control System
中　　譯	可變氣門機構	全域可變進氣系統	可變氣門機構	可變進氣系統
作動機制	電磁閥	伺服馬達	電磁閥 + 油壓	電磁閥
改　　變	進氣揚程	進氣揚程	進氣揚程與正時	高、低速進氣量
說　　明	利用一組對應高角度可活動或上鎖的進氣汽門搖臂，當轉速大於 6,000rpm 時，會將對應高角度凸輪的汽門搖臂與低角度凸輪的汽門搖臂予以鎖定，進而改變汽門揚程	因應引擎轉速的不同來改變進氣管路的長短，以期在低速時擁有更好的扭力與油耗降低，而在高速時則能擁有更好的馬力表現	當引擎轉速升高到 6300rpm 時（透過 ECU 控制電磁閥開關來決定機油是否會流進可變氣門控制）；此時利用引擎運轉的機油壓力，把高速搖臂鋼柱推出來；並與低速搖臂固定，進而改變汽門揚程	控制引擎在高轉速與低轉速時可獲得不同的進氣量；例：轉速 6000rpm 以下則關閉大通道進氣、轉速 6000rpm 以上則大小通道皆打開

二、概要說明

　　對傳統內燃機而言，自然進氣引擎在不增加排氣量的前提下如何增加引擎出力，一直是工程師的努力目標；尤其在現行排放法規的規範下，要滿足動力輸出、廢氣排放標準與燃油經濟性的要求，因此小排氣量引擎已不復見（如傳統的入門車從 50cc → 100cc → 110/115cc），現行均以 125cc 排氣量為入門。傳統而有效的作法就是提高壓縮比與增加進氣量，因此各廠牌均有對應的方法運用其上，此章節就依曾經使用的系統作介紹。

　　常見的增加進氣量的方式有下列兩種：①改變進氣凸輪的外型與②改變進氣通道的長度兩種。其中①改變進氣凸輪的外型為增加氣門揚程與增長氣門開啟角度，此種方式可增加整體進氣量來滿足加速或高速時進氣量需求，如 VVA 系統與 VVCS 系統；而②改變進氣通道的長度則是依引擎運

轉狀況來改變進氣通道的長度，如高速時使用短進氣通道以獲取進氣慣性效應和脈衝效應，進而達到更高的進氣效率與動力，在中低轉速時使用長進氣通道可以得到良好的油耗與扭力，如 Hyper-SVIS 系統與 VACS 系統。

後續將依下列三大廠牌四個系統來逐一介紹各系統的作動原理與控制方式：

- 山葉 (YAMAHA)：VVA 系統（可變氣門機構）。
- 三陽 (SANYANG)：Hyper-SVIS 系統（全域可變進氣系統）。
- 光陽 (KYMCO)：VVCS 系統（可變氣門機構）與 VACS 系統（可變進氣系統）。

1. 山葉 (YAMAHA) VVA 機構說明

引擎氣門正時圖中有氣門重疊設定，一般而言氣門重疊角度比較小的設計其怠速比較穩定、省油，但是馬力較小。而重疊角度比較大的設計引擎有可能產生失火 (misfire) 現象，造成怠速不穩定、油耗高，但是具有馬力較大的優勢。為取得兩者優點因此將 2 種不同的凸輪設置在一起即是 VVA 機構，若搭配噴射系統可獲得最佳的性能表現。

山葉的 125 / 155 cc 系列車種配置的 Blue Core 引擎，搭載了 VVA 的技術，這個技術與本田 VTEC 類似，差異點在控制高、低速凸輪切換的方式略有不同。山葉採用的是搖臂上的頂桿透過電磁閥來切換高、低速凸輪的作動，此電磁閥透過 ECU 控制其作動；當 ECU 偵測曲軸位置感知器與節流閥位置感知器的訊號進而判定，當引擎轉速大於 6000rpm 時切換為高角度凸輪驅動進氣門、反之為低角度凸輪作動；因為高角度凸輪全速域都比較高，所以可以蓋過低角度凸輪軸的汽門開閉角。

相關照片請參考下列網址：https://www.cool3c.com/article/154354

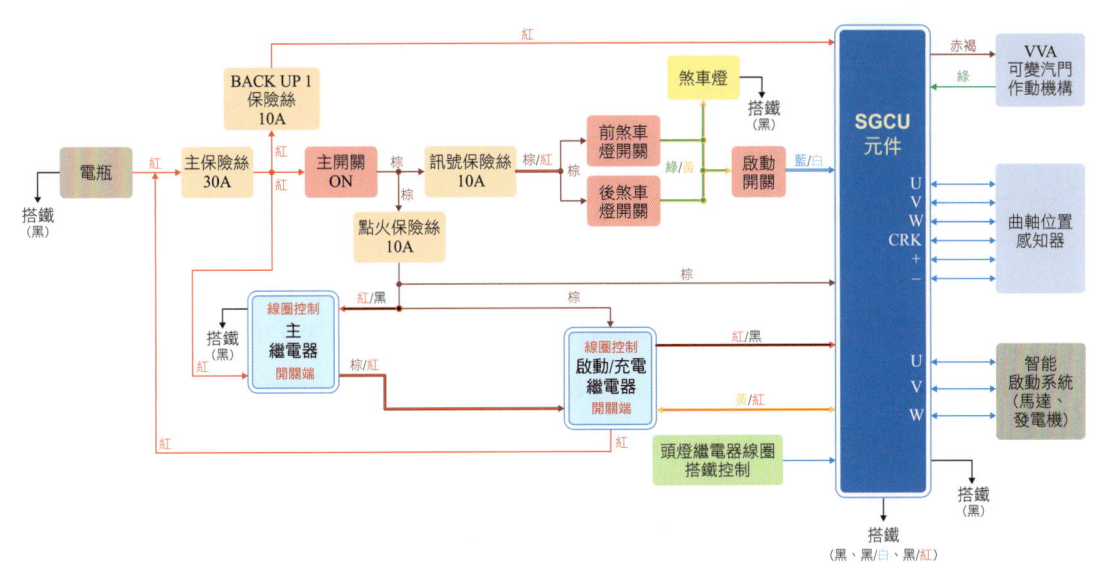

◆ 圖 11-1　山葉新勁戰車系 VVA 架構圖

起動說明如下：

1. **車輛起動**

    (1) 起動訊號：電瓶→紅線→主保險絲 30A→紅線→主開關 ON→訊號保險絲 10A→棕/紅線→前或後煞車燈開關 ON→綠/黃線→起動開關→SGCU 元件→搭鐵（電瓶 - 極）；起動訊號輸入。

    (2) 馬達作動：電瓶→紅線→主保險絲 30A→紅線→主繼電器（開關端）→棕/紅線→起動/充電繼電器（開關端）→黃/紅線→SGCU 元件→U 線、V 線、W 線→智能起動系統（馬達/發電機）；起動馬達作動。

    (3) 發電機作動：智能起動系統（馬達/發電機）→U 線、V 線、W 線→SGCU 元件→黃/紅線→起動/充電繼電器（開關端）→紅線→電瓶→黑線→搭鐵；發電機作動。

2. **VVA 起動**

    (1) 作動訊號：曲軸位置感知器、節流閥位置感知器→SGCU 元件；作動訊號輸入（6000rpm）。

    (2) 電磁閥作動：電瓶→紅線→主保險絲 30A→紅線→BACK UP 保險絲 10A→紅線→SGCU 元件→赤褐線→VVA 可變汽門作動機構→綠線→SGCU 元件→搭鐵（電瓶 - 極）；VVA 機構作動（高角度凸輪作動）。

(3) 電磁閥不作動：SGCU 元件→赤褐線→ VVA 可變汽門作動機構→綠線→ SGCU 元件（不予以搭鐵、系統失效）；VVA 機構電磁閥不作動（透過慣性回復至正常角度凸輪作動）。

2. 三陽 (SANYANG) DRG II 車系 SVIS 系統說明

　　三陽工業所配置的可變進氣相關機構官方稱為「Hyper-SVIS 全域可變進氣系統」，也是在不提升排氣量前提下可增加輸出馬力的方法之一，其方式如同概要說明：透過高、低速電磁閥改變進氣通道的長短變化以滿足高、低轉速的需求。其作動轉速在 5750rpm 時會斷開進氣管道，讓引擎可以獲得更大更直接的進氣效率。

其目的為：

- 引擎轉速在 5750rpm 以下時（低轉），空氣會經過進氣通道慣性與脈衝式導入（長進氣通道）。
- 引擎轉速在 5750rpm 以上時（高轉），進氣通道斷開，讓進氣量更大（短進氣通道），進而實現低速省油高扭力與高速性能最佳化的雙重效果。

　　依原廠說明此裝置可達成低速馬力提升 6% 和高速馬力提升 10% 的目標，最大馬力達到 16.0 ps（+0.4 ps）、0-100m 加速 7.6 秒（-0.2s）、最大扭力 1.54kg-m。相較改款前 0-800m 加速可領先 15 個車身極速快 5km/h，對比他牌 175 車款，也可領先 8 個車身，幾乎是市面上性能最強悍的白牌車款。

　　相關照片請參考下列網址：https://www.supermoto8.com/articles/13235

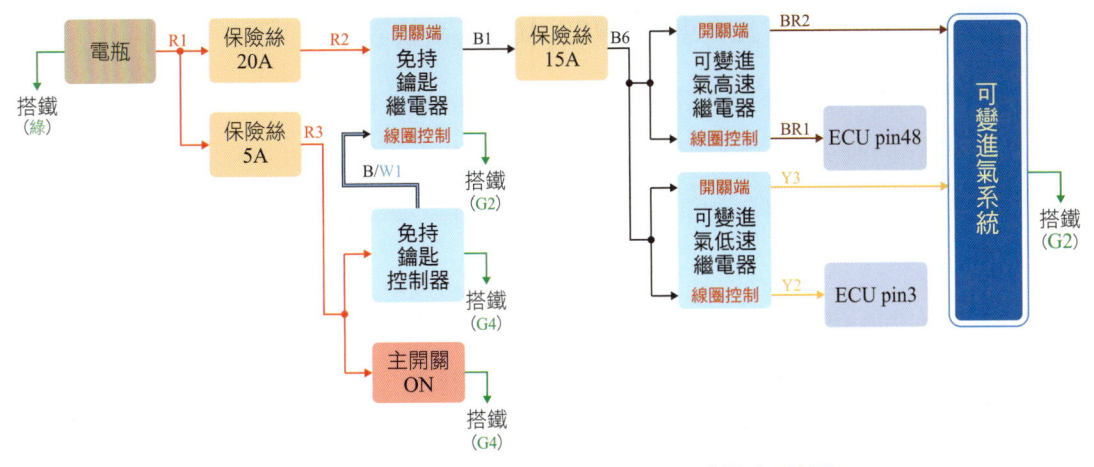

◆ 圖 11-2　三陽 DRG II 車系 SVIS 系統架構圖

起動說明如下：

1. **高速可變進氣系統起動：短進氣通道**

    (1) 起動訊號：電瓶→ R 1 線→保險絲 20A → R 2 線→免持鑰匙繼電器（開關端）→ B 1 線→保險絲 15A → B 6 線→可變進氣高速繼電器（線圈端）→ BR 1 線→ ECU 元件→搭鐵（電瓶 - 極）；可變進氣高速繼電器控制訊號輸入。

    (2) 電磁閥作動：電瓶→ R 1 線→保險絲 20A → R 2 線→免持鑰匙繼電器（開關端）→ B 1 線→保險絲 15A → B 6 線→可變進氣高速繼電器（開關端）→ BR 2 線→可變進氣系統電磁閥→ G 2 線→搭鐵（電瓶 - 極）；可變進氣電磁閥作動。

2. **低速可變進氣系統起動：長進氣通道**

    (1) 起動訊號：電瓶→ R1 線→保險絲 20A → R2 線→免持鑰匙繼電器（開關端）→ B1 線→保險絲 15A → B6 線→可變進氣低速繼電器（線圈端）→ Y2 線→ ECU 元件→搭鐵（電瓶 - 極）；可變進氣低速繼電器控制訊號輸入。

    (2) 電磁閥作動：電瓶→ R1 線→保險絲 20A → R2 線→免持鑰匙繼電器（開關端）→ B1 線→保險絲 15A → B6 線→可變進氣低速繼電器（開關端）→ Y3 線→可變進氣系統電磁閥→ G2 線→搭鐵（電瓶 - 極）；可變進氣電磁閥作動。

3. **作動訊號**：曲軸位置感知器、節流閥位置感知器→ ECU 元件；作動訊號輸入（5750rpm）。

3. 光陽 (KYMCO) G6 150 車系 VVCS/VACS 系統說明

光陽工業所配置的 VVCS 系統（Variable Valve-lift Control System，可變汽門揚程控制系統），該系統是透過管理兩個進氣的凸輪來完成，而排氣凸輪則維持一個；從側面來看，可以很明顯地看出進氣的兩組凸輪長得有一些不同。

兩組不同的進氣凸輪會讓進氣門開啟的時間與開啟的持續時間也不一樣，其控制方式只要在 VVCS 的電子控制器上，給予 12V 的電源就可以完成可變氣門系統的開啟與否；這個控制方式跟 G6 的 VACS 控制閥門開啟的方式相同。當引擎轉速升高到 6300 轉 (光陽的 ECU 電腦系統預設值)，左邊搖臂會伸出一根鋼柱，插入右邊的搖臂中。

狀態說明：

當引擎轉速低於 6300rpm 時，新 G6 的引擎是採用低角度凸輪。
當引擎轉速超過 6300rpm 時，新 G6 的引擎改用高角度凸輪。

為完成該系統的高、低速進氣凸輪的切換，與 YAMAHA 廠牌的 VVA 不同，該系統使用油壓來控制 VVCS 系統的運作，在氣門搖臂固定銷處配置一個小閥門，可以從這邊調整油壓的大小進而改變高、低速凸輪接合所需要的油壓大小。

作動說明：追加了油壓開關控制迴路，實際上 ECU 也是控制這邊的電磁閥開關來決定機油是否會流進可變氣門控制；當引擎轉速超過 6300 轉，電磁閥門打開後，機油就會在左右兩孔之間流動，讓 VVCS 系統開始起動。

> **關鍵提醒**　作動流程：ECU → 電磁閥 → 可變汽門控制油壓 → VVCS 機構。

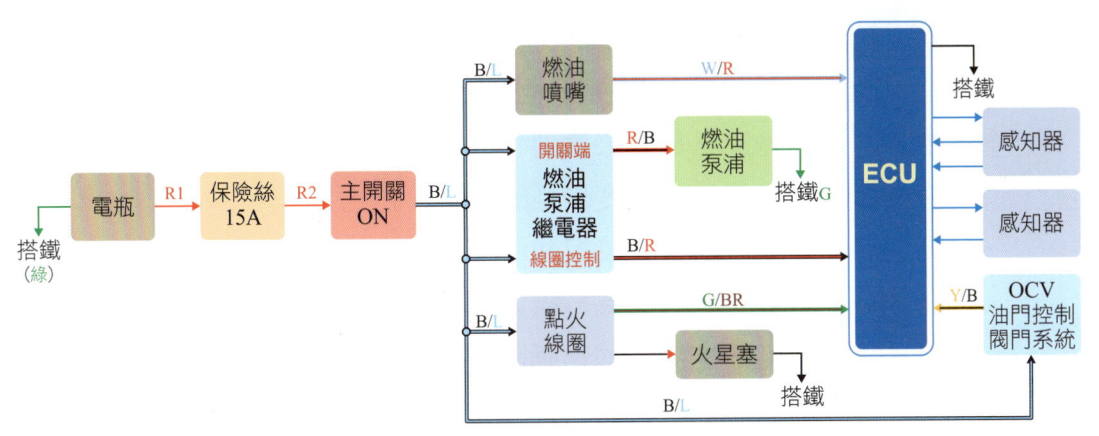

◆ 圖 11-3　光陽 G6 150 可變汽門揚程控制系統

起動說明如下：

1. **可變汽門作動電磁閥起動：（油門控制閥門系統）**

    (1) 起動訊號：電瓶→ R 1 線→保險絲 15A → R 2 線→主開關 ON → B/L 線→油門控制閥門系統（電磁閥）→ Y/B 線→ ECU 元件→搭鐵（電瓶 - 極）；油門控制閥門系統作動訊號輸入。

    (2) VVCS 作動：

    - 高速：當引擎轉速超過 6300rpm 時：ECU 將油門控制閥門系統（電磁閥）予以搭鐵，此時電磁閥作動將高壓油壓導入 VVCS 機構驅動高角度凸輪。
    - 低速：當引擎轉速低於 6300rpm 時：ECU 將油門控制閥門系統（電磁閥）予以斷開，此時電磁閥不作動、切斷高壓油壓，VVCS 機構因慣性回復至低角度凸輪。

2. **作動訊號**：曲軸位置感知器、節流閥位置感知器→ ECU 元件；作動訊號輸入（6300rpm）。

光陽公司所配置的 VACS 系統 (Variable Air Control System)，可變進氣系統，也是在不提升排氣量前提下可增加輸出馬力的方法之一，其方式如同前述三陽概要說明：透過伺服馬達改變進氣通道的長短變化以滿足引擎高、低轉速的需求。

該系統在 6000rpm 時會改變進氣管道，讓引擎可以獲得更大更直接的進氣效率。其目的為實現低速省油高扭力與高速性能最佳化的雙重效果。透過可變進氣長度來達到下列目的：

中低速時，進氣管路長度較長的引擎，扭力比較好。

高速時，進氣管路長度較短的引擎，馬力比較好。

低速時不需要大量的空氣，給太多反而會造成低速無力。

該系統的 VACS 進氣控制閥的作動說明：

- 當引擎轉速超過 6000 轉時，進氣控制閥是全開的此時伺服馬達會推到底（VACS 高速的進氣管路，由空濾後方直接送到引擎去）。
- 當引擎轉速低於 6000 轉時，VACS 進氣控制閥是關閉的，此時伺服馬達是縮起來的（中低速時，空氣繞過整個空濾，增加了進氣管路的長度，可以讓低速的扭力更好）。

相關照片請參考下列網址：https://forum.jorsindo.com/thread-2388079-1-8.html

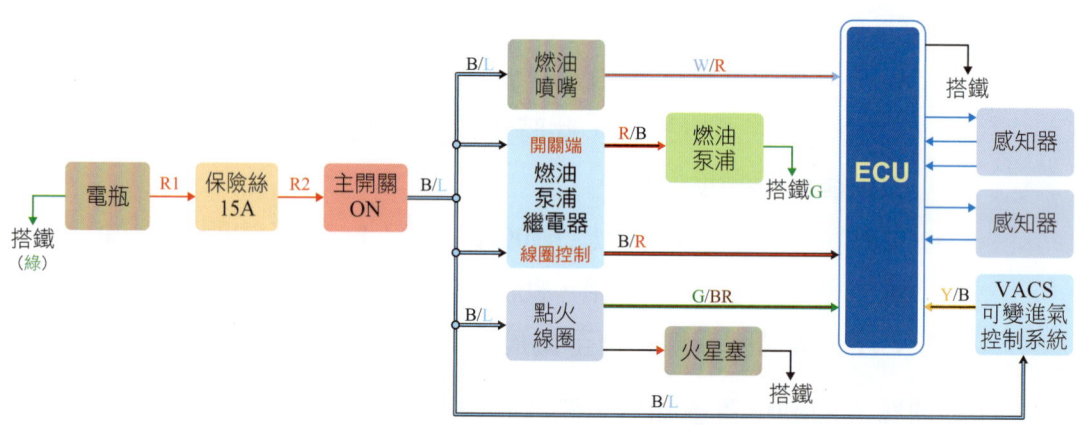

◆ 圖 11-4　光陽 G6 可變進氣控制系統

啟動說明如下：

1. **可變進氣控制系統起動：（VACS）**

    (1) 啟動訊號：電瓶→ R 1 線→保險絲 15A → R 2 線→主開關 ON → B/L 線→可變進氣控制系統（伺服馬達）→ Y/B 線→ ECU 元件→搭鐵（電瓶 - 極）；可變進氣控制系統作動訊號輸入。

(2) VACS 作動：
- 高速：當引擎轉速超過 6000rpm 時：ECU 將可變進氣控制系統（伺服馬達）予以搭鐵，此時伺服馬達作動將進氣控制閥推到底讓進氣控制閥全開。
- 低速：當引擎轉速低於 6000rpm 時：ECU 將可變進氣控制系統（伺服馬達）予以搭鐵，此時伺服馬達作動將進氣控制閥是縮起來的讓進氣控制閥全關。

2. **作動訊號**：曲軸位置感知器、節流閥位置感知器→ECU 元件；作動訊號輸入（6300rpm）。

第 11 章 ｜ 課後習題

簡答題

1. 以手邊現有配置 VVA 機種服務手冊為例、請繪製出該機種 VVA 供電迴路為何（從電瓶正極依序到電瓶負極）

2. 以手邊現有配置 SVIS 系統機種服務手冊為例、請繪製出該機種 SVIS 供電迴路為何（從電瓶正極依序到電瓶負極）

3. 以手邊現有配置 VACS 系統機種服務手冊為例、請繪製出該機種 VACS 供電迴路為何（從電瓶正極依序到電瓶負極）

第 12 章 噴射系統比較說明

12-1 機種介紹

範例機種

山葉 (YAMAHA) Cygnus X 車系

圖片出處：https://autos.yahoo.com.tw/new-bikes/trim/yamaha-cygnus-x-2020-125-fi-abs%E7%89%88

山葉 (YAMAHA) 2017 X MAX300

圖片出處：https://autos.yahoo.com.tw/new-bikes/trim/yamaha-xmax-2017-300

山葉 (YAMAHA) 2018 MT-09 車系

圖片出處：https://www.yamaha-motor.com.tw/motor/motor_MT09

三陽 (SANYANG) JET 車系

圖片出處：https://www.mobile01.com/topicdetail.php?f=660&t=5381049

光陽 (KYMCO) GP2 車系

光陽 (KYMCO) 大地名流車系

圖片出處：https://autos.yahoo.com.tw/new-bikes/model/kymco-gp2-2014

圖片出處：|https://sl-motor.com/moto/%E6%96%B0%E5%90%8D%E6%B5%81-125-2020/

12-2 系統架構說明

一、噴射系統概述

　　汽油引擎吸入空氣與燃料混合的氣體，透過活塞壓縮並點火，產生爆炸推動活塞後，排放廢氣，將熱能轉換為動能，轉動曲軸，進而產生動力。傳統內燃機透過化油器產生混合氣，因其具備小型、輕量化與構造簡單的特性此機構運用許久；隨著排放控制法規日益嚴苛與電腦以及其他電子設備的研發進展，機車裝置電子燃料噴射系統與日俱增，因此供應適量燃料，滿足進氣量的需求，以獲得最佳燃燒的裝置稱為燃料噴射系統。

二、燃料噴射系統的分類

　　燃料噴射系統分類有 3 種：依據進氣量偵測方式、噴射方式及噴油嘴位置與噴射時間等，受限於篇幅所致，在此僅針對進氣量偵測方式進行說明。

進氣量偵測方式有 2 種：直接與間接偵測方式。
1. 直接量測進氣量，也稱為流量系統。
2. 間接偵測進氣量乃依據有關進氣歧管壓力、節流閥門角度、與引擎轉速等因素偵測。電子控制元件（ECU）使用這些數值，計算空氣量。如依據進氣歧管壓力，稱為「速度密度式」系統；如使用節流閥門開啟角度，稱為「節流閥開度式」系統。

三、系統分類說明

1. 直接偵測系統〈流量系統〉

本系統使用空氣流量錶，直接偵測進氣流量。進氣流量取決於引擎轉速與每一個作動循環所決定。ECU 依據偵測的空氣流量，計算噴射時間，能夠控制精確的空燃比（A/F ratio）且能適應引擎因老化的狀況改變，所以適用於嚴格管制排放廢氣的國家。但是空氣流量錶體積大會造成進氣阻力，降低引擎反應能力，且機車空間較小，故此系統適用於汽車不適合使用在空間小的摩托車。

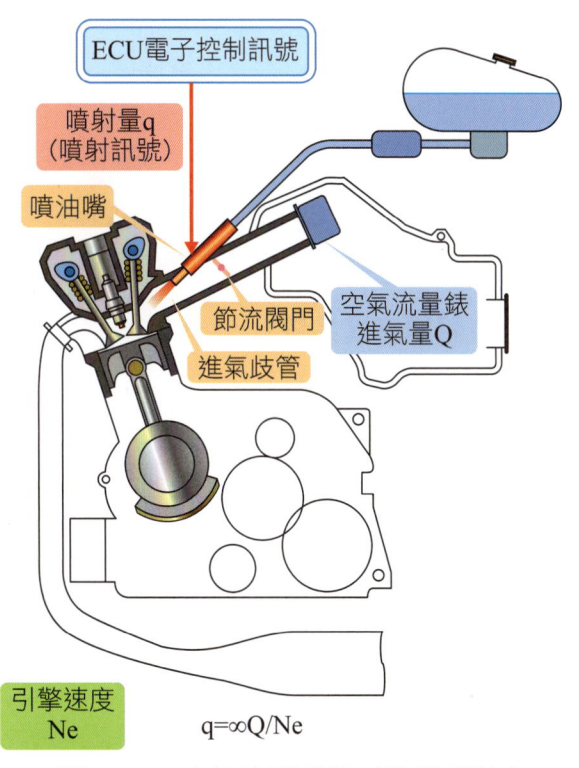

$q = \infty Q / Ne$

◆ 圖 12-1　直接偵測系統〈流量系統〉

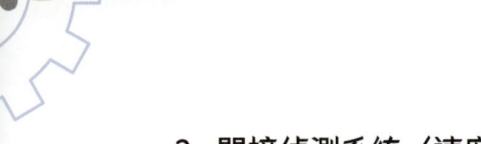

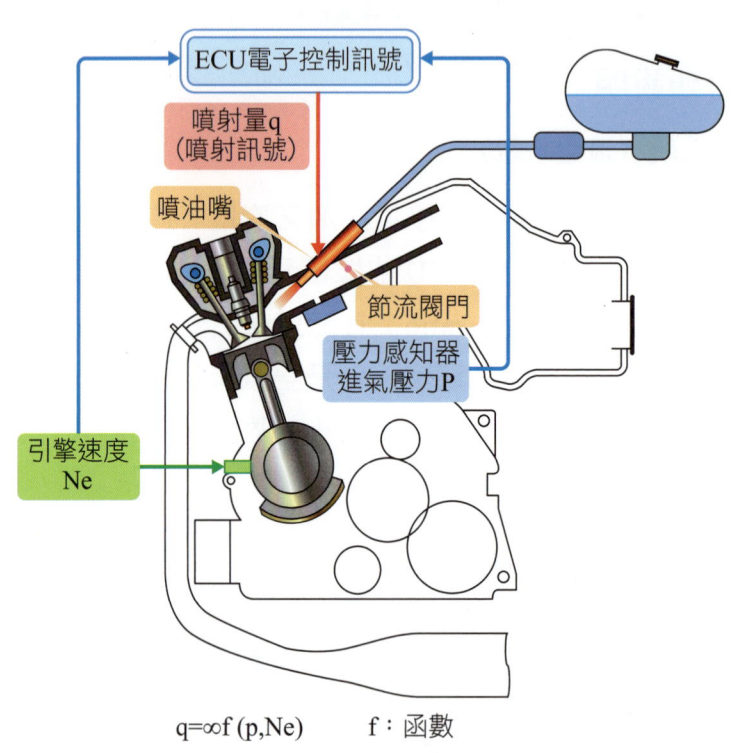

2. 間接偵測系統〈速度密度式系統〉

　　速度密度式系統是透過進氣壓力與引擎速度，偵測進氣量，並計算燃料噴射量（噴射時間）。但是進氣量並不與進氣壓力呈現比例關係，所以本系統需要各種補償感知器，以決定精確進氣量計算。由於進氣壓力感知器體積小於空氣流量錶，且不會影響油門反應，因此最適用於摩托車。

$q = \infty f(p, Ne)$　　f：函數

◆ 圖 12-2　間接偵測系統〈速度密度式系統〉

3. 間接偵測系統〈節流閥開度式系統〉

　　節流閥開度式系統乃透過節流閥門開啟角度與引擎轉速，偵測進氣量，並計算燃料噴射量（噴射時間）。本系統直接偵測節流閥門開啟角度並且引擎反應良好，因此適用於高性能引擎。但是進氣量並不與節流閥門開啟角度呈現比例關係，特別是在低速運轉時，所以節流閥門開啟角度與進氣量之關係比速度密度式系統更複雜，因此，節流閥門速度式系統通常搭配其他系統使用，例如速度密度式系統。

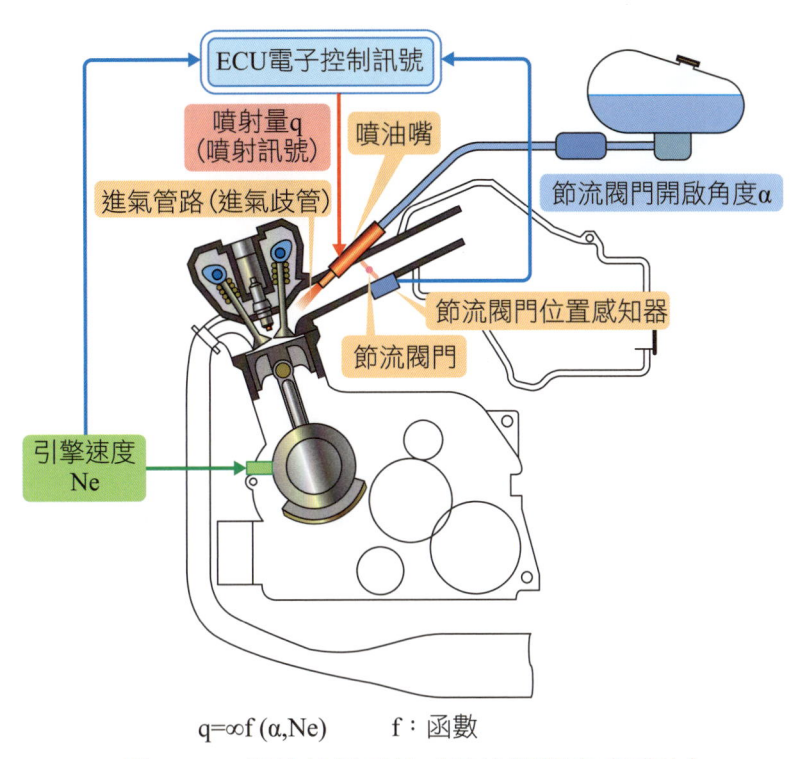

$q=\infty f(\alpha, Ne)$ f：函數

◆ 圖 12-3　間接偵測系統〈節流閥開度式系統〉

四、燃料噴射系統功能示意圖說明

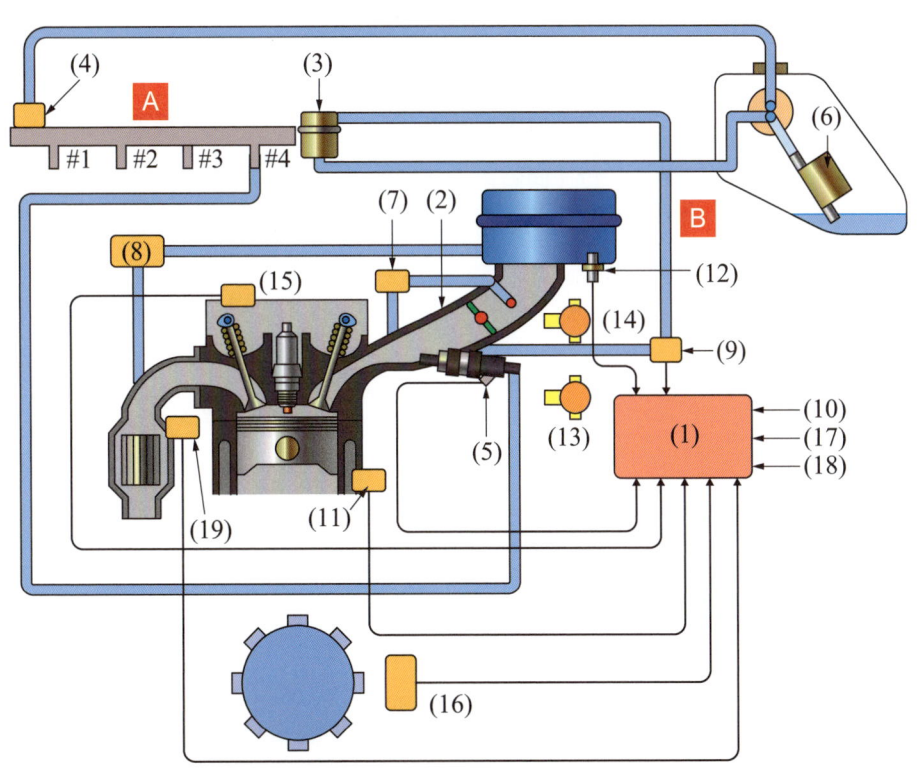

◆ 圖 12-4　燃料噴射系統

			零組件	動作（目的）
A	**控制組** 透過感知器訊號，偵測引擎狀況，然後送出訊號至驅動器，以便達到最適化的引擎管理並且控制氣流與燃料。	1	電子式控制元件（ECU）	控制燃料噴射與點火時機
		2	節流閥本體	控制進氣空氣流（動力）
		3	壓力調節器	控制燃料壓力
		4	脈衝緩衝器	穩定燃料壓力
B	**驅動器組** 透過電子式控制元件的訊號，供應、控制燃油與空氣。	5	噴油嘴	燃油噴射
		6	燃油泵浦	燃油加壓
		7.	怠速控制	控制怠速（空氣量）
		8.	空氣吸氣閥門系統	控制二次氣流至排氣系統
C	**感知器組** 傳送訊號至電子式控制元件，以控制燃料噴射系統。	9	進氣壓力感知器	偵測進氣岐管壓力
		10	大氣壓力感知器	偵測大氣壓力
		11	水溫或引擎溫度感知器	偵測水溫或引擎溫度
		12	節流閥感知器	偵測節流閥開啟角度
		13	次節流閥感知器	偵測次節流閥開啟角度
		14	汽缸辨識感知器	偵測每個汽缸衝程的位置
		15	曲軸位置感知器	偵測引擎轉動與曲軸位置
		16	速度感知器	偵測摩托車速度
		17	傾斜角度感知器	偵測摩托車是否摔倒
		18	含氧感知器	偵測氧氣濃度

五、電子式控制元件（ECU）

電子式控制元件（ECU）係指引擎控制元件，不僅控制燃料噴射系統，而且可控制點火系統、AIS 空氣導入系統、與 EXUP 系統…等，ECU 可以類比為人類的頭腦。有關 ECU 功能示意圖，如圖 12-5 所示。

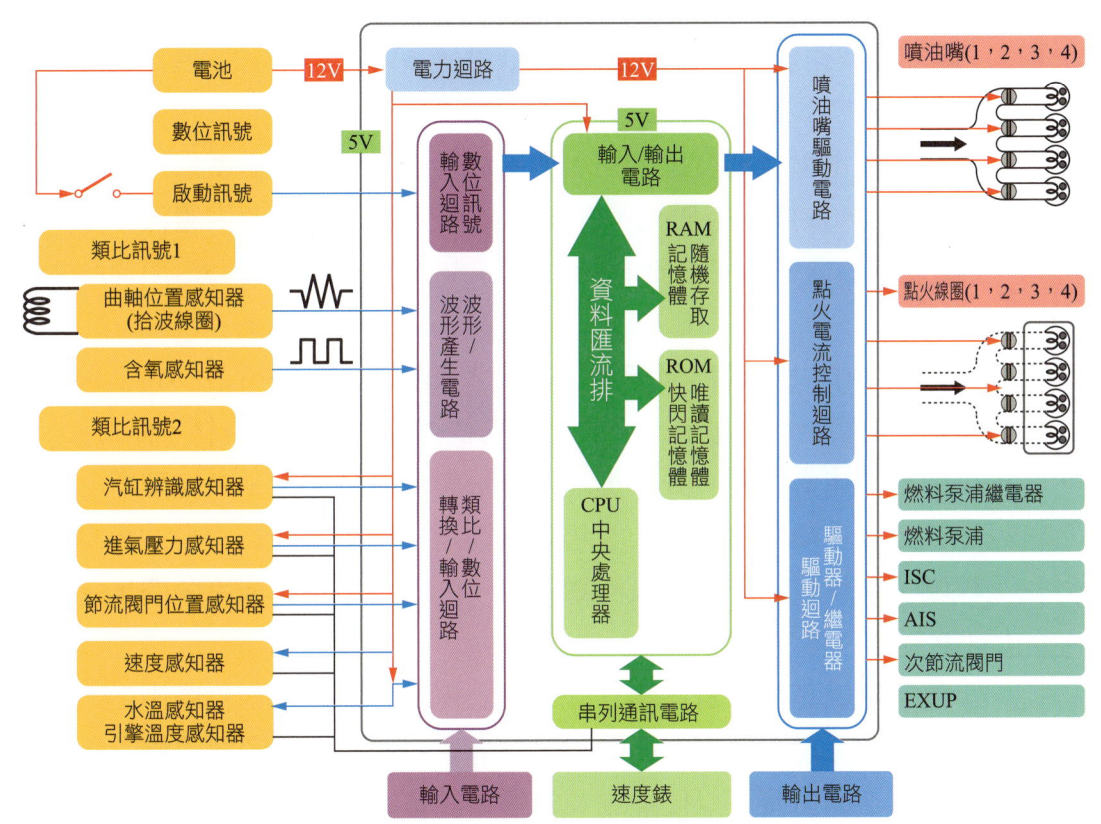

◆ 圖 12-5　電子式控制元件（ECU）功能示意圖

電子式控制元件（ECU）說明如下：

1. **訊號輸入 / 輸出迴路**

    ECU 只能執行 2 位元運算 0 或 1（開或關），所以必須配置輸入迴路，將引擎許多類比訊號轉換為數位訊號，電腦才能處理，以便控制引擎。

    ECU 接收兩種訊號：數位訊號與類比訊號。

(1) 數位訊號：例如起動系統的數位訊號（當起動按鈕未按下時，ECU 接收到 12V 訊號，當騎士按下起動按鈕時，訊號將變為 0 V。其他數位訊號，例如側支架開關訊號與空檔燈開關訊號皆是）。

(2) 類比訊號：有些感知器會自行產生訊號，例如：脈衝線圈產生曲軸角度訊號，而含氧感知器在偵測排放廢氣之後，產生濃或稀薄的訊號。輸入電路接收成形波，並將它們轉換為數位訊號，以便 ECU 可以識別與處理。

(3) 電源與訊號：進氣壓力感知器、節流閥門位置感知器、汽缸辨識感知器與速度感知器都是由 ECU 供應 5V 電源，ECU 偵測到上述感知器的訊號電壓（訊號電壓介於 1V － 4V 之間）。ECU 供應 5V 工作電壓至溫度感知器，如果溫度改變時，則溫度感知器將改變電阻。依據電阻變化，ECU 偵測溫度感知器電源供應線末端電壓變化為當下溫度改變。

2. **微電腦**

電腦由中央處理器與記憶體組成，如同其他電腦，由 5V 工作電壓驅動。電腦接收訊號時，中央處理器依據唯讀記憶體資料（程式），提供引擎最適當控制，計算燃油噴射量與噴射時間。中央處理器也傳送訊號至許多驅動器迴路，並起動驅動器。驅動器包括：噴油嘴、點火線圈、燃料泵浦、燃料泵浦繼電器、ISC、AIS、次節流閥門馬達與 EXUP 馬達…等。

控制系統必要的資料儲存於唯讀記憶體，即使電源供應中斷時，資料也會被保護。當引擎運轉時，各種感知器的回饋資料都儲存於隨機動態儲存記憶體，以便控制。當需要計算時，中央處理器將會讀取這些資料。當電源切斷時，隨機動態儲存記憶體資料會喪失，因此下次控制必要的資料儲存於快閃記憶體。下次操作需要資料時，CPU 就讀取位於快閃記憶體的資料。

3. **輸出電路**

電腦使用的內部訊號，因該訊號電流是很小。所以電腦僅產生微弱電流訊號，而這些微弱訊號無法起動驅動器。因此透過電晶體組成的放大電路，為每個驅動器提供足夠的電流做為輸出訊號。

4. **輔助電路**

(1) 電源供應電路

電源供應電路將外部電源電壓 12V 轉換為 5V，以利起動電腦與感知器，並提供輸出電源至每個驅動器。

(2) 通訊電路（例：CAN、LINK…等）

ECU 與速度錶兩者之間必須連接並進行通訊，透過速度錶顯示引擎資料，例如引擎轉速、水溫與故障診斷…等資訊。

(3) 其他

電腦於燃料噴射系統中運作，是由微小訊號〈電流〉來起動。因此外部的無線電雜訊可能干擾電腦控制，機車本身就有無線電雜訊，例如來自火星塞的點火雜訊，所以，噴射機車使用電阻式火星塞。

如果無線電雜訊很強，例如非法的 CB 無線電雜訊（民用無線電對講機），這些無線電雜訊可能進入電腦，干擾控制。所以如果騎士裝置車上配件產生無線電雜訊時，應盡可能將雜訊產生部份與電線隔離。

範例1：山葉勁戰車系（NXC125SA FI）系統流程圖

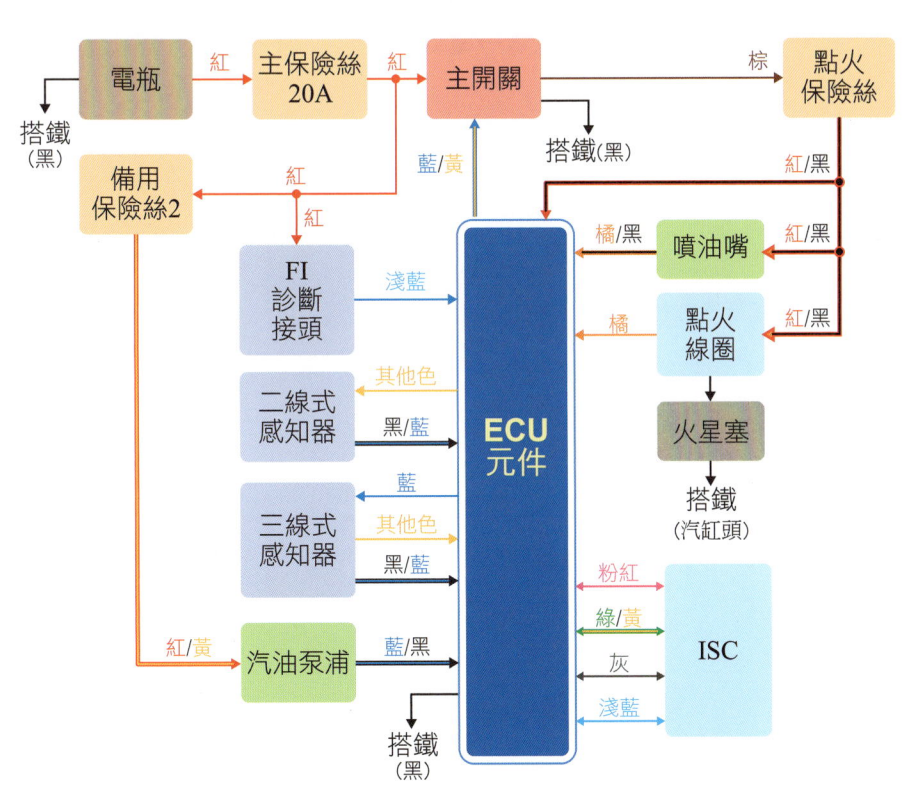

◆ 圖 12-6　山葉勁戰車系電子式控制元件（ECU）系統流程圖

流程圖說明如下：

- 該機種導入至今已從化油器版本到最新的噴射版本（符合法規與 OBD 規範）。

- 驅動器控制說明：

    (1) 電瓶→主保險絲 20A →主開關→點火保險絲→ ECU 元件→搭鐵；系統啟用。

    (2) 電瓶→主保險絲 20A →主開關→點火保險絲→（噴油嘴、點火線圈）→ ECU 元件→搭鐵。

    (3) 電瓶→主保險絲 20A →備用保險絲→（汽油泵浦）→ ECU 元件→搭鐵。

> **關鍵提醒**
>
> 1. 此機種 ECU 元件控制驅動器的搭鐵作用（低端控制）。
>
>   (1) 感知器電源由 ECU 供應；其線色説明如下：
>
>   - 二線式感知器：其它色線→電源（當插頭拔開時）、訊號（當插頭接上時）；黑／藍色線→搭鐵。
>   - 三線式感知器：藍色線→電源、其它色線→訊號、黑／藍色線→搭鐵。
>
>   (2) 該系統特點之一是不使用繼電器來供應驅動器的電源。
>
> 2. 對台灣山葉國產車而言，一般不配置相關繼電器（進口車除外）。

範例2：山葉 2017 X MAX300 車系噴射系統流程圖

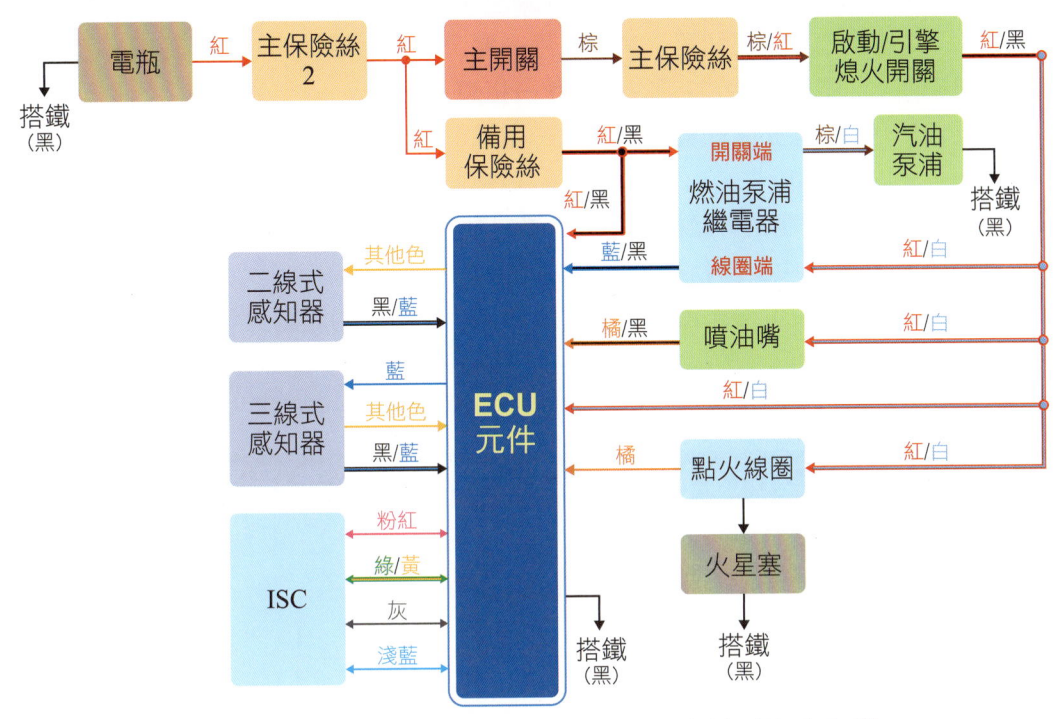

◆ 圖 12-7　山葉 2017 X MAX300 車系噴射系統流程圖

流程圖說明如下：

1. 該機種為進口車身分且配置燃油泵浦繼電器（與國產車配置不同）。
2. 驅動器控制說明：

    (1) 電瓶→主保險絲2→主開關→主保險絲→起動/引擎熄火開關→ECU元件→搭鐵；系統啟用。

    (2) 電瓶→主保險絲2→主開關→主保險絲→起動/引擎熄火開關→（燃油泵浦繼電器[線圈端]、噴油嘴、點火線圈）→ECU元件→搭鐵。

    (3) 電瓶→主保險絲2→備用保險絲→燃油泵浦繼電器[開關端]→汽油泵浦→搭鐵。

> **關鍵提醒**
>
> 1. ECU 控制燃油泵浦繼電器的線圈端（低端控制）。
>   (1) 感知器電源由 ECU 供應；其線色說明如下：
>   - 二線式感知器：其它色線→電源（當插頭拔開時）、訊號（當插頭接上時）；黑／藍色線→搭鐵。
>   - 三線式感知器：藍色線→電源、其它色線→訊號、黑／藍色線→搭鐵。
>   (2) 因該機種為重型機車，故配置起動／引擎熄火開關；當按下熄火鍵時開關將中斷驅動器的電源供應進而將引擎熄火。
> 2. 一般大型重型機車因車重與體積關係，故機車的起動與熄火功能設置於單一按鍵上。

範例 3：山葉 2018 MT-09 車系噴射系統流程圖

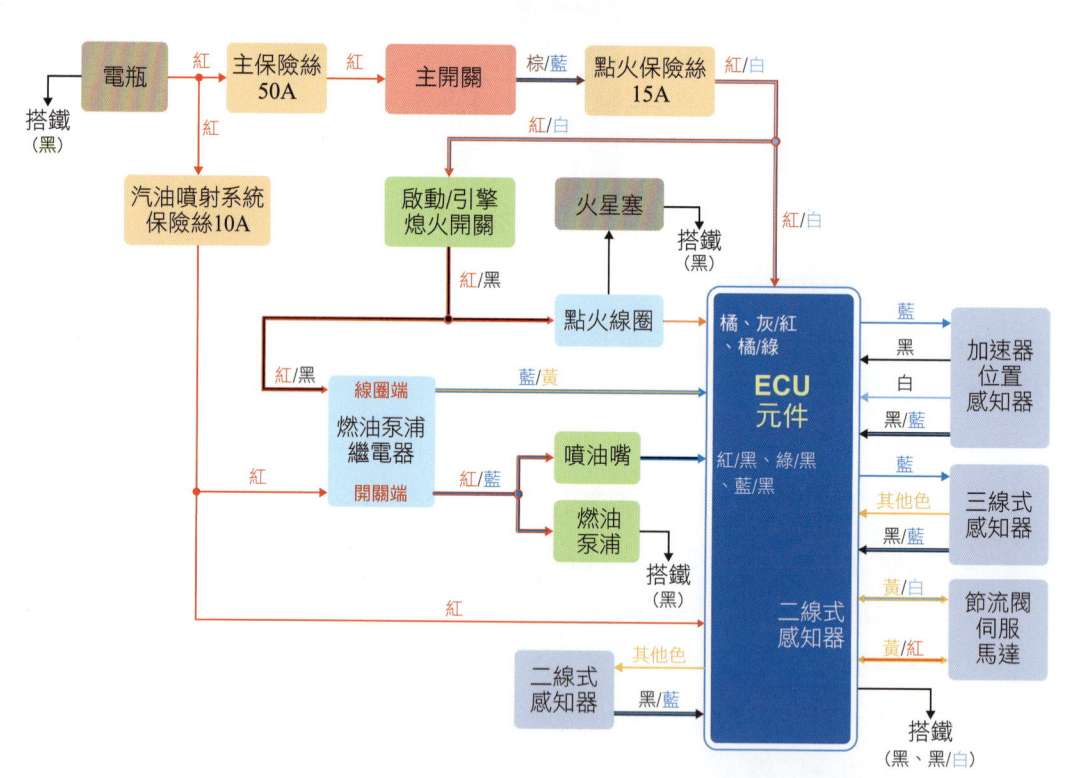

◆ 圖 12-8　山葉 2018 MT-09 車系噴射系統流程圖

流程圖說明如下：
1. 該機種為進口檔車身分且配置燃油泵浦繼電器（與國產車配置不同）。
2. 驅動器控制說明：
   (1) 電瓶→主保險絲 50A →主開關→點火保險絲 15A → ECU 元件→搭鐵；系統啟用。
   (2) 電瓶→主保險絲 50A →主開關→點火保險絲 15A →起動 / 引擎熄火開關→（燃油泵浦繼電器 [線圈端]、點火線圈 ）→ ECU 元件→搭鐵。
   (3) 電瓶→汽油噴射系統保險絲 10A →燃油泵浦繼電器 [開關端] →汽油泵浦→搭鐵。
   (4) 電瓶→汽油噴射系統保險絲 10A →燃油泵浦繼電器 [開關端] →噴油嘴→ ECU 元件→搭鐵。

關鍵提醒
1. ECU 控制燃油泵浦繼電器的線圈端（低端控制）。
   (1) 感知器電源由 ECU 供應；其線色說明如下。
     - 二線式感知器：其它色線→電源（當插頭拔開時）、訊號（當插頭接上時）；黑 / 藍色線→搭鐵。
     - 三線式感知器：藍色線→電源、其它色線→訊號、黑 / 藍色線→搭鐵。
   (2) 因該機種為大型重型機車，配合操作方式故安裝起動 / 引擎熄火開關；當按下熄火鍵時此開關將中斷驅動器的電源供應進而將引擎熄火。
2. 一般大型重型機車因車重與操作便利性關係，故機車的起動與熄火功能設置於單一按鍵上。

範例 4：三陽 JET 車系（碟）噴射系統流程圖

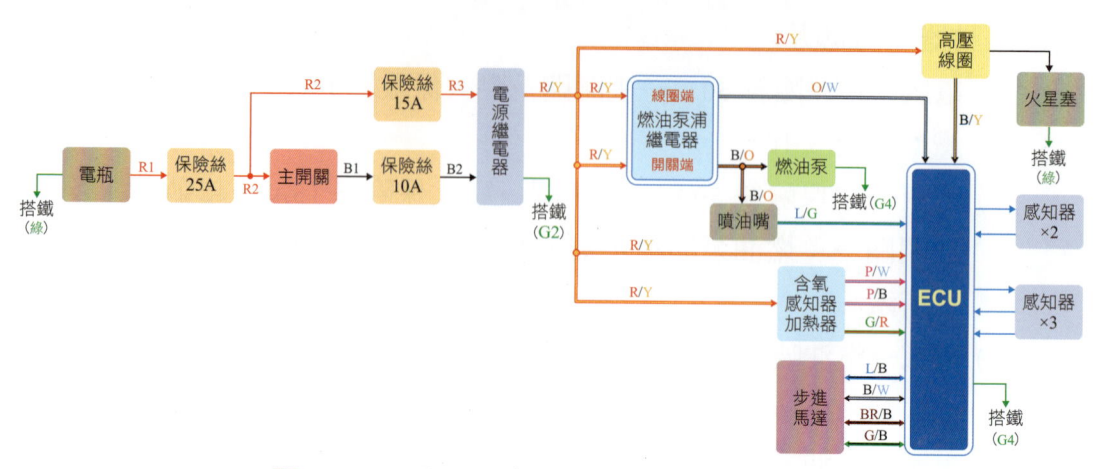

◆ 圖 12-9　三陽 JET 車系（碟）噴射系統流程圖

流程圖說明如下：

1. 該機種配置電源與燃油泵浦繼電器（與國產 YAMAHA 配置不同）。
2. 驅動器控制說明：

    (1) 電瓶→保險絲 25A →保險絲 15A →電源繼電器（開關端）→ ECU →搭鐵；系統啟用（當電源繼電器 [線圈端作動時] ）。

    (2) 電瓶→保險絲 25A →主開關→保險絲 10A →電源繼電器（線圈端）→搭鐵。

    (3) 電瓶→保險絲 25A →保險絲 15A →電源繼電器（開關端）→（高壓線圈、燃油泵浦繼電器 [線圈端]）→ ECU →搭鐵。

    (4) 電瓶→保險絲 25A →保險絲 15A →電源繼電器（開關端）→燃油泵浦繼電器 [開關端] →噴油嘴→ ECU →搭鐵。

    (5) 電瓶→保險絲 25A →保險絲 15A →電源繼電器（開關端）→燃油泵浦繼電器 [開關端] →燃油泵浦→搭鐵。

> **關鍵提醒**
>
> 1. 電源繼電器控制噴射系統的電源供應；ECU 控制燃油泵浦繼電器的線圈端（低端控制）。
>   (1) 感知器電源由 ECU 供應；其線色說明如下：
>   - 二線式感知器：其它色線→電源（當插頭拔開時）、訊號（當插頭接上時）；G/R 色線→搭鐵。
>   - 三線式感知器：Y/B 色線→電源、其它色線→訊號、G/R 色線→搭鐵。
>   (2) 該系統特點之一是與汽車配置相似，透過 ECU 控制繼電器來供應驅動器的電源。
> 2. 與山葉國產車配置不同，與進口車類似。

範例 5：光陽 GP2 車系（自製）噴射系統流程圖

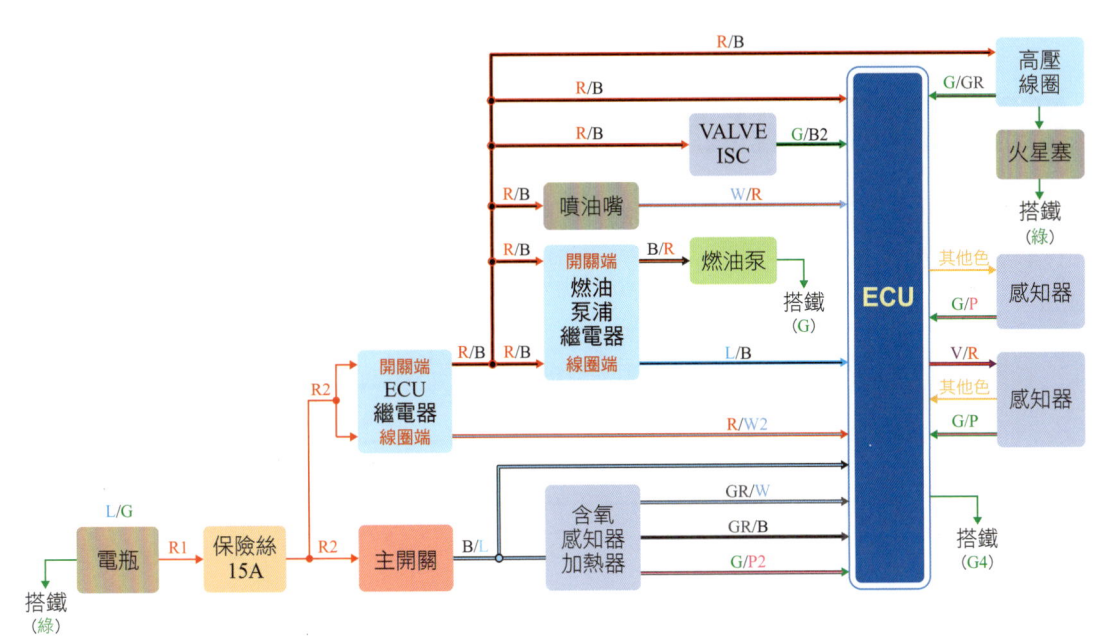

◆ 圖 12-10　光陽 GP2 車系（自製）噴射系統流程圖

流程圖說明如下：

1. 該機種配置 ECU 與燃油泵浦繼電器（與三陽公司配置相似）。
2. 驅動器控制說明：
   (1) 電瓶→保險絲 15A →主開關→ ECU →搭鐵；系統啟用。
   (2) 電瓶→保險絲 15A → ECU 繼電器（線圈端）→ ECU →搭鐵。

167

(3) 電瓶→保險絲15A→ECU繼電器（開關端）→（燃油泵浦繼電器[線圈端]、噴油嘴、高壓線圈）ECU→搭鐵。

(4) 電瓶→保險絲15A→ECU繼電器（開關端）→燃油泵浦→搭鐵。

> **關鍵提醒**
>
> 1. ECU繼電器控制噴射系統的電源供應；ECU控制燃油泵浦繼電器、ECU繼電器兩者的線圈端（低端控制）。
>   (1) 感知器電源由ECU供應；其線色說明如下：
>   - 二線式感知器：其它色線→電源（當插頭拔開時）、訊號（當插頭接上時）；G/P色線→搭鐵。
>   - 三線式感知器：V/R色線→電源、其它色線→訊號、G/P色線→搭鐵。
>   (2) 該系統特點之一是與汽車配置相似，透過ECU控制繼電器來供應驅動器的電源。
> 2. 與山葉國產車配置不同，與光陽及山葉進口車類似。

範例6：光陽大地名流車系噴射系統流程圖

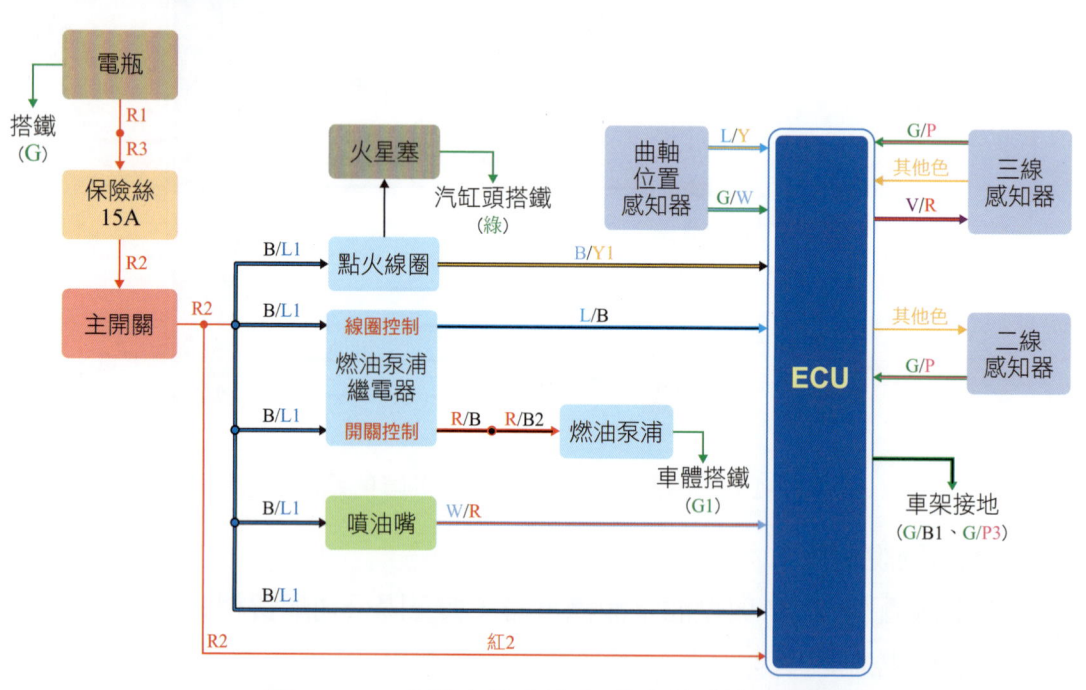

◆ 圖 12-11　光陽大地名流車系噴射系統流程圖

流程圖說明如下：
1. 此機種生產年份較新，與該公司先前生產機種不同；只配置燃油泵浦繼電器。
2. 驅動器控制說明：
   (1) 電瓶→保險絲 15A →主開關→ ECU →搭鐵；系統啟用。
   (2) 電瓶→保險絲 15A →主開關→（點火線圈、燃油泵浦繼電器 [線圈端]、噴油嘴）→ ECU →搭鐵。
   (3) 電瓶→保險絲 15A →主開關→燃油泵浦繼電器（開關端）→燃油泵浦→搭鐵。

> **關鍵提醒**
>
> 1. 主開關控制噴射系統的電源供應；ECU 控制燃油泵浦繼電器的線圈端（低端控制）。
>   (1) 感知器電源由 ECU 供應；其線色說明如下：
>   - 二線式感知器：其它色線→電源（當插頭拔開時）、訊號（當插頭接上時）；G/P 色線→搭鐵。
>   - 三線式感知器：V/R 色線→電源、其它色線→訊號、G/P 色線→搭鐵。
>   (2) 該系統特點之一是與先前機種不同，少了一個繼電器有利於維修整備作業。
> 2. 與山葉某些進口車配置相似。

第 12 章 | 課後習題

簡答題

1. 以手邊現有噴射機種服務手冊為例、請繪製出該機種噴油嘴供電迴路為何（從電瓶正極依序到電瓶負極）

2. 以手邊現有配置燃油泵浦繼電器機種服務手冊為例、請繪製出該機種燃油泵浦供電迴路為何（從電瓶正極依序到電瓶負極）

第 13 章 其他系統

13-1 山葉 VINO 50 車系加速系統

範例機種

◆ 山葉 (YAMAHA) VINO 50 車系 ◆

圖片出處：https://autos.yahoo.com.tw/new-bikes/trim/yamaha-vino-2009-50

加速系統流程圖

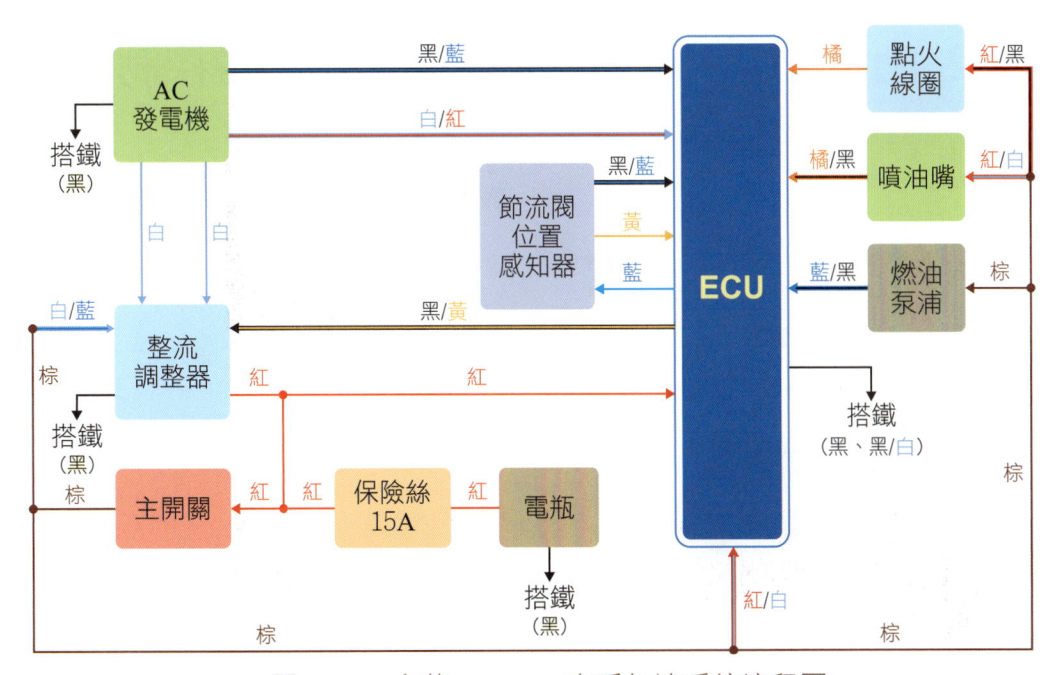

◆ 圖 13-1　山葉 VINO 50 車系加速系統流程圖

171

流程圖說明如下：

1. 該機種為四行程 50c.c. 噴射機種，配置加速時可切斷發電機能，以獲取較大的出力滿足騎乘感。
2. 該系統作動與否是由 ECU 元件所控制。
3. 該系統偵測到油門開啟訊號（急加速）時，ECU 透過黑 / 黃線至穩壓整流器進行控制（ECU →穩壓整流器）。
4. 此時穩壓整流器偵測電瓶電壓（白 / 藍線）與整流器輸出電壓（紅線）相比較（需確保電瓶電壓高於設定值方能使用此功能，否則無法使用）。
5. 當條件成立後穩壓整流器將充電機能切斷（類似將充電線圈白 - 白線接頭拔開，此時因充電線圈無法完成迴路故無充電機能）。
6. 這時引擎不需帶動發電機，所以引擎出力加大，這時車輛所需電源由電瓶供應。
7. 當回油門後回復正常騎乘後，充電機能回復，此時提供電瓶充電與全車負荷所需電源。

關鍵提醒　此機能設定一般運用於小排氣量機種，該機能為自動式設定，但須確保該車充電系統與電瓶機能要正常。

13-2　山葉 CUXI 115 車系方向與煞車燈控制器

範例機種

◆ 山葉 (YAMAHA) CUXI 115 車系 ◆

圖片出處：圖片出處：https://www.supermoto8.com/articles/1125

方向與煞車燈控制器系統架構圖

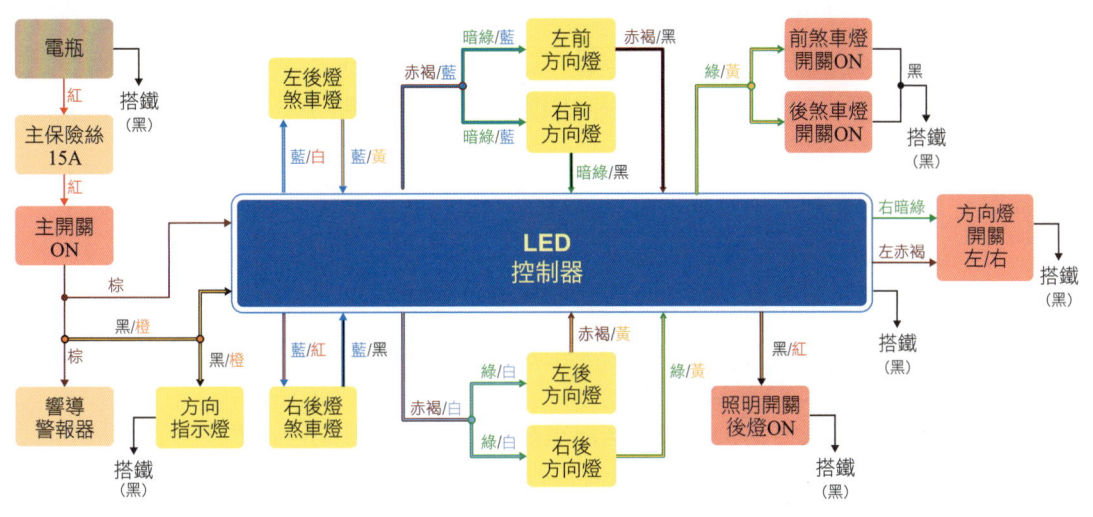

◆ 圖 13-2　山葉 CUXI 115 車系方向與煞車燈控制器系統架構圖

架構圖說明如下：

1. 該機種除大燈仍採鹵素燈泡外，其餘燈類全數採用 LED 燈泡作為全車照明與警示使用。
2. 此 LED 燈的作動由專用控制器所控制（與後期機種不同；無控制器設置）。

1. 12V 供電迴路說明：驅動器供電

1. 控制器作動：電瓶→ 15A 主保險絲→主開關→ LED 控制器→搭鐵； LED 控制器啟用。
2. 方向燈作動：電瓶→ 15A 主保險絲→主開關→ LED 控制器→（左、右方向燈）→ LED 控制器→搭鐵。
3. 煞車燈作動：電瓶→ 15A 主保險絲→主開關→ LED 控制器→（左、右煞車燈）→ LED 控制器→搭鐵。
4. 後燈（位置燈）作動：電瓶→ 15A 主保險絲→主開關→ LED 控制器→（左、右後燈）→ LED 控制器→搭鐵。

2. 作動控制說明：感知器訊號控制

1. 方向燈控制：電瓶→ 15A 主保險絲→主開關→ LED 控制器→（左、右方向燈開關）→搭鐵；（完成迴路）。

2. 煞車燈控制：電瓶→ 15A 主保險絲→主開關→ LED 控制器→（前、後煞車燈開關）→搭鐵；（完成迴路）。
3. 後燈（位置燈）控制：電瓶→ 15A 主保險絲→主開關→ LED 控制器→照明開關（P 檔位）→搭鐵；（完成迴路）。

> **關鍵提醒**
> 1. 此機種有別於傳統燃油車設置方式，其驅動器電源由 LED 控制器供應，與 PBGN 聯盟電動車類似。
> 2. 該機種電系作動與噴射系統相似，我們可以將左、右方向燈開關、前、後煞車燈開關、照明開關視為感知器，LED 控制器視為電腦，而方向燈、煞車燈、後燈則為驅動器。
> 3. 其作動可減化為①感知器送訊號給電腦、②電腦經過計算後、③下指令給驅動器作動，因此完成系統控制。
> 4. 此系統架構為簡圖表示，非所有配線標示其上，請以原廠規範說明為主。

13-3 光陽 RTS 135 車系助力說明

範例機種

光陽 (KYMCO) RTS 135 車系

圖片出處：https://auto.ltn.com.tw/news/25868/2

◆ 表 13-1　RTS 135 機種規格表

規格	尺寸
• 動力型式：汽油 • 車身型式：速克達 • 引擎型式：水冷單缸 SOHC 4V • 排 氣 量：134.2cc • 最大馬力：14.2hp@8000rpm • 最大扭力：1.24kgm@6000rpm • 供油系統：電子噴射 • 變速型式：無段變速 • 油箱容量：7L • 起動方式：電動 • 煞車型式：前後碟式	• 座高：795mm • 車長：1860mm • 車寬：695mm • 車高：1110mm • 車重：124kg • 軸距：1290mm • 前輪尺碼：110/70-12 • 後輪尺碼：120/70-12

相關媒體報導與官網介紹，此機種配置了水冷 ISG 智慧賦能油電科技。此模式與他牌競品有何特點與不同處，將於後續章節予以介紹。

起動充電系統架構

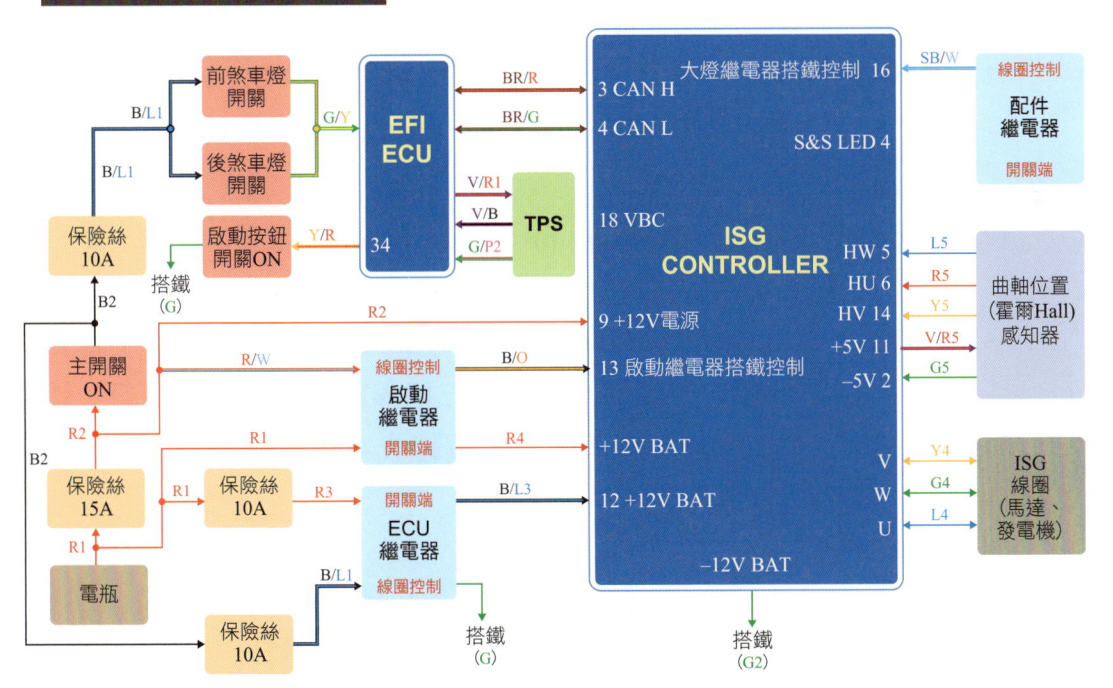

◆ 圖 13-3　光陽 RTS 135 起動充電系統架構圖

1. **起動說明**
   (1) 人員操作：主開關 ON → 10A 保險絲 → 前或後煞車燈開關 ON → EFI ECU（起動制御）→ 起動按鈕開關 ON → 搭鐵（電瓶 - 極）；起動訊號成立。
   (2) 系統操作：EFI ECU → CAN H/L → ISG CONTROLLER；ISG CONTROLLER 進行起動控制。
   (3) 系統操作：起動繼電器（線圈端）→ ISG CONTROLLER → 搭鐵；起動繼電器起動、起動繼電器（開關端）→ ISG CONTROLLER：供應 12V 的 U 相 (L4)、V 相 (Y4)、W 相 (G4) 電源給 ISG CONTROLLER。
   (4) 系統操作：ISG 發電機內轉子線圈依 HALL 信號（轉子角度偵測）依序通電產生磁場使轉子（永久磁鐵）轉動；同三相無刷馬達作動概念。
   (5) 系統操作：ISG 發電機持續轉動（起動初期配合進氣凸輪的減壓設置，以利起動）：此時為起動馬達功能。

2. **充電說明**
   (1) 系統操作：CAN H/L（ISG CONTROLLER ⇌ EFI ECU）：EFI ECU 判定引擎已順利起動：例：650rpm 以上（各機種不同請依原廠規範）。
   (2) 系統操作：ISG CONTROLLER 總成內切斷供應 ISG 線圈（U 相 (L4)、V 相 (Y4)、W 相 (G4)）電源。
   (3) 系統操作：ISG 線圈 → ISG CONTROLLER 總成 → 電瓶（全車負荷）：引擎持續自主運轉、發電機三組線圈產出三相交流電，透過 ISG CONTROLLER 總成將交流電轉成直流電後將電瓶予以充電並供應全車系統使用。

3. **助力說明**
   (1) 系統操作：TPS 轉動（瞬間加速；須符合廠家規範）：EFI ECU 判定騎士有加速需求。
   (2) 系統操作：CAN H/L（ISG CONTROLLER ⇌ EFI ECU）：ISG CONTROLLER 總成終止充電機能。

(3) 系統操作：起動繼電器（線圈端）→ ISG CONTROLLER →搭鐵；起動繼電器起動。起動繼電器（開關端）→ ISG CONTROLLER：供應 12V 的 U 相 (L4)、V 相 (Y4)、W 相 (G4) 電源給 ISG CONTROLLER。

(4) 系統操作：ISG 發電機內轉子線圈依 HALL 信號（轉子角度偵測）依序通電產生磁場使轉子（永久磁鐵）轉動；持續提供 4~6 秒額外的加速動力。

> **關鍵提醒** 當在車輛起步時系統判定騎士油門操作角度（例：單位時間內開度變化）；此時系統提供起動馬達額外出力進而提供加速助力（約提供 4～6 秒）；之後即回復成發電機功能。

13-4 LTF 125A 動力輔助功能

範例機種

山葉 (YAMAHA)
LTF 125A（東南亞式樣）

圖片出處：https://www.mobile01.com/topicdetail.php?f=661&t=5829939

動力輔助特點

1. 動力輔助功能有助於上坡起步或載有乘客時使用。
2. 動力輔助功能可增強停車後起步時的驅動力。最多提供 3 秒作用，當油門（節流閥）完全打開或突然打開時，此時 SMG 將充當驅動馬達使用以增加曲軸的扭矩。

第 13 章　其他系統

177

3. 這種額外的推動力在上坡起步或載乘客時特別有效。當鬆開油門或引擎轉速較高時，動力輔助功能將自動關閉。
4. 此外，騎士還可以通過檢查 TFT 彩色儀錶中的指示燈，來判斷動力輔助功能是否正在作動中。

關鍵提醒 動力輔助功能在以下情況下不會被啟用：
1. 當啟停系統功能關閉時（將開關置於引擎停止位置），或者當動力輔助功能已於指定時間時使用完。
2. 當電瓶電壓低於規範時。

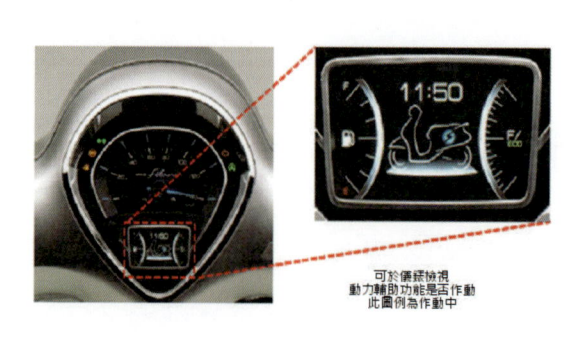

可於儀錶檢視
動力輔助功能是否作動
此圖例為作動中

◆ 圖 13-4

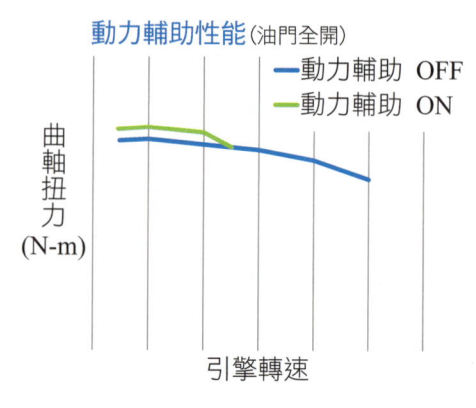

動力輔助性能(油門全開)
動力輔助 OFF
動力輔助 ON
曲軸扭力 (N-m)
引擎轉速

◆ 圖 13-5

13-5 Eco 說明

範例機種

✣ 山葉 (YAMAHA) LIMI 125 車系 ✣

圖片出處：https://www.yamaha-momoha.tw/limi125/

178

一、Eco 概述

「Eco」一詞在汽機車上意指該產品具有環保和節能功能，可提高燃油效率、減少尾氣排放，以及降低對環境的影響。以台灣污染排放法規而言，目前已進入到七期標準，其內容對油耗與排汙控管有更嚴厲的規範。符合法規的產品方能於市場販售。

台灣機車第五期污染排放標準等同於歐三（Euro 3）的排放標準，第六期及第七期亦等同於歐四及歐五排放標準，並延後歐盟一年實施，且自歐五起新增 NMHC 及 PM(僅限於缸內直噴式引擎)之排放標準；而未來機車測試行車型態從現在的 6 個 ECE 市區行車型態加上 1 個 EUDC 非市區行車型態，將改為聯合國制定之 WMTC（Worldwide Motorcycle Test Cycle）全球機車測試型態。

二、LIMI 125 車系 Eco 模式架構

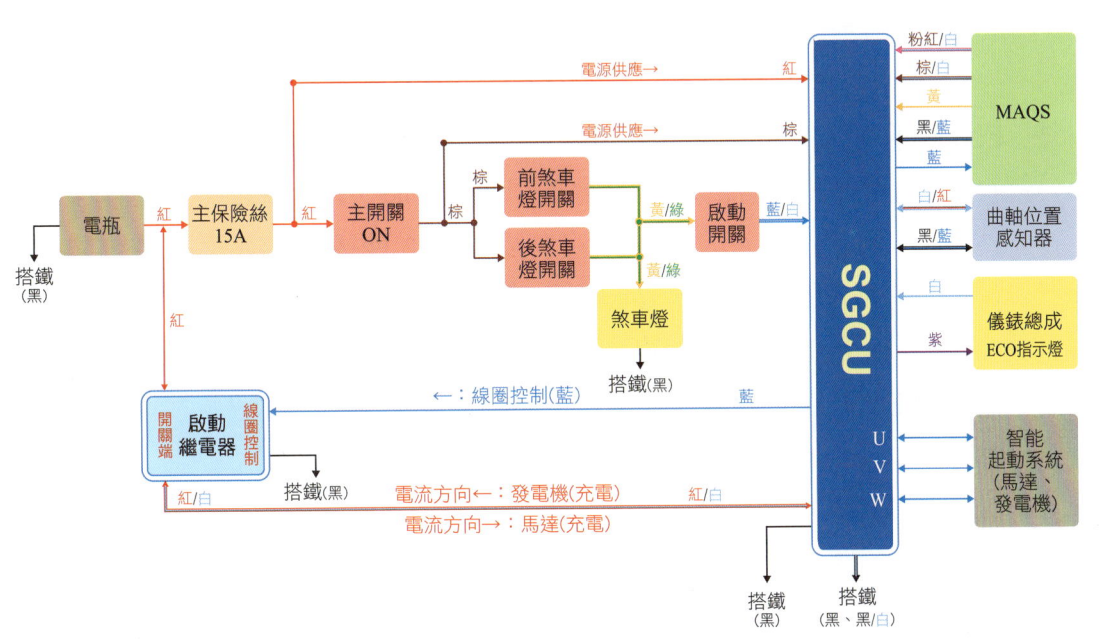

◆ 圖 13-6　山葉 LIMI 125 車系 Eco 模式架構圖

架構圖說明如下：

1. **功能說明**
   (1) MAQS 總成：內含進氣溫度、進氣壓力與節流閥位置等三個感知器。
   (2) 腳位說明：pin 1（黑／藍：感知器搭鐵端）、pin 2（黃：節流閥位感知器訊號端）、pin 3（藍：感知器電源端）、pin 4（粉紅／白：進氣壓力感知器訊號端）、pin 5（棕／白：進氣溫度感知器訊號端）。
   (3) 車速訊號提供：速度錶鋼索→儀錶總成→ pin 8（白色線：車速訊號端）→ SGCU。
   (4) 車速感知器：該車儀錶總成內使用磁簧開關作為車速訊號，其訊號產生方式是透過速度錶鋼索帶動磁鐵（轉動），進而使磁簧開關規則性的開、閉，並隨車速高低其頻率亦改變（車速訊號）。
   (5) Eco 指示燈：當車輛符合運作條件後由儀錶總成→ Pin 9（紫色線：Eco 指示燈搭鐵端）→ SGCU；Eco 指示燈亮。

2. **Eco 說明**
   (1) Eco 有自我檢查的功能，當主開關 ON 時，Eco 會點亮約 2 秒後熄滅，表示 Eco 正常。如果沒有點亮約 2 秒後熄滅或恆亮時，必須檢查 Eco 的迴路（請參照服務手冊）。
   (2) Eco 點亮時，表示機車是在較省油的騎乘狀態，建議騎乘者儘可能在此狀態下騎乘，可較節省油耗及降低環境污染。
   (3) Eco：LCD。

3. **Eco 點亮須具備的條件**
   (1) 騎士須將車速控制在 10km/h~60km/h 之間且不可急加、減速（油門變化在每 0.02 秒 5 度以內）。
   (2) 機車須處於輕負荷且噴射系統需運作正常（轉速低於 5000rpm 且油門開度 1/2 以下）。
   (3) 速度感知器、節流閥位置感知器、進氣壓力感知器作動正常。

   同時符合上述 3 個條件並持續 0.5 秒時，Eco 才會點亮（平均油耗 57.2km/L，能源效率為第一級）。

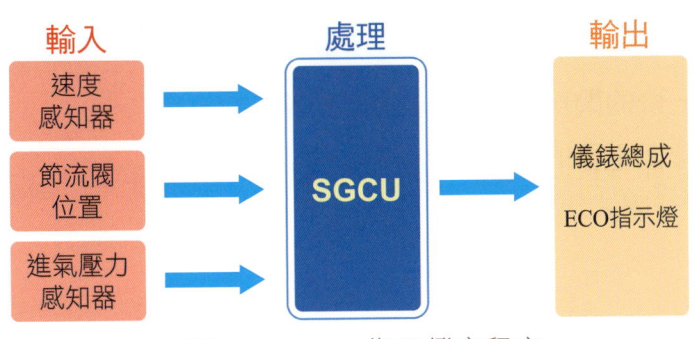

◆ 圖 13-7　ECO 指示燈亮程序

13-6　機車方向燈相關知識

一、方向燈迴路（方向燈繼電器外掛）

範例機種

◆ 山葉 Vinoora 車系 ◆

圖片出處：https://cars.tvbs.com.tw/car-news/115222

1. 訊號裝置概述

　　訊號裝置包括了方向燈、煞車燈、喇叭、空檔指示燈、機油警告燈和速度警告燈等。這些燈都是以電瓶為電源供應端，它們為串聯連接且電壓全都相同。而在發電機發電時，電源會透過主開關送至訊號系統內各燈路所需。

2. 方向燈概述

(1) 機車上燈的閃爍是由方向燈繼電器控制。

(2) 方向燈繼電器的型式：
- 雙金屬式繼電器
- 熱線式繼電器
- 電容器式繼電器

(3) 閃爍次數 …80 +40 -20（60~120）次數／分鐘。

(4) 作動開始時間→約 0.8 秒內。

3. 系統架構

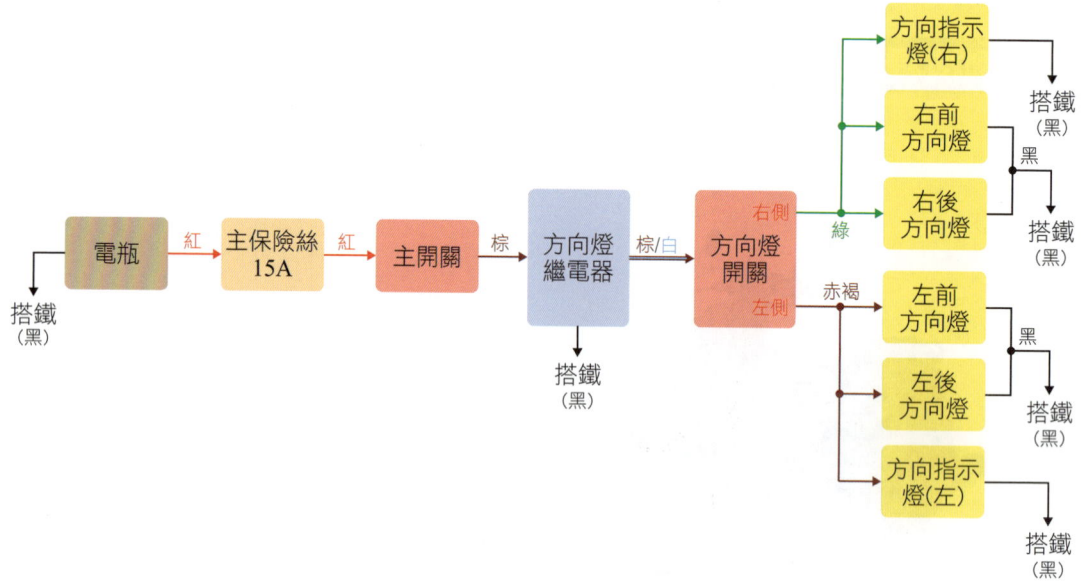

◆ 圖 13-8　山葉 Vinoora 車系方向燈系統架構

架構圖說明如下：

(1) 該訊號系統（方向燈）作動與否是由方向燈開關所控制。

(2) 所需電源是直接由電瓶供應（DC 供電）。

(3) 該方向燈閃爍頻率控制由方向燈繼電器控制（此圖例為電子式非熱偶式）。

(4) 該電路從電瓶到負載為串聯式配置；左、右方向燈為並聯式配置。

(5) 此迴路為傳統式、絕大部分機種皆採此方式配置。

關鍵提醒：若採熱偶式的方向燈繼電器，當方向燈故障時則閃爍頻率會改變（加快）。

二、方向燈迴路（方向燈繼電器機能內藏）

範例機種

◆ 山葉 RS NEO 車系 ◆

圖片出處：https://auto.ltn.com.tw/news/25030/31

1. 系統架構

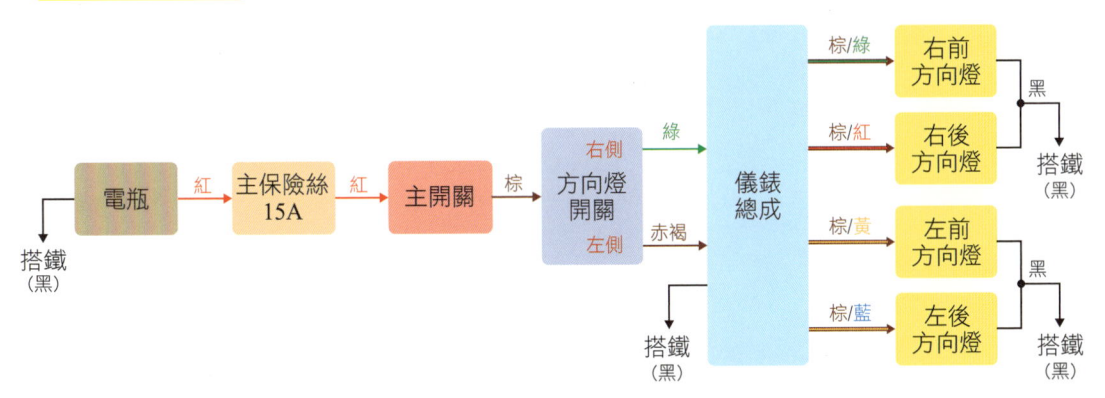

◆ 圖 13-9　山葉 RS NEO 車系方向燈系統架構

架構圖說明如下：

(1) 該訊號系統（方向燈）作動與否是由方向燈開關所控制。
(2) 所需電源是直接由電瓶供應（DC 供電）。
(3) 該方向燈閃爍頻率控制由儀錶總成控制（此設置有別於傳統方式）。
(4) 該電路從電瓶到負載為串聯式配置；左、右方向燈為串聯式獨立配置。
(5) 儀錶總成內建方向燈繼電器機能，且採獨立迴路供電給前、後、左、右方向燈。

關鍵提醒　方向燈開關可視為感知器，儀錶總成可視為電腦，前、後、左、右方向燈可視為驅動器（輸入→處理→輸出）。

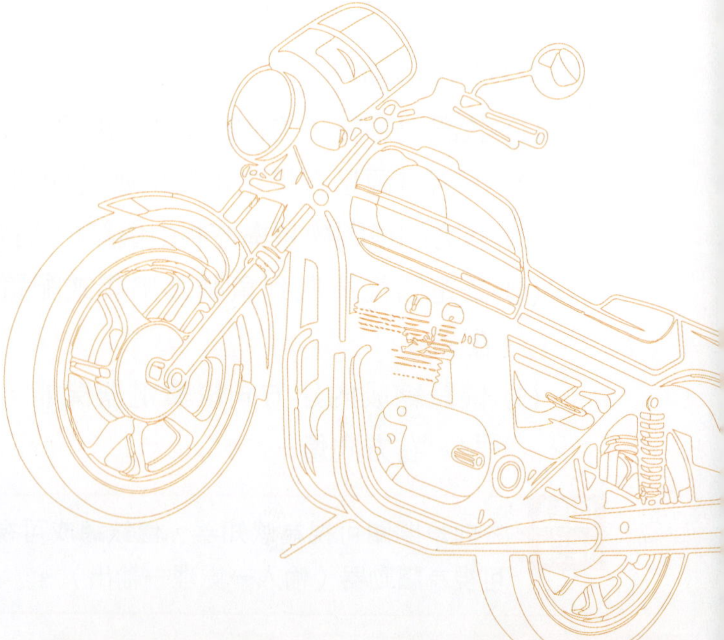

第三篇　電動機車篇

- 第 14 章　中華電動機車說明
- 第 15 章　光陽電動機車說明
- 第 16 章　三陽電動機車說明
- 第 17 章　山葉電動機車說明

第 14 章 中華電動機車說明

14-1 中華 eMOVING EZ1 車系介紹

中華 EZ1 機種規格

規格	尺寸
• 動力型式：電動 • 車身型式：速克達 • 馬達出力：3000W • 煞車型式：前後碟式 • 滿電可續航里程：39km	• 座高：740mm • 車長：1690mm • 車寬：645mm • 車高：1042mm • 車重：80kg • 軸距：1174mm • 前輪尺碼：90/90-10 • 後輪尺碼：100/90-10

圖片出處：https://www.bnext.com.tw/article/64643/emoving-ez1?

　　相關媒體報導，此機種加入 PBGN（Powered by Gogoro Network）聯盟，為品牌首個綠牌電動機車。與他牌競品有何特點與不同處，將於後續內容予以介紹。

一、中華 EZ1 12V 電源供應系統

```
                          ┌─────────┐    座墊鎖控制器、燈類、喇叭、鑰匙感應模組、
                      ┌──→│ ECU BOX │──→ USB充電插座、電子龍頭鎖
┌──────┐   ┌──────┐   │   └─────────┘
│ 12V  │──→│保險絲│───┤         ↓ 搭鐵
│備用電池│   │ 10A │   │   ┌─────────┐
└──────┘   └──────┘   └──→│  儀錶   │
   ↓                       └─────────┘
  搭鐵                          ↓ 搭鐵
```

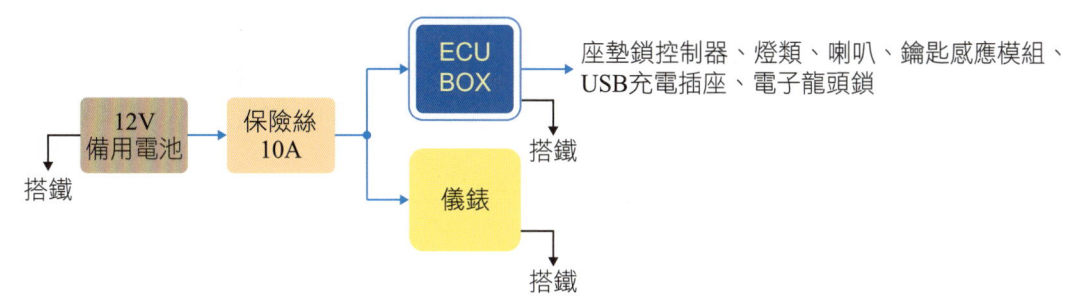

◆ 圖 14-1　中華 EZ1 12V 電源供應系統架構圖

1. 供電迴路說明

1. 大電壓供電：請參考 Gogoro 車系說明。
2. 小電壓供電：該車配置 10 A 保險絲作為備用電池保護使用。

    (1) ECU BOX 供電：

    　　12V 備用電池→ 10A 保險絲→ <u>ECU BOX</u> →供應（座墊鎖控制器、燈類、喇叭、鑰匙感應模組、USB 充電插座、電子龍頭鎖…等）使用。

    (2) 儀錶供電：

    　　12V 備用電池→ 10A 保險絲→儀錶→供應儀錶使用。

2. EZ1 ECU BOX 接腳編號

ECU BOX 配線接頭母pin								ECU BOX 本體接頭公pin						
1	2	3	4	5	6	7	8	8	7	6	5	4	3	2	1
9	10	11	12	13	14	15	16	16	15	14	13	12	11	10	9
17	18	19	20	21	22	23	24	24	23	22	21	20	19	18	17
25	26	27	28	29	30	31	32	32	31	30	29	28	27	26	25
33	34	35	36	37	38	39	40	40	39	38	37	36	35	34	33
41	42	43	44	45	46	47	48	48	47	46	45	44	43	42	41
49	50	51	52	53	54	55	56	56	55	54	53	52	51	50	49
57	58	59	60	61	62	63	64	64	63	62	61	60	59	58	57

◆ 圖 14-2　中華 EZ1 ECU BOX 接腳編號

1. 定義說明

    該機種採用 PBGN 聯盟所使用的智慧元件作為設計基準，因此需了解智慧元件（ECU 裝置）的腳位定義；後續說明以此定義作說明。

    (1) DCU 單品設置上與下兩個接頭（每個接頭各自有 32 Pin 接腳，合計共有 64Pin 接腳）；其接腳為公 Pin 設計。

    (2) 與 ECU 單品連接為配線端接頭設計，共有對應上與下兩個接頭；其接腳為母 Pin 設計。

    (3) 其腳位編號為方便手冊編纂時，各配線功能定義與後續檢查標記使用。

2. 備註說明

    (1) ECU 作為控制該車系統作用可稱為電腦，因各廠牌定義不同亦可稱為 VCU〔具備（ECU 與 NFC CARD PAIR ASSY）機能〕或 DCU 等不同稱謂，請依各廠牌規定為主。

    (2) 為獲取相關數據，當執行檢查維修作業時請使用相對應的檢測接頭，以免造成 DCU 單品或配線造成的損壞。

    (3) 請遵循原廠檢修規範進行維修作業，以避免造成系統受損。

二、中華 EZ1 方向燈、煞車燈迴路

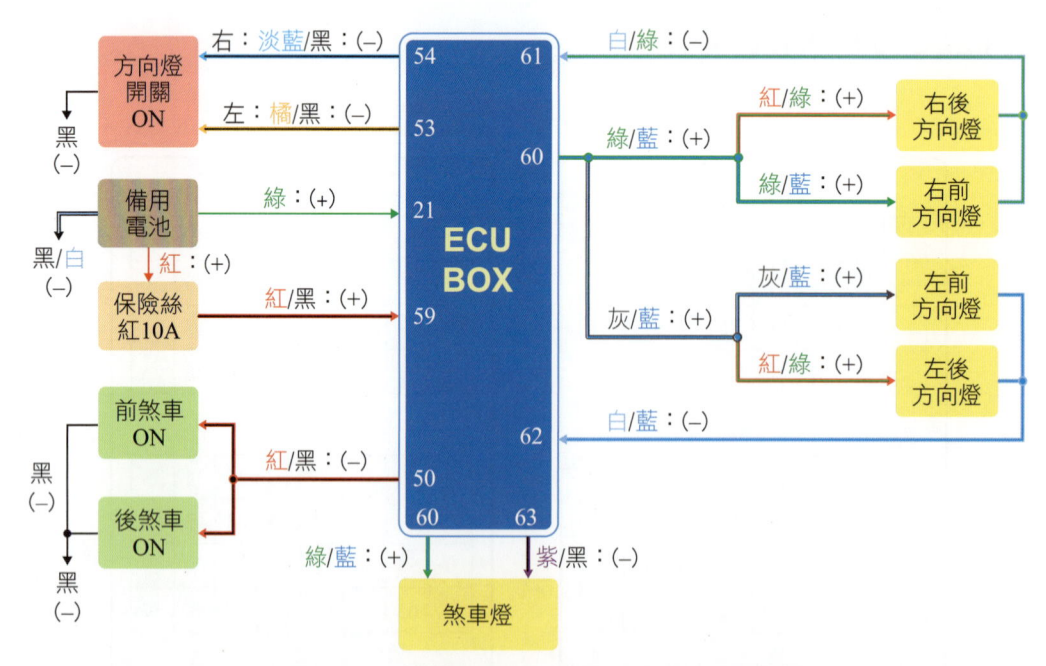

◆ 圖 14-3　中華 EZ1 方向燈、煞車燈迴路圖

1. 12V 供電迴路說明

驅動器（方向燈、煞車燈）所需電源由 ECU 元件供電。

1. 方向燈作動：12V 備用電池→ 10A 保險絲→ ECU BOX →左、右方向燈→ ECU BOX。
2. 煞車燈作動：12V 備用電池→ 10A 保險絲→ ECU BOX →煞車燈→ ECU BOX。

2. 作動控制說明：感知器訊號控制

1. 方向燈控制：ECU BOX →左、右方向燈開關→搭鐵；（完成迴路）。
2. 煞車燈控制：ECU BOX →前、後煞車燈開關→搭鐵；（完成迴路）。

> **關鍵提醒**
>
> 1. 以右方向燈作動說明
>
>   當騎士撥右方向燈開關時：ECU BOX 內部訊號經接頭內 Pin 54 接腳透過方向燈開關搭鐵；此時 ECU 判定騎士有右方向燈需求，因此將流經右方向燈電源（白/綠線；接頭內 Pin 61 接腳），於 ECU 內予以間歇性搭鐵，此時右方向燈呈現規則性閃爍。
>
> 2. 該機種電系作動說明
>   (1) 該機種電系作動與噴射系統相似，我們可以將左、右方向燈開關、前、後煞車燈開關視為感知器，ECU 視為電腦；而方向燈、煞車燈則為驅動器。
>   (2) 其作動可減化為①感知器送訊號給電腦、②電腦經過計算後③下指令給驅動器作動，因此完成系統控制。
>   (3) 故系統作動可稱為當① ECU 收到右方向燈開關訊號後（搭鐵訊號）、②判定騎士有右方向燈需求，③因此將右方向燈電源予以間歇性搭鐵（搭鐵控制），因此系統（右方向燈作動系統）呈現規則性閃爍。
>
> 3. 此系統架構為簡圖表示，非所有配線標示其上，請以原廠規範說明為主。

三、中華 EZ1 大燈、牌照燈、喇叭迴路、座墊迴路

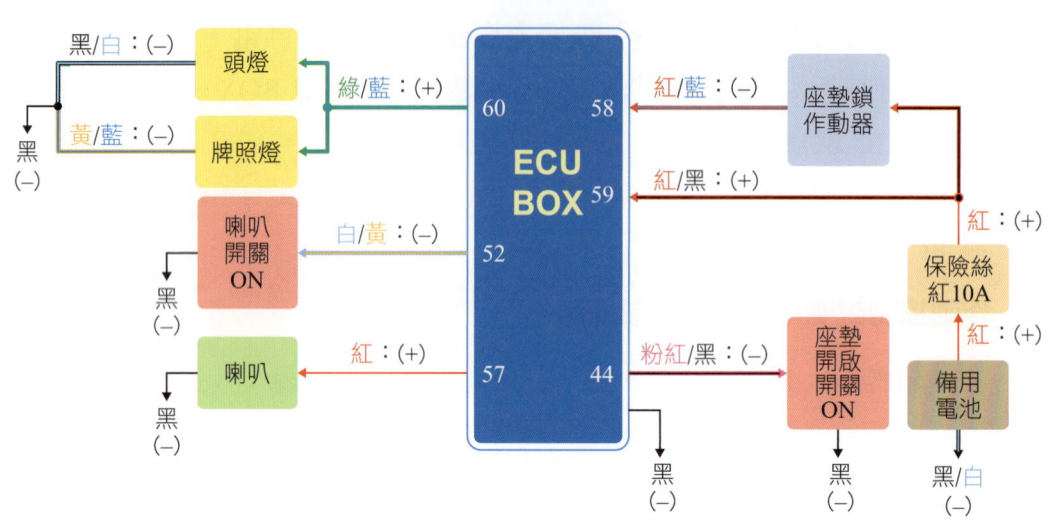

◆ 圖 14-4 中華 EZ1 大燈、牌照燈、喇叭迴路、座墊迴路圖

1. 12V 供電迴路說明：驅動器供電

1. 頭燈作動：12V 備用電池→ 10A 保險絲→ ECU BOX →頭燈→搭鐵。
2. 牌照車燈作動：12V 備用電池→ 10A 保險絲→ ECU BOX →牌照燈→搭鐵。
3. 喇叭作動：12V 備用電池→ 10A 保險絲→ ECU BOX →喇叭→搭鐵。
4. 座墊鎖作動器作動：12V 備用電池→ 10A 保險絲→座墊鎖作動器→ ECU BOX →搭鐵。

2. 作動控制說明：感知器訊號控制

1. 頭燈控制：常時點燈設計，因此當車輛啟動後 ECU 直接控制。
2. 牌照燈控制：常時點燈設計，因此當車輛啟動後 ECU 直接控制。
3. 喇叭控制：ECU →喇叭開關→搭鐵；（完成迴路）。

關鍵提醒

1. 該車為常時點燈設計，當車輛啟動後 ECU 透過 Pin 60 腳位直接供應 12 V 電源；故頭燈點亮。
2. 同上述說明；故牌照燈點亮。
3. 該機種喇叭作動所需電源由 ECU 供應（座墊鎖作動器直接由外部備用電池供應）兩者不同；以此得知同屬 PBGN 聯盟其電路設置仍有所差異。
4. 當 ECU 收到喇叭作動訊號（喇叭開關 ON）時；ECU 透過 Pin 57 提供喇叭作動所需電源（經過喇叭後直接搭鐵）、驅動喇叭作動。
5. ECU 所需作動電源（含本體需求與供應外接驅動系所需）由 Pin 59 供應。
6. 此系統架構為簡圖表示，非所有配線標示其上；請以原廠規範說明為主。

四、中華 EZ1 備用電池、開關類、龍頭鎖、感知器迴路

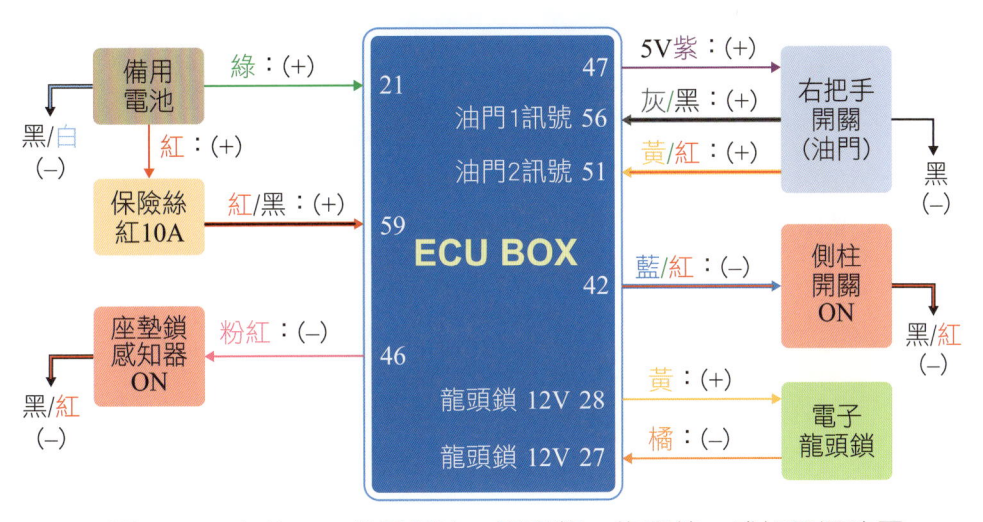

```
                         備用電池 ──綠:(+)──→ [21]
                                              油門1訊號 [56] ←──灰/黑:(+)── 右把手開關(油門) ←──5V紫:(+)── [47]
黑/白(−) ←── 備用電池                         油門2訊號 [51] ←──黃/紅:(+)──                    
                         保險絲   ──紅:(+)──→                                                黑(−)
                         紅10A    ──紅/黑:(+)→ [59]  ECU BOX
                                                    [42] ──藍/紅:(−)──→ 側柱開關 ON
          座墊鎖感知器ON ──粉紅:(−)──→ [46]                                  黑/紅(−)
黑/紅(−) ←──                                 龍頭鎖 12V [28] ──黃:(+)──→ 電子龍頭鎖
                                              龍頭鎖 12V [27] ──橘:(−)──→
```

◆ 圖 14-5　中華 EZ1 備用電池、開關類、龍頭鎖、感知器迴路圖

1. 12V 供電迴路說明

1. DC-DC 作動：45V DC BOX → DC - DC；〔將 45 V 降壓至 12 V 並透過 10A 保險絲對電瓶（當電瓶電壓過低時，BCM 觸發 BMS 透過 DC-DC 對 12V 電瓶補充電）與供應全車使用〕。
2. 電子龍頭鎖作動：ECU BOX →電子龍頭鎖→ ECU BOX。

2. 油門控制說明

1. 油門工作電壓電源：ECU Pin 47 腳位→紫色線→右把手開關；（5 V＋）。
2. 油門工作電壓搭鐵：右把手開關→黑色線→搭鐵；（5 V -）。
3. 油門 1 訊號作電壓：右把手開關→灰／黑色線→ DCU Pin 56 腳位。
4. 油門 2 訊號作電壓：右把手開關→黃／紅色線→ DCU Pin 51 腳位。

> **關鍵提醒**
> 1. 該車為 PBGN 聯盟所開發的機種，備用電池採鋰電池設置（EZ-R 採鉛酸電池設置）。
> 2. 備用電池為系統待命時全車供電使用，需將電池狀態列入定期檢查項目，以免因電壓不足造成系統無法喚醒（如採 KEYLESS 系統的設置）。
> 3. DC BOX 為容納可抽換電池使用，該車為綠牌採單顆電池輸出；更換電池時需經過認證流程，符合認證後方能使用。
> 4. 此系統架構為簡圖表示，非所有配線標示其上，請以原廠規範說明為主。

五、中華 EZ1 儀錶、診斷接頭迴路

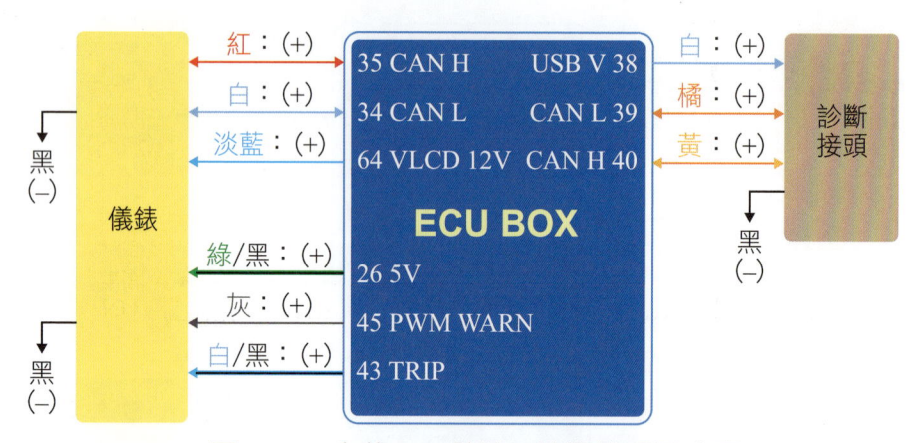

◆ 圖 14-6　中華 EZ1 儀錶、診斷接頭迴路圖

12V 供電迴路說明如下：

1. 診斷接頭作動：12V 備用電池→ 10A 保險絲→ ECU BOX →診斷接頭→搭鐵。
2. 儀錶作動：12V 備用電池→ 10A 保險絲→儀錶→搭鐵。

關鍵提醒
1. 該車採 CAN 通訊與燃油車相比，其車上配置 ECU 較多，因此技師需對通訊系統作進一步瞭解。
2. 不論燃油車與電動車而言，除採用 CAN 通訊外、某些機種亦有採 LIN 通訊；不論何者規範使用請參考各廠牌手冊說明。

六、中華 EZ1 USB、鑰匙感應模組迴路

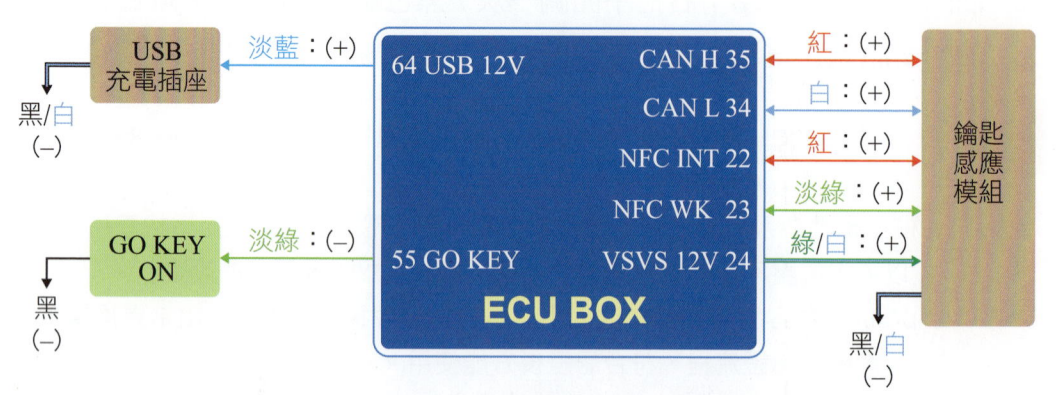

◆ 圖 14-7　中華 EZ1 USB、鑰匙感應模組迴路圖

1. 12V 供電迴路說明

1. USB 充電插座作動：12V 備用電池→ 10A 保險絲→ ECU BOX → USB 充電插座→搭鐵。
2. 鑰匙感應模組作動：12V 備用電池→ 10A 保險絲→ ECU BOX →鑰匙感應模組→搭鐵。

2. 作動控制說明

1. 啟動控制：ECU Pin 55 →淡綠色線→ GO KEY →黑色線→搭鐵；此時轉動油門時車輛即可走行。
2. 鑰匙感應控制：當 NFC 卡接近鑰匙感應模組時，鑰匙感應模組→紅色線→ ECU Pin 22、淺綠色線→ ECU Pin 23；ECU 判定密碼符合後，即可將系統啟用並進行後續操作。

七、中華 EZ1 CAN 迴路說明

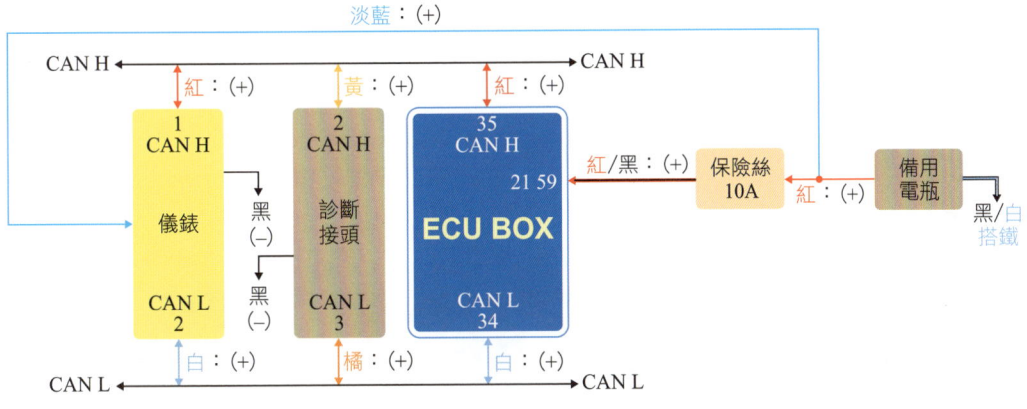

◆ 圖 14-8　中華 EZ1 CAN 迴路圖

1. CAN 原理說明

請參考 EZ-R 機種內容說明。該車配置 ECU 裝置：合計有診斷接頭、儀錶、ECU BOX 共三個裝置。因此各 ECU 之間可進行彼此間通訊，以數位訊號取代類比訊號來傳送感知器與驅動器訊號，滿足系統需求。

2. 該車 CAN 迴路說明

1. 如圖 14-8 說明，三個裝置分別與 CAN H、CAN L 相互連接，並於兩端設置終端電阻（此圖例未呈現）以降低訊號干擾（反向電動式）。

2. 訊號讀取：維修人員可透過診斷工具讀取系統相關數據與模擬作動；以進行維修檢查作業。

> **關鍵提醒**
> 1. 該車採 CAN 通訊與燃油車相比，其車上配置 ECU 較多，因此技師需對通訊系統作進一步瞭解。
> 2. 不論燃油車與電動車而言，除採用 CAN 通訊外、某些機種亦有採 LIN 通訊；不論何者規範使用請參考各廠牌手冊說明。

14-2　中華 eMOVING EZ-R 車系介紹

中華 EZ-R 機種規格

規格	尺寸
• 動力型式：電動 • 車身型式：速克達 • 馬達出力：7200W • 煞車型式：前後碟式 • 滿電可續航里程：82km	• 座高：765mm • 車長：1820mm • 車寬：690mm • 車高：1090mm • 車重：126kg • 軸距：1305mm • 前輪尺碼：100/90-12 • 後輪尺碼：120/70-12

圖片出處：https://autos.yahoo.com.tw/news/%E4%B8%AD%E8%8F%AFemoving-ez-r-10%E8%90%AC%E6%9C%89%E6%89%BE%E4%B8%8A%E5%B8%82-%E6%90%A Dgogoro%E9%9B%BB%E6%B1%A0%E8%88%87%E8%87%AA%E4%B8%BB%E9%96%8B%E7%99%BC%E9%A6%AC%E9%81%94-000000715.html

相關媒體報導，此機種加入 PBGN（Powered by Gogoro Network）聯盟，為該品牌首個 PBGN 白牌電動機車。與他牌競品有何特點與不同處，將於後續內容予以介紹。

一、中華 EZ-R 12V 電源供應系統

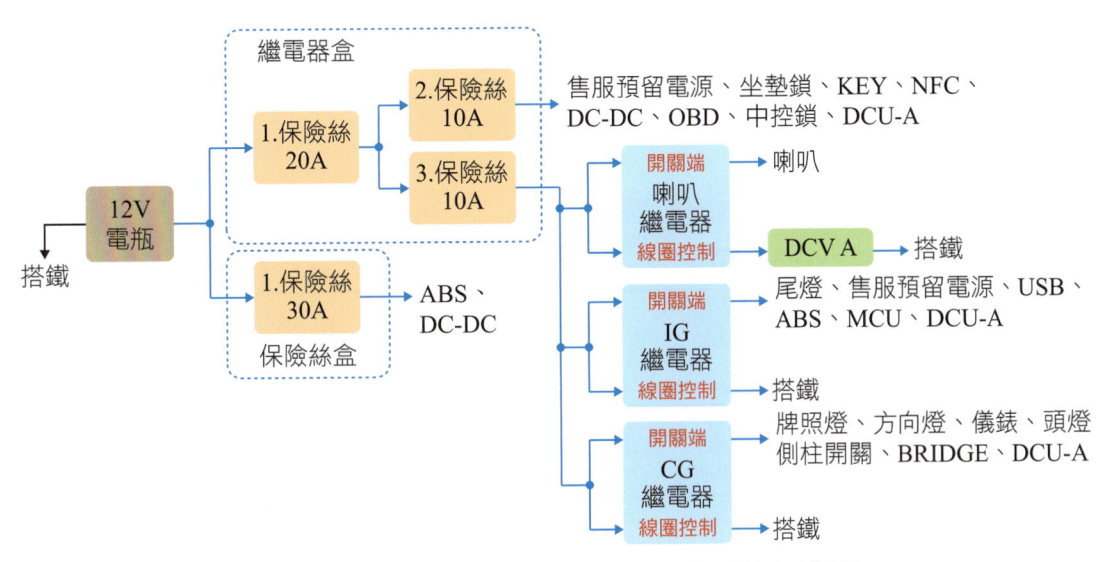

◆ 圖 14-9　中華 EZ-R 12V 電源供應系統架構圖

1. 供電迴路說明

1. 大電壓供電：請參考 Gogoro 車系說明。
2. 小電壓供電：該車配置繼電器盒與保險絲盒作為鉛酸電池供電配置使用。

    (1) 繼電器盒供電：

    A. 盒內②保險絲供電：

    12V 鉛酸電池→① 20A 保險絲→② 10A 保險絲→供應（售服預留電源、坐墊鎖、KEY、NFC、DC-DC、OBD、中控鎖、DCU-A…等）使用。

    B. 盒內③保險絲供電：

    12V 鉛酸電池→① 20A 保險絲→③ 10A 保險絲→供應至繼電器（喇叭繼電器、IG 繼電器、CG 繼電器）→對應設備使用。

    - 喇叭繼電器→供應喇叭使用；（該繼電器由 DCU A 控制搭鐵）

- IG 繼電器→供應尾燈、售服預留電源、USB、ABS、MCU、DCU-A 使用；（該繼電器直接搭鐵控制）。
- CG 繼電器→牌照燈、方向燈、儀錶、頭燈、側柱開關、BRIDGE、DCU-A 使用；（該繼電器直接搭鐵控制）。

(2) 保險絲盒供電：30A 保險絲

12V 鉛酸電池→30A 保險絲→供應 ABS、DC-DC 使用。

2. EZ-R DCU 接腳編號

DCU-A 單品端接頭

48	47	46	45	44	43	42	41	40	39	38	37
36	35	34	33	32	31	30	29	28	27	26	25
24	23	22	21	20	19	18	17	16	15	14	13
12	11	10	9	8	7	6	5	4	3	2	1

DCU-B 單品端接頭

32	31	30	29	28	27	26	25
24	23	22	21	20	19	18	17
16	15	14	13	12	11	10	9
8	7	6	5	4	3	2	1

DCU-A 配線端接頭-黑

37	38	39	40	41	42	43	44	45	46	47	48
25	26	27	28	29	30	31	32	33	34	35	36
13	14	15	16	17	18	19	20	21	22	23	24
1	2	3	4	5	6	7	8	9	10	11	12

DCU-B 配線端接頭-黑

25	26	27	28	29	30	31	32
17	18	19	20	21	22	23	24
9	10	11	12	13	14	15	16
1	2	3	4	5	6	7	8

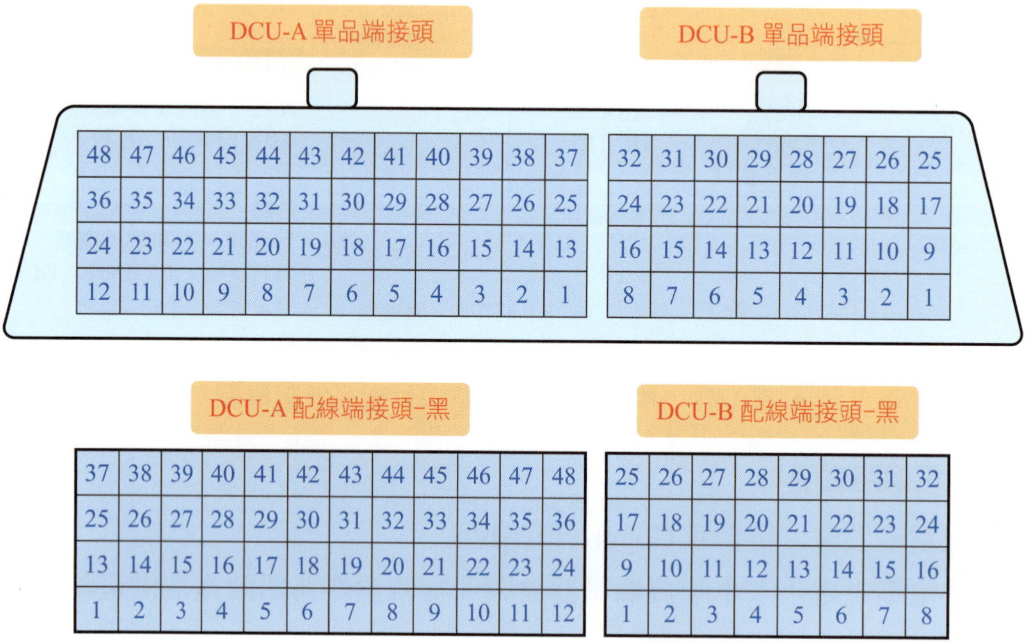

◆ 圖 14-10　中華 EZ-R DCU 接腳編號

1. 定義說明

該機種採用 PBGN 聯盟所使用的智慧元件作為設計基準，因此需了解智慧元件（DCU 裝置）的腳位定義；後續說明以此定義作說明。

(1) DCU 單品設置 DCU-A 與 DCU-B 兩個接頭（DCU-A 有 48Pin 接腳、DCU-B 有 32Pin 接腳）；其接腳為公 Pin 設計。

(2) 與 DCU 單品連接為配線端接頭設計，共有對應 DCU-A 與 DCU-B 兩個接頭；其接腳為母 Pin 設計。

(3) 其腳位編號為方便手冊編纂時各配線功能定義與後續檢查標記使用。

2. 備註說明
   (1) DCU 作為控制該車系統作用可稱為電腦，因各廠牌定義不同亦可稱為 VCU〔具備（ECU 與 NFC CARD PAIR ASSY）機能〕或 ECU 等不同稱謂，請依各廠牌規定為主。
   (2) 為獲取相關數據，當執行檢查維修作業時請使用相對應的檢測接頭，以免造成 DCU 單品或配線造成的損壞。
   (3) 請遵循原廠檢修規範進行維修作業，以避免造成系統受損。

二、中華 EZ-R 方向燈、煞車燈迴路

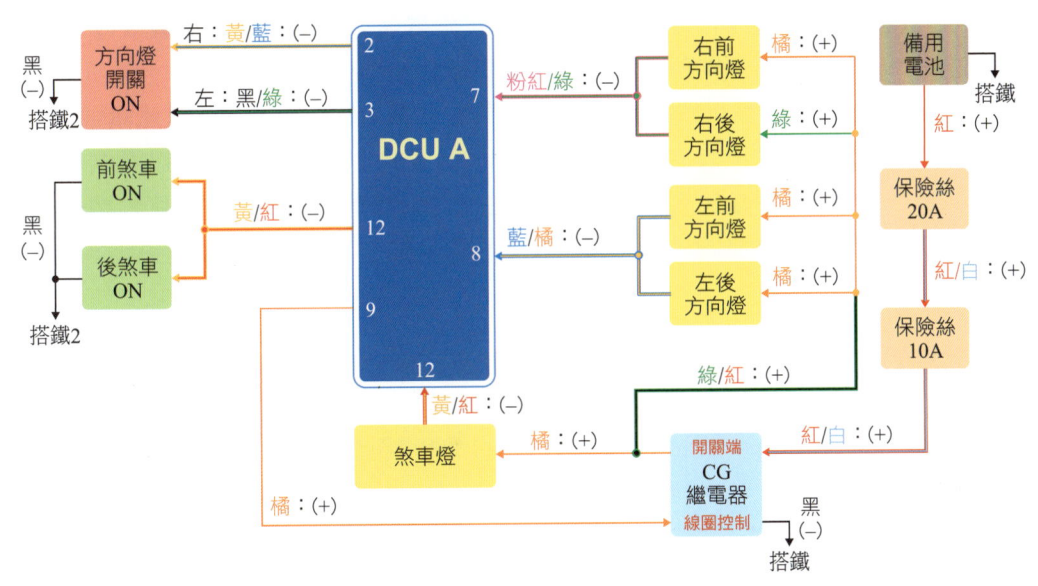

◆ 圖 14-11　中華 EZ-R 方向燈、煞車燈迴路

1. 12V 供電迴路說明：驅動器供電

1. 方向燈作動：12V 鉛酸電池→① 20A 保險絲→③ 10A 保險絲→ CG 繼電器→左、右方向燈→ DCU。
2. 煞車燈作動：12V 鉛酸電池→① 20A 保險絲→③ 10A 保險絲→ CG 繼電器→煞車燈→ DCU。

2. 作動控制說明：感知器訊號控制

1. 方向燈控制：DCU →左、右方向燈開關→搭鐵 2；（完成迴路）。
2. 煞車燈控制：DCU →煞車燈開關→搭鐵 2；（完成迴路）。

> **關鍵提醒**

1. 以右方向燈作動說明

    當騎士撥右方向燈開關時：DCU 內部訊號經接頭內 Pin 2 接腳透過方向燈開關搭鐵；此時 DCU 判定騎士有右方向燈需求，因此將流經右方向燈電源（粉紅/綠線；接頭內 Pin 7 接腳），於 DCU 內予以間歇性搭鐵，此時右方向燈呈現規則性閃爍。

2. 該機種電系作動說明

    (1) 該機種電系作動與噴射系統相似，我們可以將左、右方向燈開關、前、後煞車燈開關視為感知器，DCU 視為電腦；而方向燈、煞車燈則為驅動器。

    (2) 其作動可減化為①感知器送訊號給電腦、②電腦經過計算後③下指令給驅動器作動，因此完成系統控制。

    (3) 故系統作動可稱為當① DCU 收到右方向燈開關訊號後（搭鐵訊號）、②判定騎士有右方向燈需求，③因此將右方向燈電源予以間歇性搭鐵（搭鐵控制），因此系統（右方向燈作動系統）呈現規則性閃爍。

3. 此系統架構為簡圖表示，非所有配線標示其上；請以原廠規範說明為主。

三、中華 EZ-R 大燈、牌照燈、喇叭迴路、座墊、USB 迴路

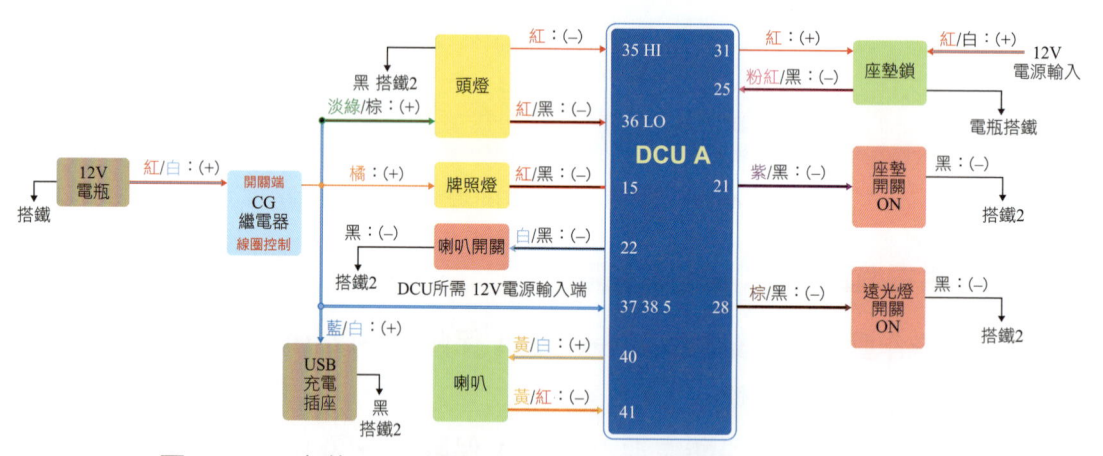

◆ 圖 14-12　中華 EZ1 大燈、牌照燈、喇叭迴路、座墊、USB 迴路

1. 12V 供電迴路說明：驅動器供電

1. 頭燈作動：12V 鉛酸電池→① 20A 保險絲→③ 10A 保險絲→ CG 繼電器→頭燈→ DCU。

2. 牌照車燈作動：12V 鉛酸電池→① 20A 保險絲→③ 10A 保險絲→ CG 繼電器→牌照燈→ DCU。

3. 喇叭作動：12V 鉛酸電池→① 20A 保險絲→③ 10A 保險絲→ CG 繼電器→ DUC →喇叭→ DCU。
4. USB 充電插座作動：12V 鉛酸電池→① 20A 保險絲→③ 10A 保險絲→ CG 繼電器→ USB 充電插座→搭鐵 2。
5. 座墊鎖作動器作動：12V 鉛酸電池→① 20A 保險絲→③ 10A 保險絲→ CG 繼電器→ DUC →座墊鎖作動器→ DCU →搭鐵 1。

2. 作動控制說明：感知器訊號控制

1. 頭燈控制：DCU →遠光燈開關→搭鐵 2；（完成迴路）。
2. 近燈、牌照燈控制：常時點燈設計，因此當車輛啟動後 DCU 直接控制。
3. 喇叭控制：DCU →喇叭開關→搭鐵 2；（完成迴路）。
4. USB 充電插座控制：當車輛啟動後 CG 繼電器直接控制。
5. 座墊鎖作動器控制：DCU →作墊開關→搭鐵 2；（完成迴路）。

關鍵提醒

1. 該車為常時點燈設計，當車輛啟動後 DCU 直接將 Pin 36 腳位於 DCU 內部搭鐵；故近燈點亮。
2. 當遠光燈開關作動時，DCU 收到遠燈訊號後將 Pin 35 腳位於 DCU 內部搭鐵；故遠燈點亮。
3. 該機種喇叭作動與座墊鎖作動器所需電源由 DCU 供應，與該車燈類由外部供應不同；以此得知同屬 PBGN 聯盟其電路設置仍有所差異。
4. 當 DCU 收到喇叭作動訊號時；DCU 提供喇叭作動所需電源、並將迴路回至 VCU 近行搭鐵控制以驅動喇叭作動。
5. 當 DCU 收到座墊鎖作動訊號時；DCU 提供座墊鎖（線圈）作動所需電源，並將迴路送至 VCU 內部進行搭鐵控制以驅動座墊鎖作動。
6. DCU 所需作動電源（含本體需求與供應外接驅動系所需）由 CG 繼電器透過 Pin 5、Pin 37、Pin 38 供應。
7. 此系統架構為簡圖表示，非所有配線標示其上；請以原廠規範說明為主。

四、中華 EZ-R 12V 鉛酸電池、開關類、龍頭鎖、感知器迴路

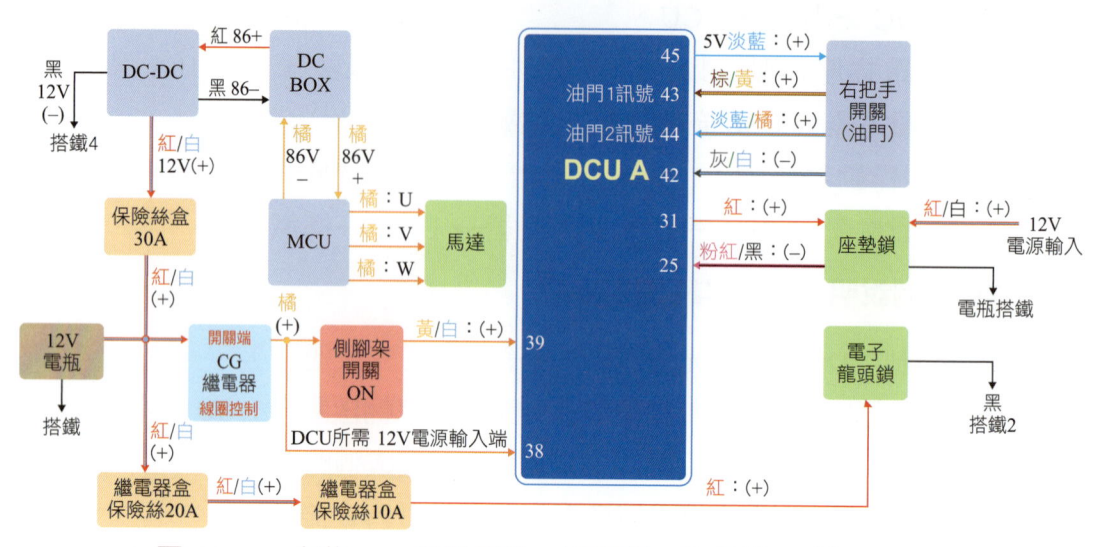

◆ 圖 14-13　中華 EZ-R 鉛酸電池、開關類、龍頭鎖、感知器迴路圖

1. 86V 供電迴路說明

1. DC-DC 作動：86V DC BOX → DC - DC；〔將 86V 降壓至 12V 並透過保險絲盒內 30A 保險絲對電瓶（當電瓶電壓過低時，BCM 觸發 BMS 透過 DC-DC 對 12V 電瓶補充電）與供應全車使用〕。
2. 無刷直流馬達作動：86V DC BOX → MCU → 馬達；〔將 86 V 直流電透過 MCU 轉換為三相（U、V、W）供電給馬達使用〕。

2. 12V 供電迴路說明

1. DC-DC 作動：86V DC BOX → DC - DC；〔將 86 V 降壓至 12 V 並透過保險絲盒內 30A 保險絲對電瓶（當電瓶電壓過低時，BCM 觸發 BMS 透過 DC-DC 對 12V 電瓶補充電）與供應全車使用〕。
2. 電子龍頭鎖作動：12V 鉛酸電池→① 20A 保險絲→③ 10A 保險絲→電子龍頭鎖→搭鐵 2。
3. 供應 DCU Pin 39 所需電源由側腳架開關控制（當側腳架收起時供電）。

3. 油門控制說明

1. 油門工作電壓電源：DCU Pin 45 腳位→淡藍色線→右把手開關；（5V+）。
2. 油門工作電壓搭鐵：右把手開關→灰/白色線→ DCU Pin 42 腳位；（5V-）。
3. 油門 1 訊號作電壓：右把手開關→棕/黃色線→ DCU Pin 43 腳位。
4. 油門 2 訊號作電壓：右把手開關→灰/白色線→ DCU Pin 44 腳位。

關鍵提醒

1. 該車為 PBGN 聯盟所開發的機種，備用電池採傳統鉛酸電池設置（Gogoro 採鋰電池設置），具有流用性高與取得成本低的優勢。
2. 光陽廠牌的電動車亦使用 12V 鉛酸電池作為備用電池。
3. 備用電池為系統待命時全車供電使用，需將電池狀態列入定期檢查項目；以免因電壓不足造成系統無法喚醒（如採 KEYLESS 系統的設置）。
4. DC BOX 為容納可抽換電池使用，兩顆電池採串聯式輸出；更換電池時需經過認證流程，符合認證後方能使用。
5. 此系統架構為簡圖表示，非所有配線標示其上；請以原廠規範說明為主。

五、中華 EZ-R CAN 迴路說明

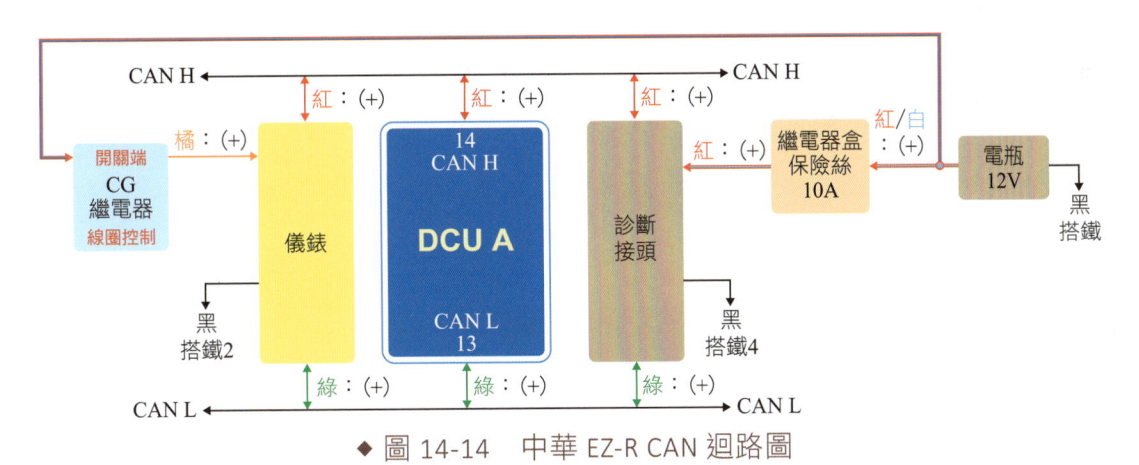

◆ 圖 14-14　中華 EZ-R CAN 迴路圖

1. CAN 原理說明

1. CAN 稱為控制器區域網路（Controller Area Network, CAN），採雙向匯流排設置，可提供低價、可靠的網路，並可同時溝通多組 ECU 的裝置；透過一線多用的方式可減少電線的使用，以達到簡化全車配備與簡輕重量的目標。
2. 該車配置 ECU 裝置：合計有診斷接頭、儀錶、DCU、MCU、ABS、BRIDGE 共六個裝置。
3. 因此各 ECU 之間可進行彼此間通訊，以數位訊號取代類比訊號來傳送感知器與驅動器訊號，滿足系統需求。

2. EZ-R CAN 迴路說明

1. 如圖說明、三個裝置分別與 CAN H、CAN L 相互連接，並於兩端設置終端電阻（此圖例未呈現）以降低訊號干擾（反向電動式）。
2. 訊號讀取：維修人員可透過診斷工具讀取系統相關數據與模擬作動；以進行維修檢查作業。

> **關鍵提醒**
> 1. 該車採 CAN 通訊與燃油車相比，其車上配置 ECU 較多，因此技師需對通訊系統作進一步瞭解。
> 2. 不論燃油車與電動車而言，除採用 CAN 通訊外，某些機種亦有採 LIN 通訊；不論何者規範使用請參考各廠牌手冊說明。

14-3 中華 iE125 車系介紹

中華 iE125 機種規格

規格	尺寸
• 動力型式：電動 • 車身型式：速克達 • 馬達輸出：6000W • 變速型式：無段變速 • 煞車型式：前後碟式 • 滿電可續航里程：155km • 快速充電站：10 分可達 78km 所需電力	• 車長：1800mm • 車寬：680mm • 車高：1110mm • 車重：124kg • 軸距：1280mm • 前輪尺碼：90/90-12 • 後輪尺碼：100/80-10

第14章　中華電動機車說明

圖片出處：https://www.chinatimes.com/newspapers/20190723000313-260204?chdtv

由相關媒體報導，此機種採快速充電的方式搶攻白牌電動車市場，仍具備傳統 CVT 機構，與他牌競品有何特點與不同處，將於後續內容予以介紹。

一、中華 iE125 實體 key 版 12V 電源供應系統

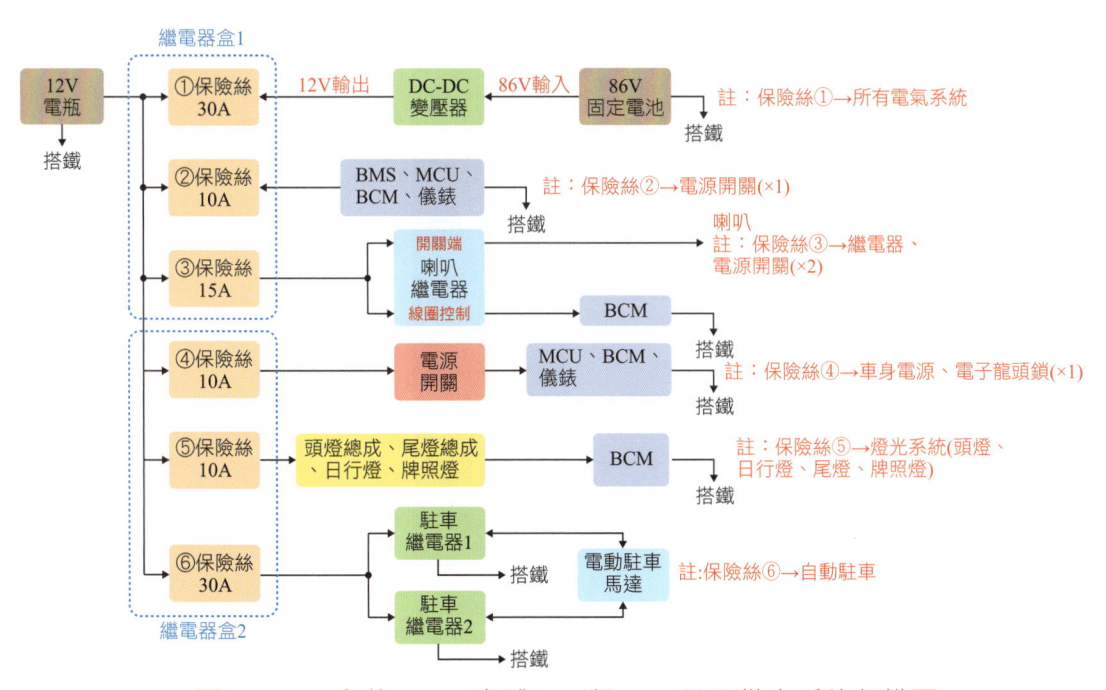

◆ 圖 14-15　中華 iE125 實體 key 版 12V 電源供應系統架構圖

203

1. 供電迴路說明

1. 大電壓供電：
   (1) 86V 鋰電池→ MCU →動力馬達；馬達驅動使用。
   (2) 86V 鋰電池→ DC-DC；DC-DC 降壓輸入端。
2. 小電壓供電：
   (1) 該車配置繼電器盒 1 與 2（內建保險絲①～⑥獨自供應所對應的電器裝置使用。
   (2) 當車輛走行時全車 12V 電器用電由 DC-DC 降壓後的電源供應。

2. 繼電器盒內保險絲供電說明

(1) 保險絲①：走行時供應所有電氣使用。
(2) 保險絲②：供應 BMS、MCU、BCM、儀錶使用。
(3) 保險絲③：供應喇叭使用。
(4) 保險絲④：供應 MCU、BCM、儀錶使用。
(5) 保險絲⑤：供應頭燈總成、尾燈總成、日行燈、牌照燈使用。
(6) 保險絲⑥：供應電動駐車馬達使用。

二、中華 iE125 方向燈、煞車燈、警示燈迴路

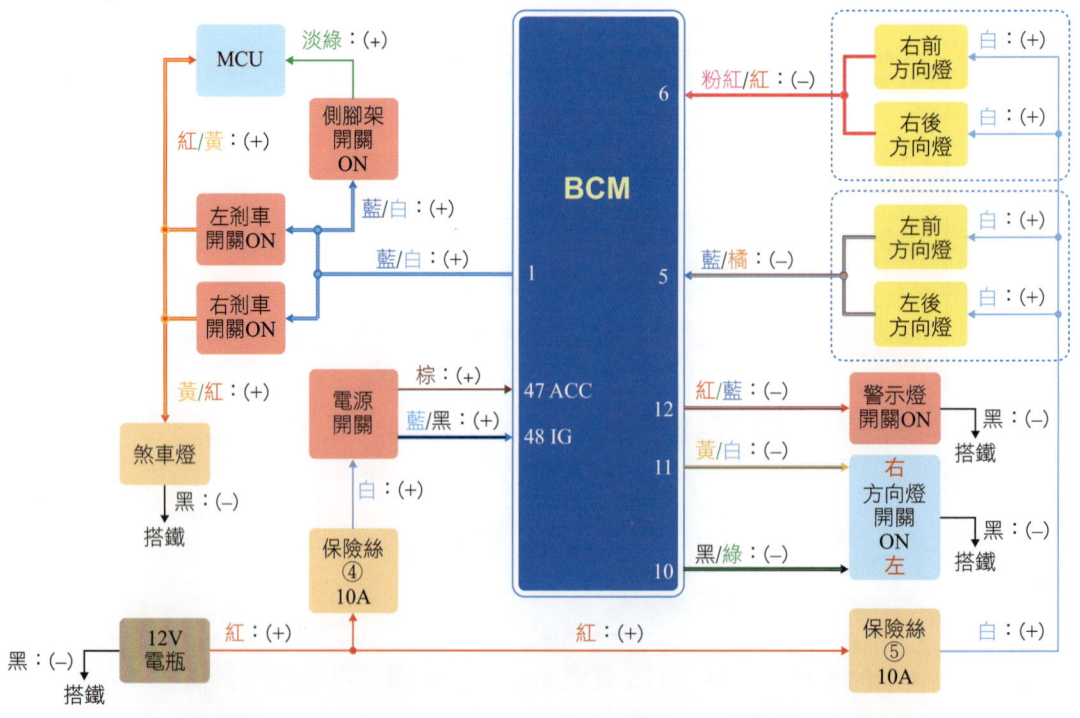

◆ 圖 14-16　中華 iE125 方向燈、煞車燈、警示燈迴路

1. 12V 供電迴路說明：驅動器供電

1. BCM 啟動：12V 鉛酸電池→④ 10A 保險絲→電源開關→ BCM →搭鐵。
2. 方向燈作動：12V 鉛酸電池→⑤ 10A 保險絲→左、右方向燈→ BCM →搭鐵。
3. 煞車燈作動：BCM →左、右煞車開關→煞車燈→搭鐵。

2. 作動控制說明：感知器訊號控制

1. 方向燈控制：BCU →左、右方向燈開關→搭鐵；（完成迴路）。
2. 警示燈控制：BCM →警示燈開關→搭鐵；（完成迴路）。

關鍵提醒

1. 方向燈由外部電源供應，由 BCM 完成搭鐵控制。
2. 煞車燈由 BCM 供應電源，外部完成搭鐵控制。
3. 該機種部分電系作動與噴射系統相似，我們可以將左、右方向燈開關、警示燈開關視為感知器，BCM 視為電腦；而方向燈則為驅動器。
4. 其作動可簡化為①感知器送訊號給電腦、②電腦經過計算後③下指令給驅動器作動，因此完成系統控制。
5. 故系統作動可稱為當① BCM 收到右方向燈開關訊號後（搭鐵訊號）、②判定騎士有右方向燈需求，③因此將右方向燈搭鐵端予以間歇性搭鐵（BCM 搭鐵控制），因此系統（右方向燈作動系統）呈現規則性閃爍。
6. 此系統架構為簡圖表示，非所有配線標示其上；請以原廠規範說明為主。

三、中華 iE125 大燈、牌照燈、喇叭迴路、座墊、USB 迴路

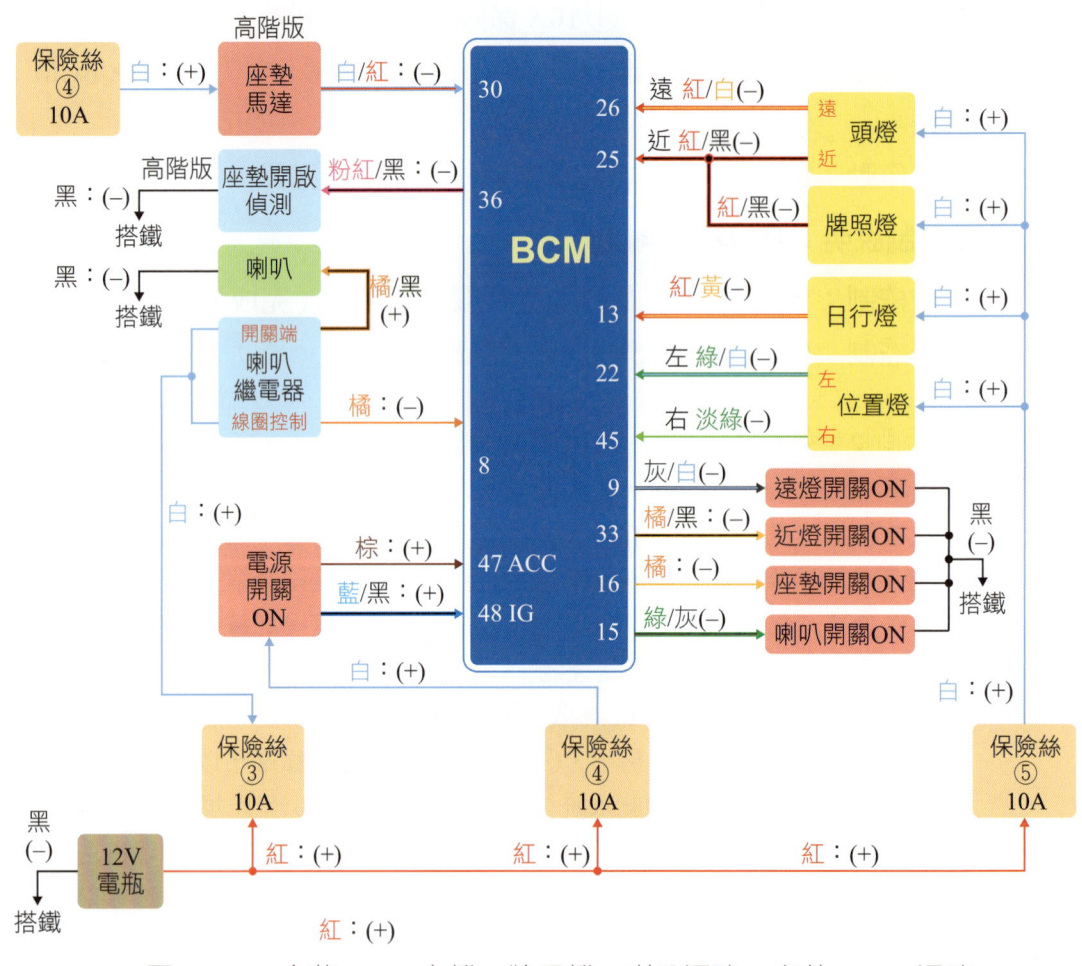

◆ 圖 14-17　中華 iE125 大燈、牌照燈、喇叭迴路、座墊、USB 迴路

1. 12V 供電迴路說明：驅動器供電

1. BCM 啟動：12V 鉛酸電池→④ 10A 保險絲→電源開關→ BCM →搭鐵。
2. 頭燈作動：12V 鉛酸電池→⑤ 10A 保險絲→頭燈→ BCM →搭鐵。
3. 牌照燈作動：12V 鉛酸電池→⑤ 10A 保險絲→牌照燈→ BCM →搭鐵。
4. 日行燈作動：12V 鉛酸電池→⑤ 10A 保險絲→日行燈→ BCM →搭鐵。
5. 位置燈作動：12V 鉛酸電池→⑤ 10A 保險絲→位置燈→ BCM →搭鐵。
6. 座墊馬達作動：12V 鉛酸電池→④ 10A 保險絲→座墊馬達→ BCM →搭鐵。
7. 喇叭作動：12V 鉛酸電池→③ 10A 保險絲→喇叭繼電器（開關端）→喇叭→搭鐵。

2. 作動控制說明：感知器訊號控制

1. 遠燈控制：BCM →遠光燈開關→搭鐵；（完成迴路）。
2. 牌照燈控制：常時點燈設計，因此當車輛啟動後 BCM 直接控制。
3. 喇叭控制：BCM →喇叭開關→搭鐵；（完成迴路）。
4. 遠燈控制：BCM →遠光燈開關→搭鐵；（完成迴路）。
5. 近燈控制：BCM →近光燈開關→搭鐵；（完成迴路）。
6. 座墊開啟偵測控制：BCM →座墊開關→搭鐵；（完成迴路）。
7. 喇叭繼電器（線圈端）控制：12V 鉛酸電池→③ 10A 保險絲→喇叭繼電器（線圈端）→ BCM →搭鐵；（完成迴路）。
8. 喇叭控制：BCM →喇叭開關→搭鐵；（完成迴路）。

關鍵提醒

1. 頭燈、牌照燈、日行燈、位置燈、座墊馬達、喇叭由外部電源供應、由 BCM 完成搭鐵控制。
2. 喇叭由繼電器控制、而 BCM 控制繼電器是否作動、BCM 依據喇叭開關訊號進行繼電器控制。
3. 該機種上述電系作動與噴射系統相似，我們可以將開關類視為感知器，BCM 視為電腦；而 12V 電器則為驅動器。
4. 其作動可減化為①感知器送訊號給電腦、②電腦經過計算後③下指令給驅動器作動，因此完成系統控制。
5. 此系統架構為簡圖表示，非所有配線標示其上；請以原廠規範說明為主。

四、中華 iE125 鉛酸電池、開關類、龍頭鎖、感知器迴路

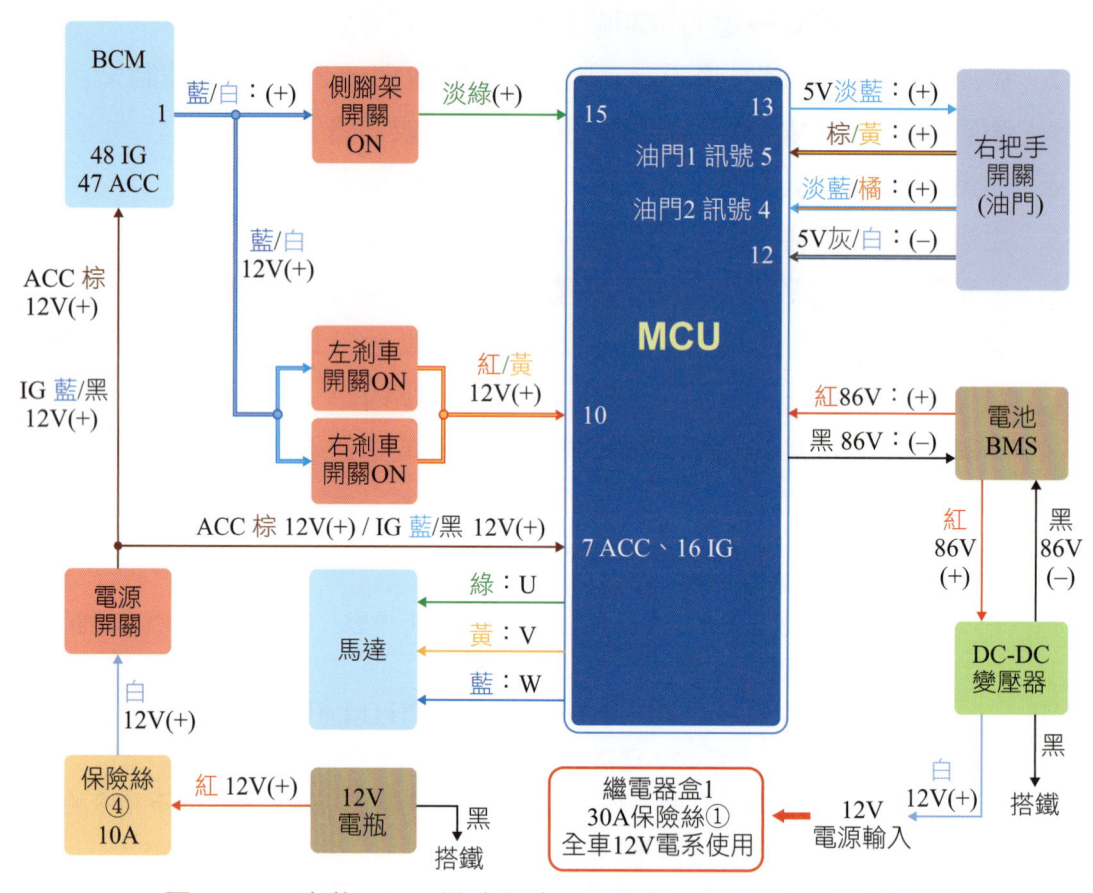

◆ 圖 14-18　中華 iE125 鉛酸電池、開關類、龍頭鎖、感知器迴路

1. 86V 供電迴路說明

1. DC-DC 作動：86V 鋰電池→ DC-DC；將大電壓降至低電壓。
2. 無刷直流馬達作動：86V 鋰電池→ MCU →馬達；〔將 86V 直流電透過 MCU 轉換為三相（U、V、W）供電給馬達（直流無刷馬達）使用〕。

2. 12V 供電迴路說明

1. 86V 鋰電池→ DC-DC；〔將 86V 降壓至 12V 並透過保險絲盒內 ① 30A 保險絲對電瓶（當電瓶電壓過低時，透過 DC-DC 對 12V 電瓶補充電）與供應全車使用）〕。
2. 其餘同前述說明。
3. MCU 所需電源之一由側腳架開關控制（當側腳架收起時供電）。

3. 油門控制說明

1. 油門工作電壓電源：MCU Pin 13 腳位→淡藍色線→右把手開關；（5V+）。
2. 油門工作電壓搭鐵：右把手開關→灰 / 白色線→ DCU Pin 12 腳位；（5V-）。
3. 油門 1 訊號作電壓：右把手開關→棕 / 黃色線→ DCU Pin 5 腳位。
4. 油門 2 訊號作電壓：右把手開關→灰 / 白色線→ DCU Pin 4 腳位。

4. 車輛行走說明

1. 系統啟用：
   (1) 主開關 ON。
   (2) 側支架收起。
2. 加速與減速：
   (1) 轉動油門→加速。
   (2) 回油門或按煞車→減速。

> **關鍵提醒** MCU 收到加、減速訊號時切斷或減少供應至馬達電流、進而降低車速並完成操作。

> **關鍵提醒**
> 1. 該車非 PBGN 聯盟所開發的機種，其線路設計與控制與 PBGN 聯盟產品有雷同之處。
> 2. 該機種使用 12V 鉛酸電池作為備用電池。
> 3. 備用電池為系統待命時全車供電使用，需將電池狀態列入定期檢查項目；以免因電壓不足造成系統無法喚醒（如採 KEYLESS 系統的設置）。
> 4. 此系統架構為簡圖表示，非所有配線標示其上；請以原廠規範說明為主。

五、中華 iE125 CAN 迴路說明

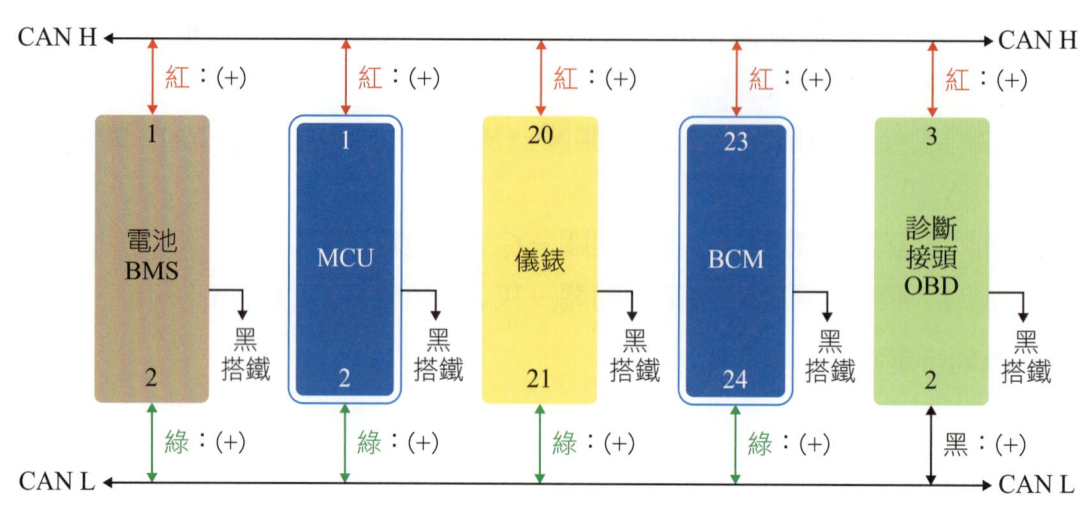

◆ 圖 14-19　中華 iE125 CAN 迴路

1. CAN 原理說明

1. CAN 稱為控制器區域網路（Controller Area Network ,CAN），採雙向匯流排設置，可提供低價、可靠的網路，並可同時溝通多組 ECU 的裝置；透過一線多用的方式可減少電線的使用，以達到簡化全車配備與簡輕重量的目標。
2. 該車配置 ECU 裝置：合計有診斷接頭、儀錶、BCU、MCU、BMS、共五個裝置。
3. 因此各 ECU 之間可進行彼此間通訊，以數位訊號取代類比訊號來傳送感知器與驅動器訊號，滿足系統需求。

2. iE125 CAN 迴路說明

1. 如圖 15-6 說明、五個裝置分別與 CAN H、CAN L 相互連接，並於兩端設置終端電阻（此圖例未呈現）以降低訊號干擾（反向電動式）。
2. 訊號讀取：維修人員可透過診斷工具讀取系統相關數據與模擬作動；以進行維修檢查作業。

關鍵提醒
1. 該車採 CAN 通訊與燃油車相比，其車上配置 ECU 較多，因此技師需對通訊系統作進一步瞭解。
2. 不論燃油車與電動車而言，除採用 CAN 通訊外、某些機種亦有採 LIN 通訊；不論何者規範使用請參考各廠牌手冊說明。

第 14 章 ｜ 課後習題

簡答題

1. 試問中華電動機車 EZ-1 車系方向燈、煞車燈迴路簡圖中，其方向燈訊號與方向燈驅動迴路為何？

2. 試問中華電動機車 EZ-1 車系大燈、牌照燈、喇叭迴路、座墊迴路簡圖中，其座墊開啟訊號與座墊鎖作動器驅動迴路為何？

3. 試問中華電動機車 EZ-R 車系 12V 電源供應迴路簡圖中，其方向燈所需電源供應迴路為何？

4. 試問中華電動機車 EZ-R 車系方向燈、煞車燈迴路簡圖中，其控制與作動方式與噴射系統相比較有何雷同之處？

5. 以手邊現有 PBGN 聯盟機種服務手冊為例,請繪製出中華電動機車 EZ-R 車系機種喇叭供電迴路為何(從供電端依序到搭鐵端)?

6. 試問中華電動機車 IE 125 車系方向燈、煞車燈、警示燈迴路簡圖中,BCM 機能為何(BCM 控制功能)?

7. 以手邊現有非 PBGN 聯盟機種服務手冊為例,(1) 請繪製出中華電動機車 IE 125 車系機種喇叭供電迴路為何(從供電端依序到搭鐵端)?(2) 同上說明,BCM 的功能為何?

第 15 章 光陽電動機車說明

15-1 光陽 i-ONE EV 車系介紹

光陽 i-ONE EV 車系機種規格

規格	尺寸
• 動力型式：電動 • 車身型式：速克達 • 馬達出力：4200W • 煞車型式：前碟 / 後鼓 • 滿電可續航里程：90km	• 座高：760mm • 車長：1795mm • 車寬：700mm • 車高：1100mm • 車重：88kg • 軸距：1270mm • 前輪尺碼：90/90-12 • 後輪尺碼：110/70-12

圖片出處：https://today.line.me/tw/v2/article/G12rz6

　　透過媒體報導，此機種並非 PBGN（Powered by Gogoro Network）聯盟。為該品牌機種同時具有綠、白牌設計與充、換電機能的電動機車（光陽換電系統），與他牌競品有何特點與不同處，將於後續內容予以介紹。

一、光陽 i-ONE EV 換電版電源供應系統

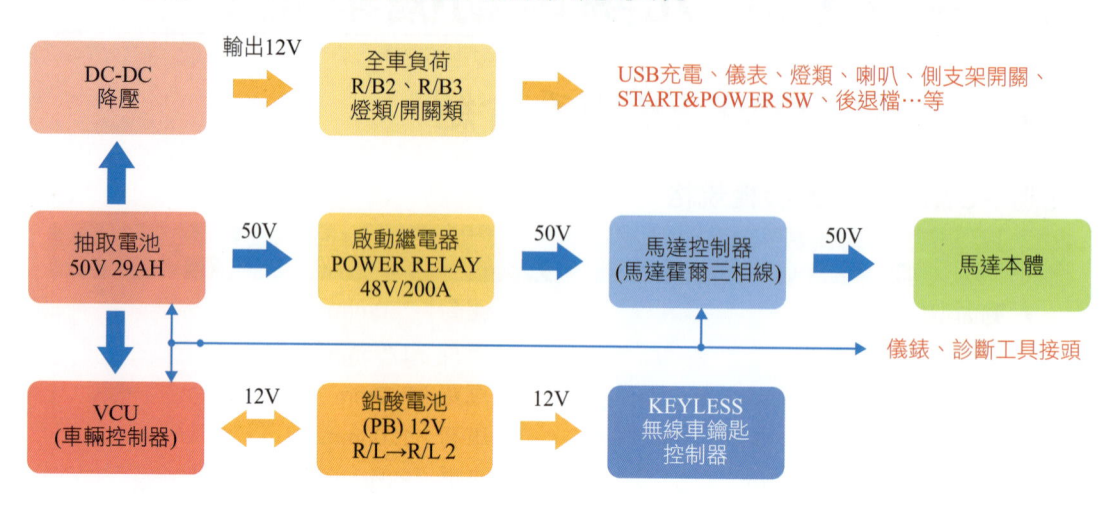

```
DC-DC          輸出12V      全車負荷                USB充電、儀表、燈類、喇叭、側支架開關、
降壓       →              R/B2、R/B3      →      START&POWER SW、後退檔…等
                          燈類/開關類

                    50V    啟動繼電器     50V    馬達控制器      50V
抽取電池          →       POWER RELAY   →    (馬達霍爾三相線) →      馬達本體
50V 29AH                  48V/200A
                                                                      儀錶、診斷工具接頭

VCU              12V      鉛酸電池        12V    KEYLESS
(車輛控制器)     ↔         (PB) 12V      ↔     無線車鑰匙
                          R/L→R/L 2              控制器
```

→ 大電壓(50V；供應驅動馬達用)

→ 小電壓(12V；供應全車一般負荷用)

↔ 訊號電壓(5.0V CAN 間通訊用；共計有儀表、馬達控制器、抽取電池、VCU、診斷工具接頭)

◆ 圖 15-1　光陽 i-ONE EV 換電版電源供應系統架構圖

1. 供電系統說明

1. 大電壓供電：
   - 抽取電池（1 顆）→啟動繼電器→馬達控制器→馬達；驅動動力馬達使用。
   - 另提供→ DC-DC；作為將大電壓降壓至 12V 全車工作電壓使用。
   - 另提供→ VCU；作為 VCU 參考大電壓現況使用。

2. 小電壓供電：
   - 12V 鉛酸電池→無線車鑰控制器、VCU；供應待命系統所需電源使用。
   - DC-DC 降壓後電源→全車 USB 充電、儀錶、燈類、喇叭、側支架開關、START & POWER SW、後退檔…等供應使用。

2. 訊號迴路說明

- CAN 通訊：抽取電池（1 顆）、VCU、馬達控制器、儀錶組、診斷工具接頭合計 5 處使用。

> **關鍵提醒**
> - 該機種大電壓輸出是透過啟動繼電器將 50 V 供應給馬達控制器→馬達使用；（與 PBGN 聯盟機種不同，該聯盟使用 DC BOX 將大電壓輸出）。
> - 該機種所設置的保險絲數量達 6 個，相較其他機種而言是較多（內含 2 個大電壓保險絲、4 個小電壓保險絲）。
> - 該機種線路設計相較 PBGN 聯盟機種較為複雜，因此技師需多加研習以滿足維修保養需求。
> - 此系統架構為簡圖表示，非所有配線標示其上；請以原廠規範說明為主。

二、光陽 i-ONE EV 換電版馬達控制迴路

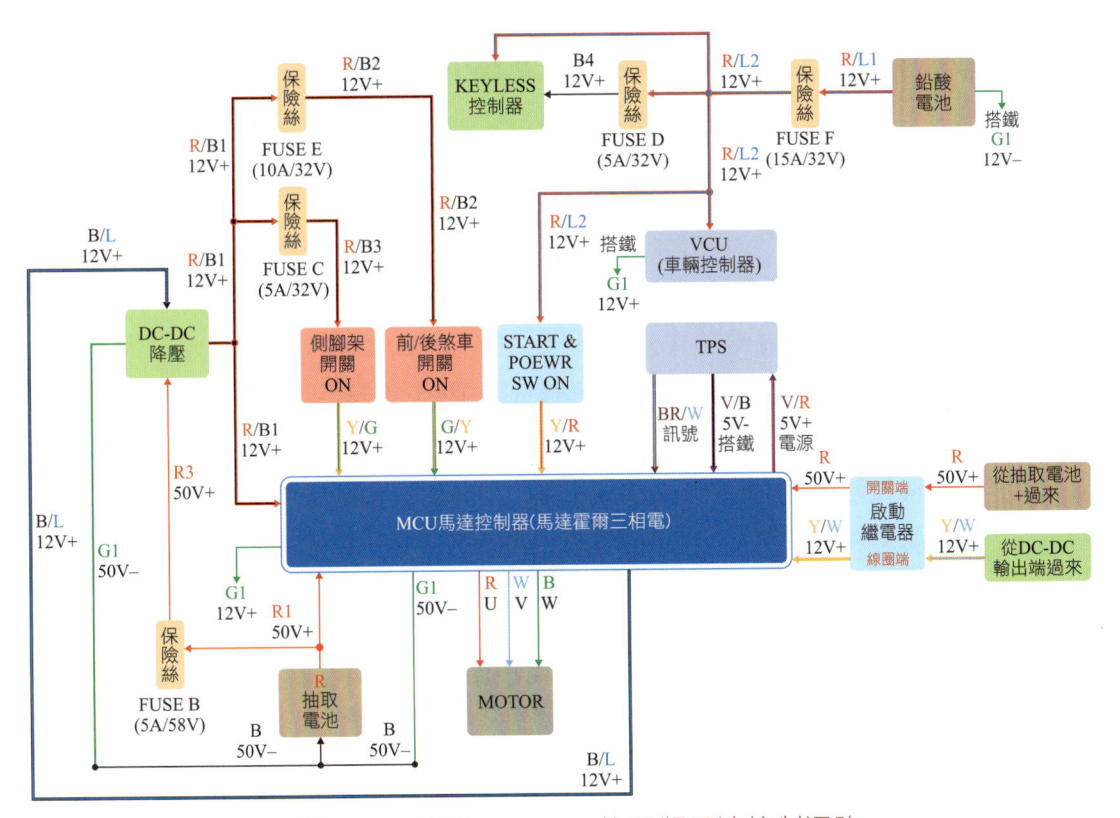

◆ 圖 15-2　光陽 i-ONE EV 換電版馬達控制迴路

■ 馬達控制迴路說明：

1. 行駛前確認（行駛條件）
   - 鋰電池（抽取電池）→ R 3 線→ DC-DC 降壓→ R/B1 線→保險絲 C → R/B 3 →側支架開關→ Y/G 線→ MCU（訊號 1 輸入）。
   - 鋰電池（抽取電池）→ R 3 線→ DC-DC 降壓→ R/B1 線→保險絲 E → R/B 2 →前/後煞車燈開關→ G/Y 線→ MCU（訊號 2 輸入）。
   - 鉛酸電池（抽取電池）→ R/L 1 線→保險絲 F → R/L 2 線→ START & POWER SW → Y/R 線→ MCU（訊號 3 輸入）。

2. 當車輛欲走行（加速）
   - 當轉動加油握把時：TPS →（V/R 線：5V 電源、V/B 線：5V 搭鐵、BR/W 線：訊號）→ MCU（馬達控制器）。
   - 鋰電池（抽取電池）→ R 線→啟動繼電器→ R 線→馬達控制器→ R 線、W 線、B 線→馬達；馬達轉動呈加速狀態。

3. 當車輛欲減速（煞車使用）
   - 前/後煞車開關（煞車燈開關訊號）→ G/Y 線→ MCU（控制器；切斷 U、V、W 三相電）；馬達不作動、車輛呈減速狀態。

> **關鍵提醒**
> - 該機種配置 Ionex 系統，其大電壓輸出是透過啟動繼電器作動後將 50 V 供應給馬達控制器→馬達使用；（與 PBGN 聯盟機種不同，該聯盟使用 DC BOX 將大電壓輸出）。
> - 其啟動繼電器是否作動，是由 MCU 控制起動繼電器線圈端的搭鐵（DC-DC → R/B 1 →起動繼電器線圈端→ Y/W → MCU →搭鐵）。
> - 該機種與 S7 機種的差異為相關機能由 MCU 代替原 VCU 功能。
> - 此系統架構為簡圖表示，非所有配線標示其上；請以原廠規範說明為主。

三、光陽 i-ONE EV 換電版 12V 供電系統

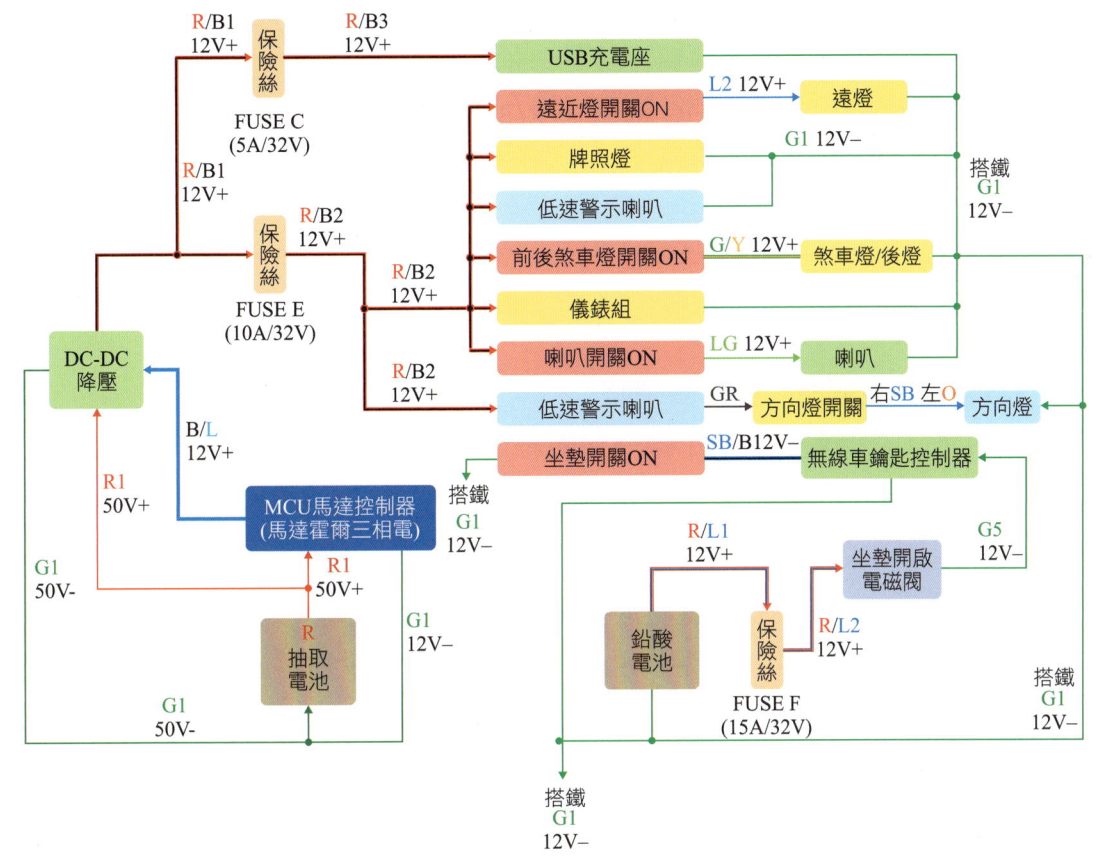

◆ 圖 15-3　光陽 i-ONE EV 換電版 12V 供電系統

■ 供電系統說明：

1. DC-DC 作動控制：輸出電壓平準化控制
    - 抽取電池 → R1 → 保險絲 B → R3 → DC-DC → R/B1 → MCU → B/L → DC-DC。

> **關鍵提醒**　其功能如同燃油車的穩壓整流器一樣，可使發電機輸出穩定的電壓（燃油車受制於引擎轉速的變化，因此輸出電壓是控制於一定範圍內〔例：豪邁125 車系輸出控制在 13.5 ～ 15.5V〕；而電動車是將大電壓予以降壓，因此輸出電壓為固定）。

2. 降壓迴路說明：
   - 大電壓輸入：鋰電池（抽取電池正極）→ R 1 線→ DC-DC 降壓→ G 1 線→固定電池負極接點→抽取電池負極。
   - 小電壓輸出：DC-DC 降壓→ R/B 1 線→保險絲 E → R/B 2 → 12V 電器裝置→ G 1 →搭鐵。

   > **關鍵提醒** 12V 電器裝置：後燈／牌照燈、USB 充電座、低速警示喇叭、前後煞車燈開關（含煞車燈）、儀錶組、喇叭開關（含喇叭）…等。

3. 例：方向燈迴路說明：騎乘時
   - DC-DC 降壓→ R/B 1 線→保險絲 E → R/B 2 →低速警示喇叭→ GR 線→方向燈開關→（右 SB 線、左 O 線）→方向燈→ G 1 →搭鐵。

4. 坐墊開啟電磁閥作動控制說明：
   - 鉛酸電池→ R/L 1 線→保險絲 F → R/L 2 →坐墊開啟電磁閥→ G 5 →無線車鑰控制器→ SB/B 線→座墊開關→搭鐵；座墊開關控制坐墊開啟電磁閥搭鐵後作動。

5. VCU 作動控制說明：
   - 系統未啟動：鉛酸電池→ R/L 1 線→保險絲 F → R/L 2 線→ VCU → G 1 線→搭鐵；系統待命模式。
   - 系統已啟動：同上。
   - 12V 鉛酸電池充電模式：當電瓶電壓過低時，DC-DC 降壓→ R/B 1 線→保險絲 E → R/B 2 →低速警示喇叭→ R/L 2 →保險絲 F → R/L 1 → 12V 鉛酸電瓶；進行補充電作業）。

   > **關鍵提醒**
   > - 該機種閃光器功能內建於低速警示喇叭內，提供方向燈閃爍頻率與警示音。
   > - 該機種無線車鑰控制器的供電來源為鉛酸電池，以滿足待命時使用需求。
   > - 此系統架構為簡圖表示，非所有配線標示其上；請以原廠規範說明為主。

四、光陽 i-ONE EV 換電版 VCU、MCU 迴路

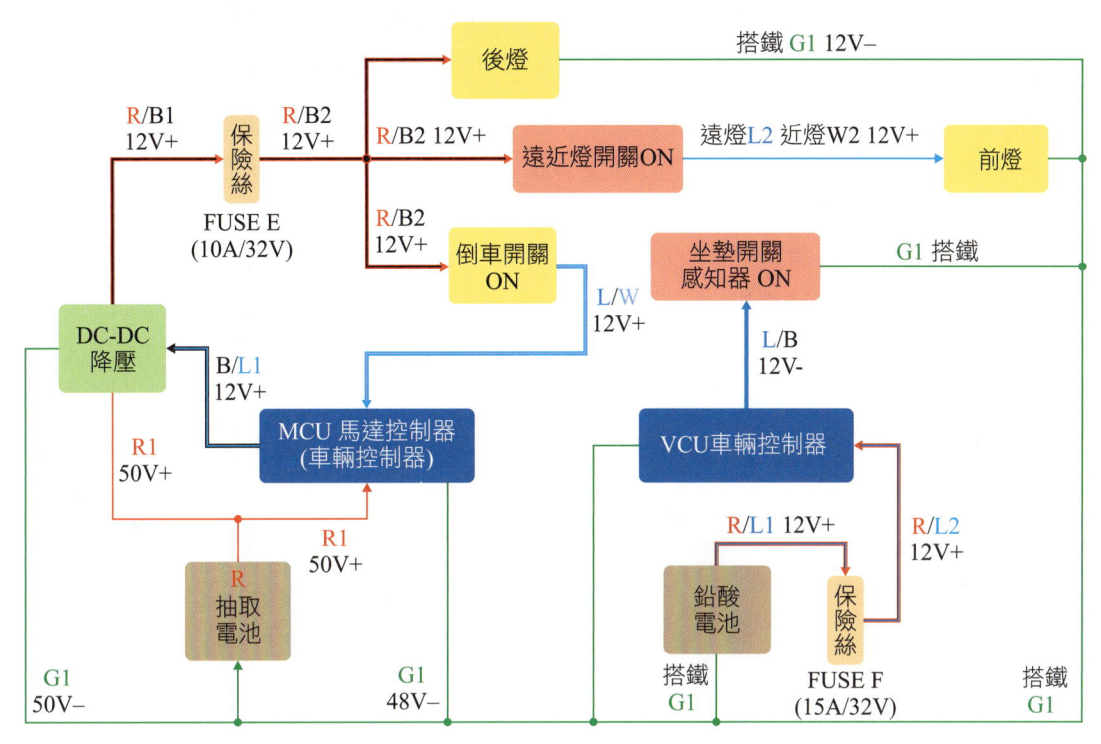

◆ 圖 15-4　光陽 i-ONE EV 換電版 VCU、MCU 迴路

■ 迴路說明：

1. 前燈、後燈作動說明

    - DC-DC 降壓→ R/B 1 線→保險絲 E → R/B 2 →遠近燈開關→（遠燈 L 2 線、近燈 W 2 線）→前燈→ G 1 →搭鐵。
    - DC-DC 降壓→ R/B 1 線→保險絲 E → R/B 2 →後燈→ G 1 →搭鐵。

    > **關鍵提醒**　配合常時點燈法規要求，因此上述燈類由遠近燈開關直接控制（近燈直接作動）；系統開啟即點亮。

2. CATCH（座墊開關感知器）開關控制說明

    - 鉛酸電池→ R/L 1 線→保險絲 F → R/L 2 線→ VCU → L/B 線→座墊開關感知器→ G 1 →搭鐵；VCU 透過座墊開關來判定座墊開閉狀況。

3. 倒車開關控制說明

- DC-DC 降壓 → R/B 1 線 → 保險絲 E → R/B 2 → 倒車開關 → L/W → MCU → 搭鐵；MCU 透過倒車開關來判定騎士是否有倒車需求。

關鍵提醒
- 該機種閃光器功能內建於低速警示喇叭內，提供方向燈閃爍頻率與警示音。
- 該機種無線車鑰（KEYLESS）控制器與 VCU 的供電來源為鉛酸電池，以滿足待命時使用需求。
- 此系統架構為簡圖表示，非所有配線標示其上；請以原廠規範說明為主。

五、光陽 i-ONE EV 換電版無線車鑰控制器迴路

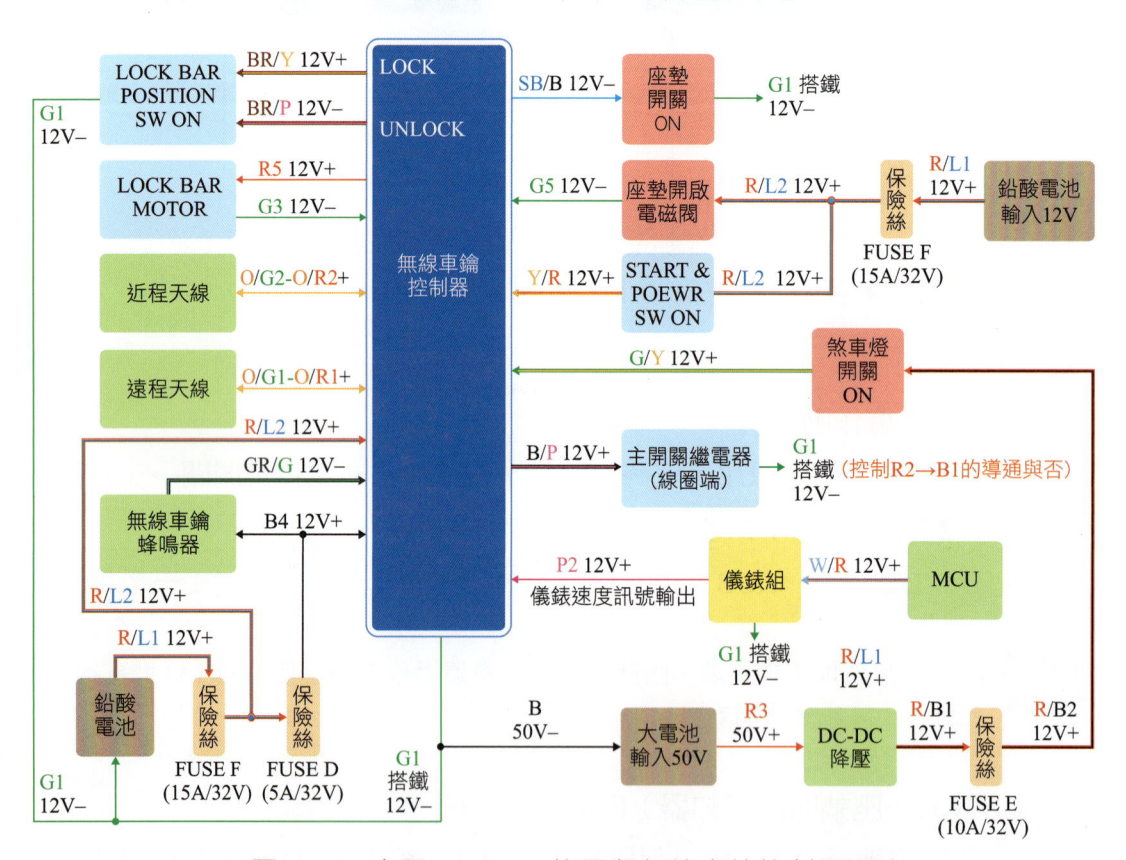

◆ 圖 15-5　光陽 i-ONE EV 換電版無線車鑰控制器迴路

■ 無線車鑰控制器迴路說明：
1. 無線車鑰控制器供電說明：
    - 鉛酸電池→ R/L 1 →保險絲 F → R/L 2 線→無線車鑰控制器→ G 1 線→搭鐵。
2. 轉向把手鎖定開關（LOCK BAR POSITION SW）控制說明：前端電源供應暫不列入
    - LOCK 狀況：無線車鑰控制器→ BR/Y 線→轉向把手鎖定開關→ G1 線→搭鐵；無線車鑰控制器透過轉向把手鎖定開關來判定 LOCK 狀況。
    - UNLOCK 狀況：無線車鑰控制器→ BR/P 線→轉向把手鎖定開關→ G1 線→搭鐵；無線車鑰控制器透過轉向把手鎖定開關來判定 UNLOCK 狀況。
3. 轉向把手鎖定馬達（LOCK BAR MOTOR）控制說明：
    - 無線車鑰控制器→ R 5 線→轉向把手鎖定馬達→ G 3 線→無線車鑰控制器→搭鐵；控制鎖定馬達作動，將把手鎖定。
4. 無線車鑰蜂鳴器作動說明：
    - 鉛酸電池→ R/L 1 線→保險絲 F → R/L 2 線→保險絲 D → B 4 線→無線車鑰蜂鳴器→ GR/G 線→無線車鑰控制器→搭鐵；由無線車鑰控制器控制蜂鳴器何時作動與否。
5. 座墊開關控制說明：
    - 鉛酸電池→ R/L 1 →保險絲 F → R/L 2 線→無線車鑰控制器→ SB/B 線→座墊開關→ G 1 線→搭鐵；無線車鑰控制器透過座墊開關來決定是否開啟座墊。
6. 座墊開啟電磁閥控制說明：
    - 鉛酸電池→ R/L 1 →保險絲 F → R/L 2 線→座墊開啟電磁閥→ G 5 線→無線車鑰控制器→ G 1 線→搭鐵；無線車鑰控制器收到座墊開啟訊號後控制電磁閥搭鐵後開啟座墊。

7. 速度訊號輸出說明：
   - MCU → W/R 線（儀錶電源供應）→儀錶組→ P 2 線→無線車鑰控制器；無線車鑰控制器透過速度訊號來判定車輛是否走行狀況（安全性考量）。

> **關鍵提醒**
> - 此系統架構為簡圖表示，非所有配線標示其上；請以原廠規範說明為主。
> - 該機種無線車鑰控制器的供電來源為鉛酸電池，以滿足待命時使用需求。

六、光陽 i-ONE EV 充電版電源供應系統

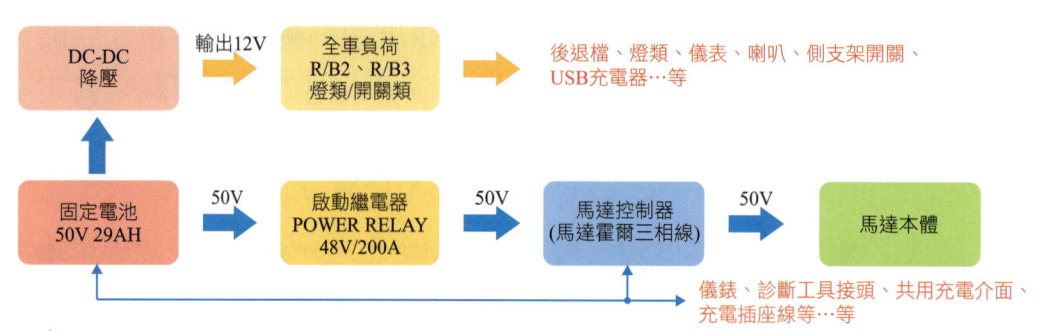

```
DC-DC 降壓 ──輸出12V──▶ 全車負荷 R/B2、R/B3 燈類/開關類 ──▶ 後退檔、燈類、儀表、喇叭、側支架開關、USB充電器…等
  ▲
  │50V
固定電池 50V 29AH ──50V──▶ 啟動繼電器 POWER RELAY 48V/200A ──50V──▶ 馬達控制器（馬達霍爾三相線）──50V──▶ 馬達本體
                                                              儀錶、診斷工具接頭、共用充電介面、充電插座線等…等
```

▶ 大電壓(50V；供應驅動馬達用)
▶ 小電壓(12V；供應全車一般負荷用)
◀▶ 訊號電壓(5.0VCAN間通訊用；共計有儀錶、馬達控制器、固定電池、診斷工具接頭、共用充電介面、充電插座線組)

◆ 圖 15-6　光陽 i-ONE EV 換電版電源供應系統

1. 供電迴路說明

1. 大電壓供電
   - 固定電池（1 顆）→啟動繼電器→馬達控制器→馬達；驅動動力馬達使用。
   - 另提供→ DC-DC；作為將大電壓降壓至 12 V 全車工作電壓使用。

2. 小電壓供電
   - DC-DC 降壓後電源→後退檔、燈類、儀錶、喇叭、側支架開關、USB 充電器…等供應使用。

2. 訊號迴路說明

- CAN 通訊：固定電池（1 顆）、馬達控制器、儀錶組、診斷工具接頭、共用充電介面、充電插座線組…等合計 6 處使用。

> **關鍵提醒**
> - 該機種大電壓輸出是透過啟動繼電器將 50 V 供應給馬達控制器→馬達使用；（與 PBGN 聯盟機種不同，該聯盟使用 DC BOX 將大電壓輸出）。
> - 該機種所設置的保險絲數量達 4 個，與換電版（6 個）相比較少（內含 2 個大電壓保險絲、2 個小電壓保險）。
> - 該機種線路設計相較同機種換電版而言較為簡單，因此技師需多加研習以滿足維修保養需求。
> - 此系統架構為簡圖表示，非所有配線標示其上；請以原廠規範說明為主。

七、光陽 i-ONE EV 充電版馬達控制迴路

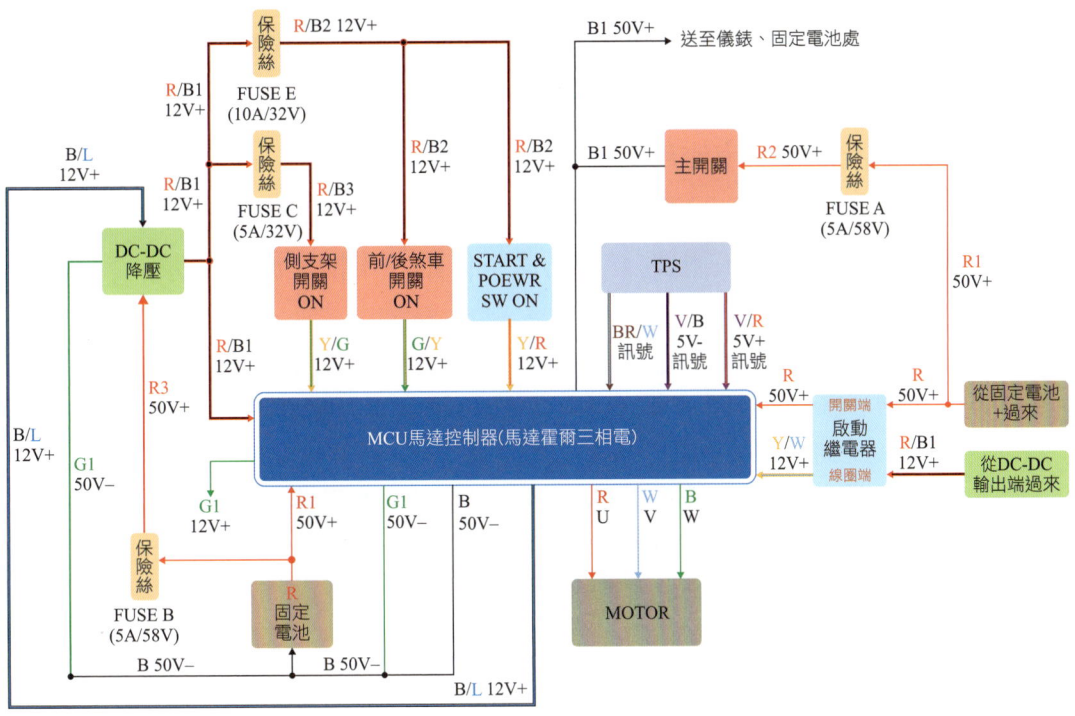

◆ 圖 15-7　光陽 i-ONE EV 充電版馬達控制迴路

■ 馬達控制迴路說明：

1. 行駛前確認（行駛條件）
   - 鋰電池（固定電池）→ R 1 線→保險絲 B → R 3 線→ DC-DC 降壓→ R/B1 線→保險絲 C → R/B 3 →<u>側支架開關</u>→ Y/G 線→ MCU（訊號 1 輸入）。

- 鋰電池（固定電池）→ R 1 線→保險絲 B → R 3 線→ DC-DC 降壓→ R/B1 線→保險絲 E → R/B 2 → <u>前 / 後煞車燈開關</u>→ G/Y 線→ MCU（訊號 2 輸入）。
- 鉛酸電池（抽取電池）→ R 1 線→保險絲 B → R 3 線→ DC-DC 降壓→ R/B1 線→保險絲 E → R/B 2 → <u>START & POWER SW</u> → Y/R 線→ MCU（訊號 3 輸入）。

2. 當車輛欲走行（加速）：
   - 當轉動加油握把時：TPS →（V/R 線：5V 電源、V/B 線：5V 搭鐵、BR/W 線：訊號）→ MCU（馬達控制器）
   - 鋰電池（抽取電池）→ R 線→啟動繼電器（開關端）→ R 線→馬達控制器→ R 線、W 線、B 線→馬達；馬達轉動呈加速狀態。

3. 當車輛欲減速（煞車使用）
   - 前 / 後煞車開關（煞車燈開關訊號）→ G/Y 線→ MCU（控制器；切斷 U、V、W 三相電）；馬達不作動、車輛呈減速狀態。

> **關鍵提醒**
> - 該機種配置 Ionex 系統，其大電壓輸出是透過啟動繼電器作動後將 50 V 供應給馬達控制器→馬達使用；（與 PBGN 聯盟機種不同、該聯盟使用 DC BOX 將大電壓輸出）。
> - 其啟動繼電器是否作動，是由 MCU 控制起動繼電器線圈端的搭鐵（DC-DC → R/B 1 →起動繼電器（線圈端）→ Y/W → MCU →搭鐵）。
> - 此系統架構為簡圖表示，非所有配線標示其上；請以原廠規範說明為主。

八、光陽 i-ONE EV 充電版 12V 供電系統

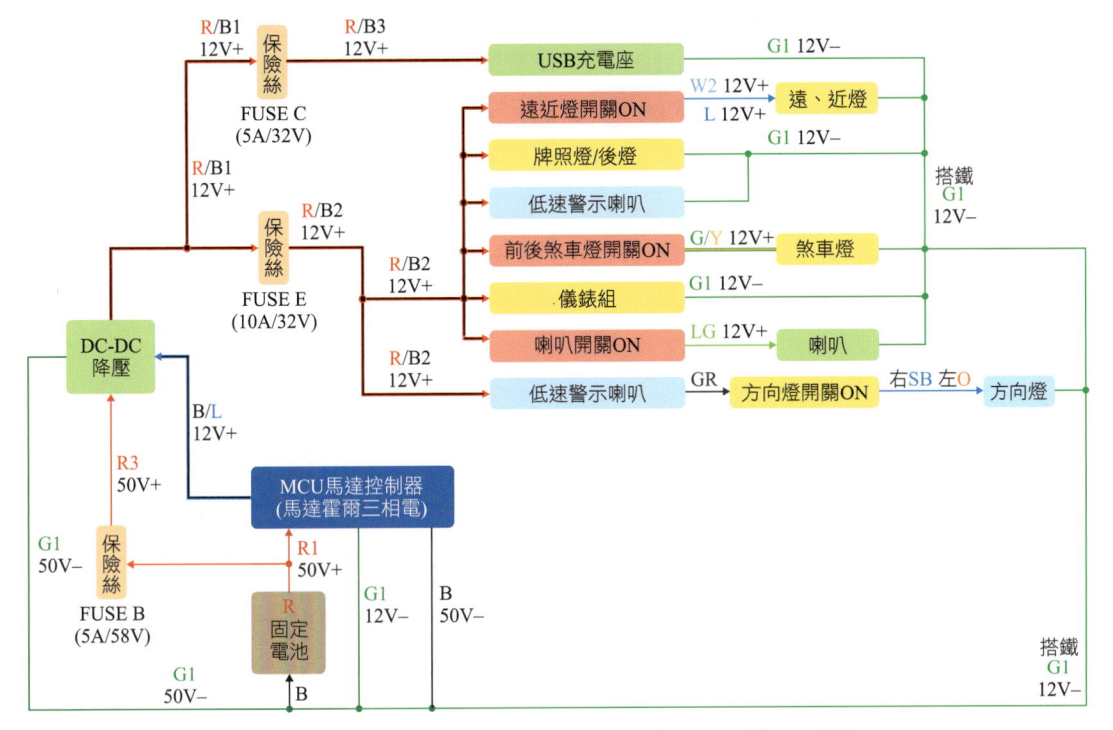

◆ 圖 15-8　光陽 i-ONE EV 充電版 12V 供電系統

■ 供電系統說明：

1. DC-DC 作動控制：輸出電壓平準化控制

   - 鋰電池（固定電池）→ R 1 線→保險絲 B → R 3 線→ DC-DC 降壓 → R/B 1 線→ MCU → B/L 1 線→ DC-DC 降壓；確保獲取穩定的小電壓輸出，工作電壓參考機能。

   > **關鍵提醒**　其功能如同燃油車的穩壓整流器一樣，可使發電機輸出穩定的電壓（燃油車受制於引擎轉速的變化，因此輸出電壓是控制於一定範圍內〔例：豪邁 125 車系　輸出控制在 13.5 ～ 15.5V〕；而電動車是將大電壓予以降壓，因此輸出電壓為固定）。

2. 降壓迴路說明：
   - 大電壓輸入：鋰電池（固定電池）→ R 1 線→保險絲 B → R 3 線→ DC-DC 降壓→ G 1 線→固定電池負極接點→固定電池負極。
   - 小電壓輸出：DC-DC 降壓→ R/B 1 線→保險絲 E → R/B 2 → 12 V 電器裝置→ G 1 →搭鐵。

   > **關鍵提醒** 12V 電器裝置：後燈 / 牌照燈、USB 充電座、低速警示喇叭、前後煞車燈開關（含煞車燈）、儀錶組、喇叭開關（含喇叭）…等。

3. 例：方向燈迴路說明：
   - DC-DC 降壓→ R/B 1 線→保險絲 E → R/B 2 →低速警示喇叭→ GR 線→方向燈開關→（右 SB 線、左 O 線）→方向燈→ G 1 →搭鐵。

4. MCU 作動控制說明：
   - 系統未啟動：鋰電池（固定電池）→ R 1 線→ MCU → G 1 線→搭鐵；系統待命模式。
   - 系統已啟動：鋰電池（固定電池）→ R 1 線→保險絲 A →主開關→ B 1 → MCU → G 1 線→搭鐵；系統已啟用模式。

   > **關鍵提醒**
   > - 該機種閃光器功能內建於低速警示喇叭內，提供方向燈閃爍頻率與警示音。
   > - 該機種為充電版本，並無設置無線車鑰控制器；因此無設置鉛酸電池（無待命時使用需求）。
   > - 此系統架構為簡圖表示，非所有配線標示其上；請以原廠規範說明為主。

九、光陽 i-ONE EV 充電版 MCU 迴路

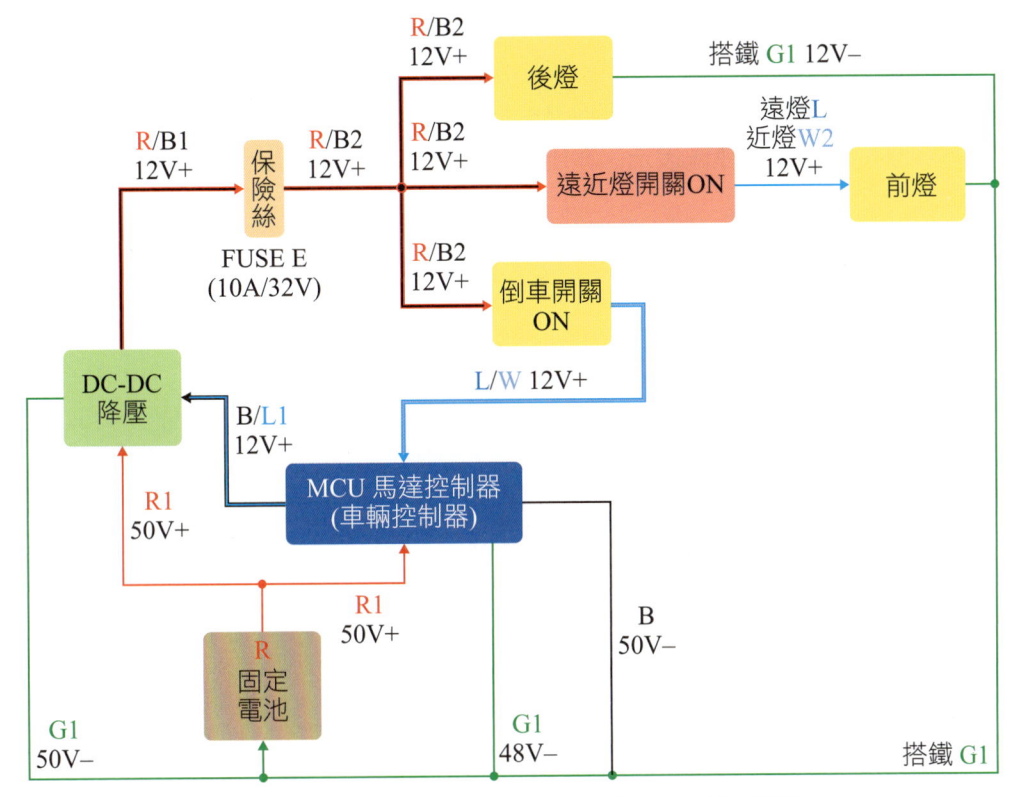

◆ 圖 15-9　光陽 i-ONE EV 充電版 VCU 搭鐵迴路

■ 迴路說明：

1. 前燈、後燈作動說明：
   - DC-DC 降壓→ R/B 1 線→保險絲 E → R/B 2 →遠近燈開關→（遠燈 L、近燈 W 2）→前燈→ G 1 →搭鐵。
   - DC-DC 降壓→ R/B 1 線→保險絲 E → R/B 2 →後燈→ G 1 →搭鐵。

關鍵提醒　配合常時點燈法規要求，因此上述燈類由遠近燈開關直接控制（近燈直接作動）；系統開啟即點亮。

2. 倒車開關控制說明：
   - DC-DC 降壓→ R/B 1 線→保險絲 E → R/B 2 →倒車開關→ L/W → MCU →搭鐵；MCU 透過倒車開關來判定騎士是否有倒車需求。

> **關鍵提醒**
> - 該機種閃光器功能內建於低速警示喇叭內,提供方向燈閃爍頻率與警示音。
> - 該機種無配置無線車鑰(KEYLESS)機能,故無設置座墊開關與座墊電磁閥(與換電版不同),因此無鉛酸電池需求(待命需求)。
> - 此系統架構為簡圖表示,非所有配線標示其上;請以原廠規範說明為主。

十、光陽 i-ONE EV 充電版充電迴路 48V

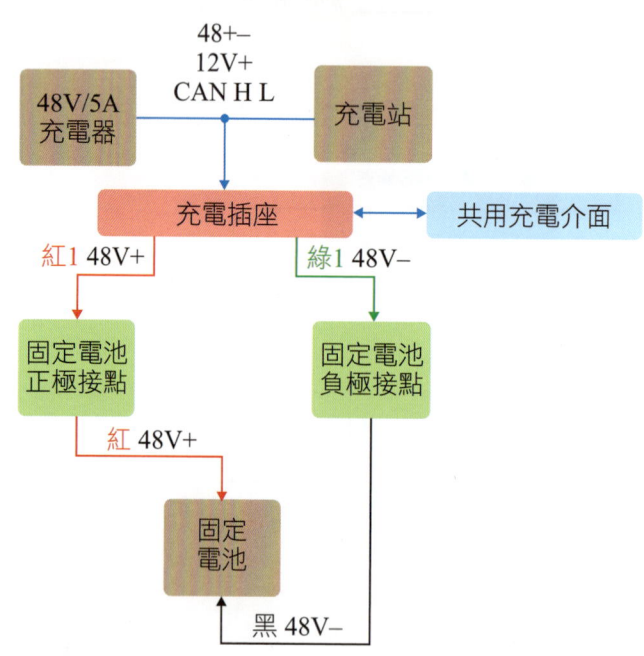

```
                    48+-
                    12V+
    ┌─────────┐    CAN H L    ┌─────────┐
    │ 48V/5A  │───────────────│  充電站  │
    │ 充電器  │               │         │
    └────┬────┘               └────┬────┘
         │                         │
         └────────┬────────────────┘
                  ▼
            ┌──────────┐         ┌──────────────┐
            │ 充電插座 │◄───────►│ 共用充電介面 │
            └──┬────┬──┘         └──────────────┘
      紅1 48V+ │    │ 綠1 48V-
         ┌─────┘    └─────┐
         ▼                ▼
    ┌─────────┐      ┌─────────┐
    │ 固定電池│      │ 固定電池│
    │ 正極接點│      │ 負極接點│
    └────┬────┘      └────┬────┘
  紅 48V+│                │
         ▼                │
      ┌──────┐            │
      │ 固定 │            │
      │ 電池 │◄───────────┘
      └──────┘    黑 48V-
```

◆ 圖 15-10　光陽 i-ONE EV 充電版充電迴路

■ 充電迴路說明:

1. 該機種可使用隨車配置的充電器充電;建築物 AC 110V 插座→隨車充電器→機車充電插座連接;進行充電。
2. 該機種亦可使用充電站進行充電;充電站充電插頭→機車充電插座連接;進行充電。
3. 充電方法:依上述方法連接、將外界大電壓透過固定電池的固定正、負極接點連接後進行充電。當充電完成後即停止充電作業。
4. 規格:
   - 充電電池待機電壓:4 ~ 4.6 V 當 KEY OFF
   - 充電電池工作電壓:42 ~ 57.4 V 當 KEY ON

> **關鍵提醒**
> - 充電方式依充電站或充電器進行最佳化控制。
> - 此系統架構為簡圖表示，非所有配線標示其上；請以原廠規範說明為主。

15-2 光陽 Many 110 EV 車系介紹

光陽 (KYMCO) Many 110 EV 機種規格

規格	尺寸
- 動力型式：電動 - 車身型式：速克達 - 馬達出力：3200W - 煞車型式：前後鼓式	- 座高：755mm - 車長：1730mm - 車寬：?670mm - 車高：1070mm - 車重：97kg - 軸距：1195mm - 前輪尺碼：?90/90-10 - 後輪尺碼：90/90-10

圖片出處：https://www.carstuff.com.tw/motocycle/item/26584-kymco-many-110-ev.html

　　透過相關媒體報導，此機種為 KYMCO 公司自建的 Ionex 能源交換站、Ionex 充電服務網、Ionex 電池租賃方案下首款綠牌車；與他牌競品如 PBGN（Powered by Gogoro Network）聯盟，有何特點與不同處，將於後續內容予以介紹。

一、光陽 Many EV 電源供應系統

◆ 圖 15-11　光陽 Many EV 電源供應系統架構圖

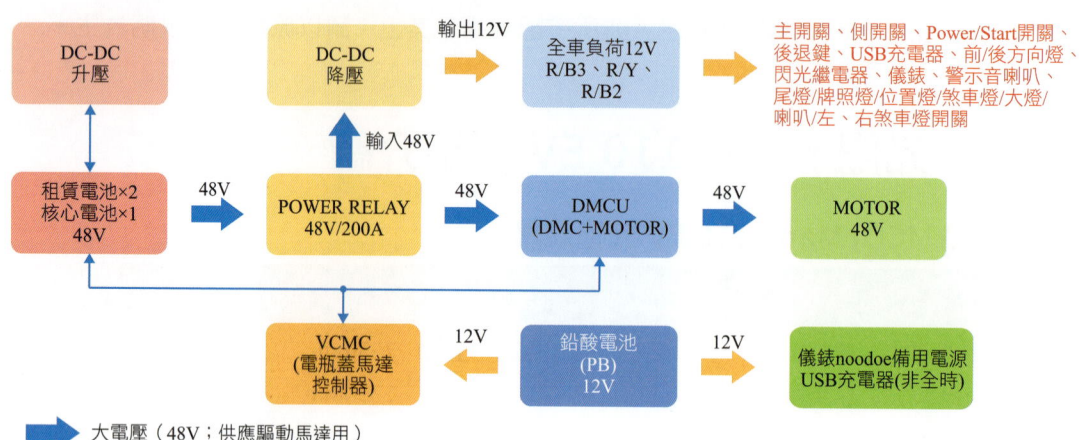

> **關鍵提醒**　此車採 IONEX 2.0 電聯網系統，其特點為具有可換電、充電、家用充電等三大優勢。

1. 此車配置了四顆電池、其功能如下：
   (1) 核心電池 x 1：隨車配置的固定電池（作為驅動車輛動力電池使用、可直接車上充電或於走行中透過租賃電池給予充電）。
   (2) 租賃電池 x 2：亦稱為抽換式電池（作為驅動車輛動力電池使用、具備家用座充與充電站充 / 換電方式選擇使用）。
   (3) 鉛酸電池 x 1：系統待命使用。
2. 此車 12V 電源供應除了由鉛酸電池供應外，另外透過 DC-DC 降壓後由 R/B 2、R/B 3 與 R/Y 等三條電線輸出，分別供應如下所需：
   (1) R/B 3：主開關、側開關、Power/Start 開關、後退鍵、USB 充電器使用。
   (2) R/Y：前 / 後方向燈、閃光繼電器、儀錶、警示音喇叭。
   (3) R/B 2 尾燈 / 牌照燈 / 位置燈 / 煞車燈 / 大燈 / 喇叭 / 左、右煞車燈開關。

二、光陽 Many EV 供電迴路 48V / 馬達

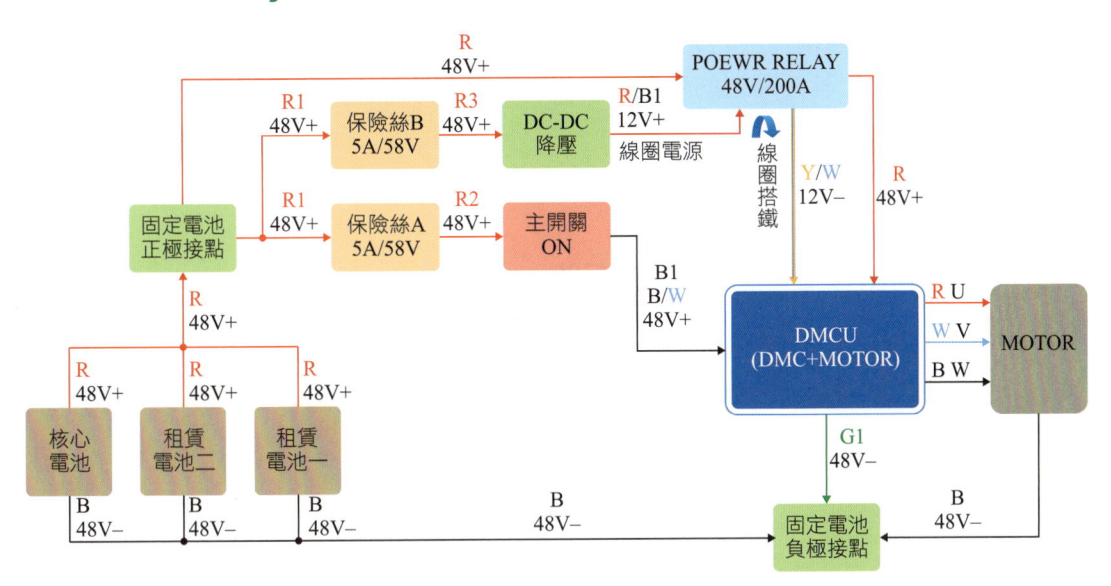

◆ 圖 15-12　光陽 Many EV 供電迴路

1. 供電迴路說明

1. 馬達供電：高電壓
   - 鋰電池（核心電池、租賃電池）→ R 線→固定電持正極接點→ R 線→ POWER RELAY → R 線→ DMCU → R 線、W 線、B 線→馬達。

2. 12V 供電：低電壓
   - 鋰電池（核心電池、租賃電池）→ R 線→固定電持正極接點→ R1 線→保險絲 B → DC-DC 降壓→ R/B1 線→保險絲（C、D、E）。
   - R/B1 線→保險絲 C → R/B 3 線→供應給主開關、側開關、Power/Start 開關、後退鍵、USB 充電器。
   - R/B1 線→保險絲 D → R/Y 線→供應給前 / 後方向燈、閃光繼電器、儀錶、警示音喇叭。
   - R/B1 線→保險絲 E → R/B 2 線→供應給尾燈 / 牌照燈 / 位置燈 / 煞車燈 / 大燈 / 喇叭 / 左、右煞車燈開關。

2. POWER RELAY 作動控制：線圈端控制

- 鋰電池（核心電池、租賃電池）→ R 線→固定電池正極接點→ R1 線→保險絲 B → DC-DC 降壓→ POWER RELAY（線圈端）→ Y/W 線→ DMCU →搭鐵；完成迴路後作動。

> **關鍵提醒**
> - 該機種大電壓輸出需透過 POWER RELAY 控制後方能供應給馬達使用（與 PBGN 聯盟機種不同）。
> - 因該設置其鋰電池的正極、負極均裸露在外，故從事維修保養作業時請注意避免導致短路情況發生。
> - 此系統架構為簡圖表示，非所有配線標示其上；請以原廠規範說明為主。

三、光陽 Many EV 馬達控制迴路

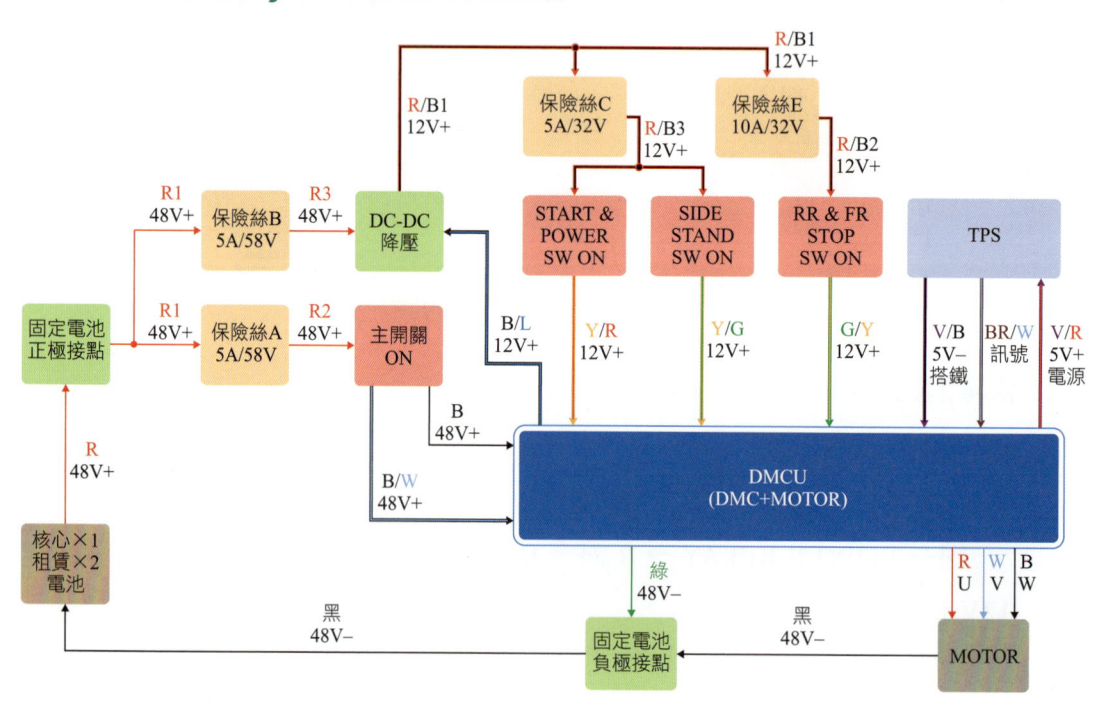

◆ 圖 15-13　光陽 Many EV 馬達控制迴路

■ 馬達控制迴路說明：12V 迴路說明

1. 行駛前確認（行駛條件）：三條件需滿足
   - 鋰電池（核心電池、租賃電池）→ R 線→固定電池正極接點→ R 1 線→保險絲 B → R 3 線→ DC-DC 降壓→ R/B1 線→保險絲 C → R/B 3 → START & POWER SW → Y/R 線→ DMCU（訊號 1 輸入）。
   - 鋰電池（核心電池、租賃電池）→ R 線→固定電池正極接點→ R 1 線→保險絲 B → R 3 線→ DC-DC 降壓→ R/B1 線→保險絲 C → R/B 3 → SIDE STAND SW → Y/G 線→ DMCU（訊號 2 輸入）。
   - 鋰電池（核心電池、租賃電池）→ R 線→固定電池正極接點→ R 1 線→保險絲 B → R 3 線→ DC-DC 降壓→ R/B1 線→保險絲 E → R/B 2 → RR & FR STOP SW → G/Y 線→ DMCU（訊號 3 輸入）。

2. 當車輛欲走行（加速）：
   - 當轉動加油握把時：TPS →（V/R 線：5V 電源、V/B 線：5V 搭鐵、BR/W 線：訊號）→ DMCU（馬達控制器）→ R 線、W 線、B 線 → 馬達；馬達轉動呈加速狀態。
3. 當車輛欲減速（煞車使用）
   - RR & FR STOP SW（煞車燈開關訊號）→ G/Y 線 → DMCU（控制器；切斷 U、V、W 三相電）；馬達不作動、車輛呈減速狀態。

關鍵提醒 此系統架構為簡圖表示，非所有配線標示其上；請以原廠規範說明為主。

四、光陽 Many EV 方向燈與尾燈

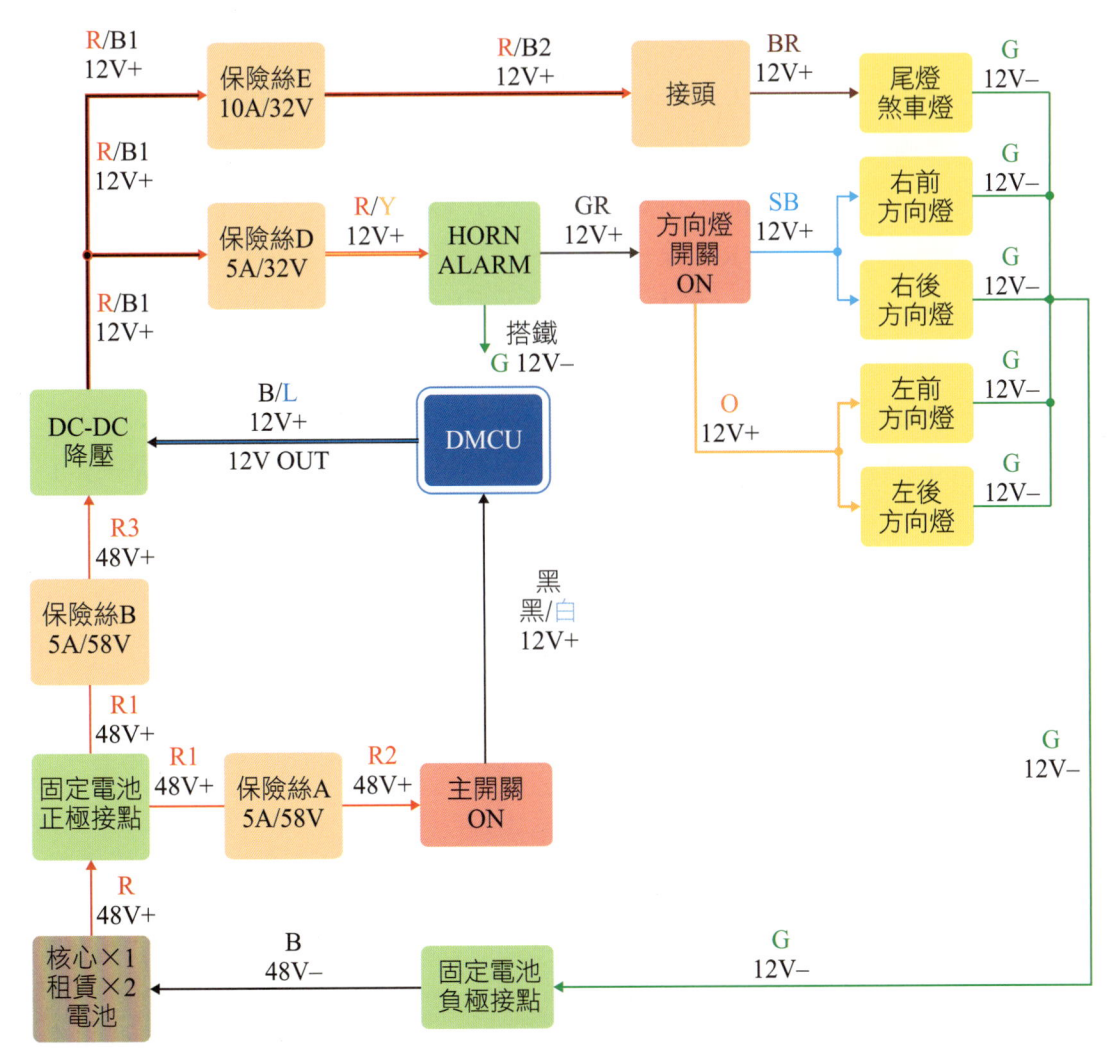

◆ 圖 15-14　光陽 Many EV 方向燈與尾燈迴路

■ 方向燈與尾燈迴路說明：
1. DC-DC 輸出電壓控制：輸出電壓平準化控制
   - 鋰電池（核心電池、租賃電池）→ R 線→固定電池正極接點→ R 1 線→保險絲 A → R 2 線→主開關→ B 線、B/W 線→ DMCU → B/L 線→ DC-DC；確保獲取穩定的小電壓輸出，工作電壓參考機能。

關鍵提醒 其功能如同燃油車的穩壓整流器一樣，可使發電機輸出穩定的電壓（燃油車受制於引擎轉速的變化，因此輸出電壓是控制於一定範圍內〔例：豪邁 125 車系輸出控制在 13.5 ～ 15.5V〕；而電動車是將大電壓予以降壓，因此輸出電壓為固定）。

2. 降壓迴路說明：
   - 鋰電池（核心電池、租賃電池）→ R 線→固定電池正極接點→ R 1 線→保險絲 B → R 3 線→ DC-DC 降壓→ R/B 1 線→保險絲（D、E）。
3. 方向燈迴路說明：
   - 鋰電池（核心電池、租賃電池）→ R 線→固定電池正極接點→ R 1 線→保險絲 B → R 3 線→ DC-DC 降壓→ R/B 1 線→保險絲 D → R/Y 線→ HORN ALARM → GR 線→方向燈開關→〔（SB 線→右前、右後方向燈）、（O 線→左前、左後方向燈）〕→ G 線→搭鐵。
4. 尾燈迴路說明：
   - 鋰電池（核心電池、租賃電池）→ R 線→固定電池正極接點→ R 1 線→保險絲 B → R 3 線→ DC-DC 降壓→ R/B 1 線→保險絲 E → R/B 2 線→接頭→ BR 線→尾燈→ G 線→搭鐵。

關鍵提醒
- 該機種 DC-DC 輸出後迴路可視為傳統燃油車的設置（與電腦無關）；後續的燈類控制如傳統燃油車的控制（單迴路開關控制）。
- 此系統架構為簡圖表示，非所有配線標示其上；請以原廠規範說明為主。

五、光陽 Many EV 喇叭與頭燈

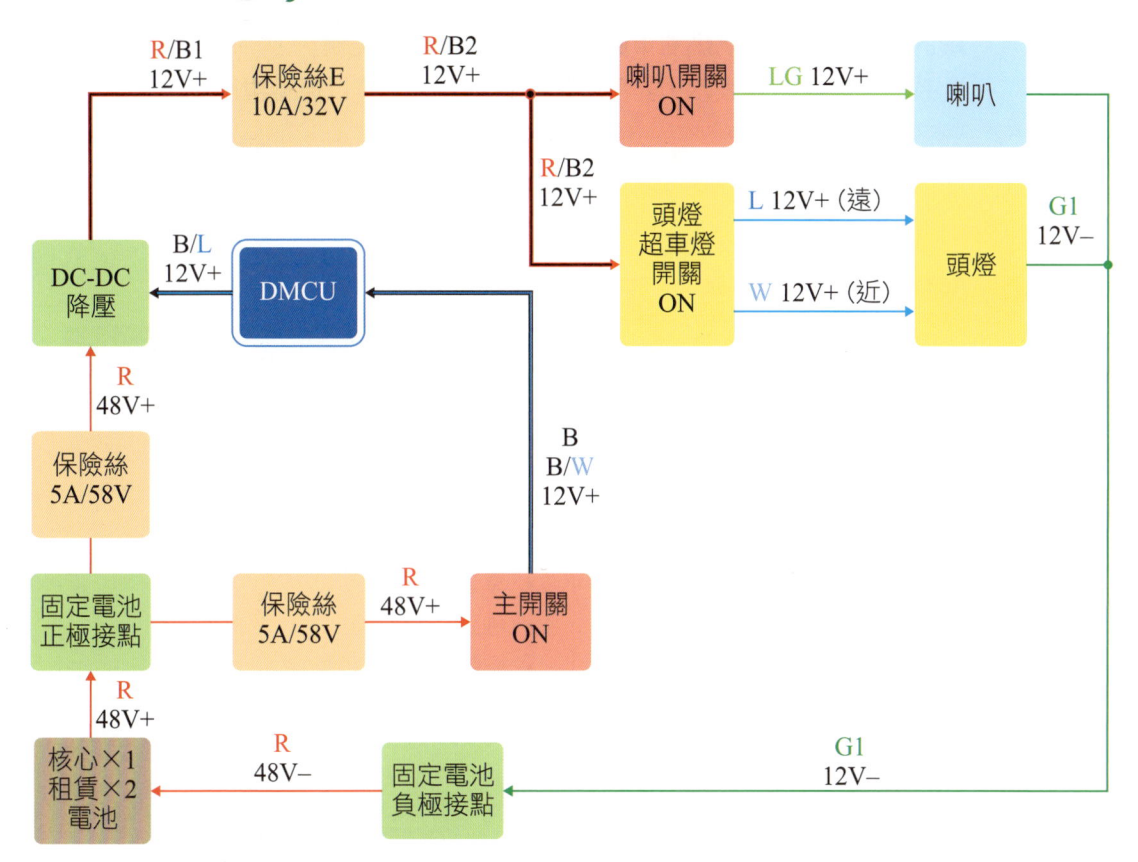

◆ 圖 15-15　光陽 Many EV 喇叭與頭燈迴路

■ 喇叭與頭燈迴路說明：

1. 喇叭迴路說明：
    - 鋰電池（核心電池、租賃電池）→ R 線→固定電池正極接點→ R 線→保險絲→ R 線→ DC-DC 降壓→ R/B 1 線→保險絲 E → R/B 2 線→喇叭開關→ LG 線→喇叭→ G 1 線→搭鐵。

2. 頭燈迴路說明：
    - 鋰電池（核心電池、租賃電池）→ R 線→固定電池正極接點→ R 線→保險絲 → R 線→ DC-DC 降壓→ R/B 1 線→保險絲 E → R/B 2 線→頭燈 / 超車燈開關→（L 線 遠燈、W 線 近燈）→頭燈→ G 1 線→搭鐵。

> **關鍵提醒**
> - 該機種 DC-DC 輸出後迴路可視為傳統燃油車的設置（與電腦無關）；後續的燈類控制如傳統燃油車的控制（單迴路開關控制）。
> - 此系統架構為簡圖表示，非所有配線標示其上；請以原廠規範說明為主。

15-3 光陽 S7 車系介紹

光陽 S7 機種規格

規格	尺寸
<ul><li>動力型式：電動</li><li>車身型式：速克達</li><li>馬達出力：7600W</li><li>煞車型式：前後碟式</li><li>滿電可續航里程：155km</li></ul>	<ul><li>座高：770mm</li><li>車長：1810mm</li><li>車寬：690mm</li><li>車高：1115mm</li><li>車重：97kg</li><li>軸距：1280mm</li><li>前輪尺碼：110/70-13</li><li>後輪尺碼：120/70-12</li></ul>

圖片出處：https://autos.yahoo.com.tw/new-bikes/trim/kymco-s7-2023-abs%28%E6%8F%9B%E9%9B%BB%29

透過相關媒體報導，此機種並非 PBGN（Powered by Gogoro Network）聯盟。為該品牌採換電的白牌電動機車（光陽換電系統），與他牌競品有何特點與不同處，將於後續內容予以介紹。

一、光陽 S7 電源供應系統

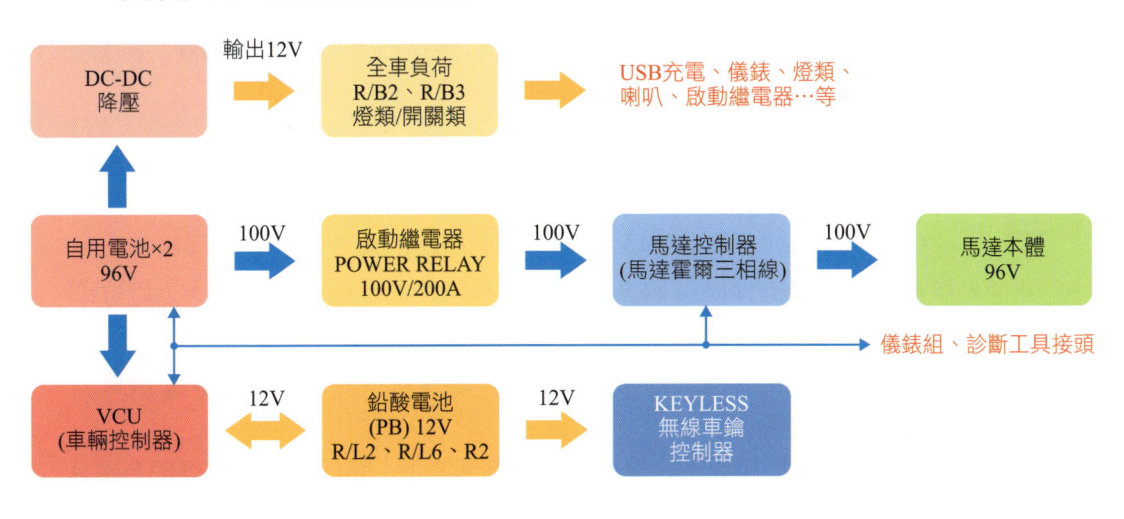

```
DC-DC          輸出12V      全車負荷                USB充電、儀錶、燈類、
降壓            →           R/B2、R/B3      →      喇叭、啟動繼電器…等
                            燈類/開關類
   ↑↓
自用電池×2      100V        啟動繼電器       100V   馬達控制器       100V   馬達本體
96V            →           POWER RELAY     →     (馬達霍爾三相線)  →      96V
                            100V/200A
                                                          儀錶組、診斷工具接頭
   ↑↓
VCU            12V         鉛酸電池          12V   KEYLESS
(車輛控制器)    ↔           (PB) 12V         →     無線車鑰
                            R/L2、R/L6、R2           控制器
```

▬▶ 大電壓(100V；供應驅動馬達用)

▬▶ 小電壓(12V~14V；供應全車一般負荷用)

◀▬▶ CAN訊號電壓(5.0V；CAN間通訊用；共計有儀錶、馬達控制器、自用電池×2、VCU H/L)

◆ 圖 15-16　光陽 S7 電源供應系統架構圖

1. 供電迴路說明

1. 大電壓供電

    (1) 自用電池（2 顆串聯）→啟動繼電器→馬達控制器→馬達；驅動動力馬達使用。

    (2) 自用電池（2 顆串聯）→ DC-DC；作為將大電壓降壓至 12 V 全車工作電壓使用。

    (3) 自用電池（2 顆串聯）→ VCU；作為 VCU 參考大電壓現況使用。

2. 小電壓供電

    (1) 12 V 鉛酸電池→無線車鑰控制器、VCU；供應待命系統所需電源使用。

    (2) DC-DC 降壓後電源→全車 USB 充電、儀錶、燈類、喇叭、啟動繼電器…等供應使用。

2. 訊號迴路說明

CAN 通訊：自用電池（2 顆）、VCU、馬達控制器、儀錶組、診斷工具接頭合計 6 處使用。

> **關鍵提醒**
> 1. 該機種大電壓輸出是透過啟動繼電器將 100 V 供應給馬達控制器→馬達使用；（與 PBGN 聯盟機種不同，該聯盟使用 DC BOX 將大電壓輸出）。
> 2. 該機種所設置的保險絲數量達 6 個，相較其他機種而言是較多（無所謂好壞、均可滿足該廠牌需求）。
> 3. 該機種線路設計相較 PBGN 聯盟機種較為複雜，因此技師需多加研習以滿足維修保養需求。
> 4. 此系統架構為簡圖表示，非所有配線標示其上；請以原廠規範說明為主。

二、光陽 S7 馬達控制迴路

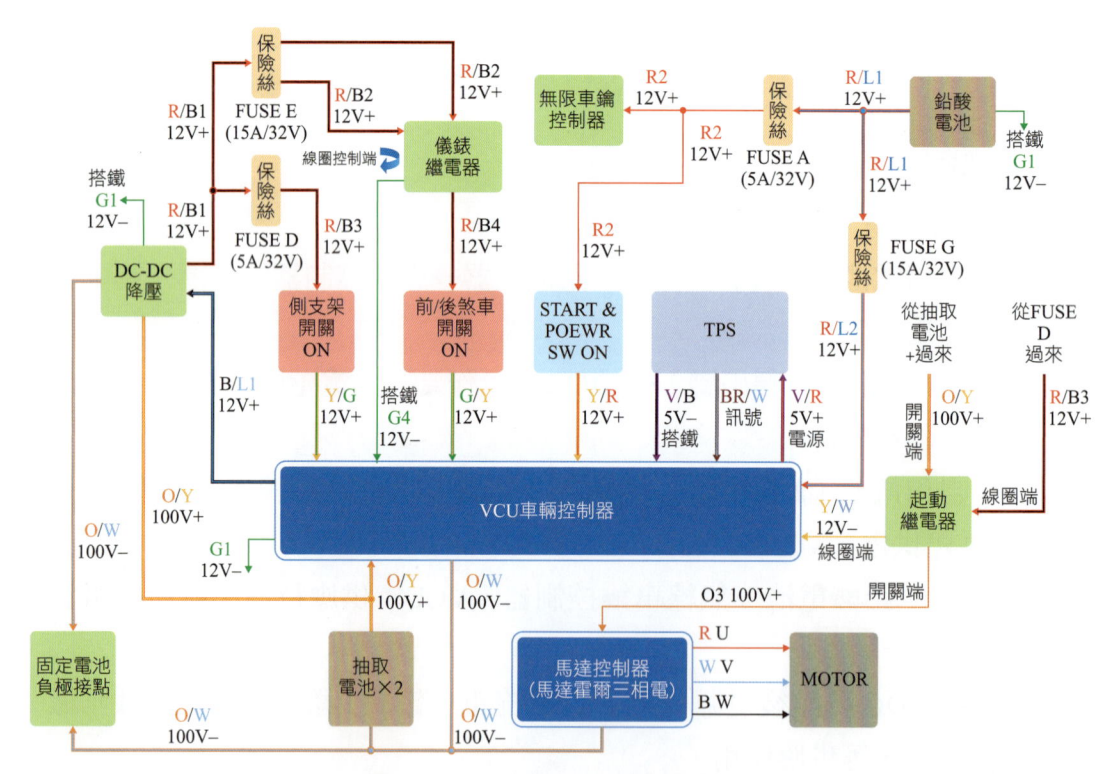

◆ 圖 15-17　光陽 S7 馬達控制迴路

馬達控制迴路說明如下：
1. 行駛前確認（行駛條件）
   (1) 鋰電池（抽取電池）→ O/Y 線→ DC-DC 降壓→ R/B1 線→保險絲 D → R/B 3 →側支架開關→ Y/G 線→ VCU（訊號 1 輸入）。
   (2) 鋰電池（抽取電池）→ O/Y 線→ DC-DC 降壓→ R/B1 線→保險絲 E → R/B 2 →儀錶繼電器→ R/B 4 →前 / 後煞車燈開關→ G/Y 線→ VCU（訊號 2 輸入）。
   (3) 鉛酸電池（抽取電池）→ R/L 1 線→保險絲 A → R2 線→ START & POWER SW → Y/R 線→ VCU（訊號 3 輸入）。
2. 當車輛欲走行（加速）
   (1) 當轉動加油握把時：TPS →（V/R 線：5V 電源、V/B 線：5V 搭鐵、BR/W 線：訊號）→ VCU（馬達控制器）
   (2) 鋰電池（抽取電池）→ O/Y 線→啟動繼電器→ O3 線→馬達控制器→ R 線、W 線、B 線→馬達；馬達轉動呈加速狀態。
3. 當車輛欲減速（煞車使用）
   前 / 後煞車開關（煞車燈開關訊號）→ G/Y 線→ VCU（控制器；切斷 U、V、W 三相電）；馬達不作動、車輛呈減速狀態。

> **關鍵提醒**
> 1. 該機種配置 Ionex 系統，其大電壓輸出是透過啟動繼電器作動後將 100 V 供應給馬達控制器→馬達使用；（與 PBGN 聯盟機種不同、該聯盟使用 DC BOX 將大電壓輸出）。
> 2. 其啟動繼電器是否作動，是由 VCU 控制起動繼電器線圈端的搭鐵（保險絲 D → R/B 3 →起動繼電器線圈端→ Y/W → VCU →搭鐵）。
> 3. 此系統架構為簡圖表示，非所有配線標示其上；請以原廠規範說明為主。

三、光陽 S7 12V 供電迴路

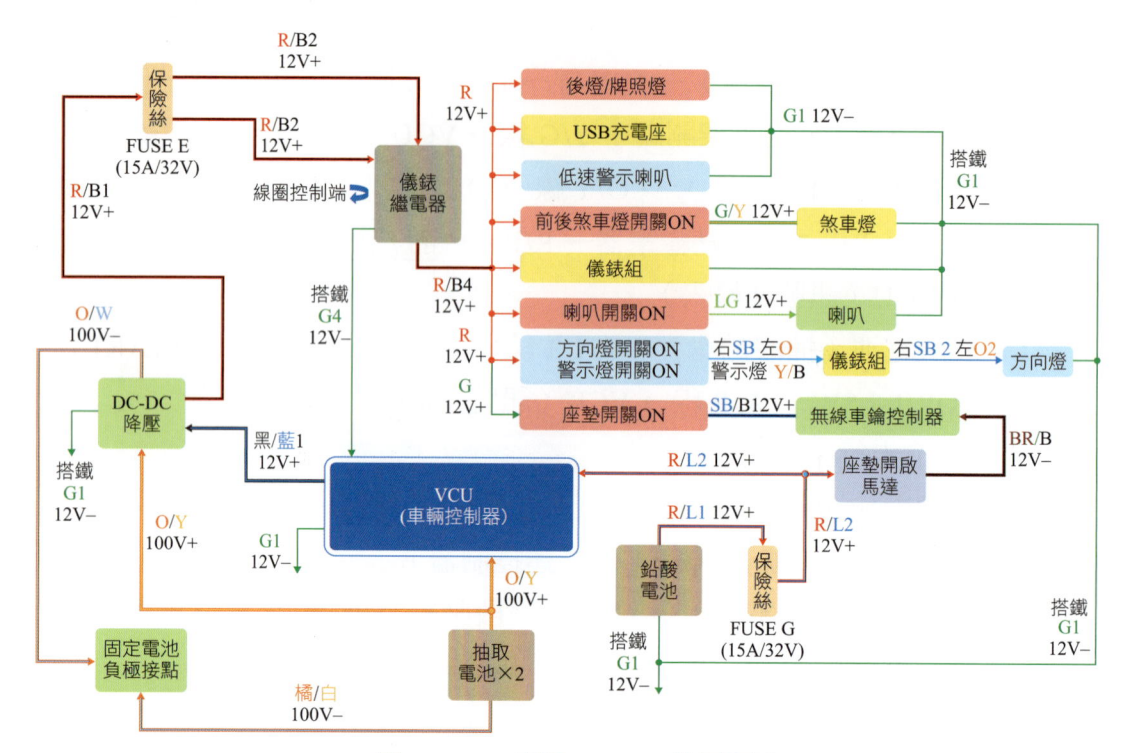

◆ 圖 15-18　光陽 S7 12V 供電迴路

12V 供電迴路說明如下：

1. DC-DC 作動控制：輸出電壓平準化控用

    鉛酸電池→ R/L 1 線→保險絲 G → R/L 2 線→ VCU → B/L 1 線→ DC-DC 降壓；確保獲取穩定的小電壓輸出，工作電壓參考機能。

    > **關鍵提醒**　其功能如同燃油車的穩壓整流器一樣，可使發電機輸出穩定的電壓（燃油車受制於引擎轉速的變化，因此輸出電壓是控制於一定範圍內〔例：豪邁 125 車系輸出控制在 13.5 ～ 15.5V〕；而電動車是將大電壓予以降壓，因此輸出電壓為固定）。

2. 降壓迴路說明

    (1) 大電壓輸入：鋰電池（抽取電池正極）→ O/Y 線→ DC-DC 降壓→ O/W 線→固定電池負極接點→抽取電池負極。

    (2) 小電壓輸出：DC-DC 降壓→ R/B 1 線→保險絲 E → R/B 2 →儀錶繼電器（開關端）→ R/B 4 → 12 V 電器裝置→ G 1 →搭鐵。

關鍵提醒 12V 電器裝置：後燈/牌照燈、USB 充電座、低速警示喇叭、前後煞車燈開關（含煞車燈）、儀錶組、喇叭開關（含喇叭）…等。

3. 例：方向燈迴路說明

    DC-DC 降壓→ R/B 1 線→保險絲 E → R/B 2 →儀錶繼電器→ R/B 4→方向燈/警示燈開關→（右 SB、左 O／警示燈 Y/B）→儀錶組→（右 SB 2、左 O 2）→ G 方向燈→ G 1→搭鐵。

4. 儀錶繼電器作動控制說明

    DC-DC 降壓→ R/B 1 線→保險絲 E → R/B 2 →儀錶繼電器→ G 4→ VCU → G 1→搭鐵；VCU 控制儀錶繼電器（線圈端）搭鐵後作動。

5. VCU 作動控制說明

    (1) 系統未啟動：鉛酸電池→ R/L 1 線→保險絲 G → R/L 2 線→ VCU → G 1 線→搭鐵；系統待命模式。

    (2) 系統已啟動：DC-DC 降壓→ R/B 1 線→保險絲 E → R/B 2 → VCU → G 1 線→搭鐵；系統已啟用模式。

    (3) 12 V 鉛酸電池充電模式：當電瓶電壓過低時，VCU → R/L 2 →保險絲 G → R/L 1 → 12V 鉛酸電瓶；進行補充電作業）。

關鍵提醒
1. 該機種閃光器功能內建於儀錶組內，以提供方向燈閃爍頻率。
2. 該機種無線車鑰控制器的供電來源為鉛酸電池，以滿足待命時使用需求。
3. 此系統架構為簡圖表示，非所有配線標示其上；請以原廠規範說明為主。

四、光陽 S7 VCU 迴路

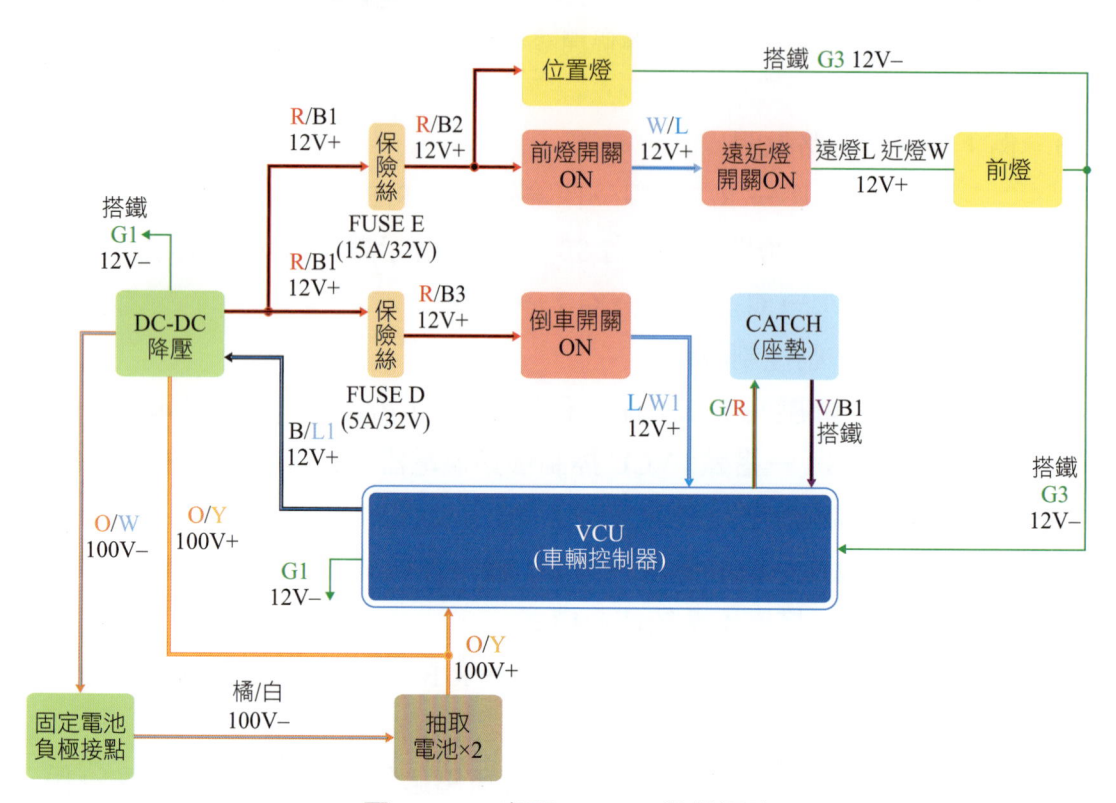

◆ 圖 15-19　光陽 S7 VCU 搭鐵迴路

VCU 迴路說明如下：

1. 前燈、位置燈作動說明

    (1) DC-DC 降壓→ R/B 1 線→保險絲 E → R/B 2 →前燈開關→ W/L → 遠近燈開關→（遠燈 L、近燈 W）→前燈→ G 3 → VCU →搭鐵。

    (2) DC-DC 降壓→ R/B 1 線→保險絲 E → R/B 2 →位置燈→ G 3 → VCU →搭鐵。

> **關鍵提醒**　配合常時點燈法規要求，因此上述燈類由 VCU 直接控制（非人員操控）；系統開啟即點亮。

2. CATCH（座墊）開關控制說明

    DC-DC 降壓→ R/B 1 線→保險絲 E → R/B 2 → R/Y → VCU → G/R → CATCH SW（座墊）→ V/B 1 → VCU →搭鐵；VCU 透過座墊開關來判定座墊開閉狀況。

3. 倒車開關控制說明

　　DC-DC 降壓→ R/B 1 線→保險絲 D → R/B 3 →倒車開關→ L/W 1 → VCU →搭鐵；VCU 透過倒車開關來判定騎士是否有倒車需求。

> **關鍵提醒** 此系統架構為簡圖表示，非所有配線標示其上；請以原廠規範說明為主。

五、光陽 S7 無線車鑰控制器迴路

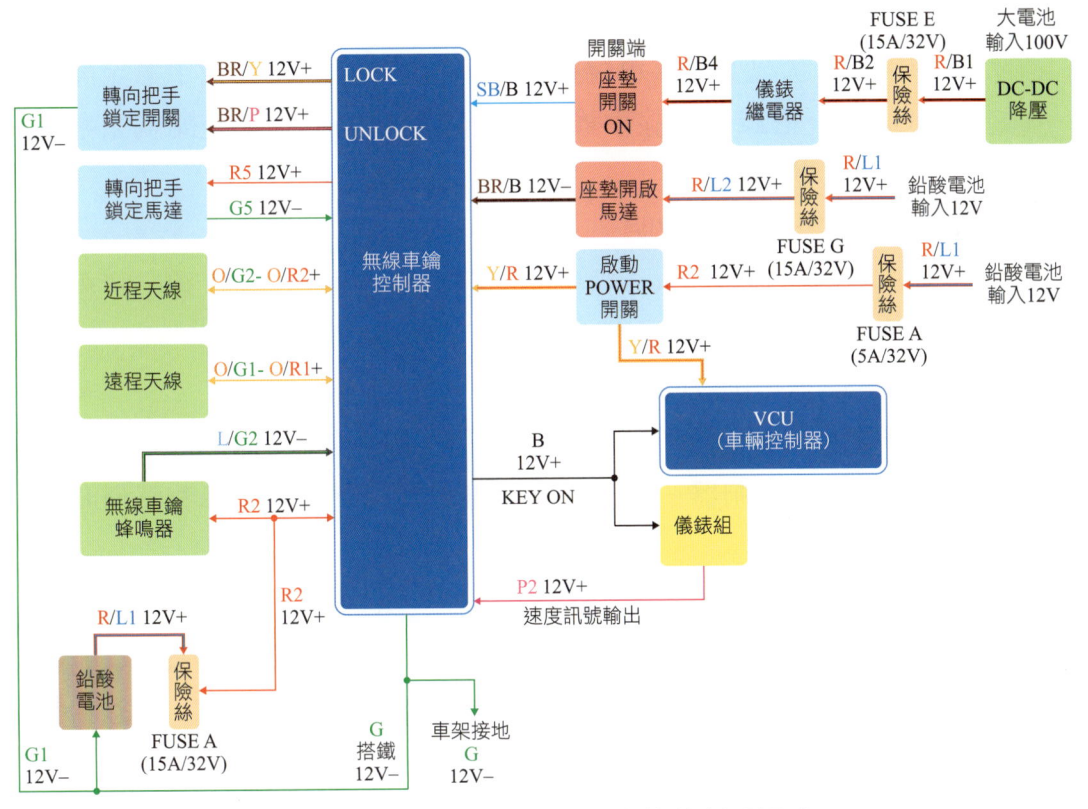

◆ 圖 15-20　光陽 S7 無線車鑰控制器迴路

無線車鑰控制器迴路說明如下：

1. 無線車鑰控制器供電說明

    鉛酸電池→保險絲 A → R2 線→啟動 POWER 開關→ Y/R 線→無線車鑰控制器→ G 線→搭鐵。

2. 轉向把手鎖定開關控制說明：前端電源供應暫不列入

    (1) LOCK 狀況：無線車鑰控制器→ BR/Y 線→轉向把手鎖定開關→ G1 線→搭鐵；無線車鑰控制器透過轉向把手鎖定開關來判定 LOCK 狀況。

    (2) UNLOCK 狀況：無線車鑰控制器→ BR/P 線→轉向把手鎖定開關→ G1 線→搭鐵；無線車鑰控制器透過轉向把手鎖定開關來判定 UNLOCK 狀況。

3. 轉向把手鎖定馬達控制說明

    無線車鑰控制器→ R 5 線→轉向把手鎖定馬達→ G5 線→無線車鑰控制器→搭鐵；控制鎖定馬達作動，將把手鎖定。

4. 無線車鑰蜂鳴器作動說明

    鉛酸電池→ R/L 1 線→保險絲 A → R2 線→無線車鑰蜂鳴器→ L/G 2 線→無線車鑰控制器→搭鐵；由無線車鑰控制器控制蜂鳴器何時作動與否。

5. 座墊開關控制說明

    DC-DC 降壓→ R/B 1 線→保險絲 E → R/B 2 →儀錶繼電器（開關端）→ R/B 4 →座墊開關→ SB/B →無線車鑰控制器→搭鐵；無線車鑰控制器透過座墊開關來判定座墊開閉狀況。

6. 速度訊號輸出說明

    儀錶組→ P 2 線→無線車鑰控制器；無線車鑰控制器透過速度訊號來判定車輛是否走行狀況（安全性考量）。

關鍵提醒
1. 此系統架構為簡圖表示，非所有配線標示其上；請以原廠規範說明為主。
2. 該機種無線車鑰控制器的供電來源為鉛酸電池，以滿足待命時使用需求。

第 15 章 ｜課後習題

簡答題

1. 試問光陽 i-ONE EV 換電版馬達控制迴路中，行駛前確認（行駛條件）為何？

2. 試問光陽 i-ONE EV 換電版，該機種前燈供電迴路為何（從供電端依序到搭鐵端）？

3. 以手邊現有非 PBGN 聯盟機種服務手冊為例，繪製出光陽 i-ONE EV 換電版機種前燈供電迴路為何（從電瓶正極依序到電瓶負極）？

4. 試問光陽電動車所配置的 DC-DC（降壓），其作用與燃油車所配置的主開關相似點為何？

5. 以手邊現有非 PBGN 聯盟機種服務手冊為例,試問光陽 Many EV 機種馬達供電迴路為何(從電瓶正極依序到電瓶負極;含電線顏色)?

6. 以手邊現有非 PBGN 聯盟機種服務手冊為例,請繪製出光陽 Many EV 機種 POWER RELAY 作動控制(線圈端控制)供電迴路為何(從電瓶正極依序到電瓶負極)?

7. 試問光陽 S7 EV 車系馬達控制迴路中,當車輛欲走行(加速)其控制作法為何?

8. 以手邊現有非 PBGN 聯盟機種服務手冊為例,請繪製出光陽 S7 EV 車系機種方向燈供電迴路為何(從電瓶正極依序到電瓶負極)?

第 16 章 三陽電動機車說明

16-1 三陽 e-WOO 車系介紹

三陽 e-WOO 機種規格

規格	尺寸
• 動力型式：電動 • 車身型式：速克達 • 馬達出力：2300W • 煞車型式：前後鼓式 • 滿電可續航里程：75km	• 座高：750mm • 車長：1765mm • 車寬：625mm • 車高：1070mm • 車重：80kg • 軸距：1245mm • 前輪尺碼：90/90-10 • 後輪尺碼：90/90-10

圖片出處：https://www.2wheels.com.tw/buy/main_products.php?pid=193

透過媒體報導，此機種並非 PBGN（Powered by Gogoro Network）聯盟。為該品牌採充電的綠牌電動機車（電池可攜式）、與他牌競品有何特點與不同處，將於後續章節予以介紹。

16-2 系統架構

一、三陽 e-WOO 電源供應系統

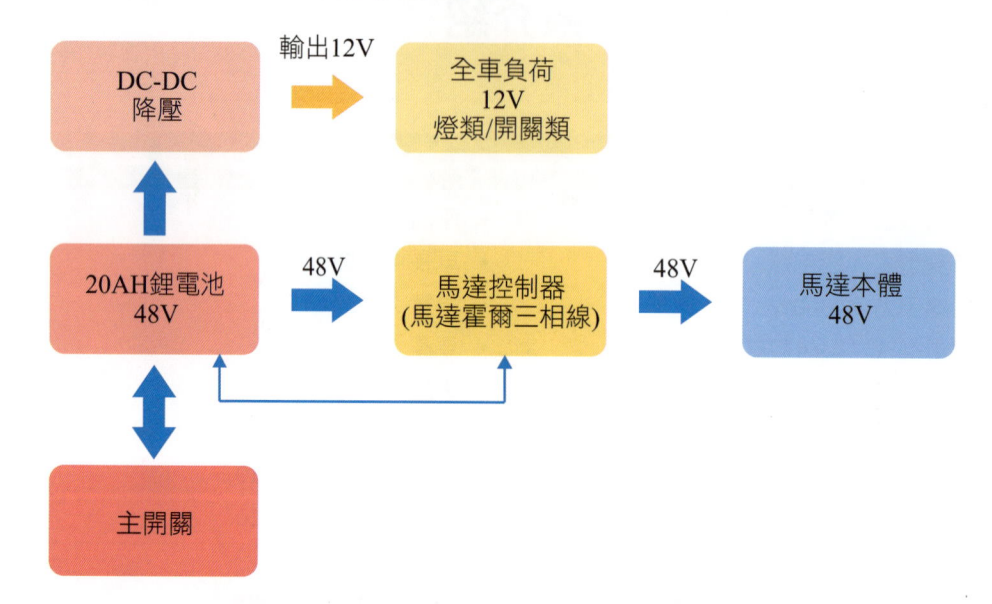

```
                輸出12V
  ┌─────────┐  ──────→  ┌─────────┐
  │ DC-DC   │            │ 全車負荷 │
  │ 降壓    │            │  12V    │
  └─────────┘            │燈類/開關類│
       ↑                 └─────────┘
       │
  ┌─────────┐    48V    ┌─────────────┐   48V   ┌─────────┐
  │20AH鋰電池│ ────────→ │  馬達控制器  │ ──────→ │ 馬達本體 │
  │  48V    │           │(馬達霍爾三相線)│         │  48V    │
  └─────────┘           └─────────────┘         └─────────┘
       ↕                       ↑
       │                       │
  ┌─────────┐
  │  主開關  │
  └─────────┘
```

➡ 大電壓（48V；供應驅動馬達與DC-DC降壓使用；主開關喚醒鋰電池使用）

➡ 小電壓（12V；透過DC-DC降壓後供應全車一般負荷用）

↔ 訊號電壓（5.0V CAN間通訊用；共計有鋰電池、馬達控制器、儀錶三處）

◆ 圖 16-1　三陽 e-WOO 電源供應系統架構圖

> **關鍵提醒**
> 1. 此車為電池可攜式充電系統設定（可直接車上充電或居家充電）
> 2. 此車不同於其他廠牌設定、並無配置備用電池（PBGN 換電聯盟稱謂）或 12V 鉛酸電池作為系統待命使用。

二、三陽 e-WOO 供電迴路與馬達控制迴路

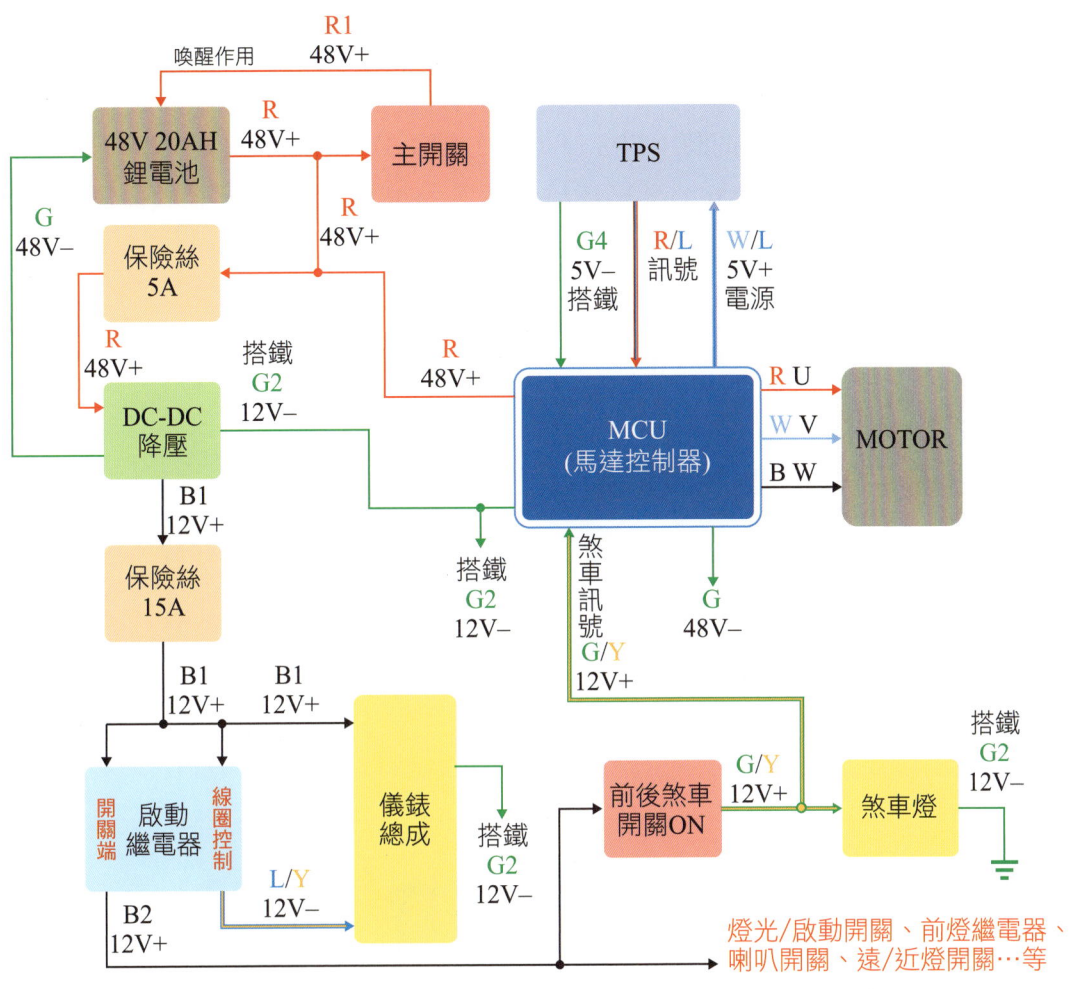

◆ 圖 16-2　三陽 e-WOO 供電迴路與馬達控制迴路

供電迴路與馬達控制迴路說明如下：

1. **供電迴路說明**

1. **鋰電池喚醒**

    當主開關 ON 時：鋰電池→ R 線→主開關→ R1 線→鋰電池；鋰電池被喚醒。

2. **馬達供電：高電壓**

    鋰電池→ R 線→ MCU（馬達控制器）→ R 線、W 線、B 線→馬達。

3. **12V 供電：低電壓**

    鋰電池→ R 線→保險絲 5A → R 線→ DC-DC 降壓→ B1 線→保險絲 15A → B1 線→起動繼電器（開關端）→ B2 線→供應給全車 12V 需求電器。

2. 馬達控制迴路說明

1. 當車輛欲走行（加速）

    當轉動加油握把時：TPS →（W/L 線：5V 電源、G4 線：5V 搭鐵、R/L 線：訊號）→ MCU（馬達控制器）→ R 線、W 線、B 線→馬達；馬達轉動呈加速狀態。

2. 當車輛欲減速（煞車使用）

    煞車燈開關→ G/Y 線→ MCU（馬達控制器；切斷 U、V、W 三相電）；馬達不作動，車輛呈減速狀態。

三、三陽 e-WOO 煞車燈迴路

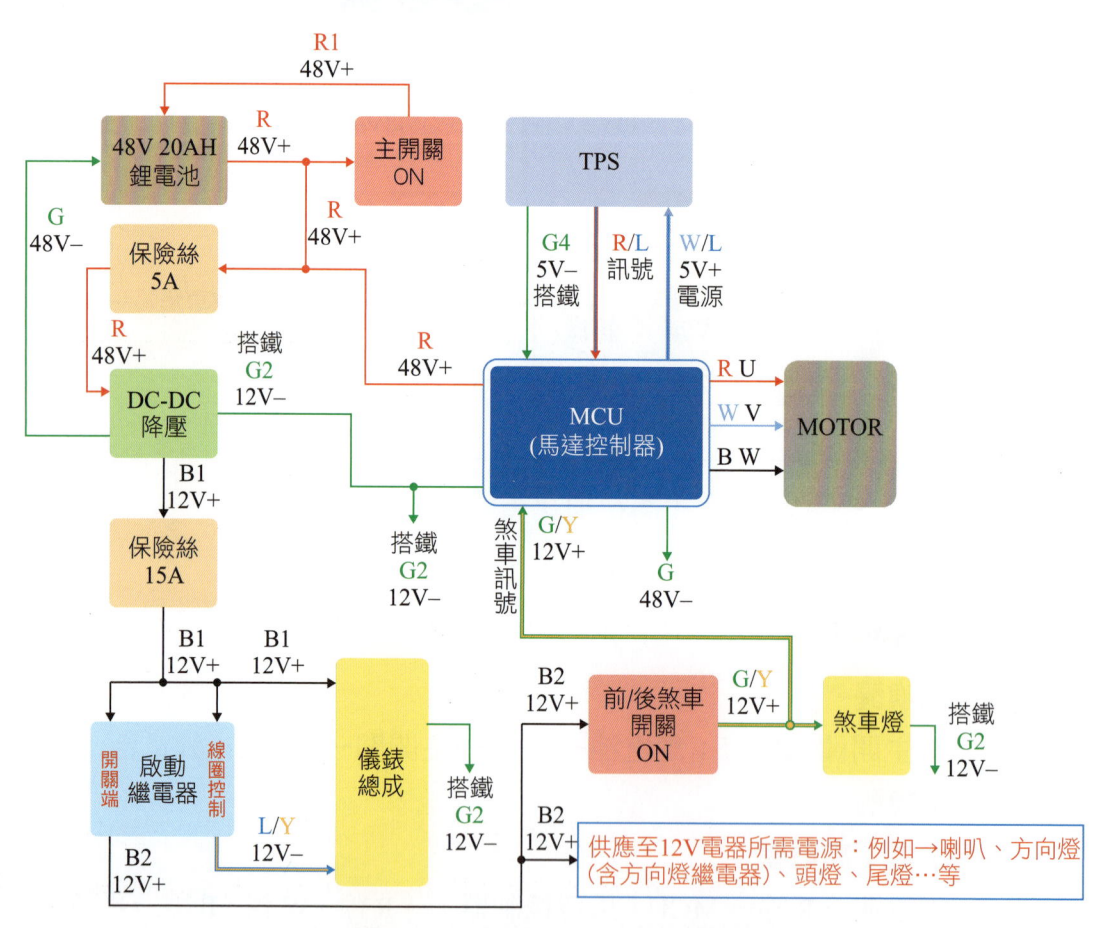

◆ 圖 16-3　三陽 e-WOO 煞車燈迴路

1. 供電說明：煞車燈作動
   (1) 鋰電池喚醒：

   當主開關 ON 時：鋰電池→ R 線→主開關→ R1 線→鋰電池；鋰電池被喚醒。

   (2) 12V 供電：

   鋰電池→ R 線→保險絲 5A → R 線→ DC-DC 降壓→ B1 線→保險絲 15A → B1 線→起動繼電器（開關端）→ B2 線→前 / 後煞車燈開關→ G/Y 線→煞車燈→ G2 線→搭鐵；完成煞車燈作動。

   (3) 同理可證，該機種 12V 電系所需電源均由起動繼電器（開關端）的 B2 色線供應；包含喇叭、方向燈（含方向燈繼電器）、頭燈、煞車燈 / 尾燈…等。

2. 特點說明

   (1) 該機種 12V 電源供應並非如一般燃油車是透過主開關來控制，而是由起動繼電器來控制 12V 電源是否作動。

   (2) 其 12V 供應流程可視為：48V 鋰電池→ DC-DC 降壓→起動繼電器（開關端）→ 12V 電源輸出→全車 12V 電器使用。

   (3) 同上說明，起動繼電器是否作動由儀錶總成來控制（線圈端搭鐵）。

   (4) 因此可將起動繼電器視為如同燃油車的主開關機能。

   (5) 該車主開關的功能為將 48V 鋰電池喚醒，以利後續大電壓輸出使用。

關鍵提醒 該電動車的設計可區分成兩大特點：

1. 車上大電壓（馬達）驅動控制與他牌充電式電動機車並無太大差異。
2. 車上小電壓驅動電器與傳統燃油車相似，其迴路與控制與電腦較無關係（PBGN 聯盟電動車與電腦高度相關），因此油電轉換容易上手。
3. 該車與燃油車增設 CAN 系統（一般電動車均採用類似通訊系統）、對傳統技師而言需強化相關知識與技能。

第 16 章 ｜ 課後習題

簡答題

1. 試問三陽 E-WOO 機種 12 供電迴路為何（含電線顏色）？

2. 試問三陽 E-WOO 機種馬達控制迴路中，當車輛欲減速（煞車使用）其控制作法為何？

3. 試問該機種馬達控制迴路中，當車輛欲走行（加速）其控制作法為何？

第 17 章 山葉電動機車說明

17-1 山葉 EC-05 車系介紹

山葉 EC-05 機種規格

規格	尺寸
• 動力型式：電動 • 車身型式：速克達 • 馬達出力：7600W@3000rpm • 煞車型式：前後碟式	• 座高：768mm • 車長：1880mm • 車寬：670mm • 車高：1180mm • 車重：126kg • 軸距：1300mm • 前輪尺碼：100/80-14 • 後輪尺碼：110/70-13

圖片出處：https://www.gq.com.tw/gadget/content-40076

　　透過媒體報導，此機種為 YAMAHA 加入 PBGN（Powered by Gogoro Network）聯盟後首個 PBGN 白牌電動機車，與他牌競品有何特點與不同處，將於後續內容予以介紹。

一、山葉 EC-05 電源供應系統

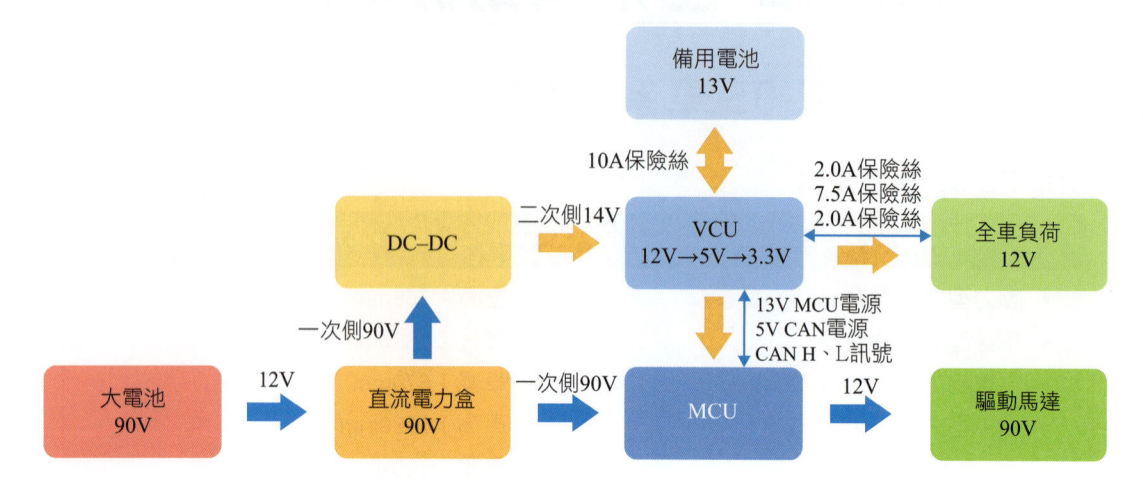

◆ 圖 17-1　山葉 EC-05 電源供應系統架構圖

供電迴路說明如下：

1. 大電壓供電

    (1) 大電池→直流電力盒→ MCU →驅動馬達；動力馬達驅動使用。

    (2) 大電池→直流電力盒→ DC-DC；DC-DC 降壓使用。

2. 小電壓供電

    (1) 備用電池→ VCU；系統待命使用。

    (2) 大電池→直流電力盒→ DC-DC → VCU →〔全車負荷、MCU、備用電池（當電壓低於設定標準時予以回充）〕；車輛走行時使用。

3. CAN 迴路：VCU、MCU、儀錶等三處。

二、山葉 EC-05 VCU 接腳編號

VCU BOX 配線接頭母pin								VCU BOX 本體接頭公pin						

1	2	3	4	5	6	7	8
9	10	11	12	13	14	15	16
17	18	19	20	21	22	23	24
25	26	27	28	29	30	31	32

8	7	6	5	4	3	2	1
16	15	14	13	12	11	10	9
24	23	22	21	20	19	18	17
32	31	30	29	28	27	26	25

33	34	35	36	37	38	39	40
41	42	43	44	45	46	47	48
49	50	51	52	53	54	55	56
57	58	59	60	61	62	63	64

40	39	38	37	36	35	34	33
48	47	46	45	44	43	42	41
56	55	54	53	52	51	50	49
64	63	62	61	60	59	58	57

◆ 圖 17-2　山葉 EC-05 VCU 接腳編號

1. 定義說明

    該機種採用 PBGN 聯盟所使用的智慧元件作為設計基準，因此需了解智慧元件（VCU 裝置）的腳位定義；後續說明以此定義作說明。

    (1) DCU 單品設置上、下兩個接頭（各自有 32Pin 接腳、合計有 64Pin 接腳）；其接腳為公 Pin 設計。

    (2) 與 VCU 單品連接為配線端接頭設計，共有對應上、下兩個兩個接頭；其接腳為母 Pin 設計。

    (3) 其腳位編號為方便手冊編纂時各配線功能定義與後續檢查標記使用；（如下圖所示，該車使用治具作為檢修使用、其腳位定義為公右母左、由上而下）。

2. 備註說明

    (1) VCU 作為控制該車系統作用可稱為電腦，因各廠牌定義不同亦可稱為 DCU 或 ECU 等不同稱謂，請依各廠牌規定為主。

    (2) 為獲取相關數據，當執行檢查維修作業時請使用相對應的檢測接頭，以免造成 VCU 單品或配線造成的損壞。

    (3) 請遵循原廠檢修規範進行維修作業、以避免造成系統受損。

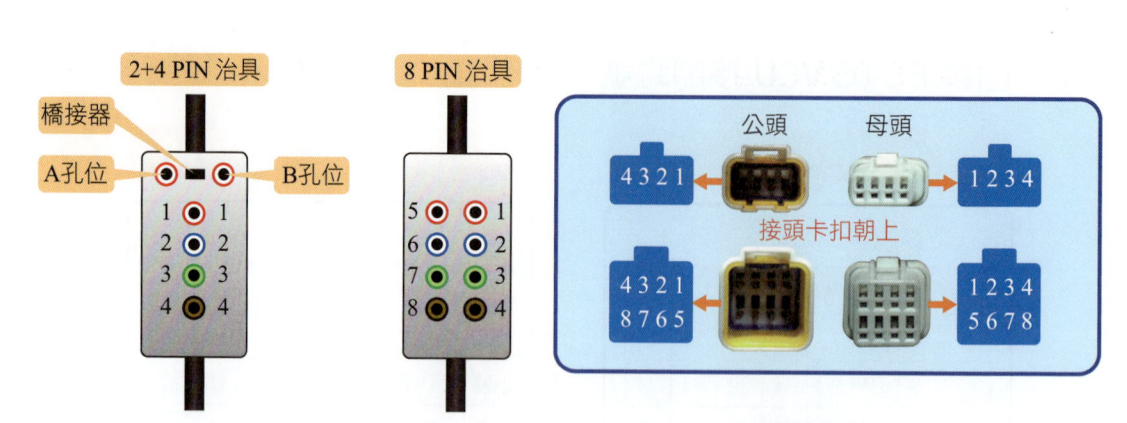

◆ 圖 17-3　山葉 EC-05 VCU 接腳及編號

三、山葉 EC-05 操作模式

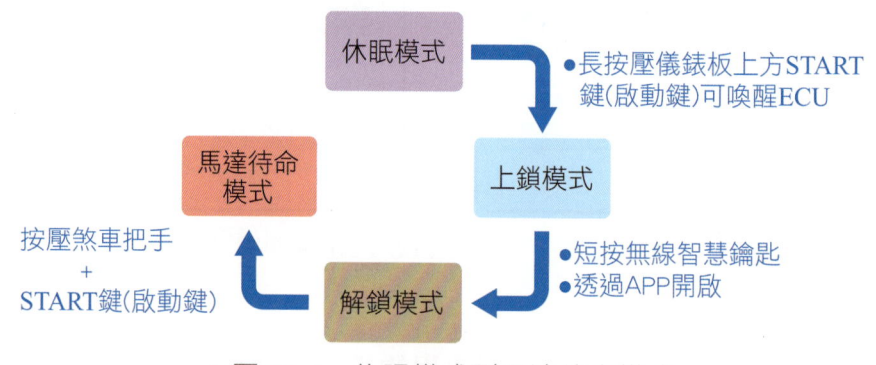

◆ 圖 17-4　休眠模式到馬達待命模式

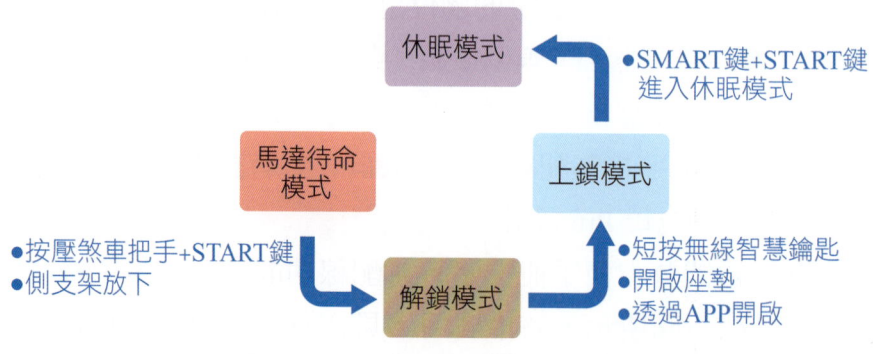

◆ 圖 17-5　馬達待命模式到休眠模式

模式說明如下：
1. 從休眠模式到馬達待命模式，必須一階段、一階段依序進行。
2. 同上；從馬達待命模式到休眠模式，也必須一階段、一階段依序進行。
3. 相鄰兩模式間切換比照上述方式。

4. 模式切換：透過遙控器（NFC 感應卡）、START 鍵、SMART 鍵與煞車把手等搭配可以進行模式間切換。
5. 不同模式代表不同車輛狀況，因為無實體鑰匙（以往生活經驗不適用）操作，所以熟悉模式切換對車輛使用與後續維修作業是很重要的。

1. 休眠模式供電說明

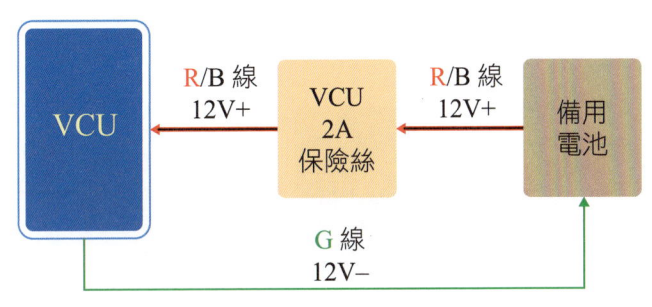

◆ 圖 17-6　休眠模式供電迴路

供電迴路說明：

當休眠模式（系統待命）時：

1. 備用電池→ R/B 線→ VCU 2A 保險絲→ R/B 線→ ECU →搭鐵；提供 12V 電源供 ECU 於系統待命時使用。
2. 備用電池構造：採 4 顆 18650 電池串聯使用。
3. 補充電說明：當系統偵測到備用電池電壓低於 13.1V 時開始補充電（於解鎖模式、馬達待命模式時由 ECU 對備用電池充電）。

> **關鍵提醒**
> 1. 備用電池於系統中具有重要的腳色；是保持系統待命時重要的電源供應來源（因範例機種無配置實體鑰匙、VCU 須時時保持系統待命，以接受感應卡或遙控器指令）。
> 2. 當電壓不足時恐造成系統無法被喚醒。
> 3. 因此當車輛長時間不使用時可將車輛進入解鎖模式充電（系統透過 ECU 對備用電池充電）。

2. 上鎖模式供電說明

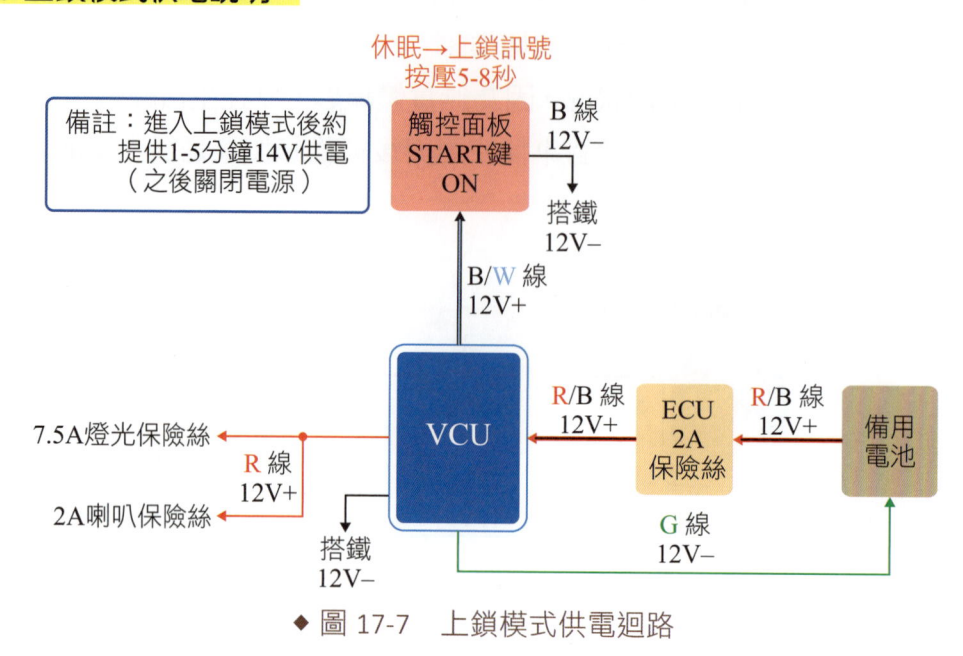

```
休眠→上鎖訊號
按壓5-8秒

備註：進入上鎖模式後約
提供1-5分鐘14V供電
（之後關閉電源）

                    觸控面板      B 線
                    START鍵      12V−
                    ON
                                  搭鐵
                                  12V−
                    B/W 線
                    12V+

7.5A燈光保險絲 ←              R/B 線      ECU     R/B 線      備用
                    VCU       12V+      2A      12V+       電池
              R 線             保險絲
              12V+
2A喇叭保險絲 ←
                    搭鐵                 G 線
                    12V−                12V−
```

◆ 圖 17-7　上鎖模式供電迴路

供電迴路說明：

當上鎖模式時：

1. 備用電池→ R/B 線→ VCU 2A 保險絲→ R/B 線→ VCU → R/W 線→觸控面板 START 鍵→ B 線→搭鐵；控制由休眠模式到上鎖模式時使用。

> **關鍵提醒** 按觸控面板 START 鍵需持續按壓 5 ～ 8 秒後方能從休眠模式到上鎖模式。

2. 當進入上鎖模式後 VCU 會供應電源至 7.5A 燈光保險絲與 2A 喇叭保險絲：此時系統會將頭燈閃爍提醒騎士已進入上鎖模式。

> **關鍵提醒**
> 1. 上述按觸控面板 START 鍵需持續按壓 5 ～ 8 秒後方能從休眠模式到上鎖模式，這就是所謂的"制御"也可稱為電控的操作方式。
> 2. 按觸控面板 START 鍵（將 ECU 對應 Pin 腳透過 B/W 線→ START 按鍵予以搭鐵）；具有感知器的機能。
> 3. 與燃油車相比（類似將側支架放下時機車是不能啟動的）雷同。

3. 上鎖模式：電池認證程序

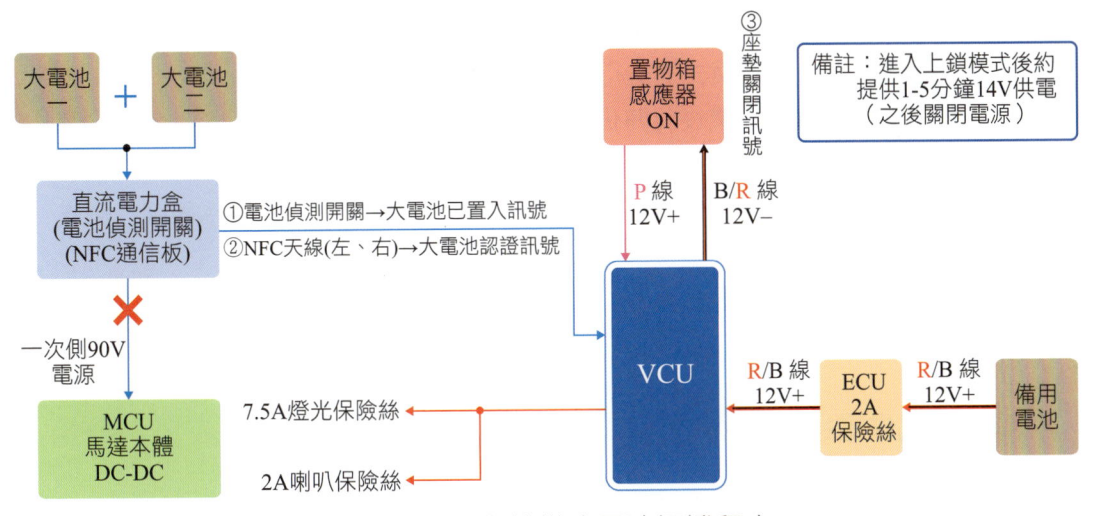

◆ 圖 17-8　上鎖模式電池認證程序

電池認證作動說明：

1. 於換電站將新電池置入直流電力盒（置物箱內）時；（註：舊電池於換電站交換時系統已將車主資料由舊電池傳送至新電池內記錄）。

    (1) ①電池偵測開關→偵測到新的大電池已置入訊號（註：當電池正極接觸到小冠簧，此時電池內的 BMS 模組被喚醒，因為車主資料都記錄在 BMS 內）→送至 VCU。

    (2) ② VCU → NFC 天線（左、右）→對新的大電池進行認證（即透過 NFC 天線來對電池做資料確認）。

    (3) ③座墊關閉訊號：VCU → P 色線→置物箱感應器→ B/R 色線→ VCU；偵測到座墊已蓋上且固定→送至 VCU（法規規定→放電中電池不可被提領，因此走行時電池需穩固不可晃動）。

2. 電池啟用三步驟：
    ①放置（電池偵測開關）→②認證（ VCU → NFC 天線）→③啟用（座墊開關）。

> **關鍵提醒**
>
> 1. EC-05 為 PBGN 聯盟之機種，採用換電系統，因此每次於換電站進行換電時均須進行電池認證作業。
> 2. 系統設定在上鎖模式下進行換電作業並同時進行電池認證。
> 3. 完成電池認證作業後此時仍無法將大電池的電送出來（系統設定需在解鎖模式下才能將大電池的電送出）。
> 4. 置物箱感應器為搭鐵控制的運用（如同燃油車所配置的空檔開關、側支架開關機能）。
> 5. 此系統架構為簡圖表示，非所有配線標示其上；請以原廠規範說明為主。

4. 解鎖模式供電迴路

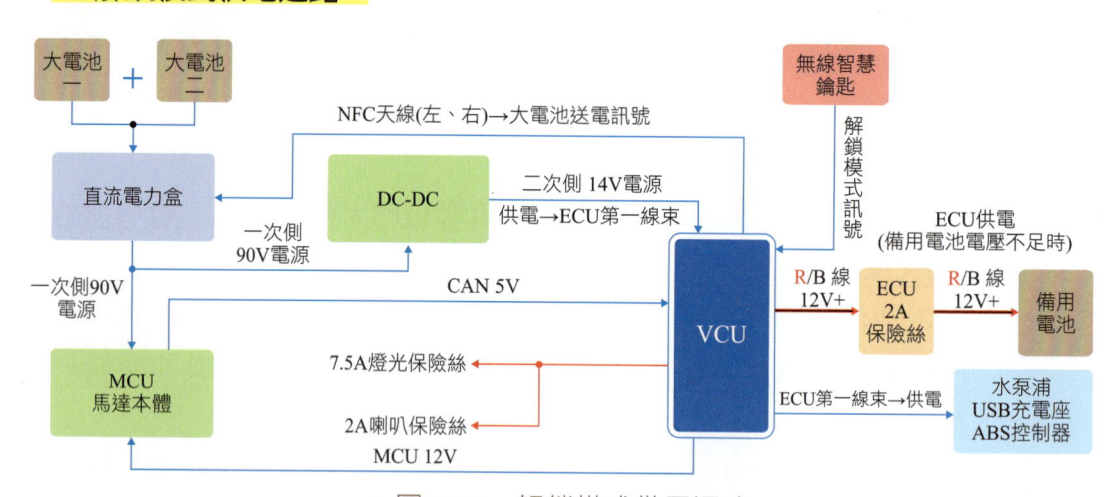

◆ 圖 17-9　解鎖模式供電迴路

小電壓供電說明：在此備用電池暫不列入討論

1. 小電壓：大電池→直流電力盒→ DC-DC →全車負荷（透過 VCU 供應）。

    (1) VCU 收到 DC-DC 二次側 14V 電壓供應。

    (2) VCU 透過 7.5A 燈光保險絲與 2A 喇叭保險絲供應 14V 電源給相對應部品（如：燈光與喇叭）使用。

    (3) VCU 透過第一線束供應 14V 電源給水泵浦、USB 充電座與 ABS 控制器（依機型）使用。

    (4) 當備用電池電壓不足時、此時由 VCU 對備用電池進行充電。

    (5) 同時 VCU 會供應有 12V 與 5V（感知器相關）電源給 MCU 作為驅動使用。

2. 大電壓：大電池→直流電力盒→ MCU →驅動馬達。
3. 模式切換：解鎖模式→上鎖模式；請短按無線智慧鑰匙（上鎖模式訊號）。

> **關鍵提醒**
> 1. 模式切換：上鎖模式→解鎖模式；請短按無線智慧鑰匙（解鎖模式訊號）；當操作正確時全車燈系均點亮（頭燈除外）。
> 2. VCU 收到上述訊號後便進入解鎖模式。
> 3. 同上說明，VCU 透過 NFC 天線傳輸一組訊號給電池，並將 MOS_ON（MOS 相當於電池是否要決定送電的開關；類似他牌機械式 POWER 繼電器作動）後將電池的電送到直流電力盒。
> 4. 因此大電流輸出需在解鎖模式與馬達待命模式時方能作動。
> 5. 此大電流輸出控制方式與光陽系統不同〔光陽採 POWER RERLAY 方式（機械式繼電器）控制〕。
> 6. 此系統架構為簡圖表示，非所有配線均標示其上；請以原廠規範說明為主。

5. 馬達待命模式

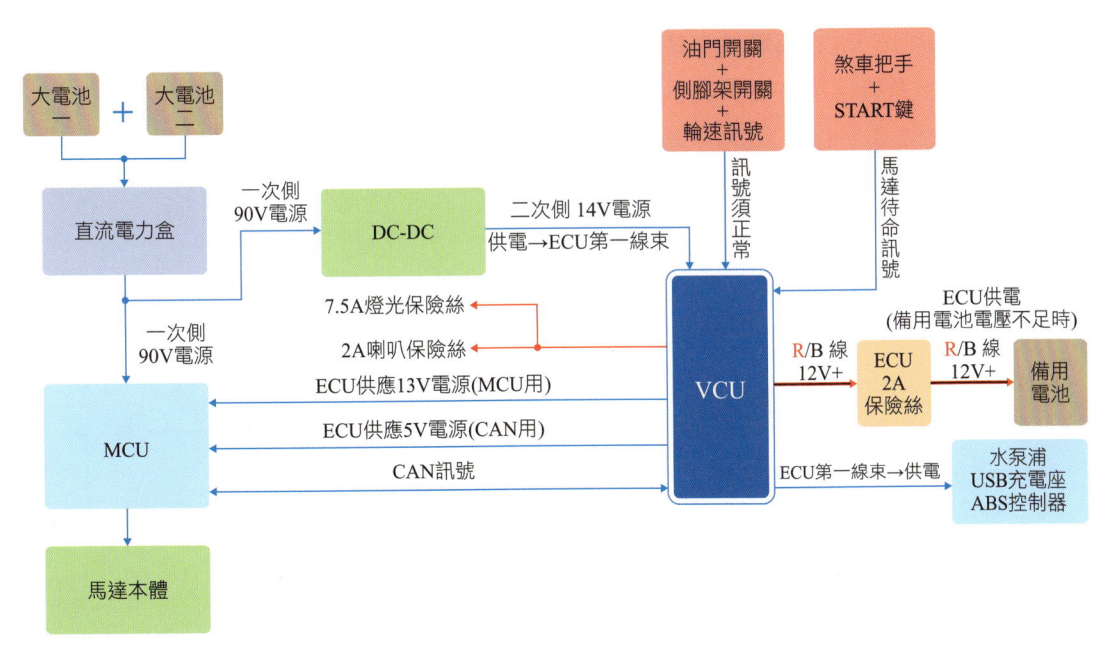

◆ 圖 17-10　馬達待命模式

馬達待命模式說明：

VCU 收到上述訊號後便進入馬達待命模式（檢查與操作 1 與 2）；操作說明如下：

1. 要進入馬達待命模式時先確認下列訊號必須正常：
   (1) 油門開關（不可轉動油門）須正常。
   (2) 側腳架開關（側腳架需收起）須正常。
   (3) 輪速訊號（車輛須靜止）須正常。
2. 拉煞車把手與按壓 START 鍵進入馬達待命模式（此時速度錶時速 0 顯示）。
3. 騎士依騎乘需求轉動油門，VCU 收到訊號後將此訊息傳送至 MCU。
4. MCU 進而控制馬達的轉速（改變車輛速度）。

關鍵提醒

1. 模式切換：解鎖模式→馬達待命模式；請拉煞車把手與按壓 START 鍵；當操作正確時全車燈系均點亮、速度錶 0 Km 出現。
2. 因此大電流輸出需在解鎖模式與馬達待命模式時方能作動。
3. VCU 供應 12V 電壓、5V 電壓給 MCU，作為 MCU 電源與 CAN 電源使用（解鎖與馬達待命模式皆同）
4. VCU、MCU 與觸控儀錶之間電腦透過 CAN 訊號予以溝通
5. 此系統架構為簡圖表示，非所有配線標示其上；請以原廠規範說明為主。

四、山葉 EC-05 方向燈、尾燈迴路

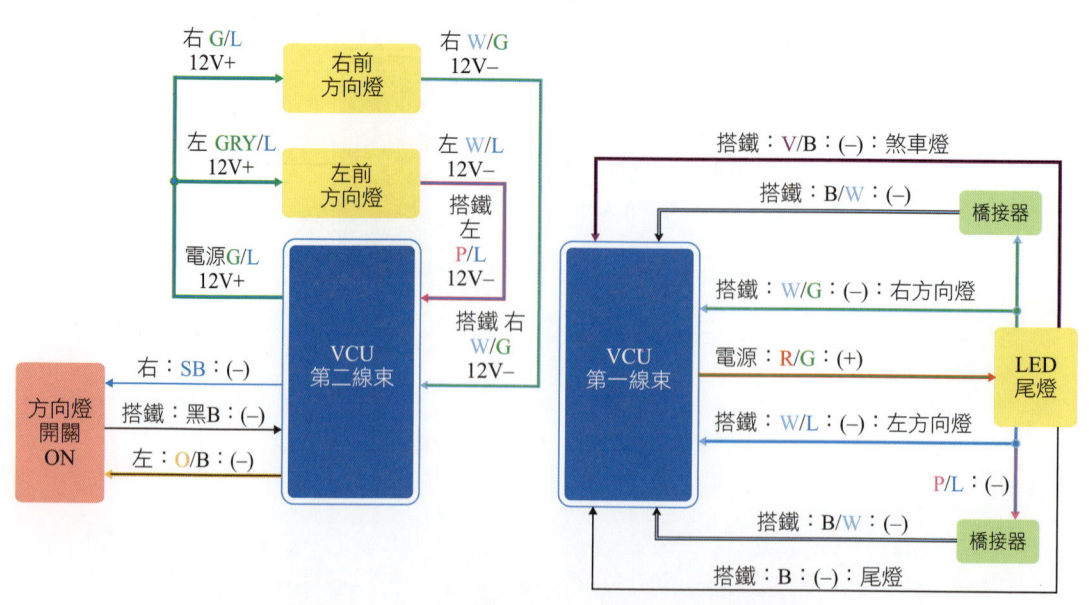

◆ 圖 17-11　山葉 EC-05 方向燈、尾燈迴路

方向燈、尾燈迴路說明如下：
1. 右方向燈作動說明
    (1) 控制端：VCU 第二線束→ SB 線→方向燈開關（右）→ B 線→ VCU 第二線束→搭鐵。
    (2) 作動端：VCU 第二線束→ G/L 線→右前方向燈→ W/G 線→ VCU 第二線束→搭鐵。
    (3) 作動端：VCU 第一線束→ R/G 線→ LED 尾燈（右後方向燈）→ W/G 線→ VCU 第一線束→搭鐵。
2. 左方向燈作動說明
    (1) 控制端：VCU 第二線束→ O/B 線→方向燈開關（左）→ B 線→ VCU 第二線束→搭鐵。
    (2) 作動端：VCU 第二線束→ G/L 線→ GRY/L 線→左前方向燈→ W/L 線→ VCU 第二線束→搭鐵。
    (3) 作動端：VCU 第一線束→ R/G 線→ LED 尾燈（左後方向燈）→ W/L 線→ VCU 第一線束→搭鐵。
3. 尾燈作動說明
    (1) 控制端：當進入解鎖模式時，系統自動控制（常時點燈）。
    (2) 作動端：VCU 第一線束→ R/G 線→ LED 尾燈→ B 線→ VCU 第一線束→搭鐵。

關鍵提醒

與傳統燃油車不同處為
1. 油車方向燈開關與方向燈之間為串聯連接（外部迴路；與電腦無關）。
2. 該機種電動車的驅動端皆透過 VCU 控制（搭鐵控制）與供應（電源控制）。
3. 該機種電動車的訊號端（方向燈開關）輸入 VCU，經系統計算後驅動方向燈作動；因此開關可視同感知器機能。
4. 此系統架構為簡圖表示，非所有配線標示其上；請以原廠規範說明為主。

五、山葉 EC-05 大燈迴路

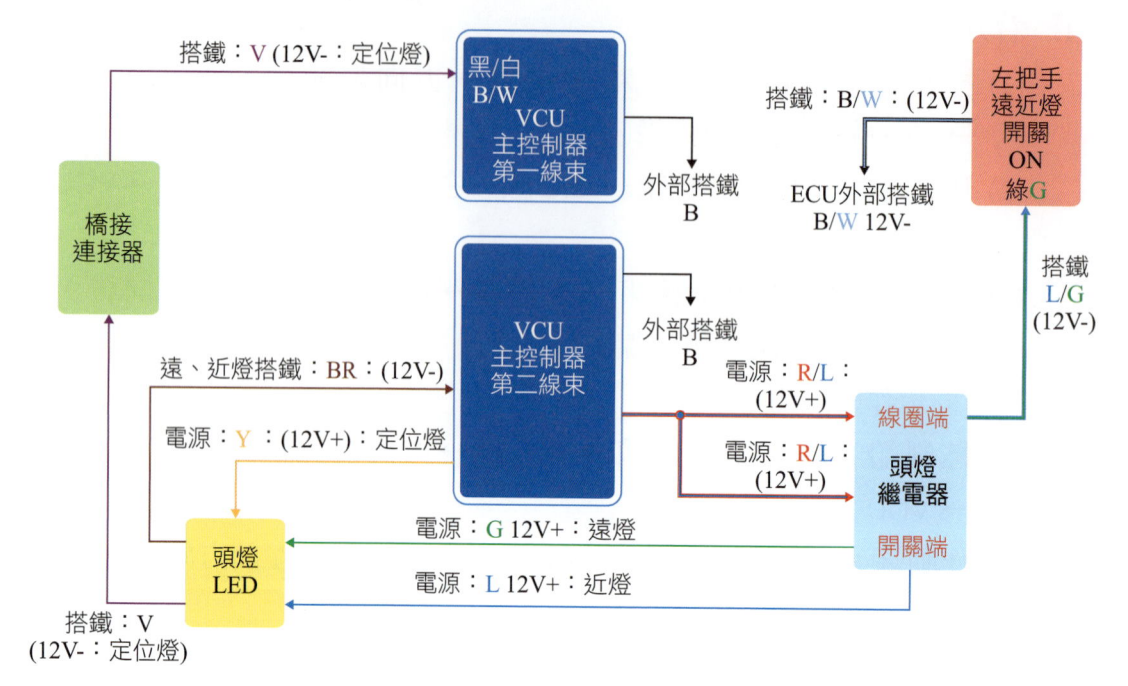

```
搭鐵：V (12V-：定位燈)        黑/白
                             B/W          搭鐵：B/W (12V-)    左把手
                             VCU                             遠近燈
                             主控制器                         開關
                             第一線束                         ON
                                                             綠 G
 橋接                                      ECU外部搭鐵
 連接器                       外部搭鐵      B/W 12V-
                             B
                                                             搭鐵
                                                             L/G
                             VCU                             (12V-)
                             主控制器
 遠、近燈搭鐵：BR (12V-)      第二線束      外部搭鐵
                                          B
                                                    電源：R/L：
                                                    (12V+)    線圈端
  電源：Y (12V+)：定位燈                                        頭燈
                                                    電源：R/L  繼電器
                                                    (12V+)
                             電源：G 12V+：遠燈                 開關端
  頭燈
  LED                        電源：L 12V+：近燈

搭鐵：V
(12V-：定位燈)
```

◆ 圖 17-12　山葉 EC-05 大燈迴路

大燈迴路說明如下：

1. 控制端：VCU 第二線束→ R/L 線→頭燈繼電器（線圈端）→ L/G 線→左把手遠近燈開關→ B/W 線→ ECU 外部搭鐵。

2. 作動端：VCU 第二線束→ R/L 端→頭燈繼電器（開關端）→（遠燈 G 線、近燈 L 線）→頭燈 LED → BR 線→ VCU 第二線束→搭鐵。

3. 定位燈說明：（作動端：VCU 第二線束→ Y 線→頭燈 LED → V 線→橋接連接器→ V 線→ VCU 第一線束→搭鐵）。

> **關鍵提醒**
>
> 與傳統燃油車不同處為
>
> 1. 油車頭燈開關與頭燈之間為串聯連接（外部迴路；與電腦無關）；只有部分車型設置頭燈繼電器（例：YAMAHA Vinoora 車系所配置常時點燈，透過 ECU 控制）。
>
> 2. 電動車的控制端透過 VCU 供應電源與透過左把手遠近燈開關作外部搭鐵控制；作動端透過 VCU 供應電源與搭鐵控制；並且設置頭燈繼電器（小電流控制大電流）作為 VCU 控制頭燈作動。
>
> 3. 此系統架構為簡圖表示，非所有配線標示其上；請以原廠規範說明為主。

六、山葉 EC-05 喇叭迴路

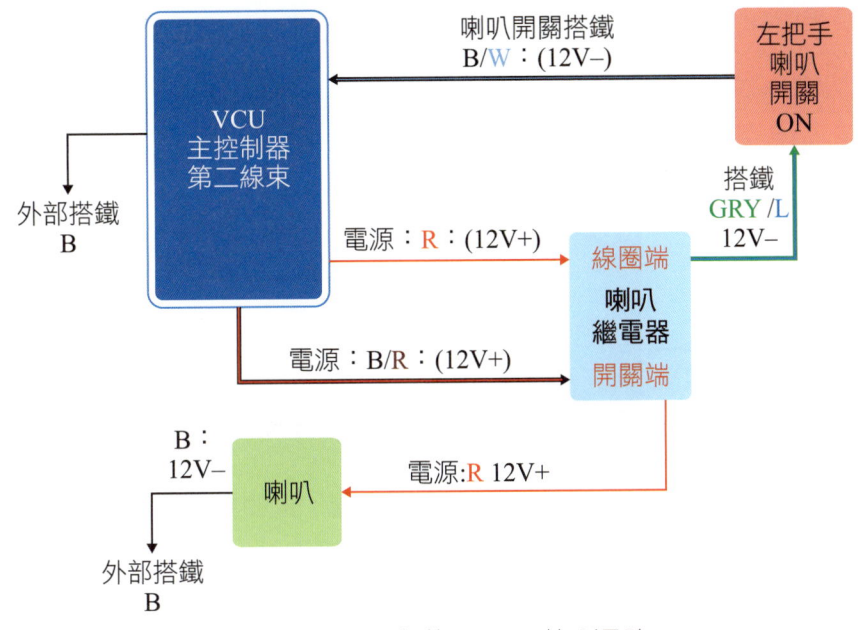

◆ 圖 17-13　山葉 EC-05 喇叭迴路

喇叭迴路說明如下：

1. 控制端：VCU 第二線束→ R 線→喇叭繼電器（線圈端）→ GRY/L 線→左把手喇叭開關→ B/W 線→ VCU → B 線→外部搭鐵。

2. 作動端：VCU 第二線束→ B/R 線→喇叭繼電器（開關端）→ R 線→喇叭→ B 線→外部搭鐵。

> **關鍵提醒**
>
> 與非 PBGN 聯盟機種不同處為
> 1. 該車喇叭所需電源與控制機制均由 VCU 提供與控制。
> 2. 當 VCU 收到喇叭作動訊號時；VCU 提供喇叭作動所需電源（電源控制）、並於外部搭鐵控制以驅動喇叭作動。
> 3. 此系統架構為簡圖表示，非所有配線標示其上；請以原廠規範說明為主。

七、山葉 EC-05 USB 充電 / 置物箱燈迴路

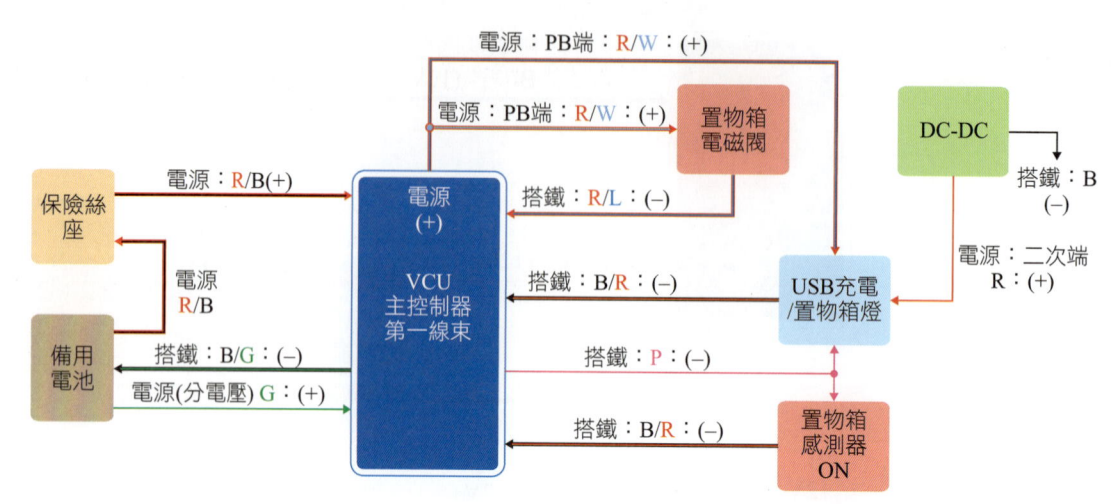

圖 17-14　山葉 EC-05 USB 充電 / 置物箱燈迴路

USB 充電 / 置物箱燈迴路說明如下：

1. 備用電池供電說明

   作動：備用電池→ R/B 線→保險絲座→ R/B 線→ VCU 第一線束→ B/G 線→備用電池（搭鐵）。

2. 置物箱電磁閥作動說明

   作動（備用電池供電）：VCU 第一線束→ R/W 線→置物箱電磁閥→ R/L 線→ VCU 第一線束→搭鐵。

3. 置物箱感測器作動說明

   作動：VCU 第一線束→ P 線→置物箱感測器→ B/R 線→ VCU 第一線束→搭鐵。

4. USB 充電 / 置物箱燈作動說明

   (1) 作動 1（備用電池供電）：備用電池→ R/B 線→保險絲座→ VCU：第一線束→ R/W 線→ USB 充電 / 置物箱燈→ B/R 線→ VCU：第一線束→搭鐵。

   (2) 作動 2（DC-DC 二次側供電）：DC-DC → R 線→ USB 充電 / 置物箱燈→ B/R 線→ VCU：第一線束→搭鐵。

八、山葉 EC-05 開關類迴路

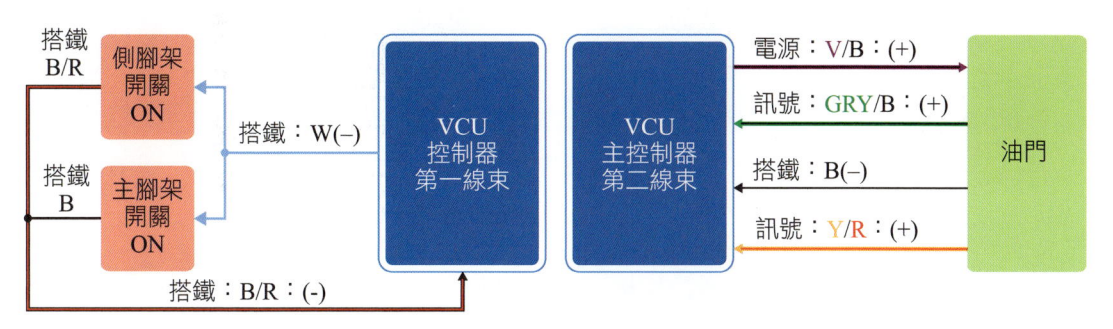

◆ 圖 17-15　山葉 EC-05 開關類迴路

開關類迴路說明如下：

1. 側腳架開關作動說明

   控制端：VCU 第一線束→ W 線→側腳架開關→ B/R 線→ VCU 第一線束→搭鐵。

2. 主腳架開關作動說明

   控制端：VCU 第一線束→ W 線→主腳架開關→ B 線→ B/R 線→ VCU 第一線束→搭鐵。

3. 油門作動說明

   (1) 電源端：VCU 第二線束→ V/B 線→油門。

   (2) 搭鐵端：油門→ B 線→ VCU 第二線束→搭鐵。

   (3) 訊號 1（安全開關→ ON-OFF；有 - 無）：油門→ Y/R 線→ VCU 第二線束。

   (4) 訊號 2（電子節流閥→開度；加減速）：油門→ GRY/B 線→ VCU 第二線束。

> **關鍵提醒**
> 1. 此機種無主腳架開關設置（不同銷售市場有不同法規要求）。
> 2. 側腳架開關作為能否進入馬達待命模式時的依據之一。
> 3. VCU 接收油門開度訊號後透過 CAN 傳輸至 MCU；進而控制動力馬達作動（出力控制 / 轉速控制）。
> 4. 此系統架構為簡圖表示，非所有配線標示其上；請以原廠規範說明為主。

九、山葉 EC-05 MCU 相關迴路

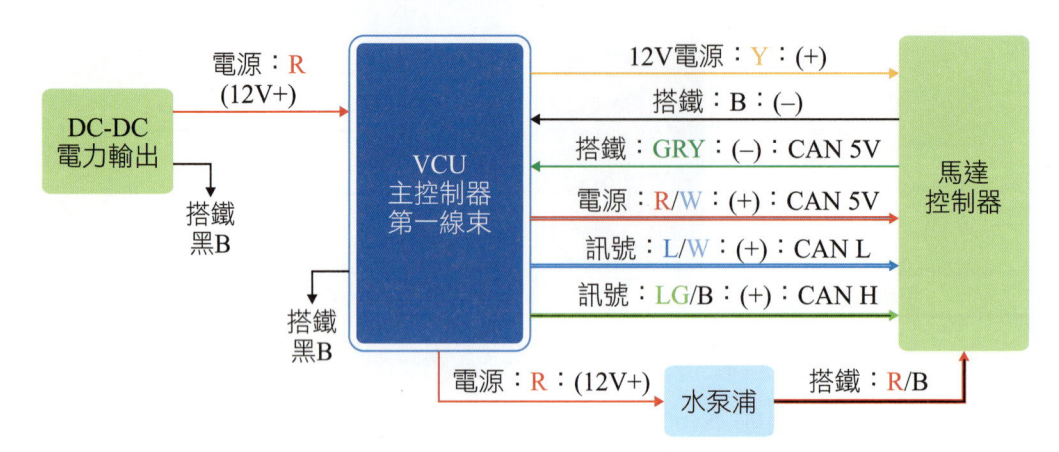

◆ 圖 17-16　山葉 EC-05 MCU 相關迴路

MCU 相關迴路說明如下：

1. 馬達控制器（MCU）12V 電源供應說明

    作動端：DC-DC → R 線→ VCU 主控制器：第一線束→ Y 線→馬達控制器（MCU）→ B 線→ VCU 主控制器：第一線束→搭鐵。

2. 馬達控制器（MCU）5V CAN 電源供應說明

    作動端：DC-DC → R 線→ VCU 主控制器：第一線束→ R/W 線→馬達控制器（MCU）→ GRY 線→ VCU 主控制器：第一線束→搭鐵。

3. 馬達控制器（MCU）CAN 訊號溝通說明

    訊號端：VCU 主控制器：第一線束←（CAN H　LG/B 線、CAN L　L/W 線）→馬達控制器板（MCU）。

4. 水泵浦作動說明

    作動端：DC-DC → R 線→ VCU 主控制器：第一線束→ R 線→水泵浦→ R/B 線→馬達控制器板（MCU）→ B 線→ VCU 主控制器：第一線束→搭鐵。

> **關鍵提醒**
> 1. 此機種系統啟動後水泵浦即作動（與 YAMAHA EMF 機種不同；EMF 機種為馬達待命模式時才啟動）。
> 2. 此系統架構為簡圖表示，非所有配線標示其上；請以原廠規範說明為主。

十、山葉 EC-05 左側把手開關迴路

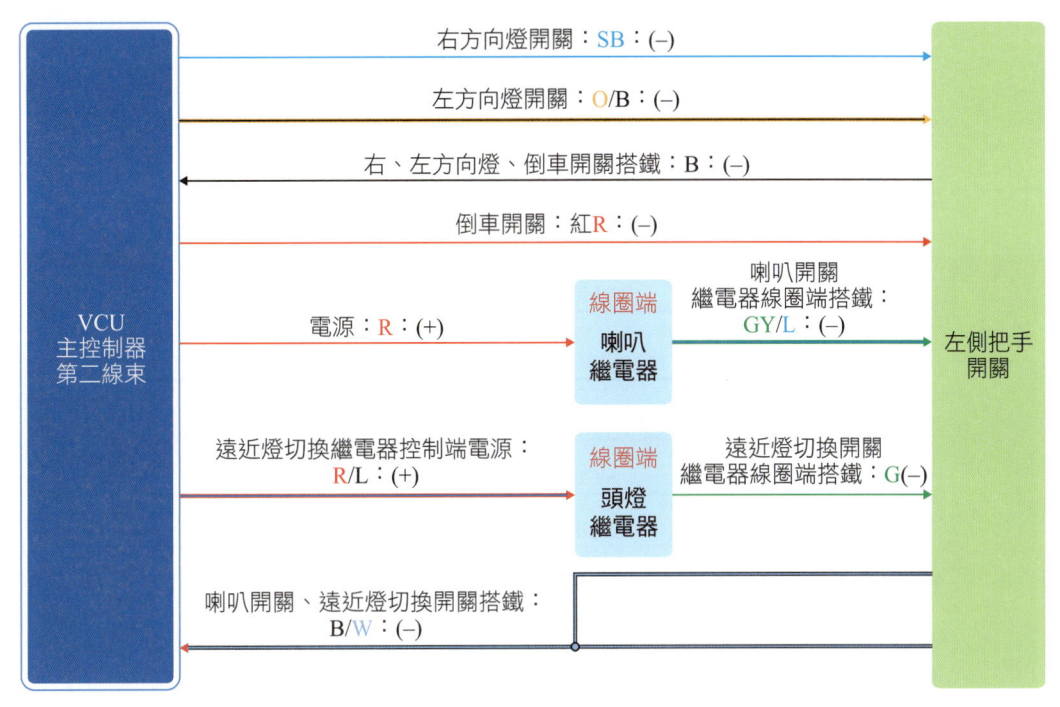

◆ 圖 17-17　山葉 EC-05 左側把手開關迴路

左側把手開關迴路說明如下：

1. **左、右方向燈開關、倒車開關控制說明**

    控制端：VCU 主控制器：第二線束→（右方向燈開關 SB 線、左方向燈開關 O/B 線、倒車開關 R 線）→左把手開關→ B 線→ VCU 主控制器：第二線束→搭鐵；VCU 收到相對應開關訊號後即驅動相對應動作。

2. **喇叭繼電器作動說明**

    控制端：VCU 主控制器：第二線束→ R 線→喇叭繼電器（線圈端）→ GY/L 線→左把手開關（喇叭開關）→ B/W 線→ VCU 主控制器：第二線束→搭鐵；VCU 收到相對應控制訊號後即於 VCU 內部搭鐵後將繼電器作動。

3. **頭燈繼電器作動說明**

    作動端：VCU 主控制器：第二線束→ R/L 線→頭燈繼電器（線圈端）→ G 線→左把手開關（遠近燈切換開關）→ B/W 線→ VCU 主控制器：第二線束→搭鐵；VCU 收到相對應控制訊號後即於 VCU 內部搭鐵後將繼電器作動。

> **關鍵提醒**
> 1. 此機種開關類為控制搭鐵是否導通、繼電器類為控制線圈是否搭鐵作動。
> 2. 此系統架構為簡圖表示，非所有配線標示其上；請以原廠規範說明為主。

十一、山葉 EC-05 右側把手開關迴路

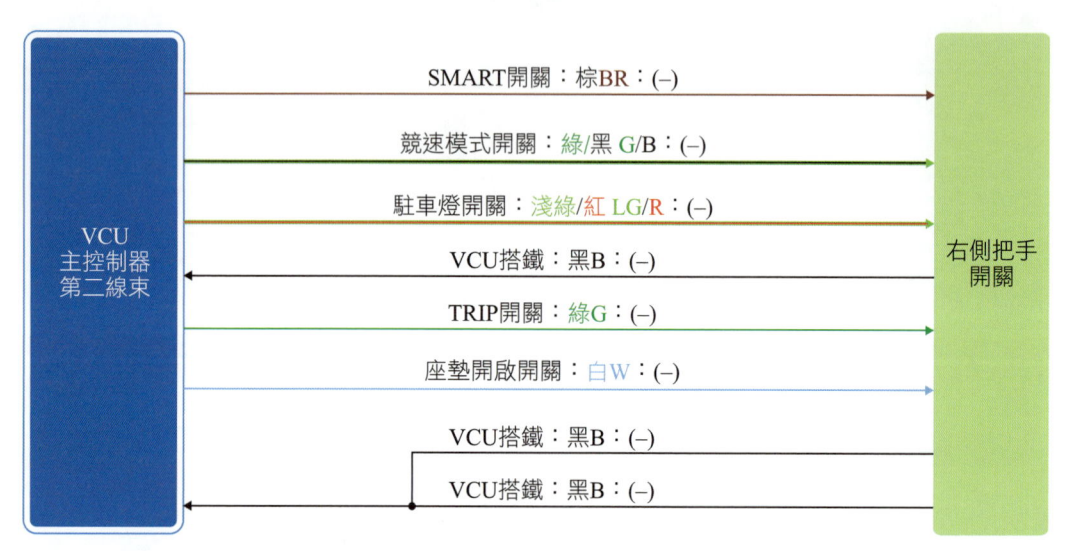

```
VCU                SMART開關：棕BR：(–)              右側把手
主控制器            競速模式開關：綠/黑 G/B：(–)        開關
第二線束            駐車燈開關：淺綠/紅 LG/R：(–)
                   VCU搭鐵：黑B：(–)
                   TRIP開關：綠G：(–)
                   座墊開啟開關：白W：(–)
                   VCU搭鐵：黑B：(–)
                   VCU搭鐵：黑B：(–)
```

◆ 圖 17-18　山葉 EC-05 右側把手開關迴路

右側把手開關迴路說明如下：

1. **模式開關、駐車燈開關控制說明**

   控制端：VCU 主控制器：第二線束→（SMART 開關 BR 線、競速模式開關 G/B 線、駐車燈開關 LG/R 線）→右把手開關→ B 線→ VCU 主控制器：第二線束→搭鐵；VCU 收到相對應開關訊號後即驅動相對應動作。

2. **TRIP 開關、坐墊開關控制說明**

   控制端：主控制器：VCU 第二線束→（TRIP 開關 G 線、座墊開啟開關 W 線）→右把手開關→ B 線→ VCU 主控制器：第二線束→搭鐵；VCU 收到相對應開關訊號後即驅動相對應動作。

> **關鍵提醒**
> 1. 此機種 VCU 收到 TRIP 開關訊號後，即透過 CAN 迴路將此訊號傳送至儀錶；此時儀錶將里程機能予以切換表示。
> 2. 此系統架構為簡圖表示，非所有配線標示其上；請以原廠規範說明為主。

十二、山葉 EC-05 CAN 說明

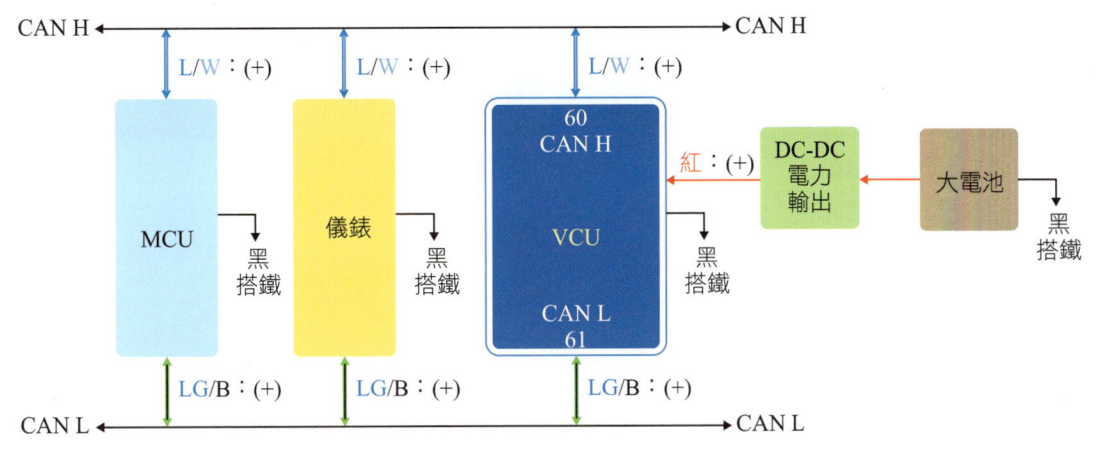

◆ 圖 17-19　山葉 EC-05 CAN

1. CAN 原理說明

1. CAN 稱為控制器區域網路（Controller Area Network ,CAN），採雙向匯流排設置，可提供低價、可靠的網路，並可同時溝通多組 ECU 的裝置；透過一線多用的方式可減少電線的使用。以達到簡化全車配備與簡輕重量的目標。
2. 該車（非 ABS 機型）配置 ECU 裝置：合計：儀錶、VCU、MCU 共三個裝置。
3. 因此各 ECU 之間可進行彼此間通訊，以數位訊號取代類比訊號來傳送感知器與驅動器訊號、滿足系統需求

2. 該車 CAN 迴路說明

1. 如圖 21-19 說明、三個裝置分別與 CAN H、CAN L 相互連接，並於兩端設置終端電阻（此圖例未呈現）以降低訊號干擾（反向電動式）。
2. 訊號讀取：維修人員可透過診斷工具讀取系統相數據與模擬作動，以進行維修檢查作業。

> **關鍵提醒**
> 1. 該車採 CAN 通訊與燃油車相比，其車上配置 ECU 較多，因此技師需對通訊系統作進一步瞭解。
> 2. 不論燃油車與電動車而言，除採用 CAN 通訊外、某些機種亦有採 LIN 通訊；不論何者規範使用請參考各廠牌手冊說明。

17-2 山葉 E-Vino 車系介紹

山葉 E-Vino 機種規格

規格	尺寸
• 動力型式：電動 • 車身型式：速克達 • 煞車型式：前後鼓式	• 座高：720mm • 車長：1675mm • 車寬：670mm • 車高：1030mm • 車重：66kg • 軸距：1160mm • 前輪尺碼：90/90-10 • 後輪尺碼：90/90-10

圖片出處：https://www.supermoto8.com/articles/7069

　　透過媒體報導，此機種為 YAMAHA 為符合六期法規下所生產的電動機車；亦是未加入 PBGN（Powered by Gogoro Network）聯盟前的首個綠牌電動機車，與他牌競品有何特點與不同處，將於後續章節予以介紹。

一、山葉 E-Vino 電源供應系統

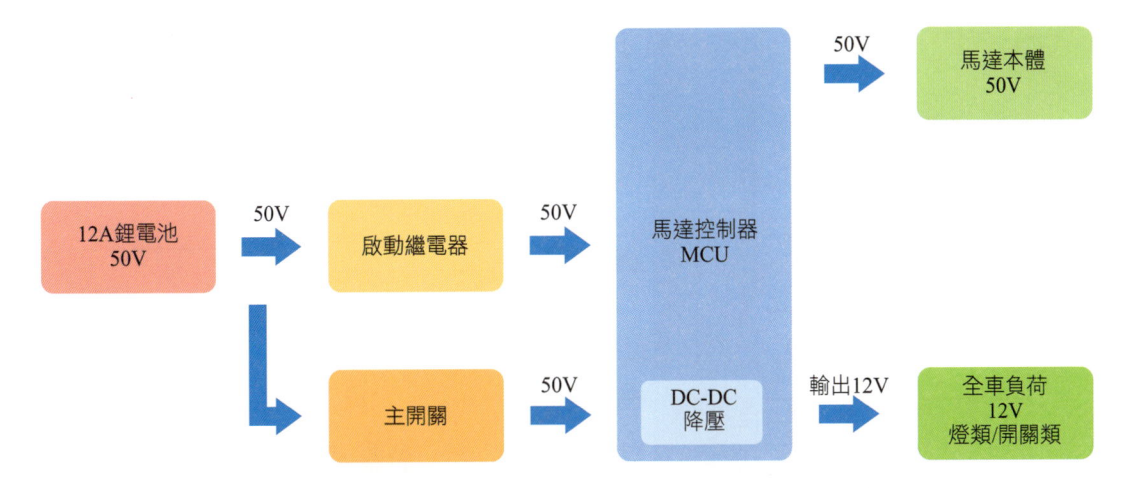

```
12A鋰電池 50V ──50V──▶ 啟動繼電器 ──50V──▶ 馬達控制器 MCU ──50V──▶ 馬達本體 50V
                        主開關      ──50V──▶ DC-DC 降壓  ──輸出12V──▶ 全車負荷 12V 燈類/開關類
```

▶ 大電壓（50V；供應驅動馬達用）

▶ 小電壓（12V；供應全車一般負荷用）

◆ 圖 17-20　山葉 E-Vino 電源供應系統架構圖

供電迴路說明：

1. **大電壓供電**

   鋰電池→啟動繼電器→馬達控制器（MCU）→驅動馬達；動力馬達驅動使用。

2. **小電壓供電**

   鋰電池→啟動繼電器→馬達控制器（MCU）→全車 12V 負荷使用（燈類、開關類）。

> **關鍵提醒**　馬達控制器（MCU）內建 DC-DC 機能，因此全車 12V 電器所需電源由 MCU 供應。

二、山葉 E-Vino 全車電系架構圖

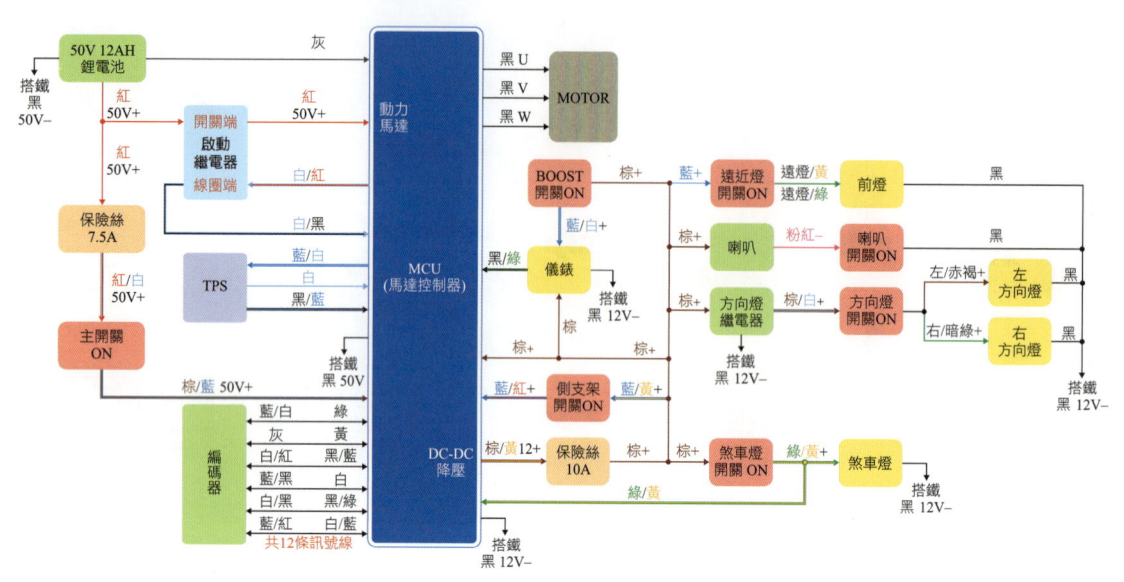

◆ 圖 17-21　山葉 E-Vino 全車電系架構圖

全車電系說明如下：

1. **系統啟用**

    (1) 鋰電池→ 7.5A 保險絲→主開關→ MCU →搭鐵；MCU 喚醒。

    (2) MCU →白 / 紅色線→啟動繼電器（線圈端）→白 / 黑色線→ MCU →搭鐵；啟動繼電器作動。

    (3) 鋰電池→紅色線→啟動繼電器（開關端）→紅色線→ MCU →搭鐵；馬達供電預備完成。

2. **騎乘控制**

    (1) MCU →棕 / 黃色線→ 10A 保險絲→棕色線→藍 / 黃色線→側支架開關→藍 / 紅線→ MCU →搭鐵；騎乘安全模式。

    (2) MCU →棕 / 黃色線→ 10A 保險絲→棕色線→ BOOST 開關→藍 / 白色線→儀錶→黑 / 綠色線→ MCU →搭鐵；騎乘模式切換。

    (3) TPS →（藍 / 白色線、白色線、黑 / 藍色線）→ MCU；騎乘速度操作控制。

    (4) MCU →（黑色線、黑色線、黑色線）→馬達；馬達作動。

    (5) MCU →棕 / 黃色線→ 10A 保險絲→棕色線→煞車燈開關→綠 / 黃色線→ MCU；煞車訊號輸入、切斷驅動馬達供電進而減速。

3. **遠、近燈作動**

   MCU →棕／黃色線→ 10A 保險絲→棕色線→藍色線→遠、近燈開關→（遠燈→黃色線、近燈→綠色線）→前燈→黑色線→搭鐵。

4. **喇叭作動**

   MCU →棕／黃色線→ 10A 保險絲→棕色線→喇叭→粉紅色線→喇叭開關→黑色線→搭鐵。

5. **方向燈作動**

   MCU →棕／黃色線→ 10A 保險絲→棕色線→方向燈繼電器→棕／白色線→方向燈開關→（左側→赤褐色線、右側→暗綠色線）→左、右方向燈→黑色線→搭鐵。

6. **煞車燈作動**

   MCU →棕／黃色線→ 10A 保險絲→棕色線→煞車燈開關→綠／黃色線→煞車燈→黑色線→搭鐵。

> **關鍵提醒** 與它廠牌不同處為：
> 1. DC-DC 機能內建於 MCU 內，故 MCU 除了控制馬達作動外也肩負小電壓的電源供應者。
> 2. 該車相關燈類、訊號類其電源供應由 MCU 提供。
> 3. 此系統 12V 電系類似傳統燃油車配置；其控制與 MCU（電腦）無關，不同於 PBGN 聯盟的設計。
> 4. 該機種的 BOOST 開關、側支架開關、煞車燈開關為 MCU 的訊號輸入，此機能可視為感知器般提供騎士操作意向給 MCU，作為輸入訊號以執行相關作動。
> 5. 此系統架構為簡圖表示，非所有配線標示其上；請以原廠規範說明為主。

技術補給站

編碼器說明：

　　編碼器是測量速度、位置、角度等物理量，把機械位移量轉變成電信號的感測器。其功能有：檢測旋轉角度或方向的旋轉編碼器，檢測直線機械位移量的線性編碼器。因此該機種於動力馬達處配置編碼器，透過編碼器將馬達運轉狀況提供給 MCU 進行計算與控制使用。

第 17 章 ｜ 課後習題

簡答題

1. 試問山葉 EC-05 機種電池認證程序作法為何？

2. 請說明山葉 EC-05 機種右方向燈控制與作動迴路為何（從供電端依序到搭鐵端；含電線顏色）？

3. 山葉 E-VINO 機種所配置的 MCU 其功能為何？

4. 請說明山葉 E-VINO 機種方向燈作動迴路為何（從供電端依序到搭鐵端；含電線顏色）？

第四篇　汽車智駕篇

- 第 18 章　未來電動車產業發展趨勢
- 第 19 章　電動車概論與新科技
- 第 20 章　T-BOX 概要
- 第 21 章　TCU 電路技術說明
- 第 22 章　ADAS_J2 概要
- 第 23 章　ADAS 與 5G 結合
- 第 24 章　車用 IVI 未來應用
- 第 25 章　電動車電池應用

第 18 章 未來電動車產業發展趨勢

近年來，由於石油耗盡和價格逐漸昂貴，還有環保意識逐漸抬頭等，尤其是環保這方面，空氣汙染也日漸嚴重，也讓人們最依賴的東西之一的交通工具能源方面也不得不轉型，所以由原本的汽油車，近年來逐漸衍生出電動車，並且電動車也開始蓬勃發展，即將要取代汽油車，成為我們生活中最不可或缺的一部分。

18-1 國內電動車發展趨勢

臺灣自 2022 年國發會宣布「臺灣 2050 淨零排放路徑」以來，積極推動「運具電動化及無碳化」，在各部門努力下近年市場快速成長，2023 年臺灣電動車總銷售量達 29,329 輛（BEV+PHEV），年增率高達 60%，相較於 5 年前 2018 年的 795 輛，成長將近 36 倍，如圖 18-1 所示。

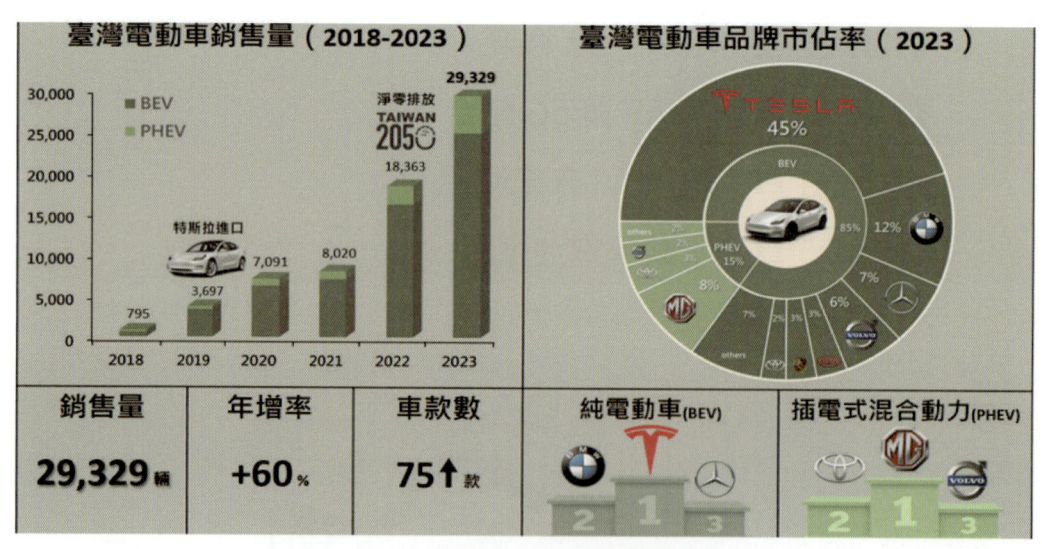

◆ 圖 18-1　國內電動車發展趨勢
（圖片來源：交通部統計查詢網、中華電信數據通信分公司，車輛中心整理）

純電動車（BEV）2023 年臺灣銷售排行榜如圖 18-2 所示，第一名是銷售 9,696 輛的 Tesla Model Y，單一車款的銷量已經超越兩年前（2021）整個電動車市場的總銷售量（8,020 輛）。此外，在經歷一年半的停止接單後，改款後的 Model X 和 Model S 於 2023 年下半年恢復交付，也獲得良好銷售成績。

插電式混合動力（PHEV）2023 年臺灣銷售排行榜如圖 18-3 所示，過去數年處於 TOYOTA Prius PHV 和 Volvo 車款主導市場，在 2023 年中華名爵（MG）的 MG HS PHEV 以滿配及百萬出頭（122 萬起）的訂價，躍升銷售冠軍，並且和其他車款拉開很大差距，顛覆整個市場。

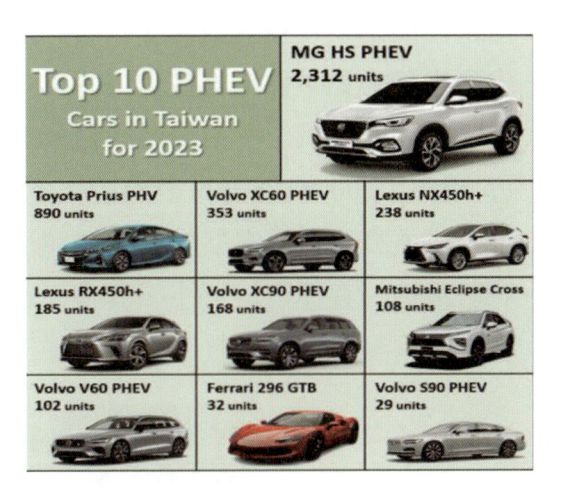

◆ 圖 18-2　純電動車（BEV）TOP 10　　◆ 圖 18-3　插電式混合動力（PHEV）TOP 10

（圖 18-2、18-3 圖片來源：交通部統計查詢網、中華電信數據通信分公司，車輛中心整理）

　　截至 2024 年 5 月，臺灣電動車占比約 2.12%，但電動車的年複合成長率高達 10.44%，高於一般車輛的 0.98%，近年電動車價格也下降近 3 成。臺灣在充電樁發展上遇到 2 個問題，分別為電動車與充電樁（圖 18-4）的成長不成比例，以及家用充電樁設置昂貴且耗時。根據調查，超過 7 成民眾表示，未來 3 到 5 年內打算購買

◆ 圖 18-4　電動車與充電樁

電動車，但要滿足電動車市場需求，台灣的充電樁數量仍遠遠不足。依據公路局數據與歐盟建議，電動車與充電樁的比例應為 10 比 1，台灣目前比例為 39.7 比 1。

18-2 美國電動車四大關鍵趨勢

一、電池電壓接近 1kV

　　大多數電動車輛仍然使用 400V 電池，這已經是一項很成熟的技術，但這種情況正在發生改變。許多汽車製造商現在都在使用 800V 的系統，大致來說，如果將電池配置（圖 18-5）電壓從 400V 提高一倍到 800V，充電時間就會減半。由於反對電動車輛的主要爭論之一是充電時間太長，近期採用 800 V 系統的廠商提出的另一個論點是電動車輛的續航里程不足，而更高的電池電壓也有助於解決這個問題。因為 800 V 匯流排架構意味著電纜的直徑可以更小，其他元件的尺寸和重量也可以減少。這減輕了汽車的重量，提高了效率，也增加了續航里程。

◆ 圖 18-5　電動車電池配置

　　Lucid Group 和 Tesla 甚至更進一步。Lucid Air 電動車輛（圖 18-6）使用 924 V 電池，據稱是有史以來充電最快的電動車輛。2022 年 12 月，Tesla 宣佈了更高的電壓，Tesla Semi 是一款新型電動卡車（圖 18-7），擁有 1,000 V 的動力系統，續航里程為 500 英里。Tesla 的其他卡車（也許是 Cybertruck）也會仿效，並且揣測 1,000 V 除了用於大型車輛，是否也會用於客車（例如 Tesla 的 Model 3、Y、S、X）。

◆ 圖 18-6　Lucid Air 電動車輛 / Lucid Motors

◆ 圖 18-7　Tesla Semi 是一款新型電動卡車 / Tesla

二、從 12V 轉向 48V

　　Tesla 在美國市場佔據主導地位，佔電動客車銷量的 50% 以上，Tesla 宣佈將從傳統的 12V 汽車架構轉向 48V 匯流排系統，這被視為電動車的一個重大發展。如今的汽車擁有越來越廣泛的電力功能，其使用者介面更類似於電玩遊戲主機，而不是傳統的儀表板。新一代

◆ 圖 18-8　ADAS 與導航系統

的電動車輛預計將配備 ADAS、導航系統、環境控制和複雜的資訊娛樂系統等功能（圖 18-8）。

　　12V 轉向 48V 可最大限度地減少電阻損耗，從而實現更高的電流和更大的功率傳輸。這使得加熱座椅、後視鏡調節和車窗除霧器等功能能夠更快地運行。使用 48V 系統的主要好處可能是，與 12V 系統相比，電流可以減少四倍。這縮減了電纜的直徑，節省了重量和成本。減少電流可以提高電氣裝置的效率和效能（圖 18-9），因為以熱量形式損失的能量會更少。

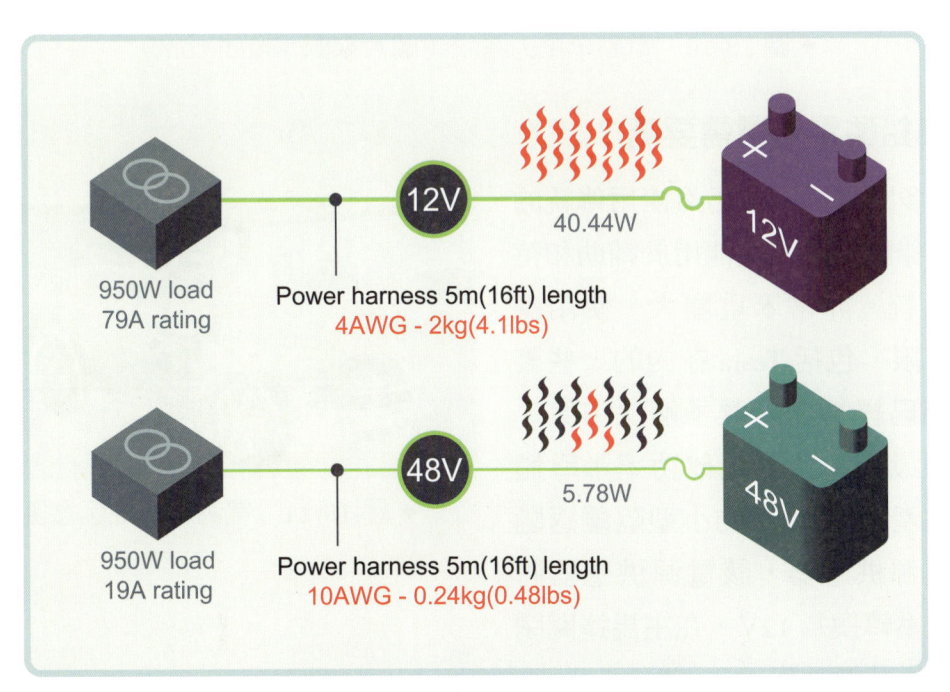

◆ 圖 18-9　電氣裝置效率效能

48V 系統也可用於為輕度混合動力馬達提供動力，該馬達在加速和制動期間輔助主要電動馬達。這提高了燃油經濟性，減少了油電混合車輛的排放量。如前所述，48V 系統還可以支援 ADAS 功能，包括自適應巡航控制和車道輔助，這些功能需要比傳統 12V 系統提供更多的電力。隨著我們在汽車上使用更複雜的資訊系統對增加電力的需求可能會迫使所有汽車製造商採用 48V 系統。

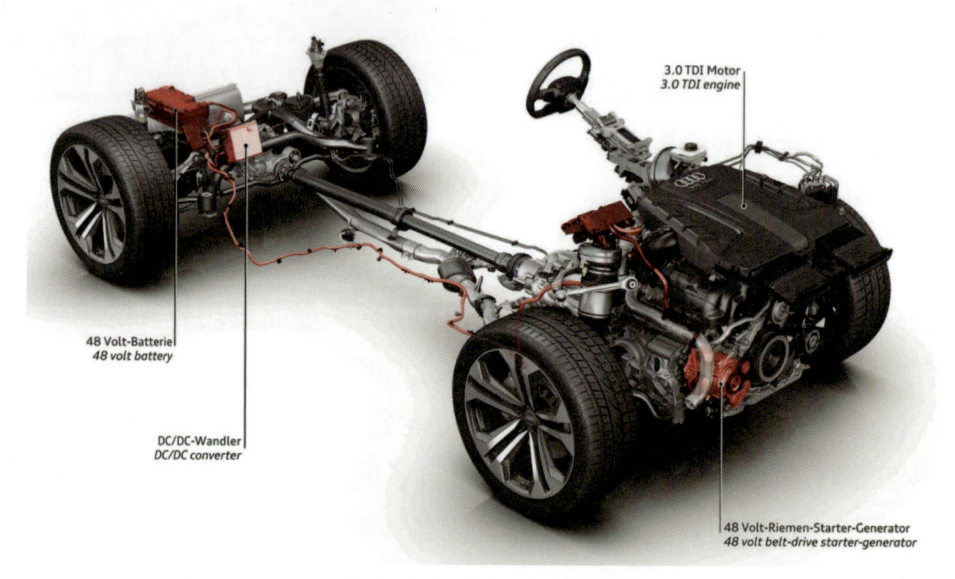

◆ 圖 18-10　電動車動力系統（圖片來源：Audi.com）

三、鉛酸電池還需要嗎？

　　多數電動車輛仍然使用傳統的 12V 鉛酸電池。電池用於輔助和待機系統。非常笨重龐大，使用壽命有限。包括 Tesla 在內的一些製造商已經轉向鋰離子解決方案。使用最新一代碳化矽功率半導體來生產一個 60W 的小型隔離返馳式電源供應器，該電源供應器將高電壓轉換為 12V，在主馬達關閉時提供待機功率。

◆ 圖 18-11　電動車電池示意圖

四、氮化鎵

氮化鎵（GaN）的電源供應器現在實現了令人難以置信的效率和功率密度。在汽車領域，氮化鎵通常用於控制和資訊＋＋娛樂系統，氮化鎵半導體裝置可以在不同的架構中使用，並在更高的電壓下為電動車輛變頻器供電。

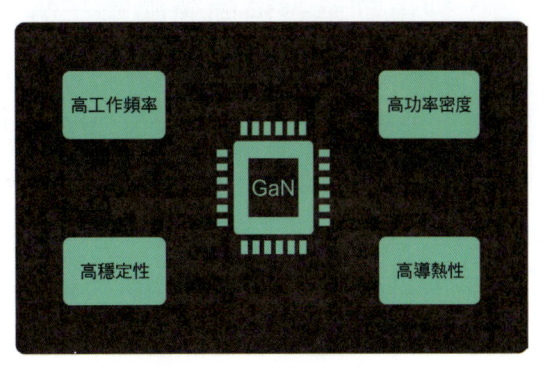

◆ 圖 18-12　氮化鎵特性

18-3　全球電動車發展趨勢

一、電動車增長率放緩

電池監控平台 Recurrent 的聯合創始人兼首席執行官 Scott Case 認為電動車在市場上需求依然很高，但市場上缺乏價格合理的電動車型。在日益困難的經濟形勢下，高價位豪華電動車銷售面臨了逆風，但在不久的將來，車商可以獲得更好的補貼措施和量產新的平價車款。在美國，從 2024 年 1 月 1 日起，電動車稅收抵免將可轉換為銷售點折扣，新電動車最高可節省 7500 美元，二手電動車最高可節省 4000 美元，作為回扣或首付款。

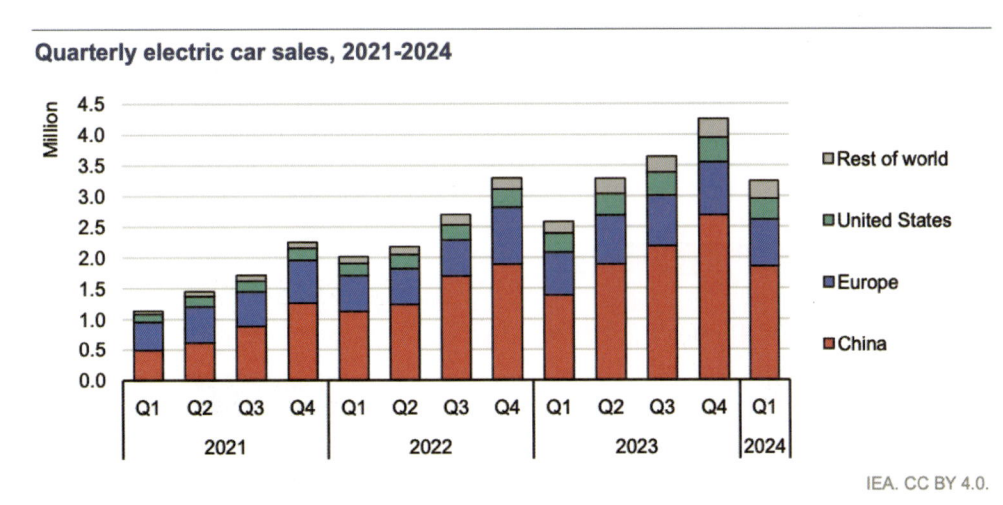

◆ 圖 18-13　2021-2024 年季度電動車銷量

二、純電動車製造商將繼續主導市場

傳統汽車製造商如 Volkswagen、Toyota、Stellantis、Mercedes-Benz、Ford 為保持競爭力，紛紛推出電動車型以應對電動車市場份額的增長。然而，與專注於電動車生產的製造商如特斯拉、比亞迪（BYD）、蔚來（Nio）和小鵬汽車（XPeng）相比，這些傳統製造商的靈活性較差。純電動車製造商能夠比傳統汽車製造商更快地移動，並利用其在技術創新方面的先發優勢。傳統製造商在進行電動車轉型時面臨著成本壓力，並且在美國面臨工會工人的罷工問題，這部分是由於對電動車製造過程可能威脅汽車工人工作的擔憂所驅動。

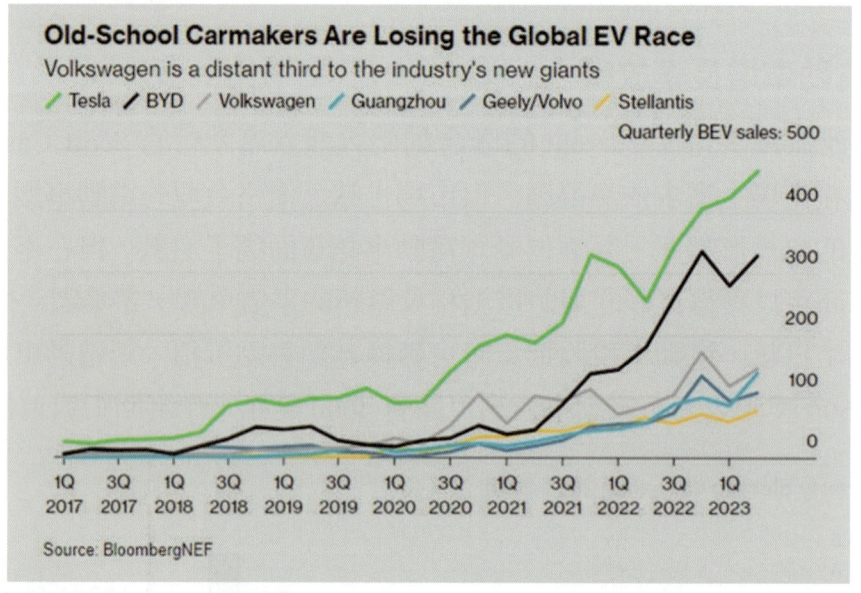

◆ 圖 18-14　2021-2024 年季度電動車銷量（圖片來源：北美智權報）

三、中國製造商加速國際擴張

面對國內市場的成功，中國汽車製造商正尋求通過擴大海外生產和銷售來對沖潛在的經濟放緩。中國在全球電動車銷售中排名第五，僅次於挪威（80%）、冰島（41%）、瑞典（32%）和荷蘭（24%），但考慮到中國作為世界

上最大的汽車市場，其在絕對銷量上遠遠領先。2022 年，中國的電動車市場份額達到了 22%，銷量達到 440 萬輛，遠超過全球其他地區合計的 300 萬輛電動車銷量，根據中國汽車零部件供應商 SuperAlloy Industrial 的預測，2024 年全球電動車、混合動力車和燃料電池車的銷量預計將增長 32%，達到總計 1700 萬輛。

四、中國汽車製造商進軍歐洲市場

根據中國政府的「中國製造 2025」工業戰略，要求國內最大的兩家電動車製造商到 2025 年時，其銷售的 10% 來自海外市場。作為這兩家公司之一的比亞迪（BYD）積極尋求進入海外市場，依靠出口和當地生產。比亞迪於 11 月開始在歐洲交付其轎車的歐洲版本，小鵬汽車在四個歐洲市場銷售車輛。荷蘭汽車製造商斯泰蘭蒂斯（Stellantis）收購了零跑汽車（Leapmotor）20% 的股份，並將成立合資企業，幫助這家中國電動車初創企業擴展到歐洲。包括在歐洲生產車輛的選擇權，反映了中國汽車製造商計劃開始當地生產，以避免進口關稅和運輸成本。

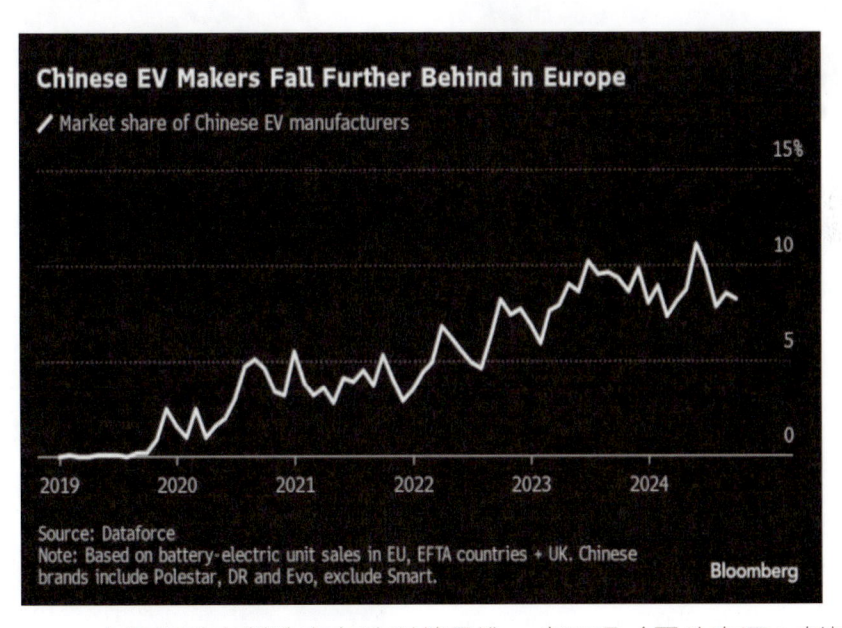

◆ 圖 18-15　中國電動車製造商在歐洲銷量進一步下滑（圖片來源：彭博社）

五、電動卡車市場的競爭

特斯拉在 2024 年開始大規模生產其備受期待的 Cybertruck。這款卡車以其獨特的外觀設計、雙馬達或三馬達動力系統帶來的快速加速能力，以及大型拖曳能力吸引了汽車愛好者的關注，並賦予其競爭優勢。Cybertruck 將與福特的 F-150 Lightning 模型、雪佛蘭 Silverado、GMC 的 Sierra 皮卡和豐田的 Tacoma 等新推出的卡車競爭。Ram 則推出了一款配備 168 千瓦時（kWh）標準電池組的新皮卡，續航 350 英里，並可選擇升級至 229kWh 電池組，使卡車續航達到市場領先的 500 英里。電動卡車市場的這一競爭不僅是技術的競爭，也是品牌影響力和市場定位的競爭。越來越多的消費者和企業對電動車輛的興趣增加，電動卡車市場的潛力巨大，並可能成為電動車行業的一個重要增長點。

◆ 圖 18-16　特斯拉 Cybertruck／Tesla

◆ 圖 18-17　電動車電池組

六、電池交換技術

擴大電動車（EV）採用的主要障礙之一是公共電池充電基礎設施建設的滯後。雖然許多汽車製造商正在開發廣泛的充電網絡，以服務於城市區域、高速公路和鄉村地區，但電池交換站的概念已成為在基礎設施建設到位之前填補空白的一種方式。電池交換技術允許駕駛員從車輛中取出電池模塊，並在幾分鐘內將其替換為完全充電的電池包，而不必等待電池充電。

◆ 圖 18-18　蔚來汽車換電站／蔚來汽車

中國的蔚來汽車（Nio）於 2020 年推出了電池交換服務，並在中國安裝了 2000 多個交換站，以及在歐洲的 30 個。該公司於 11 月與長安汽車和吉利汽車簽署協議，共同開發可交換電池的標準，並在中國城市擴大和共享電池交換網路。在歐洲，蔚來將其進入英國的計劃從 2024 年推遲到 2025 年，以確保有足夠的電池交換能力。

斯泰蘭蒂斯與美國的 Ample 建立了合作夥伴關係，使用其模塊化電池交換技術在斯泰蘭蒂斯的電動車上。該初始計劃定於 2024 年在西班牙馬德里開始，使用斯泰蘭蒂斯的 Free2move 汽車共享服務中的 100 輛 Fiat 500e 車型。Ample 的首席執行官表示：提供吸引人的電動車，並且能在不到五分鐘內充滿電，將有助於消除對電動車採用的剩餘障礙。除了電池交換外，未來還將擴大雙向電池充電技術，增加電動車主人使用其車輛的方式。

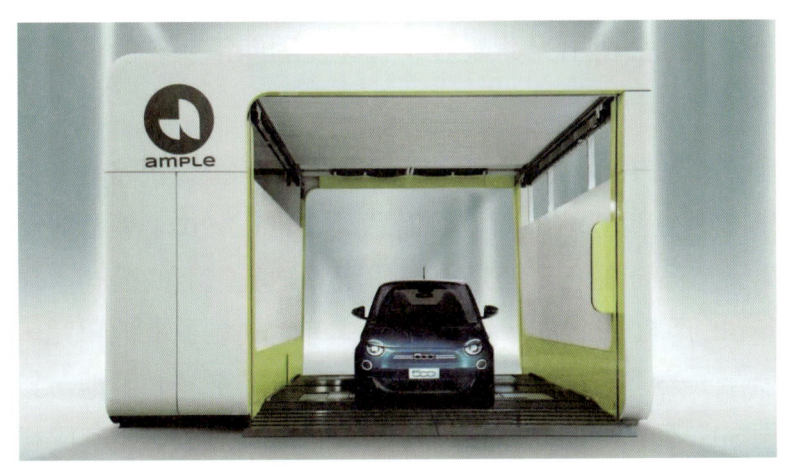

◆ 圖 18-19　Ample 電動車換電站（圖片來源：Yahoo! JAPAN）

七、電池化學成分的變化

電池交換技術也可能幫助電動車製造商應對由於電池化學成分轉變而導致的短期能量密度下降和行駛範圍縮短的問題。大多數電動車電池使用鋰離子電解質在陰極和石墨陽極。鋰鎳錳鈷氧化物（NMC）或鎳鈷鋁氧化物（NCA）陰極的鋰離子電池提供比使用鋰鐵磷酸鹽（LFP）的電池更高的能量密度和更長的行駛範圍。然而，這些金屬的市場價格波動和供應鏈問題促使製造商尋找替代方案。

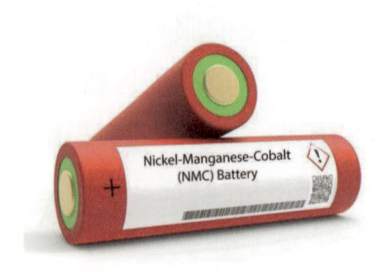

◆ 圖 18-20　NCA 鋰電池　　　　　◆ 圖 18-21　鋰鐵磷酸鹽（LFP）電池

　　LFP 電池正在從 NMC 電池中重新獲得市場份額，許多公司正在加速開發如硅陽極、固態鋰離子和鈉離子電池等技術，這些技術提供更穩定的化學成分，同時減少鎳、鈷和石墨的含量。韓國 SK 集團的電動車電池製造子公司 SK On 已開發出固態電解質材料，計劃於 2024 年完成試驗廠的建設，目標是到 2026 年生產原型，並於 2028 年實現大規模生產。豐田汽車正與能源和化工公司出光興產合作，建立固態電解質的供應鏈，計劃在 2027-2028 年開始試生產。

　　在鈉離子電池方面，比亞迪已與淮海控股集團簽署協議，共同在中國建立鈉離子電池生產基地，而寧德時代（CATL）2024 年早些時候表示，中國電動車製造商奇瑞汽車將是首家使用其鈉基電池的公司。瑞典電池製造商 Northvolt 於 11 月宣布，已開發出其首代鈉離子電池單元，儘管主要用於能源儲存，公司旨在開發後續具有足夠能量密度的電池，以供電動車使用。美國 Sila 等公司正在建設硅陽極電池材料廠，並將其陽極供應給松下能源，用於提供更長行駛範圍和縮短充電時間的鋰離子電池。

◆ 圖 18-22　Northvolt 公司　　　　◆ 圖 18-23　sila 公司 logo

八、政府將調整電動車激勵措施的重點

鑑於電動車的製造成本通常高於內燃機車輛，各國政府通過向消費者和部分製造商提供返現、貸款或稅收抵免等激勵措施，支持其國內的初期採用。隨著過去幾年電動車銷量的迅速增長，一些政府正在調整其激勵措施的重點。美國政府通過《通脹減輕法案》明確指導汽車製造商建立國內電動車供應鏈，該法案規定，從 2024 年 1 月 1 日起，含有來自"關注外國實體"（如中國）電池組件的車輛將不再有資格獲得 7500 美元的聯邦稅收抵免。在澳洲，維多利亞州和新南威爾士州政府將從 1 月起取消新電動車的購買激勵措施，因為供應商已經降低了價格。但它們將重新分配部分資金，用於安裝更多充電站，以繼續鼓勵採用。泰國政府將原定於 2024 年底到期的消費者電動車補貼延長至 2027 年，儘管已削減其價值，因為該國的電動車採用率迅速增長。國內電動車市場的強勁增長和對製造商的補貼吸引了外國投資，泰國作為東南亞的汽車中心，旨在將自己定位為該地區的電動車生產基地。越來越多的日本和中國車輛製造商宣布計劃擴大在該國的業務。法國政府旨在通過從 2024 年 1 月起為電動車買家引入新的現金激勵措施來解決這一問題，這將考慮車輛的原材料、生產和組件。這意味著在燃煤電力驅動的設施中製造的中國車輛將不符合資格，而在法國和歐盟使用可再生能源生產的車輛將符合資格。

18-4 全球電動車未來展望

禁售燃油車國家	預計禁售年分	地方策略
挪威、荷蘭	2025 年	挪威當地目前電動車數量占當地車子的 26.3%，預計在 2026 年超越當地主要車種柴油車
德國	2030 年	當地第一大車廠 volkswagen 預計在 2030 年旗下所有車款全面電動化
英國、法國	2040 年	在 2017 年宣布自 2040 起市售新車必須是純電動車

18-5 新能源車

一、純電動車（Battery Electric Vehicle，BEV）

由電池供電驅動馬達的車輛。與一般燃油車最基本的差別是，將油箱替換成電池，以電取代燃油，用馬達代替內燃機引擎。純電動車需等待時間充電且電池空間有限，較適合購物、上班等短距離使用。

二、油電混合車（Hybrid Electric Vehicle，HEV）

同時具有燃油驅動內燃機及電池驅動馬達的混合動力車。一般油電混合車依賴「引擎發電」，電量不足時，引擎會啟動並帶動發電機充電，因此無法在沒有油的情況下行駛。除了依靠引擎發電，另外還有插電式油電混合車（Plug-in Hybrid Electric Vehicle，PHEV），最大的不同在於後者可透過「外部電網」為車輛電池充電，如充電站或家用充電設備。

三、燃料電池電動車（Fuel Cell Electric Vehicle，FCEV）

使用氫燃料電池產生電力所驅動的車輛，也就是將燃料中的化學能轉換成電能，再轉換成動能，這類型的車被歸類在零碳排車，與一般內燃機汽車相比，氫燃料電池碳排多集中在燃料生產過程。燃料電池電動車補充燃料時間不到 5 分鐘，能源使用效率隨距離遞減的速度也較一般純電動車來的慢，因此適合行駛較長的距離及時間，帶動不少車廠以開發商用車款為主要市場，像是現代汽車（HYUNDAI）、豐田汽車（TOYOTA）都推出氫能巴士。然而燃料電池材料成本居高不下，因此難以廣泛應用，市場占比微乎其微。

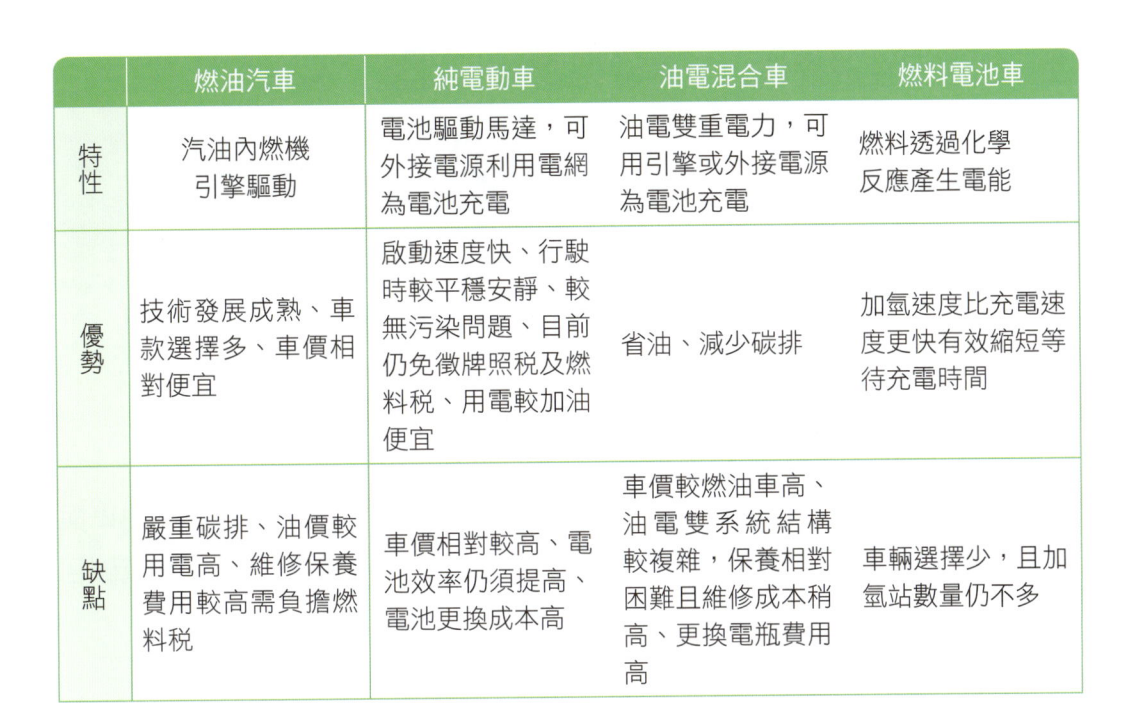

	燃油汽車	純電動車	油電混合車	燃料電池車
特性	汽油內燃機引擎驅動	電池驅動馬達，可外接電源利用電網為電池充電	油電雙重電力，可用引擎或外接電源為電池充電	燃料透過化學反應產生電能
優勢	技術發展成熟、車款選擇多、車價相對便宜	啟動速度快、行駛時較平穩安靜、較無污染問題、目前仍免徵牌照稅及燃料稅、用電較加油便宜	省油、減少碳排	加氫速度比充電速度更快有效縮短等待充電時間
缺點	嚴重碳排、油價較用電高、維修保養費用較高需負擔燃料稅	車價相對較高、電池效率仍須提高、電池更換成本高	車價較燃油車高、油電雙系統結構較複雜，保養相對困難且維修成本稍高、更換電瓶費用高	車輛選擇少，且加氫站數量仍不多

18-6 未來科技微趨勢

一、安全、發電效率高，固態電池後勢看漲

「電池」是電動車的心臟，背後技術也成為兵家必爭之地。目前的趨勢是最常用的乾電池或鋰電池（都是液態電池），轉向「固態電池」發電效率的能量密度比鋰電池多 2 倍，續航力也會延長 2 倍，安全性也較高，日本車廠豐田也計畫在 2025 年，推出搭載固態電池的汽車；比爾蓋茲投資的新創 QuantumScape，也計畫在 2024 年量產。然而，固態電池的技術仍不成熟，平均製造成本更是液態鋰電池的 8 倍，短期內應無法普及。

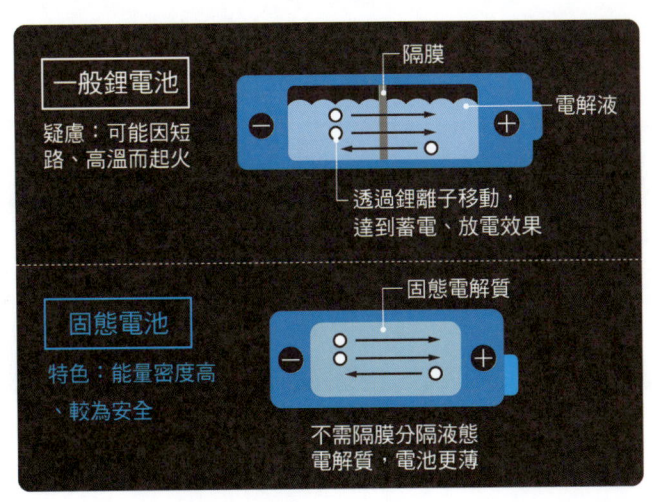

◆ 圖 18-24　固態電池的特色（圖片來源：數位時代）

二、超環保合成燃料，可以減少 85% 碳排量

保時捷（Porsche）與西門子能源和多家企業合作，共同研發由多種不同物質（如油頁岩、回收的塑料與橡膠）製成接近碳中和的一種合成燃料 e-Fuel，由氫氣、二氧化碳所做成，不會影響跑車性能，卻可以減少 85% 的溫室氣體排放量。e-Fuel 正在實驗階段，或許未來 e-Fuel 可以成為燃油車與電動車轉換期的替代方案，甚至不需要完全淘汰燃油車，也能達到減碳目標。

◆ 圖 18-25　合成燃料 e-Fuel

三、高等級自動駕駛，機場接駁先行

自動駕駛汽車長期出現在行車技術的發展藍圖裡，不過，目前市面上大約只有 10% 的車配有 Level 2 等級（部分自動，仍需駕駛雙手緊握方向盤）的輔助駕駛系統，可以做到偵測道路狀況，協助矯正偏離車道、倒車等狀況。有些車商已計畫在部分車型導入 L3 級（發出警示時，駕駛需接管車輛）自動駕駛系統，但要做到 L4 等級以上（可自行解決外在情況）的自駕車，為了兼顧安全，行駛速度偏慢，短期內較有可能應用在機場航站、停車場接駁，這類固定路線的「封閉式接駁」。

◆ 圖 18-26　自動駕駛示意圖

四、視覺 AI，像幫汽車裝上「眼睛」

未來的汽車，將如同有了雙眼，能更精準地依照四周環境的變化做判斷。像是新創歐特明研發的自動停車系統，只要開著車子在停車場停過一次車，電腦就會自動記憶，將車子停進車格。這套系統憑藉的是視覺 AI 技術，搭配車上裝設的 4 顆攝影鏡頭，讓車子不但可以「看到」，還能真正「看懂」路上的指示牌與物件。業者表示，目前技術可做到單層樓自動停車，約 100 公尺的停車移動距離，預計 2022～2025 年間，系統記憶的移動距離可增加到 1 公里，也能做到跨樓層停車。

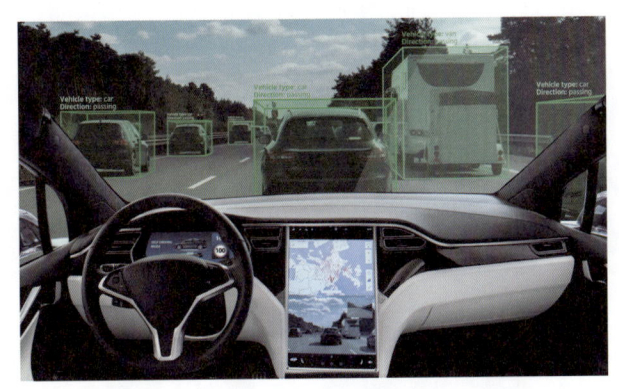

◆ 圖 18-27　AI 應用自動駕駛示意圖

五、地下汽車隧道系統，解決塞車難題

要解決交通壅塞的問題，把車子往地下開也是辦法之一。2022 年美國消費電子展（CES）上，特斯拉執行長馬斯克創辦的 The Boring Company（無聊公司），就在拉斯維加斯會議中心下方的 LVCC Loop 雙隧道系統試營運，駕駛可從地下穿越塞車路段，車速最高可達 241 公里，將 45 分鐘步行路程縮短至約 2 分鐘。

◆ 圖 18-28　LVCC Loop 雙隧道系統（圖片來源：Boring Company）

六、氫氣車只排水氣、減空污，綠色交通新選擇

　　氫氣車主要運用氫氣作為燃料，將氫的化學能轉換為機械能。由於氫氣使用過後只會排放水蒸氣，因此不會有空污問題。近期豐田汽車（Toyota）測試新款氫燃料車 Mirai，使用 5.65 公斤氫氣，可行駛約 845 英里，整個過程只排放少量的水。目前，氫氣汽車的普及化的關卡，主要在生產氫燃料動力所需的高壓氫氣，成本居高不下。反倒是在大型車貨車的環保應用上很有潛力，因為長途旅程若要改用電池驅動，必須配備大量電池，不但會使車體變重、充電時間也會拉長，若改用氫氣驅動，就能解決上述問題。

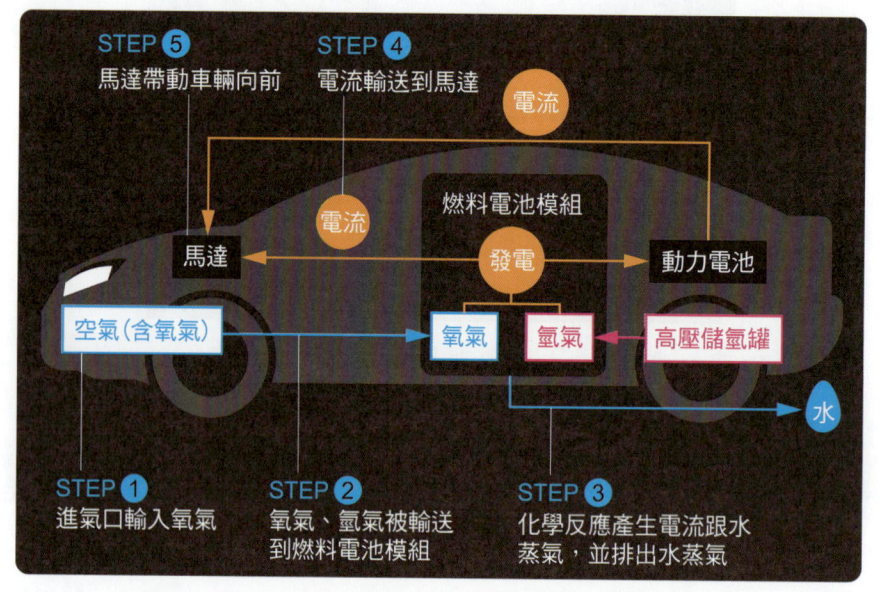

◆ 圖 18-29　氫氣車解析（圖片來源：數位時代）

七、車聯網讓行車更安全，猶如「上帝的眼睛」

　　汽車轉型的下個重點是車聯網，第一階段是車輛連上網路，可在車內使用 Google Maps、娛樂串流服務，甚至可以結合 AI，讓車子做出個人化調整。第 2 階段是汽車與汽車間連線溝通，有助預防交通事故。第 3 階段是車輛可跟公共建設（如紅綠燈、路燈）連線，協助車輛判斷塞車或事故路段。車聯網技術有如「上帝的眼睛」，可提供更精準的行車建議。

◆ 圖 18-30　車聯網讓行車更安全

八、汽車模組化，可依需求組合產品

　　在 2022 年美國消費電子展（CES）上，南韓現代汽車（Hyundai）展示了 Plug & Drive（PnD）、Drive & Lift（DnL）模組化平台，每一個模組都有轉向、電驅、懸掛、光學雷達（LiDAR）、鏡頭等設備，輪子可以 360 度旋轉，以自動駕駛型態，朝任何方向移動。透過不同組合，可以組建出不同用途、功能的智慧移動載具，像是行李搬運機器人、單人接駁車或自動倉儲機器人。現代汽車副總裁，未來將會環繞許多這類無生命的物體，透過機器人搭配物聯網技術，幫助我們完成許多事情。

◆ 圖 18-31　現代汽車模組化平台
　　　　　　（圖片來源：數位時代）

◆ 圖 18-32　Kia 展示的 PBV 模組化電動車平台

透過模組化,讓電動車在生產上更快速,也有更多發揮空間。Kia 展示的 PBV 模組化電動車平台,就是以單一底盤滿足多元需求,重新定義空間及移動。透過動態混合和無縫焊接車身結構,根據需求調整車艙長度及載貨空間,依照車輛使用目的靈活調整,藉由 Easy Swap 滑板式平台技術,透過混合電磁及機械耦合技術,在相同車台卻可更換不一樣的車廂,活動部件使用高強度管狀鋼和工程聚合物,比傳統車用零件減少 55%,但依然有良好剛性。

九、可定點垂直起降的飛天車

都市交通愈來愈擁擠,加上外送產業興起,促使人們持續探索飛天車概念的可行性。目前飛天車的設計大多採用垂直起降(VTOL)技術,不需跑道就能在定點垂直起飛與降落。近期瑞典新創 Jetson Aero 正式販售一款單人座飛行汽車,售價 9.2 萬美元,飛行時速最快 101 公里,只是受限於電池技術,單次只能飛行約 20 分鐘。現階段飛天車最大挑戰不在升空技術,而是地面的基礎建設,像是空中港口、能源補充設備,或空中的交通規則,都還有待發展。

◆ 圖 18-33　可定點垂直起降的飛天車

第 18 章 ｜ 課後習題

填充題

1. 簡述臺灣近年來電動車市場的發展趨勢，以及目前在推動電動車普及過程中所面臨的主要挑戰有哪些？

2. 美國電動車發展的四大技術趨勢中，有哪兩項技術明顯提升了充電與電力傳輸效率？請說明這兩項技術的運作原理及其帶來的優勢。

第 19 章 電動車概論與新科技

電動車（EV）的出現時間要比內燃機早上好幾十年，但 20 世紀的汽車發展方向卻非常著重於內燃機，直至上世紀 90 年代電動車由於技術上的革新才再度回到大眾的視野，時至今日已然成為各大車廠重點發展的項目，而能源獲取以及儲存方式也為電動車以及新能源車帶來更多樣化的選擇，本章將由電動車之發展歷史切入，並逐步探討其架構以及最新科技並介紹近期市場上新推出的電動車款。

19-1 電動車的發展

電動車的發展其實是比內燃機還要早就出現的，內燃機引擎是在 1885 年左右研發出來的，但早在 1830 年代就陸續開始有了電動車的發展，1832~1839 年間電動車發展迅速，有許多發明家發明出電動車，因此很難確切的說哪一輛才是歷史上第一輛電動車。美國人在 1834 年發明出一台直流馬達電動車，在此年間蘇格蘭發明家也研發出一輛裝載不可充電電池的電動車，在 1859 年時更研發出可以使電動車充電，不再使用一次性電池（鉛酸電池）的電動車，1884 年出現了第一輛量產的四輪電動車（如圖 19-1）。

1880～1900 年是電動車的黃金時期，因為跟內燃機引擎相比下來，不需換檔、不排廢氣又不會顫抖為當時民眾喜愛的原因，在當時電動車的市場占比相當的高，更在 1899 年時，打造出了第一輛時速破百的電動車（如圖 19-2），直至 1908 年開始受油田開發石油價格低，亨利·福特用流水線大量生產內燃機引擎的材料，使汽油引擎車的價錢跟當時電動車售價比較，便宜相當的多，汽油引擎車占比上升，電動車的發展就此暫停。現今因為開始重視地球暖化，又開始研發電動車的產業了。

◆ 圖 19-1　第一輛量產的四輪電動車 　　◆ 圖 19-2　第一輛時速破百電動車 La Jamais Contente（意為：永不滿足）

19-2　電動車電池

一、電動車電池種類

現今市場上常見運用在電動車上的電池有鋰電池、鎳氫電池、鉛酸電池，目前電動車主要所使用的二次電池為鋰電池，鋰電池的類型中又以磷酸鐵鋰電池（LFP）及鋰三元電池（NCA、NCM）為主。

1. 鋰電池

鋰電池（如圖19-3）主要依靠鋰離子在正、負極之間移動完成充放電，具有重量輕、容量大、無記憶效應等，相較其他二次電池安全也比較不容易爆炸。

2. 鎳氫電池（NiMH）

鎳氫電池（如圖19-4）由鎳鎘電池改良而來的，正極是使用氫氧化鎳而負極則使用儲氫合金，且能量密度為鎳鎘電池大兩倍，記憶效應也比較小目前已取代鎳鎘電池。

3. 鉛酸電池

鉛酸電池（如圖19-5）電極由鉛製成，內部必須要加入硫酸溶液（具有腐蝕性），結構較簡單、價格便宜，但由於體積較大重量重，現在主要使用在汽車電池。有分為兩種型式，一個需要定期加水，一個是完全密封免保養型。

4. 磷酸鐵鋰電池（LFP）

磷酸鐵鋰電池（如圖 19-6）又稱為鋰鐵電池，使用磷酸鐵鋰（LiFePO4）作為正極的材料，負極材料為碳，安全性佳、耐高溫、壽命長、價格較低，但是低溫性較差。

5. 三元鋰電池（NCM、NCA）

三元鋰電池（如圖 19-7）正極材料包含了鎳（Ni）、鈷（CO）、錳（Mi）或著是鋁（Al）等三元素，負極材料為碳，擁有高能量密度、穩定性、低溫適應強，須注意電池發熱問題，充電功率過高導致電池過熱會影響電池的壽命。

◆ 圖 19-3　鋰電池　　◆ 圖 19-4　鎳氫電池　　◆ 圖 19-5　鉛酸電池

◆ 圖 19-6　磷酸鐵鋰電池　　◆ 圖 19-7　三元鋰電池

二、電動車電池比較

◆ 表 19-1　電動車電池比較

	鋰電池	鎳氫電池	鉛酸電池	磷酸鐵鋰電池	三元鋰電池
工作電壓	3.7V	1.2V	2V	3.2V	3.7V
記憶效應	無	有	有	無	接近無
自放電率	低（1~2%）	高（30~40%）	中（10~20%）	低（1~2%）	低（1~2%）
能量密度（重量）	高（200Wh/kg）	中（100Wh/kg）	低（30Wh/kg）	高（150Wh/kg）	高（180Wh/kg）
充放循環（單體）	>1000	800	500	>2000	1000

> **關鍵提醒**　電池常用名詞：
> 1. 記憶效應（memory effect）：部分電池長期不完全充電或放電，會導致電池的儲電能力下降。
> 2. 自放電率（self-discharge rate）：是指電池在沒有被使用的情況下，也會自然損失一部分儲存能量的現象。
> 3. 能量密度（重量）（Energy density）：指電池單位重量所能儲存的能量，能量密度越高，表示電池在相同重量下可以儲存的能量更多，單位為瓦特 - 小時 / 公斤（Wh/kg）。
> 4. 充放循環（單體）（Cycle life）：指正常使用下，電池從滿電狀態使用到完全放電，就完成一次充電循環。

19-3　馬達及驅動控制

一、馬達原理

　　馬達結構為一個固定不動的「定子」以及一個會旋轉的「轉子」所組成，並利用電磁感應原理，因同性相吸異性相斥，使轉子移動產生動能；馬達可以分為直流、交流兩類。

1. 直流馬達

直流馬達可分為「無刷」（如圖 19-8）、「有刷」（如圖 19-9）兩類，有易於控制和構造簡單的優點，不適合高溫、易燃環境，因此不適合做為電動車的動力來源。

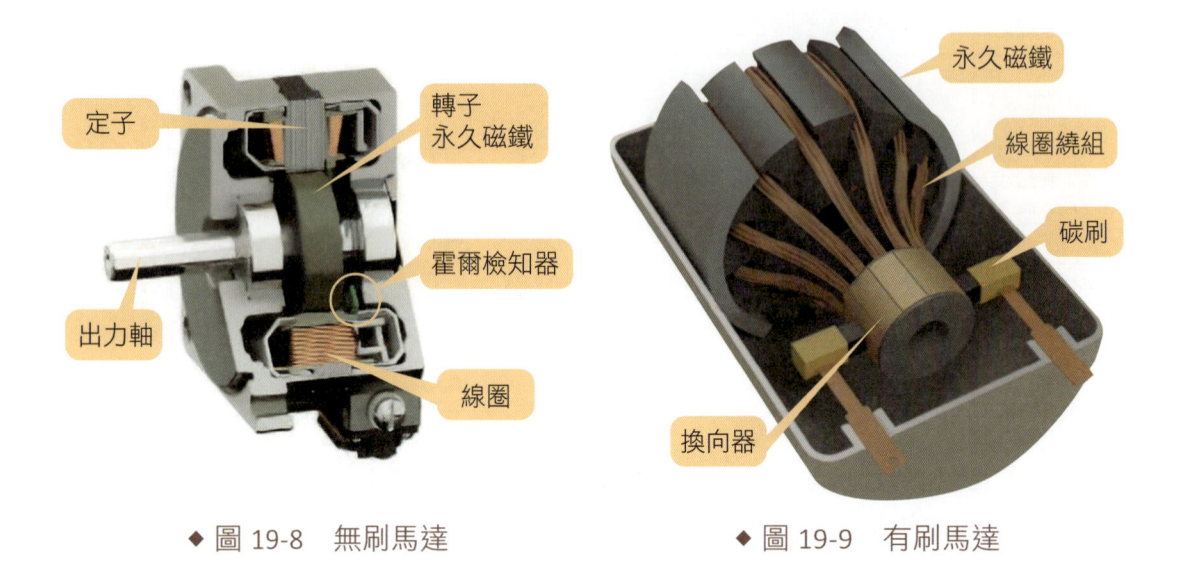

◆ 圖 19-8　無刷馬達　　　　　　　　◆ 圖 19-9　有刷馬達

2. 交流馬達

交流馬達有效率高、輸出大的特性，是電動車的主要動力來源，當中又分成永磁以及感應馬達，差在轉子的不同，永磁是自帶磁場，感應馬達則沒有自帶磁場。

1. 感應馬達：又稱為感應非同步馬達。構造簡單所以維護容易，被廣泛地使用，擁有體積小、效率高、低噪音的優勢，且成本低廉，在電動車中非常常見。
2. 永磁馬達：永磁馬達因為轉子本身是用永久磁鐵製作的，因此不用通電就可以自帶磁場，又可以在很短的時間內達到高轉速使耗能減少，現今電動車多半使用此形式，缺點為成本高、設計複雜。

二、驅動控制

由電池輸出直流電，經過變頻器（逆變器）轉換為交流電後，驅動電動馬達，產生旋轉磁場（Rotating Magnetic Field, RMF）。轉子跟著磁場做旋轉，再經過傳動系統把扭力傳輸出去，驅動車子。電動馬達也可發揮發電機的功能，車子減速時，產生的旋轉磁場會將能量轉換回直流電，並為電池充電。

車輛的 VCM 精確控制電能流動和馬達轉速，確保高效運作和最佳效能。由於電動車使用電力驅動，這種電池、逆變器和馬達的無縫整合，使電動車高效且環保。

19-4 充電系統

一、充電電流

充電的電流主要分成了直流電、交流電。

1. 直流電

直流電（Direct Curren DC）又可稱為快充，是使用高功率充電，充電功率高達 500kW，可以在短時間內（20~30 分鐘）將電池充滿電大幅縮短的充電的時間，但因為功率較大需要電流且較昂貴，通常裝設在高速公路休息站等等。

2. 交流電

交流電（Alternating Current AC）：又叫做慢充，是將一般用電充進電動車內且全程受控制，在經過裝有車載充電器轉換成直流電充進電池當中，最高充電功率為 22kW，因為充電的功率較小充電速度也較慢（8~12 小時），所以對電池所造成的影響也會相對的比較少，通常比較適合裝設在家中或是公司等可以長時間等待的地方。

二、充電規格

在台灣主要所使用到的充電規格有：SAE J1772（美規）、Type 2（歐規）、CCS1（美規）、CCS2（歐規）、CHAdeMO（日規），還有原本為特斯拉專用的 NACS（TPC）。

1. 快充規格

1. CCS1（美規）：為 J1722 的延伸版，新增了兩個接點，為直流快速充電的正負極端子。台灣也在 2021 年決定充電形式由此規格為主。（如圖 19-10）
2. CCS2（歐規）：為 Type 2 的延伸版，新增了兩個接點，為直流快速充電的正負極端子，而特斯拉在 2021 年決定充電規格改為 CCS2（歐規）。（如圖 19-11）
3. CHAdeMO（日規）：主要用在於日系車上，現今台灣已經越來越少了。（如圖 19-12）

◆ 圖 19-10　CCS1（美規）

◆ 圖 19-11　CCS2（歐規）

◆ 圖 19-12　CHAdeMO（日規）

2. 慢充規格

1. SAE J1772（美規）：為 SAE 在 2010 年所制定的交流電充電接頭，台灣目前慢充主要的規格，則特斯拉車主可以接上轉接頭使用。（如圖 19-13）
2. Type 2（歐規）：在歐洲廣泛使用，台灣較少。（圖 19-14）

◆ 圖 19-13　SAE J1772（美規）　　◆ 圖 19-14　Type 2（歐規）

3. 快、慢充皆可的規格

1. NACS（美規）：亦可使用 DC 快充，也可以使用 AC 慢充。（如圖 19-15）
2. GB/T：為中國標準充電規格。不過在 2023 年中國與日本合作推出了 ChaoJi 的快充規格（圖 19-16），而 GB/T 變為現今中國慢充的規格。（如圖 19-17、19-18）

◆ 圖 19-15　NACS（美規）　　◆ 圖 19-16　GB/T 慢充

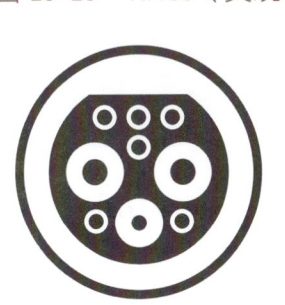

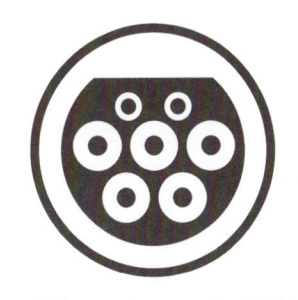

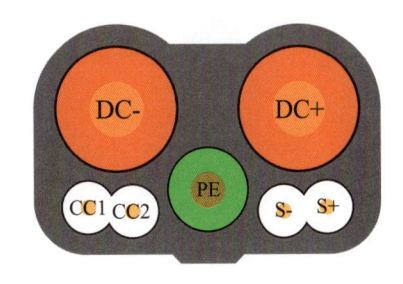

◆ 圖 19-17　GB/T 快充　　◆ 圖 19-18　Chaoji

> **關鍵提醒** 2019-9月底台灣統計快充（DC）充電槍數量占比（如圖 19-19、19-20）：

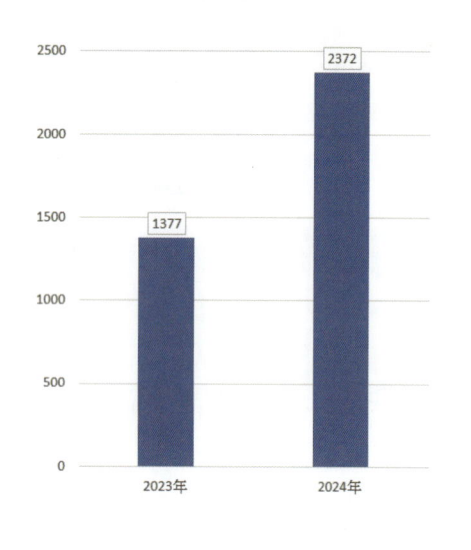

充電槍數量
- 2023年：1377
- 2024年：2372

規格佔比：
- CCS1：36.70%
- CCS2：45.40%
- NACS(TPC)：15.60%
- CHdeMO：2.30%

◆ 圖 19-19 充電槍數量 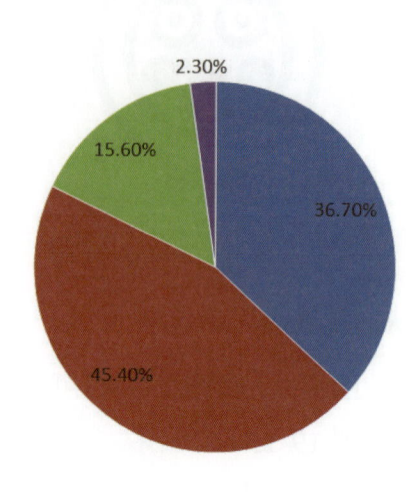　　◆ 圖 19-20 規格佔比

2019-9月底台灣統計慢充（AC）充電槍數量占比（如圖 19-21、19-22）：

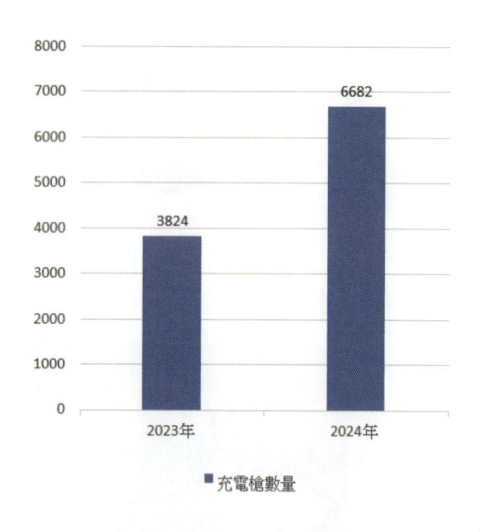

充電槍數量
- 2023年：3824
- 2024年：6682

規格佔比：
- J1772：77.20%
- Type2：10.20%
- NACS(TPC)：12.60%

◆ 圖 19-21 充電槍數量 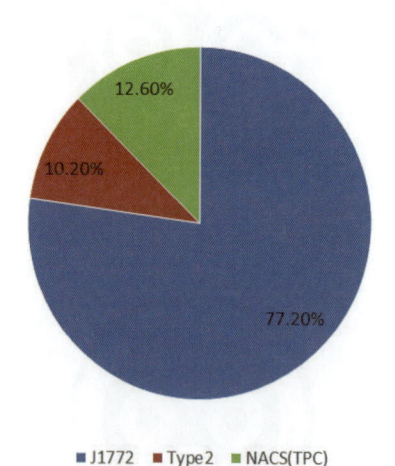　　◆ 圖 19-22 規格佔比

三、充電模式

電動車主要的動力能源來自於車載電池，必須要透過直流電（DC）來做充電，但現今傳輸電流仍然以交流電為主，電動車充電要透過車載充電器，將電流轉變為直流電充進電池中。

電動車充電系統依 IEC 61851 為主，IEC 61851 由國際電工委員會（ICE）所訂製的標準，確保設施充電的安全性以及可靠性，為基礎充電設施提供統一標準的規範，有以下四種充電模式：

- 模式一：使用標準家用插座進行充電，沒有專門的通訊功能。
- 模式二：在標準家用插座上增加了通訊和安全功能。
- 模式三：使用專門的充電設備，具備通訊能力和高功率充電功能。
- 模式四：直流快速充電模式，使用專門的直流充電設備。

19-5 混合及燃料動力車簡介

一、混合動力車

混合動力車（HV）又稱為複合動力車，是由兩種或兩種以上的能源當作動力，而驅動系統可以有多套系統配合，常見的能源有燃油、電池、燃料電池、太陽能電池及壓縮氣體等。

1. 油電混合車

油電混合車（HEV）（如圖 19-23）也是混合動力車的一種，目前最多的混合動力車就是此種類，擁有兩個動力裝置分別為「燃油引擎」和「馬達」，動力來源依然是以燃油為主、電動馬達為輔。在低速期間時，會使用電動馬達作為輔助動力，而電能仰賴引擎發電，所以 HEV 的油箱內不可無油，沒電時會自動啟動引擎。

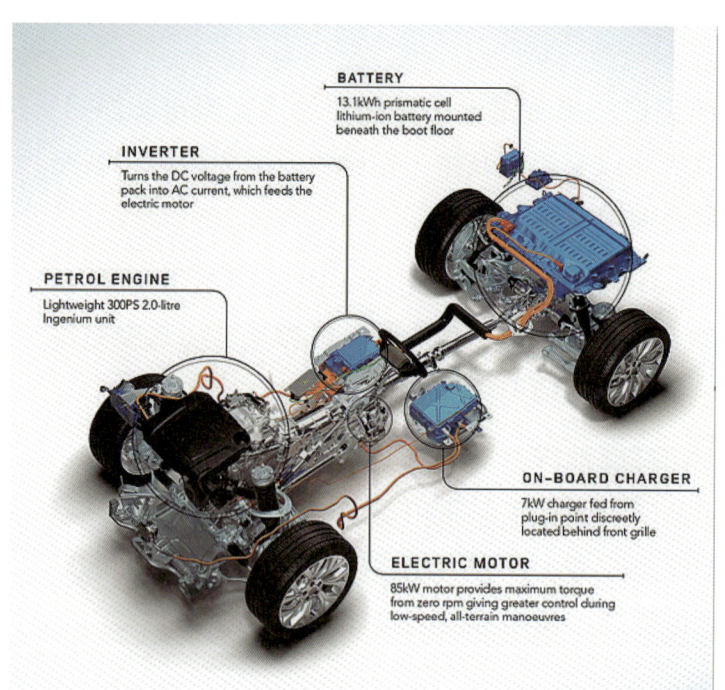

汽油引擎 (Petrol engine)
逆變器 (Inverter)
電池 (Battery)
車載充電器 (On-Board charger)
馬達 (Electric motor)

◆ 圖 19-23　油電混合結構圖

2. 插電式油電混合車

　　插電式油電混合車（PHEV）（如圖 19-24）不但可以加油又可以充電，跟一般純電車一樣可以運用電來行駛車輛，在沒電的時候又可以跟油電混合車一樣，引擎自動啟動換成引擎來行駛車輛，但不用像一般純電車一樣害怕沒電的問題。PHEV 低速時切換為純電模式而高速時一樣為燃油模式。

◆ 圖 19-24　Toyota Prius PHEV 構造圖

二、燃料動力車

氫燃料電池車（FCEV）（如圖 19-25）工作原理與一般電動車相同，但電池作用原理不同。它是利用氫氣與氧氣結合，化學能產生電能去驅動馬達，因為氫氣跟氧氣結合後只會產生電和水氣，並不會造成碳排放量的增加，補充燃料方式和傳統車輛差不多，只要填充氫氣進去即可。

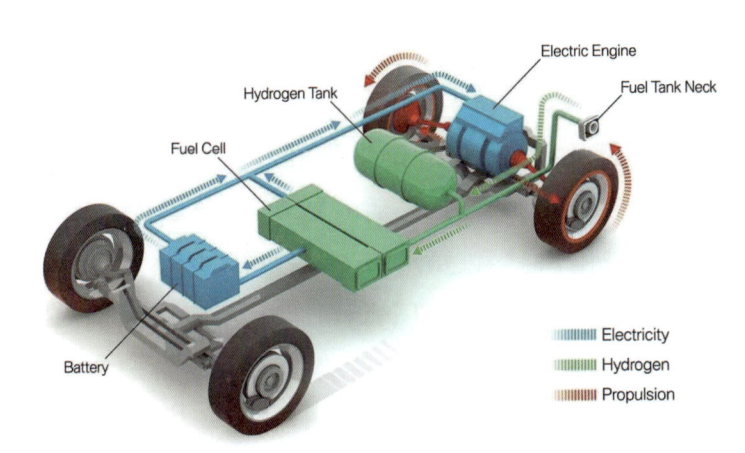

Battery 電池
Fuel cell 燃料電池
Hydrogen Tank 氫氣罐
Electric Engine 電動引擎
Fuel Tank Neck 燃料注入口

◆ 圖 19-25　氫燃料電池車結構圖

三、EV vs HV vs PHEV vs FCEV 比較

◆ 表 19-2　EV vs HEV vs PHEV vs FCEV 比較表

	EV	HEV	PHEV	FCEV
驅動裝置	電動馬達	引擎、電動馬達	引擎、電動馬達	電動馬達
動力來源	電池	燃油、蓄電池	燃油、蓄電池	氫燃料電池
排放廢氣	無	較傳統車少	用電動動力時無	無，只有水氣
能量來源	充電	加油	加油、充電	加氫

19-6　KAWASAKI Ninja e-1 及固態電池介紹

一、Kawasaki Ninja e-1 介紹

　　Kawasaki 川崎是一家十分有趣的公司，就像 YAMAHA 山葉一樣，涉足許多工業領域，舉凡機車、樂器甚至船舶都有涉足，而近年來川崎的各項經營決策，屢屢為世界重機市場帶來許多新鮮的科技以及車款，雖然在重車這塊領域的排行是日系四大廠的最後一名，但自從退出 Moto GP 錦標賽後，川崎便開始了他們瘋狂的車系開發。

　　從在市售重機上用上機械增壓的 H2，到近年來復興小排量四缸市場而推出 ZX-25R（如圖 19-27）以及 ZX-4R 等車系，為重車市場帶來不少的感動，而在 2021 年時，川崎預告將在 2025 年以前推出十款電動機車，並在 2035 年前再把已開發國家販售之車型全面電動化，也積極推出 Hybrid 混合動力的重機車款，只是當川崎發表第一部電動車款時，讓許多的消費者跌破眼鏡。

◆ 圖 19-26　Ninja e-1　　　　◆ 圖 19-27　ZX-25R

◆ 表 19-3　Kawasaki 車型比較表

比較項目	Kawasaki Ninja e-1/Z e-1	Kawasaki Ninja 400/Z400	Yamaha R3/MT03	Suzuki GSX-R150
動力單元	風冷永磁同步電機	399CC 水冷並列雙缸 DOHC 8V	321CC 水冷並列雙缸 DOHC 8V	147CC 水冷單缸 DOHC 4V
最大馬力	9kW（12HP）@2600-4000RPM 定額馬力 5kW（6.8HP）@2800RPM	45HP @10000RPM	41HP @10750RPM	19.2HP @10500RPM
最大扭力	4.1Kg-m@0-1600RPM	3.9Kg-M@8000RPM	3.0Kg-M@9750RPM	1.43Kg-M@9000RPM
座　高	785mm	785mm	780mm	785mm
車　重	140kg/135kg	168kg/167kg	170kg/168kg	136kg
軸　距	1370mm	1370mm	1380mm	1300mm
售　價	106萬7千日圓（約為23萬新台幣）	31.8萬／29萬新台幣	19.9萬/19.5萬新台幣	9.8萬新台幣（2022年式）

1. Ninja e-1 動力模式

1. Eco Mode&Road Mode /E-boost：在一般模式下動力為 6.8HP，極速可達 62 公里；切換至 E-boost 模式下動力可達 12HP/4.12Kg-M，極速可達 100 公里。

2. 續航力及充電效率：Z e-1 為 53 公里、Ninja e-1 為 55 公里，充電 0-100% 需要 3.7 小時（共有兩顆電池）（如圖 19-28），20-85% 為 1.6 小時，20-100% 為 3 小時。電池可以拆卸或是直接充電，電池單顆重量為 11.5Kg，容量為 30Ah，一對電池容量為 60Ah，電壓為 50.4v，可儲存最大能量為 3.024kWh。

3. 檔位系統（如圖 19-29）：提供 N（空檔）、D（動力）、F（步行模式）、R（倒檔）四種檔位，4.3 英吋全彩 TFT 儀表。

◆ 圖 19-28　電池 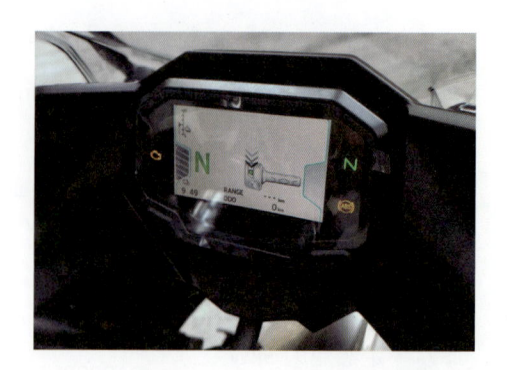　　　　　　　　　　◆ 圖 19-29　檔位系統

2. Ninja e-1 引進台灣市場的優勢劣勢

1. 優勢：

    (1) 目前電動車尚未課徵燃料費，長期持有能夠省下一定數量的金錢。

    (2) 車重輕盈、座高低，適合純享受騎乘大輪徑車輛，卻又不希望換檔造成使用上的繁瑣以及不便的騎士，對於女騎士也十分友善，適合當作學步車熟習檔車的騎乘動態。

    (3) 無廢熱廢氣排放，對於住宅區以及人口集中的環境較為友善，也提供些許置物空間彌補檔車不便之處

    (4) 檔位：步行模式在市區極低速跟車時能減輕騎士負擔也更為安全，另外配有倒檔，對於腿不長的騎士有極大的幫助，另外也罕見地配備了空檔，空檔能作為騎行前之一道安全程序

    (5) 定位：補足川崎長期以來在白牌車款的空缺，目前白牌車款僅有 W175 可以選擇，上一次市場上能有白牌運動車款需追溯到 10 多年前的 Ninja250。

2. 劣勢：

    (1) 原始售價過高，若引進台灣預估會落在 30 萬新台幣，以定位來說售價處於絕對劣勢。

    (2) 定位模糊：車架等架構使用 400CC 等級的用料，馬力部分卻不達預期，甚至比許多 125CC 的檔車還來得小，扭力卻又有超越 400CC 等級重車的水準，在數據上若要以原廠定位的 Z125 後繼車款來攻入白牌市場將會十分困難。

(3) 續航力：僅有 50-60 公里的理論續航里程。

(4) 充電方式：僅提供專屬規格的充電座，且充電時間過長，也沒有像 Gogoro 等市場上的電車有換電站可供換電。

(5) 川崎二手價低落以及零件價格高昂：川崎的車款保值性極差，跌價彷彿像無底洞一般，後續需要脫手市場需求也不高，零件價格也是舉世聞名的貴，若稍有閃失造成車體受損維修費用將會非常可觀。

3. 電動重機的未來及展望

1. 逐漸有廠商以馬達能製造比同等級油車大上許多的扭力特性，開始製造電動越野車。
2. 重機目前要將動力單元渦輪化，增壓化的趨勢不明顯，但若推出混合動力車款，則可以增加騎乘安全性，也能較為節能。例如：在旅跑車款等車重較重的車款上運用馬達在低速或起步時提供扭力輔助，將能使起步更為安全。
3. 逐漸增加續航里程以及充電換電的便利性，減輕重量。
4. 以 Ninja e-1 為例：若能將動力提升至 250CC 級距的 25-30 匹馬力，保有扭力大的特性，稍微降低售價，是非常有競爭力的，或是再推出黃牌以上具有路權優勢的增程版，都能為重機市場帶來全新的體驗。

二、固態電池介紹

固態電池（Solid-State Battery）（如圖 19-30）是電池技術領域的新發展，在許多方面都比傳統液態電池更出色，但是固態電池仍存在一些問題，是固態電池發展所面臨的挑戰。儘管如此，固態電池被認為是電池技術的未來方向，有潛力在電動車領域取得重大突破。

◆ 圖 19-30　固態電池示意圖

1. 液態電池與固態電池結構

1. 液態電池

    液態電池主要由正極、負極、聚合物隔離膜和液態電解質組成。正極的材料大多採用錳酸鋰、磷酸鋰、鎳鈷鋰，負極以碳材料為主，隔離膜以 PP、PE 採用最多，液態電解質則使用鋰鹽和有機溶劑。

2. 固態電池

    主要由正極、負極和在正負極之間的固態電解質組成，固態電解質是非液體的材料。正極材料使用金屬氧化物，負極使用鋰金屬或是合金，固態電解質主要為硫化物、氧化物、聚合物為主。

因此兩者的主要差異在於固態電池使用固態電解質和鋰金屬負極，代替液態電池的電解液和隔離膜（如圖 19-31）。

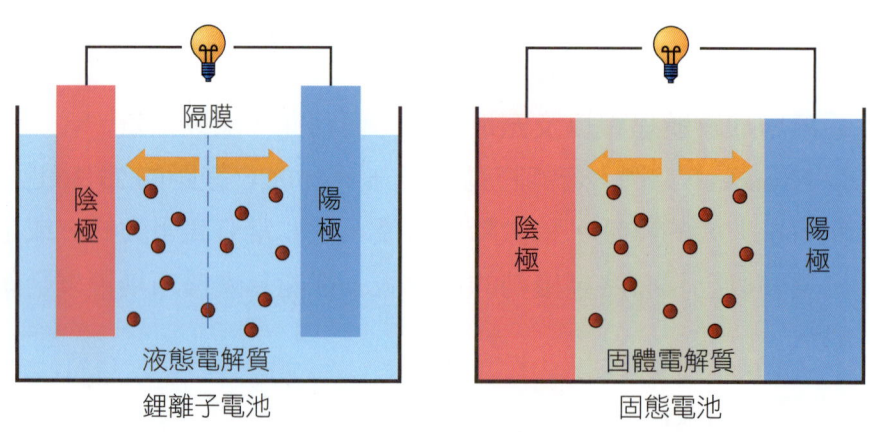

◆ 圖 19-31　液態電池（圖左）與固態電池（圖右）結構圖

2. 電動車使用固態電池的優勢

1. 能量密度高：相同體積或重量下，儲存的能量更多，提高了電動車的續航里程。
2. 安全性佳：固態電解質不容易起火，在高溫下有更好的穩定性，電池發生事故的可能性變小。
3. 使用壽命長：固態電池穩定性高，不容易發生故障，可以長期保持高效能，這減少了更換電池的次數和維護的成本。

4. 充電速度快：固態電池的導電性高，減少了充電的時間，讓電動車能夠快速充電，更加方便。

固態電池與液態電池優缺點比較如表 19-4 所示。

◆ 表 19-4　固態電池與液態電池優缺點比較表

比較項目	固態電池	液態電池
優　點	1. 能量密度高 2. 壽命長 3. 充電速度快 4. 安全性高 5. 體積小	1. 成本低 2. 技術成熟 3. 規模生產
缺　點	1. 成本高 2. 量產難度高 3. 技術有待提升	1. 安全性較低 2. 充電速度慢 3. 壽命較短 4. 能量密度較低 5. 體積大

3. **固態電池電解質主要發展**

1. 硫化物固態電池：硫化物電解質雖然具有高電導率的優勢，但穩定性差，容易與空氣反應產生有毒物質、生產成本高等缺點，使得它難以實現大規模的生產。
2. 氧化物固態電池：氧化物電解質雖然安全穩定，但開發難度大，活性也不如硫化物，導電性差，因此充放電速度比較慢。
3. 聚合物：聚合物電解質雖然在高溫下電導率高、成本低、生產方式也跟傳統鋰電池很接近，但電化學反應不佳，能量密度無法提高，而且需要加熱才能保持較佳性能，這與減少碳排放的目標相衝突，距離商業化應用可能還有一段時間。

三種固態電解質比較如表 19-5 所示。

◆ 表 19-5　三種固態電解質比較

比較項目	安全性	成本	導電率
硫化物	低	高	高
氧化物	高	中	中
聚合物	中	低	低

4. 參與固態電池研發與應用的領先車廠

◆ 表 19-6　領先研發及應用車廠

車廠	規劃
Mercedes-Benz	與 Factorial 公司合作，共同研發新固態電池，預計里程可增加 8 成，能量密度 450Wh/kg，目標是 2030 年量產。賓士也與台灣輝能科技合作，研發固態電池。
TOYOTA	取得日本政府同意，2026 年小量生產固態電池，預計 2027 年發表首款固態電池電動車。
Volkswagen	與 QuantumScape 公司合作，已研發出新的固態電池產品，希望在 2025 年實現固態電池量產，並運用在福斯的電動車上。
Bmw	與 Solid Power 公司合作，希望可以加快安裝速度，並運用在電動車上，也和 Ilika Technologies、Nexeon 合作研發出電動車用矽基固態電池。
Nissan	2018 年就開始研究固態電池，開發中車款於 2026 年上路，2028 年發表首款固態電池電動車。

5. 固態電池商業化面臨的障礙與挑戰

1. 生產成本高：因為生產技術和較貴的材料，生產成本比傳統電池高，影響市場競爭力。
2. 技術問題：在低溫環境下表現不如液態電池，也存在電池膨脹問題，這使得固態電池在某些環境下無法發揮優勢。
3. 量產難度大：目前大多工廠無法大量生產固態電池，因為生產過程中良率和效率都存在挑戰。
4. 市場競爭：液態電池技術成熟、持續改進，使得固態電池需要克服更大的挑戰才能在市場上取得成功。

第 19 章 ｜ 課後習題

簡答題

1. 何謂固態電池？它比傳統鋰電池好在哪裡？

2. 說明軟體定義汽車（SDV）？有什麼優點？

第 20 章 T-BOX 概要

T-BOX(Telematics Box) 為智能車載系統，剛發展起步時只有透過 2G 網路，因為傳輸速度沒有現在來的快，所以只有低數據應用。到了現在發展到 4G/5G，甚至已經開始研發 6G 網路，功能也越來越多元，且速度越來越快，帶給車主越來越多便利性，隨著自動駕駛的發展，透過 T-BOX 更新智能系統的數據，讓自動駕駛系統越來越完善。

T-BOX 車載通訊系統，主要設計理念為將車輛智能化，提供車主能夠對車況更加清楚；它提供雲端、藍芽模組，可將車載系統連接於手機，也能將車子各項數據傳給車主，在維修時更能把故障問題直接透過檢修電腦傳達給技術人員。

20-1 T-BOX 功能簡介

一、X-CALL 簡介

汽車加入 T-BOX 車載系統，將汽車智能化，科技軟體加入汽車，多了通訊功能 (X-CALL)，其中整合了 (I-CALL、B-CALL、E-CALL)，提升駕駛便利性，更大大提升安全性。

1. 智能呼叫（又稱為 I-CALL）：用戶透過車上按鈕發出呼叫，提供車用諮詢、遠程導航、投訴建議等。
2. 故障呼叫（又稱為 B-CALL）：一旦車輛發生故障，用戶可通過 B-CALL 車內按鈕快速聯繫救援服務，包括拖車、緊急修理、電瓶搭電、補水、送油、更換輪胎等。
3. 警急呼叫（又稱為 E-CALL）：當感測器收到訊號時，觸發 T-BOX 撥打緊急電話，或者發出定位給救護人員到達現場進行救治。

X-CALL 具體工作流程如下：

1. 智能呼叫 (I-CALL) 流程圖
   按下按鈕 (Button) → 單晶片 (MCU) / 單晶片系統 (SOC) → 模組 (Module) → 編碼器 (Codec) → 放大器 (Amplifier) → 播放設備。如圖 20-1 所示。

2. 故障呼叫 (B-CALL) 流程圖

   按下按鈕 (Button) → 單晶片 (MCU)/ 單晶片系統 (SOC) → 模組 (Module) → 編碼器 (Codec) → 放大器 (Amplifier) → 播放設備 / 麥克風。如圖 20-1 所示。

3. 警急呼叫 (E-CALL) 流程圖

   安全氣囊信號 (Airbag Signal) → 單晶片 (MCU)/ 單晶片系統 (SOC) → 模組 (Module) → 發送定位 (GNSS)。如圖 20-1 所示。

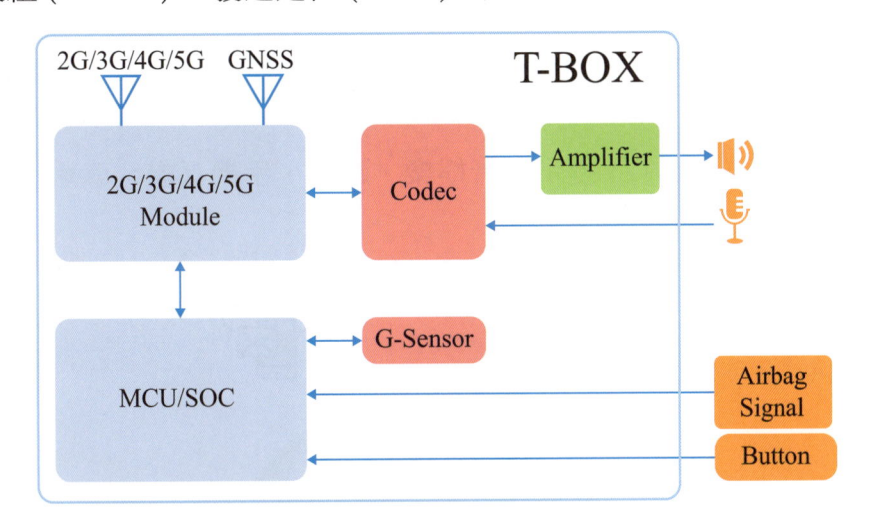

註：衛星導航系統（GNSS）

◆ 圖 20-1　X-CALL 示意圖（圖片出處：大大通 /T-BOX 功能 X-CALL）

技術補給站

T-Box 可以監控車輛隨時回報車輛狀態給車主。

1. 當車輛被移車、碰撞、溜車、拖車都可以及時通知客戶。
2. T-Box 可以採集車輛目前的資料，需要 T-Box 功能正常的狀態下。
3. T-Box 有緊急求救功能，有分主動發起以及被動發起：

   (1) 主動發起：車上的人員主動觸發 E-Call。

   (2) 被動發起：因交通事故車上安全氣囊彈出，T-Box 接收到訊號自動觸發 E-Call。

二、T-BOX 管理系統

T-BOX 也連接 (BCM、BMS、EMS、IVI)，如圖 20-2 所示。

1. 車身控制器 (BCM)：控制車輛各種 ECU，可集中控制空調系統 (HVAC)、車輛內外的照明、車門、車窗、後視鏡和雨刷等車身零件。
2. 電池管理系統 (BMS)：電池管理系統，監控電池各項參數，管理電池充放電，溫度管理讓電池保持在最佳工作溫度，延長電池使用壽命。
3. 能源管理系統 (EMS)：監控車輛燃料使用，制定駕駛方式跟路線選擇，提升車輛燃燒效率，能有效降低燃油消耗和碳排放，還能減少車輛維護成本。
4. 車載資訊系統 (IVI)：提供影音娛樂、導航、手機互聯、車輛診斷等功能。

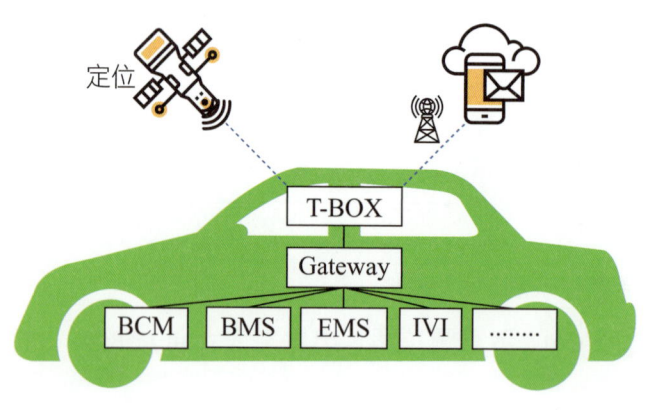

◆ 圖 20-2　T-BOX 管理系統示意圖（圖片出處：大大通 /T-BOX 介紹）

三、T-BOX 遠端遙控

在車輛靜止時，手機 APP 遠程遙控車輛，查看車門是否上鎖、車窗是否關上、感測車內溫度，能對應的功能：將車門上鎖 / 解鎖、打開後車箱、車窗開 / 關、開啟空調設定溫度。如圖 20-3 所示。

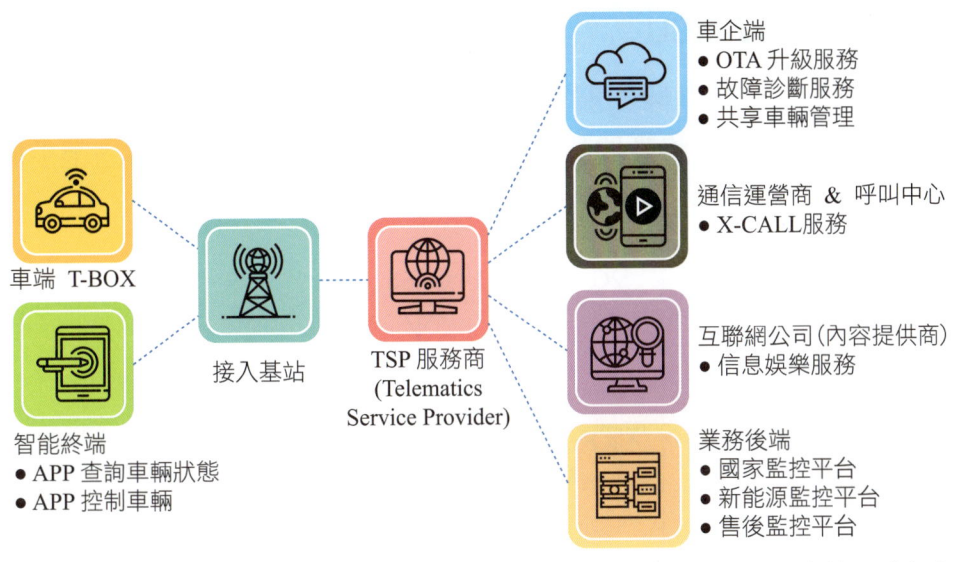

◆ 圖 20-3　T-BOX 遠端遙控示意圖（圖片出處：大大通 /T-BOX 功能 - 聯網）

四、T-BOX 取代 OBD

車上診斷系統 (OBD) 為現場電腦診斷，T-BOX 取代傳統 OBD，透過雲端進行遠端控制，當 ECU 收到車輛突然故障時，聯絡車廠技術人員進行遠端診斷簡單故障碼排除，或者通知車主，告知故障原因。如圖 20-4 所示。

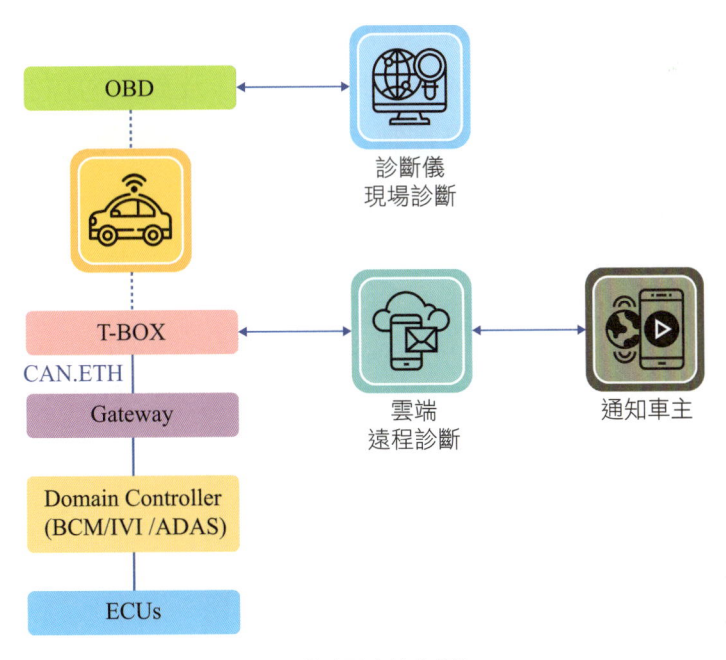

註：Domain Controller 為網域控制器

◆ 圖 20-4　T-BOX 雲端診斷示意圖（圖片出處：大大通 /T-BOX 功能 - 協助雲端遠程診斷）

五、T-BOX 連接 MCU

透過 MCU 收集車輛相關數據（油溫、水溫、油量、引擎溫度、油耗），再連接 T-BOX 將數據利用 4G/5G、藍牙模組、Wi-Fi 傳送至手機或者連接儀表，讓駕駛能遠端監控車輛狀況。如圖 20-5 所示。

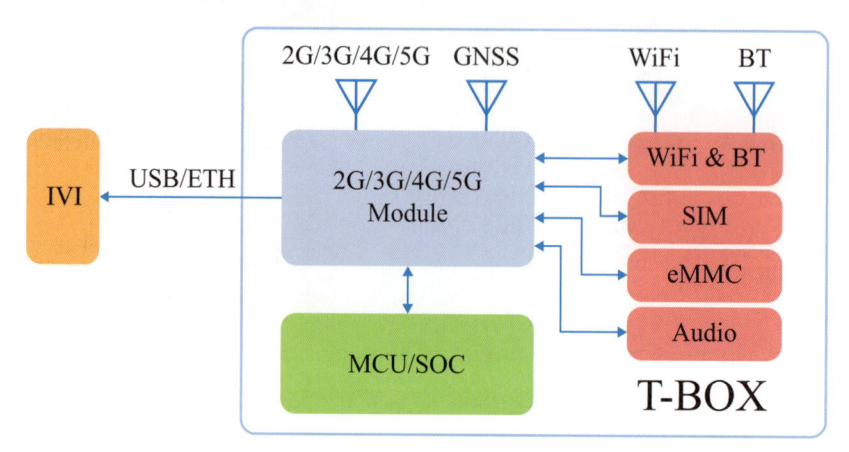

◆ 圖 20-5　T-BOX 連接示意圖（圖片出處：大大通 /T-BOX 功能 - 聯網）

六、OTA 升級

OTA 升級，利用無線網路對車輛設備進行軟體更新，針對娛樂系統、車輛控制系統、導航系統對多個模塊進行升級，提高功能性和安全性，增加車主駕駛體驗。對 ECU 寫入新程序，一般涉及到動力控制系統、底盤電子系統、自動駕駛系統、車身控制系統，可改變車輛充放電、動能回收、加速性能、輔助駕駛邏輯等。

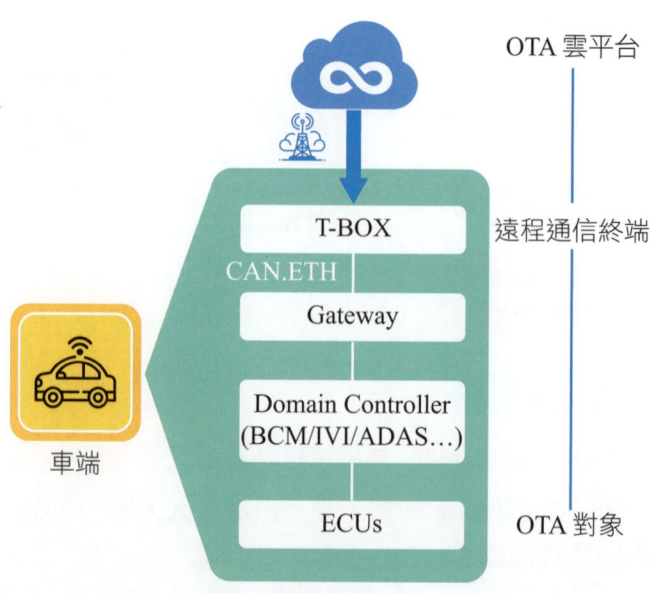

◆ 圖 20-6　OTA 升級過程示意圖（圖片出處：大大通 /T-BOX 功能 -OTA 升級）

七、V2X 車聯網

車聯網是物聯網在交通領域的應用，連結車輛資訊與行動網路，運用無線網路通訊、數據處理、衛星定位、感測器、電子標籤等技術，對車輛、行人、道路環境三方靜態和動態訊息，進行有效辨識及傳遞。其所建構的網絡對車輛、路側設施與行人間的訊息即時溝通，將收集到的訊息回傳給車主或是交管中心進行交通的控管。如圖 20-7 所示。

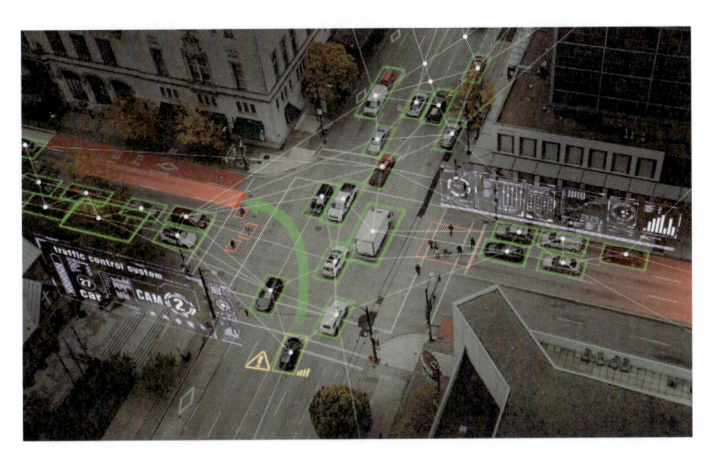

◆ 圖 20-7　V2X 車聯網示意圖（圖片來源：環旭電子車聯網 IoV 關鍵技術：DSRC & C-V2X）

20-2　T-BOX 市場調查

一、各大車廠比較

如圖 20-8 所示為 2023 年市場份額。

2023市場份額

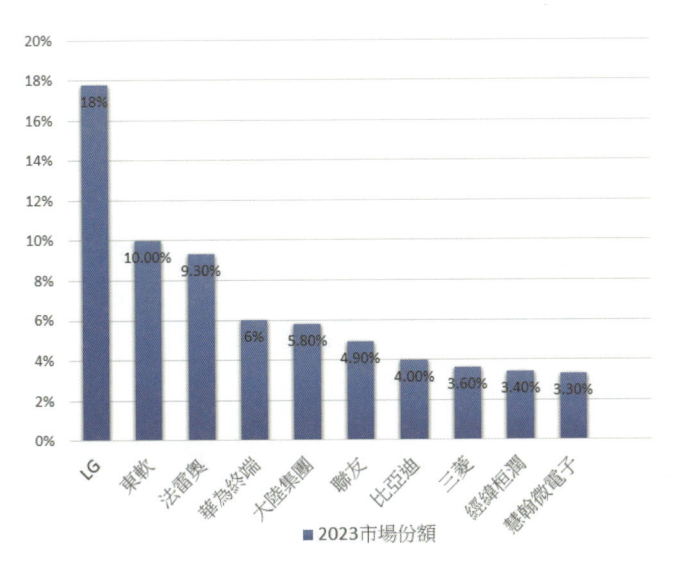

廠商	份額
LG	18%
東軟	10.00%
法雷奧	9.30%
華為終端	6%
大陸集團	5.80%
聯友	4.90%
比亞迪	4.00%
三菱	3.60%
經緯恒潤	3.40%
慧翰微電子	3.30%

◆ 圖 20-8　2023 市場份額

二、T-BOX 裝配

如圖 20-9 所示為 2021～2023 年中國乘用車 T-BOX 量參考。

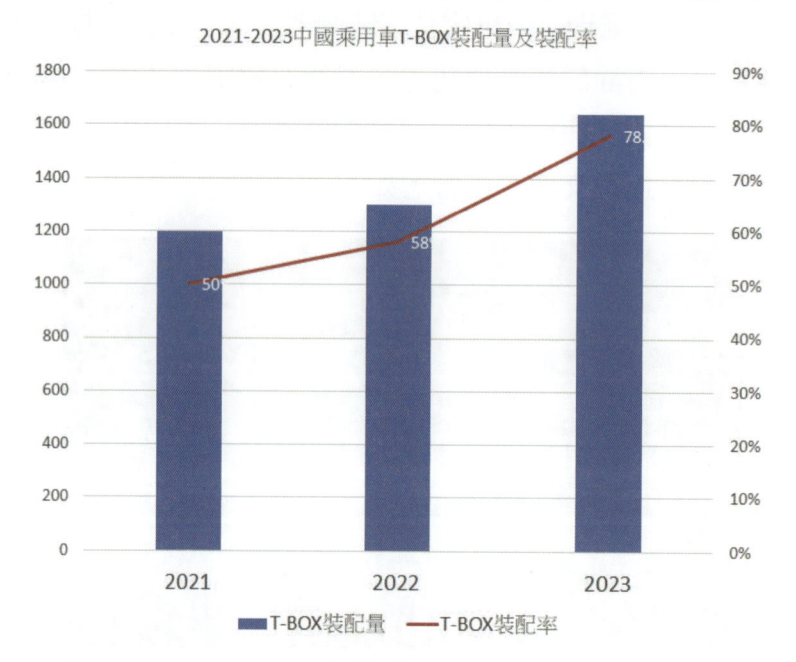

◆ 圖 20-9　2021-2023 中國乘用車 T-BOX 裝配量及裝配率

三、全球車載 T-BOX 出貨量

如圖 20-10 所示為全球車載 T-BOX 出貨量。

◆ 圖 20-10　全球車載 T-BOX 出貨量

20-3 T-BOX 產品比較

一、T-BOX 產品介紹

1. LG (Lucky Goldstar Group)：「LG T-box STB-3000」。（如圖 20-11）
2. 東軟 (Neusoft)：「5G T-box」利用 5G 高度連結 V2X 讓車輛實現與外部網路高速通信和多種智能網。（如圖 20-12）
3. 法雷奧 (Valeo)：「5G Rel-16 MIMO」利用 5G 實現遠程控制以及擴展便利性。（如圖 20-13）

◆ 圖 20-11　LG T-BOX STB-3000　　◆ 圖 20-12　5G T-BOX　　◆ 圖 20-13　5G Rel-16 MIMO

二、T-BOX 產品比較

◆ 表 20-1　T-BOX 產品比較

廠家	5G/4G	緊急救援	遠程控制	車聯網	網路共享	精準定位	監控系統	數據採集
宏英智能	4G	有	有	有	有	無	有	有
東軟集團	5G	有	有	有	有	有	有	無
經緯恆潤	4G	無	有	有	無	無	有	有
華為終端	4G	有	有	有	無	有	無	有
聯友科技	5G	無	有	有	無	有	無	有
領航暢行科技	4G	無	有	有	有	有	有	無

20-4　T-BOX 未來趨勢

一、V2X 計劃

美國交通部計劃從 2024 年到 2036 年，在全國部署新的安全技術，降低車禍帶來的傷亡。此技術稱為 V2X(Vehicle-to-Everything)，計劃標題為「透過聯網拯救生命：加速 V2X 部署計劃」，計劃分為三階段：

第一階段 (2024~2028)：在 20% 美國高速公路和全美 75 個最大都會區的四分之一的交叉路口部署 V2X，並招募至少兩家主要汽車製造商開始使用 V2X。

第二階段 (2029~2031)：將部署擴展到主要都會區 40% 的高速公路和一半交叉路口，還希望至少有五款消費車型配備 V2X 設備。

最後階段 (2032~2036)：在全國高速公路和主要地鐵 85% 交叉口部署 V2X，且有六家汽車製造商配置。如圖 20-14 所示。

◆ 圖 20-14　V2X 車載系統市場規模

二、V2X 與 T-BOX 整合

T-BOX 與車載娛樂系統的結合讓自動駕駛的技術可得到更近一步的發展，車載衛星技術可以在事故或緊急情況下提供位置數據，實現快速救援，未來 5G 技術的普及以及車載衛星技術將與 V2X 技術整合，實現全球無縫連接和資訊互通，這項技術讓新能源車的管理控制系統可得到更好的管控以及更好的分配電池電力的使用量。如圖 20-15 所示。

◆ 圖 20-15　V2X 未來車載系統

20-5　使用 T-BOX 車款

一、2024 捷途 X90 PLUS

◆ 圖 20-16　捷途 X90 PLUS 示意圖（圖片來源：捷途官網）

引擎性能：1.6TGDI 缸內直噴、渦輪增壓發動機

◆ 表 20-2　途 X90 PLUS 配置表

車內安全系統配置	車內 T-Box 配置	額外智慧系統配置
1. ABS（防鎖死煞車） 2. EBD（制動力分配）：EBD 系統便會根據車輪垂直負荷和路面附著係數分配制動器制動力 3. EBA（煞車輔助） 4. TCS（循跡防滑） 5. ESP（車身穩定控制） 6. ARP（防翻滾）	1. 車聯網 2. 遠程控制 3. 定位互動服務 4. 車載無線 Wi-Fi	1. 360 度全景 2. 車道偏移預警 3. 盲區監測預警

二、上汽集團 2025 MG7

◆ 圖 20-17　MG7 示意圖 (圖片來源：上汽 MG 品牌)

引擎性能：1.5T 高功率發動機、VGT 可變截面渦輪增壓系統

◆ 表 20-3　上汽 2025 MG7 配置表

車內安全系統配置	車內 T-Box 配置	額外智慧系統配置
1. 前排側安全氣囊 2. 前排雙安全氣囊 3. TPMS（直接式胎壓監測） 4. ESP（車身穩定控制） 5. AutoHold（自動駐車功能）	1. 智能輔助駕駛 2. 遠程控制 3. 亞米級高精定位系統 4. 90 秒全雙工 AI 自然交互語音	1. 360 度全景 2. LDW（車道偏移預警） 3. LDP（車道偏移輔助） 4. BSD（盲區監測預警） 5. DMS（駕駛員狀態監測系統） 6. ELK（緊急車道保持）

三、一汽奔騰 NAT（PRO 智享出行換電板）

◆ 圖 20-18　一汽奔騰 NAT 示意圖（圖片來源：一汽官網）

◆ 表 20-4　一汽 NAT（PRO 智享出行換電板）配置表

動力性能	車內 T-Box 配置	額外智慧系統配置
1. 使用永磁同步電機（最大功率：120kw、最大扭矩 155N.m） 2. 電池類型：磷酸鐵電池 3. 電池容量 54kwh（續航里程 419/425km） 4. 快充充電時間 20%-80%（30 分鐘） 5. 慢充充電時間 5%-100%（8.4 小時）	1. OTA 升級 2. 車載 WIFI 3. 電子收費系統 4. 車內監控 5. 人臉識別	1. AutoHold（自動駐車功能） 2. 胎壓顯示（間接式） 3. AEB（自動緊急制動） 4. FCW（前方碰撞警示）

四、BYD 2025 款 宋 L EV 四驅智駕型

◆ 圖 20-19　2025 BYD 宋 L EV 示意圖（圖片來源：比亞迪官網）

◆ 表 20-5　2025 BYD 宋 L EV 配置表

動力性能	車內 T-Box 配置	額外智慧系統配置
1. 使用前輪交流異步電機、後輪永磁同步電機。 2. 0-100 的加速度時間最快 4.3s。 3. 電池類型：磷酸鐵鋰刀片電池 　磷酸鐵鋰刀片電池補充：電池裡因為不含有鎳和鈷，所以價格方面比較低，但是能量密度比三元電池來的低。 4. 電池電量有 87.04kwh。 5. 30%-80% 快充時間需要 25 分鐘。	1. 遠程控制 2. Call 智慧客服 3. 車載 WIFI 4. E-Call 緊急援助 5. 全車 OTA 智能遠程升級 6. 雲端服務智能管家	1. DMF（駕駛員疲勞監測） 2. DAM（駕駛員分心監測） 3. 3D 控車系統 4. 駕駛員臉部辨識系統 5. 全場景智能語音

五、歐規春風 450SR

◆ 圖 20-20　歐規春風 450SR 示意圖（圖片來源：春風官網）

◆ 表 20-6　歐規春風 450SR 配置表

動力性能	額外智慧系統配置
1. 引擎：2 缸直列、液冷、DOHC 2. 排氣量：449.5cc 3. 最大功率：34.5 kW / 10000 rpm 4. 最大扭力：39.3 Nm / 7750 rpm 5. 排放：歐洲五期 6. 長×寬×高：1990×710×1130mm 7. 軸距：1370 mm 8. 座椅高度：795mm 9. 燃油容量：14L 10. 整車重量：179Kg	5 吋 TFT 曲面顯示器支援簡單的導覽投影和換檔引導。透過直覺的車把開關可以輕鬆導航選單系統。450SR 的「T-BOX」內建 4G 模組和 6D 感測器，可實現車機藍牙互聯，即時查看車輛定位、里程等關鍵數據。配備 C 型 / A 型充電端口，提升了 450SR 的日常道路實用性，添加以滿足不同手機型號的充電需求。

六、BMW C400GT

◆ 圖 20-21　BMW C400GT 示意圖（圖片來源：BMW 官網）

◆ 表 20-7　BMW C400GT 配置表

性能諸元	T-Box 配置
1. 引擎：單缸液冷 2. 排氣量：350cc 3. 最大功率：25 kW / 7500 rpm 4. 最大扭力：35 Nm / 6000 rpm 5. 排放：歐洲五期 6. 長×寬：2210×835mm 7. 軸距：1565 mm 8. 座椅高度：775mm 9. 燃油容量：12.8L 10. 整車重量：179Kg	儀表部分可以選用 6.5 吋全彩 TFT 螢幕，搭配 GPS 功能與智慧型手機的連結，能夠提供旅途中多媒體娛樂的便利功能。最後為了更加凸顯 C400GT 的旅行功能。

七、賽科龍 RX250 旅行版

◆ 圖 20-22　賽科龍 RX250 旅行版示意圖（圖片來源：賽科龍官網）

◆ 表 20-8　賽科龍 RX250 旅行版配置表

性能諸元	T-Box 配置
1. 引擎：單缸水冷 2. 排氣量：250cc 3. 最大功率：20.5kW / 9000rpm 4. 最大扭力：34.5 kW / 10000 rpm 5. 排放：國五 6. 長×寬×高：2100×885×1290mm 7. 軸距：1390mm 8. 座椅高度：185mm 9. 燃油容量：3.5L 10. 整車重量：189Kg	車輛標配了 T-BOX 智能終端，提供車輛定位、車況監控、摔車報警、主動救援等功能，為車主的每一次出行增添了更多的安全保障與便利性。此外，還有無鑰匙啟動、USB 充電接口等實用配置。

20-6 介紹車款系統比較

一、機車車載系統比較

◆ 表 20-9　機車車載系統比較

規格 / 車型	歐規春風 450SR	BMW C400GT	賽科龍 RX250
引擎	2 缸直列、液冷	單缸液冷	單缸水冷
排氣量	449.5cc	350cc	250cc
最大功率	34.5 kW / 10000 rpm	25 kW / 7500 rpm	20.5kW / 9000rpm
最大扭力	39.3 Nm / 7750 rpm	35 Nm / 6000 rpm	34.5 kW / 10000 rpm
排放	歐洲五期	歐洲五期	國五
長×寬×高	1990×710×1130mm	2210×835mm	2100×885×1290mm
軸距	1370 mm	1565 mm	1390mm
座椅高度	795mm	775mm	185mm
燃油容量	14L	12.8L	13.5L
整車重量	179Kg	179Kg	189Kg

二、汽車車載系統比較

車款	電車 / 油車	車聯網	OTA 升級	遠程控制	緊急救援	智慧定位	生物辨識	車載 Wi-Fi
捷途 X90PLUS	油車	有	無	有	無	有	無	有
上汽集團 MG7	油車	有	無	有	無	有	無	無
一汽奔騰 NAT	電車	有	有	有	無	無	有	有
BYD 宋 L EV（四驅智駕型）	電車	有	有	有	有	有	有	有
歐規春風 450SR	油車	有	無	無	無	有	無	無
BMW C400GT	油車	有	無	有	無	有	無	無
賽科龍 RX250 旅行版	油車	有	無	無	有	有	無	無

第 20 章 課後習題

簡答題

1. T-BOX 在車聯網應用中扮演什麼角色？請簡述其主要功能。

2. T-BOX 結合 5G 技術後，對智慧交通有何助益？請簡要說明。

第 21 章 TCU 電路技術說明

　　越來越重視環保的世代，環保法規越來越嚴苛，車廠的研發方向越來越往節省能源消耗的方向研究，在燃油車上，有更多的廠家正在往更多檔位與 CVT 的方向發展，一顆優秀的自動變速箱控制單元（TCU）可以利用各種感知器的幫助下，得以優化油耗，在電動車方面有少數的廠家有採用變速箱，目前市面上的電動車動力系統不外乎由馬達搭配單速齒輪箱來驅動車輛，使用相同驅動馬達的狀況下，可以提高極速與起步扭矩，亦可藉由齒比的切換，讓驅動馬達的性能維持在高效率，也可利用多速變速箱的優點，在維持相同性能的前提下選用較小功率之驅動馬達，達成系統小型化。

21-1 自動變速箱控制單元（TCU）介紹

　　TCU（Transmission Control Unit）為自動變速箱控制單元，或稱 TCM（Transmission Control Module，變速箱控制模組）。TCU 為一種控制自動變速箱的元件，會根據車輛的感知器給的設定，針對車輛目前的各種數據計算何時換檔，以維持最佳性能、燃油經濟性和換檔品質。

一、TCU 內部構造

1. 微處理器：主要處理接口輸入的訊號與運算處理訊號。
2. 記憶體模組：RAM 為用來暫存資料的載體、ROM 為儲存主要程式的載體。
3. 訊號處理模組：將訊號轉換為微處理器能理解的訊號，有抗雜訊干擾的作用。
4. 通訊接口：主要用來與 TCU 作通訊，來達成交換通訊的目的。
5. 電源管理單元：用來調節電壓或避免造成電壓不穩的情況，也能夠避免突發電流對 TCU 所造成的損壞。

二、TCU 換檔策略

1. 轉矩模式（Torque mode）：由同步器摩擦材產生之扭矩進行驅動馬達與輸出軸的同步。

2. 混合模式（Mix mode）：會由驅動馬達進行升降速，來達成與輸出軸的同步。

三、混合模式換檔之過程

1. 告知 TCU，TCU 發送訊號給 MCU，令 MCU 將驅動馬達的扭力降為 0。
2. 待驅動馬達的扭力降為 0 後，TCU 透過換檔制動器移動至空檔的位置。
3. 變速箱為空檔位置，TCU 通知 MCU 控制驅動馬達降速，當驅動馬達與輸出端間的轉速差小於設定值時，傳送訊號至 TCU 已完成轉速同步。
4. 當 TCU 收到訊號後，即移動到上檔位置。
5. 到達目標檔位後，TCU 通知 MCU 開始扭矩回復，等待下次換檔作動。

四、換檔流程

換檔流程主要分為：
1. 尚未換檔時之狀態。
2. 驅動馬達進行退扭。
3. 驅動馬達與原齒輪還在嚙合狀態。
4. 同步器移動至空檔之過程。
5. 同步器由空檔至目標檔位。

五、換檔邏輯

1. 以恆定的中小油門起步（比如 20% 油門）

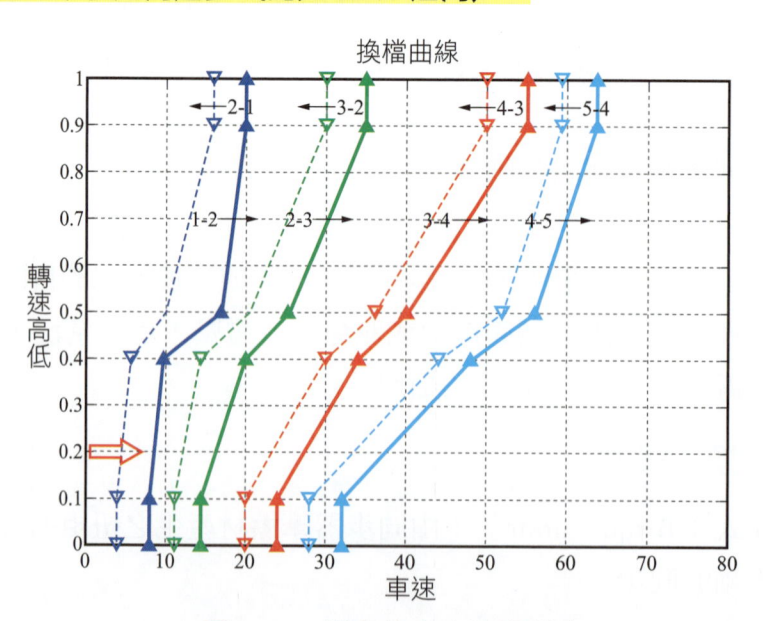

◆ 圖 21-1　恆定的中小油門起步

1. 橫坐標從 0 開始一直上升，縱坐標保持 20%，標記著「1-2 →」的灰色線為 1 檔升 2 檔的升檔線，TCU 會進行升檔操作。此為加油升檔。
2. 保持油門不變，車速的逐漸上升，箭頭穿過 2-3,3-4 這些升檔線，直到升至某個車速和檔位，阻力和動力達到平衡，此時車輛以均速行駛。

2. 大油門起步（比如 80% 油門）

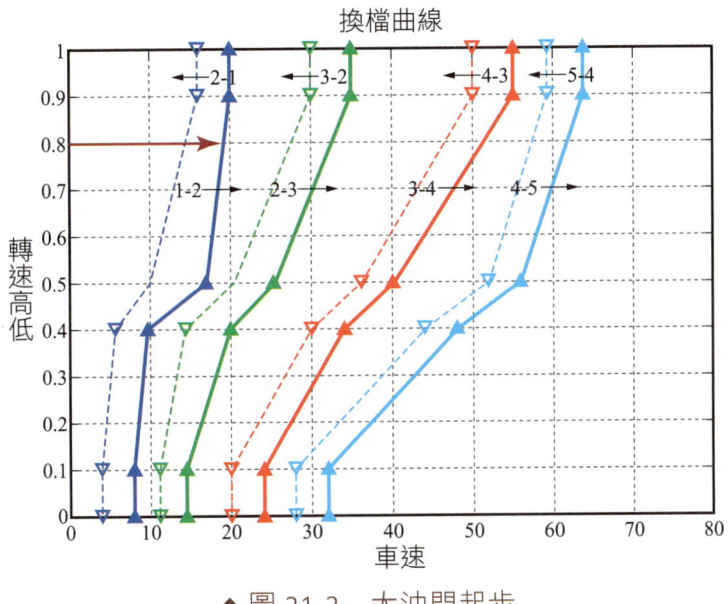

◆ 圖 21-2　大油門起步

1. 橫坐標從 0 上升，縱坐標 80%，灰實線為 1 檔升 2 檔的升檔線，當碰到升檔線時，進行升檔操作。
2. 與 20% 油門開度相比，升檔時車速與轉速都較為提高。
3. 變速箱的運動模式，其實就是這樣的邏輯，把換檔轉速提高，犧牲燃油消耗換來動力性。

3. 在大油門時收油門

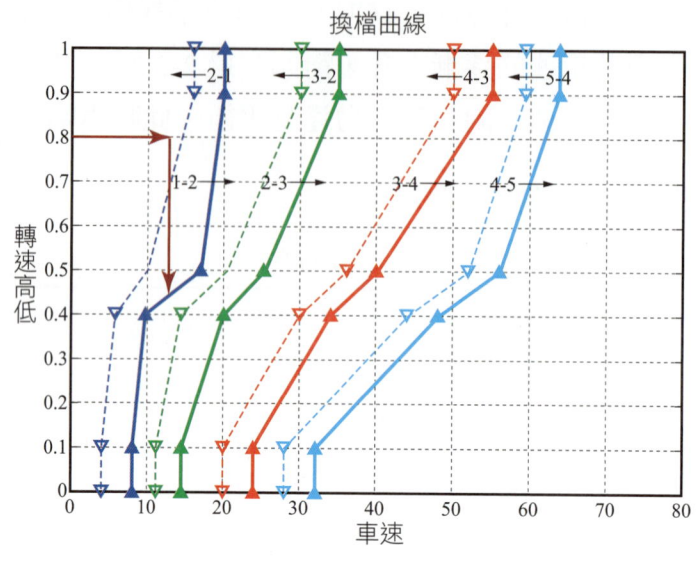

◆ 圖 21-3　大油門時收油門

1. 在大油門起步後，車速升高到一定程度，此時收油門，變速箱會升高一個檔位。此為減油升檔。
2. 80% 的油門起步時，到 12 公里尚未達到換檔線，此時收油門，油門開度大約在 45% 時就達到了換檔線，其它的檔位亦是如此。在駕駛自動檔車型時，使用這種「深一腳，淺一腳」的駕駛方式，可以達到快速升檔及較好的動力性。

4. 在高檔位時收油門減速行駛

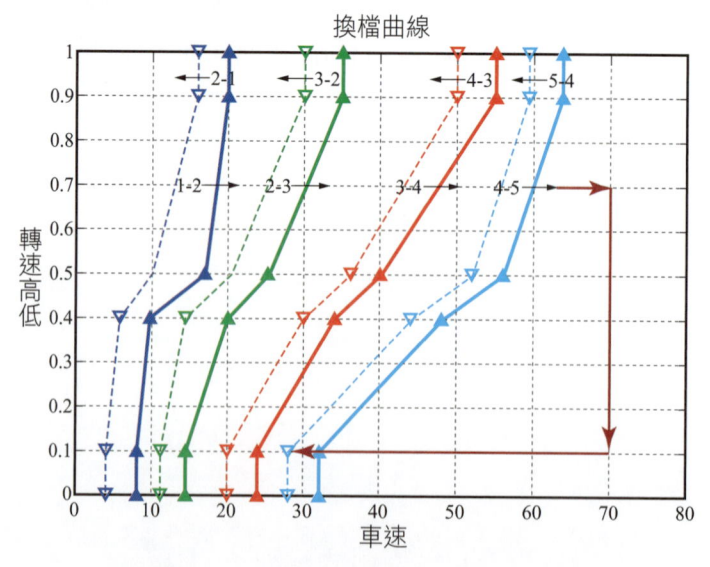

◆ 圖 21-4　高檔位時收油門減速行駛

1. 抬起油門踏板，降低節氣門開度。在阻力作用下車速會逐漸下降，檔位會隨之降低。這就是減油降檔。
2. 抬起油門踏板，將節氣門開度由 70% 降為 20%，當車速降至約 28 公里時，觸發降檔條件，由五檔降至一檔。
3. 同樣 20% 節氣門開度，升檔車速約 32 公里，而降檔車速約 28 公里。

5. 在某一車速時突然加油

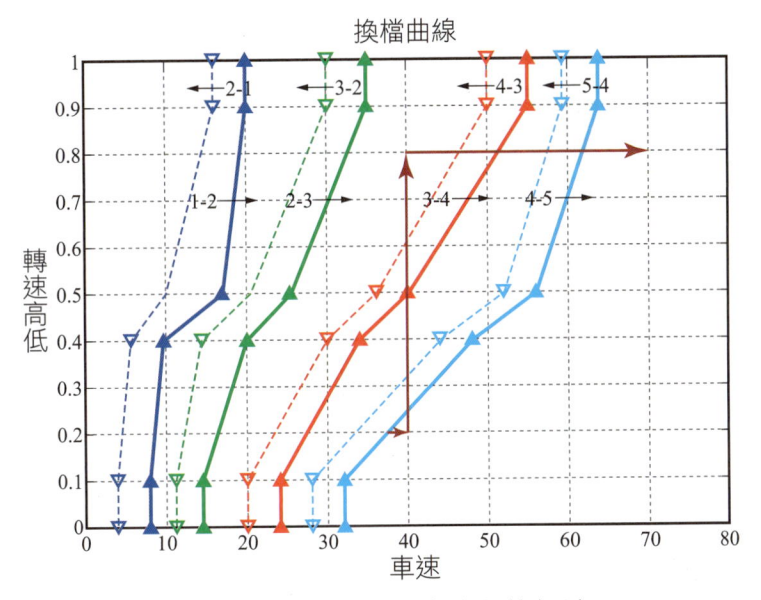

◆ 圖 21-5　某一車速時突然加油

1. 在超車時，直接將油門踏板踩到底，變速箱會降低一到兩個檔位，發動機轉速迅速上升，汽車可以獲得充足的動力，這就是加油降檔。
2. 踩下油門踏板，將節氣門開度增加到 80%，當節氣門開度約 60% 時觸發了四檔降三擋的降檔條件，隨著車速的升高，變速箱又會繼續升檔。

六、TCU 的基本結構

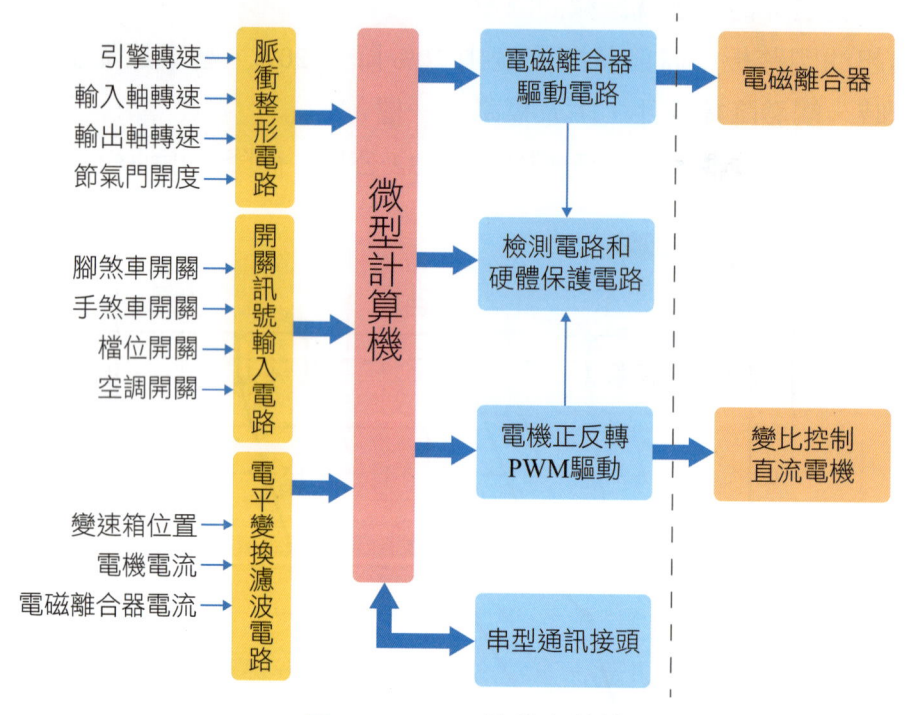

◆ 圖 21-6　TCU 的基本結構

1. TCU 晶片在性能上具有低功耗、工作溫度範圍寬，並且可在較低的電壓下正常工作，特別適用於汽車電器。如發動轉速、輸入、輸出軸轉速的測量是採用脈衝計數方式。
2. 節氣門開度則是使用脈衝寬度測量的方式。

1. 脈衝整形電路

1. 引擎轉速：由曲軸位置感知器信號提供到電腦，計算轉速輸出 RPM 信號。
2. 輸入軸轉速：計算引擎傳遞至變速箱的轉速，還未進行變速。
3. 輸出軸轉速：計算變速箱輸出至車輪的傳動軸轉速。
4. 節氣門開度：利用節氣門位置感知器偵測，並使用脈衝寬度測量的方式計算。

◆ 圖 21-7　脈衝整形電路

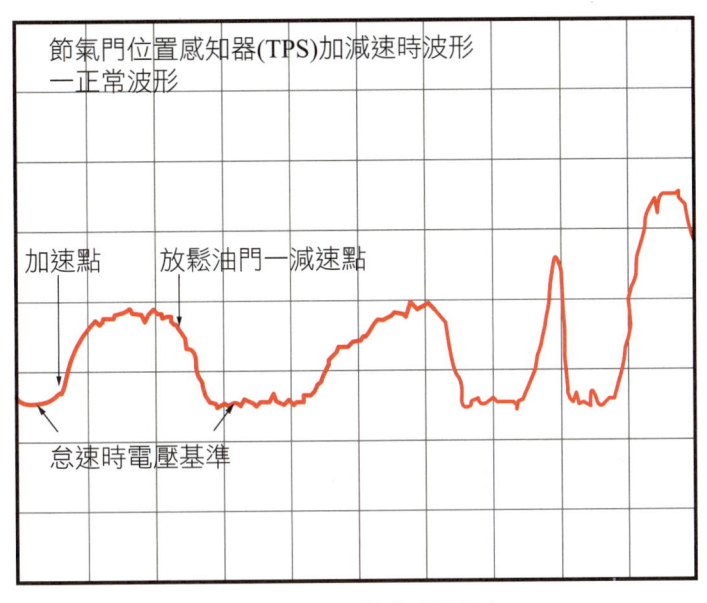

◆ 圖 21-8　節氣門開度

圖 21-8 為節氣門位置感知器在汽車運行時之波形。

1. 加速時－輸出電壓升高。
2. 減速時－節氣門關閉、電壓下降。

2. 開關訊號輸入電路

1. 腳煞車開關：腳煞車時會給 TCU 訊號，會使 TCU 進行降檔。
2. 手煞車開關：拉起手煞車時會給 TCU 訊號，會使 TCU 進行降檔。
3. 檔位開關：排檔後給 TCU 訊號讓變速箱升檔或是降檔。
4. 空調開關：開啟空調時，因負荷增加，須提高引擎轉速，訊號給到電腦調整換檔時機。

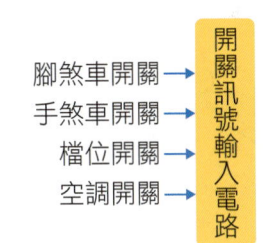

◆ 圖 21-9　開關訊號輸入電路

3. 煞車開關訊號輸入電路

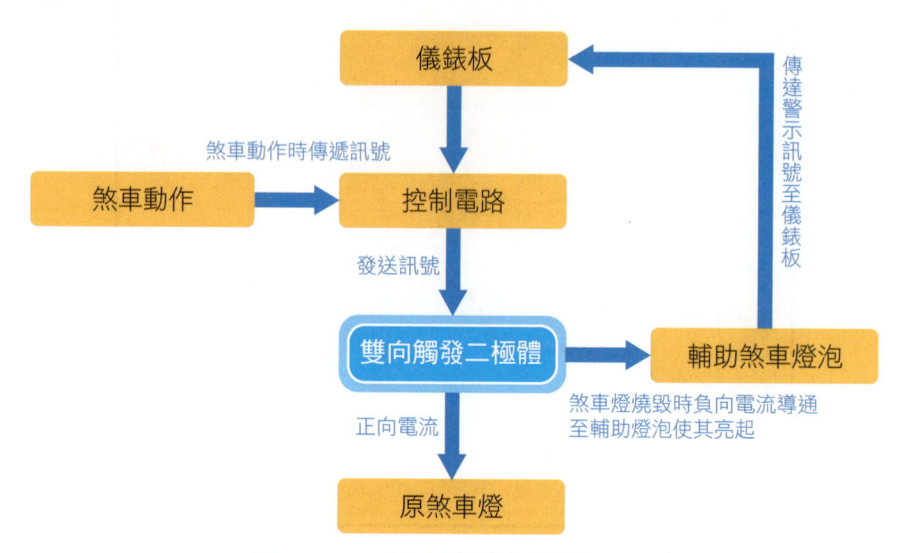

◆ 圖 21-10　煞車開關訊號輸入電路

當煞車動作時會傳達訊號給 TCU，TCU 再把訊號給變速箱會使變速箱進行降檔。

4. 開關訊號輸入電路檔位開關

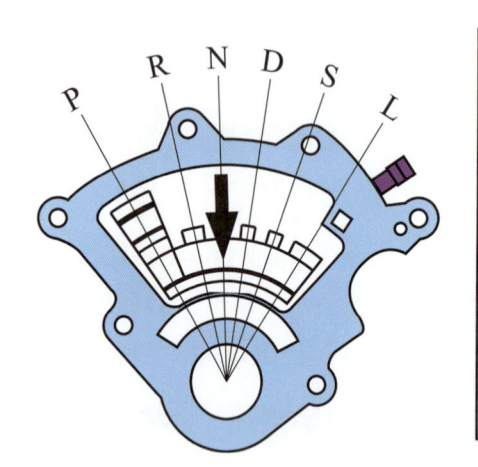

線頭 檔位	空檔起動		檔位選擇指示燈					
	B	NB	E	P	R	N	D	S	L
P	○─○		○─○					
R				○─────○				
N	○─○		○─────────○				
D				○─────────○			
S				○─────────────○		
L				○─────────────────○	

○─○ 表示開關中各接點間的通路

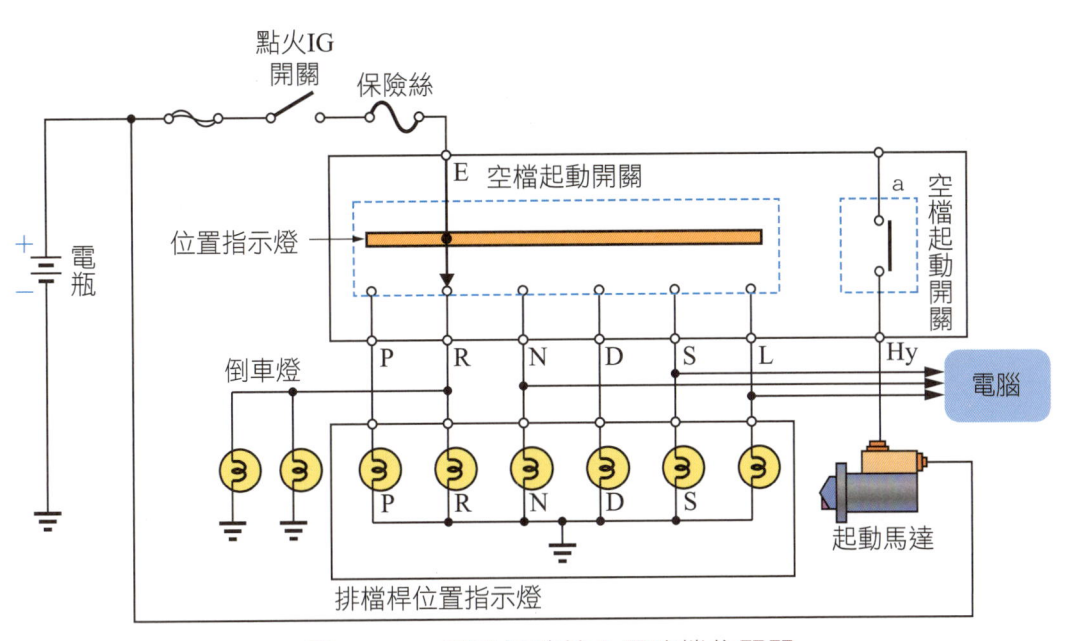

◆ 圖 21-11　開關訊號輸入電路檔位開關

1. N、S 或 L 接點中有電路接通到 E 接點，則電腦就決定變速箱應分別排入 N、S 或 L 檔位。如果 N、S 或 L 接點沒有搭鐵，則變速箱即決定將變速箱排入 D 檔位。
2. 在 P、D 和 R 檔時，空檔起動開關沒有將信號輸入電腦。

七、TCU 的種類及應用

1. TCU 的種類

1. 外置：會放置於變速箱外部，使用線束連接。
2. 內置：放置於變速箱內部，會與變速箱油接觸。

◆ 圖 21-12　TCU 外置（左圖）、內置（右圖）

2. TCU 種類差異

◆ 表 21-1　TCU 種類差異比較

TCU 種類差異	外置變速箱 TCU	內置變速箱 TCU
訊號傳輸距離	距離較長	距離較短
散熱	散熱較好	散熱較差
維修	維修簡單	維修困難
環境區別	對於環境的要求低	會因泡在油液中而需要更好的密封性
可靠性	低	高

3. TCU 在汽車上的應用

目前市面上有搭載 TCU 的車型並不多，我們目前整理出三種在市面上有搭載變速箱的車型來做個比較。

◆ 表 21-2　搭載 TCU 車型比較

項目	Rimac Nevera	NISSAN LEAF	Porsche Taycan
輸出功率	1427KW	159KW	759KW
變速箱形式	單速變速箱	單速變速箱	兩速變速箱
極速	412km/h	150km/h	305km/h
輸出馬力 / 扭力	1914hp/240.7kgm	214hp/34.68kgm	1019hp/126.48kgm
續航	550KM	463KM	640KM
售價	200 萬歐元（約 6500 萬台幣）	新台幣 139 萬	新台幣 432 萬～1048 萬

> **關鍵提醒**
> 1. 目前這三款車型均有搭載變速箱，但實際有在換檔的只有 Porsche Taycan。
> 2. 其餘的兩台都是搭載單速的變速箱，就像是一般油車終傳比一樣的概念。

八、TCU 未來發展與趨勢

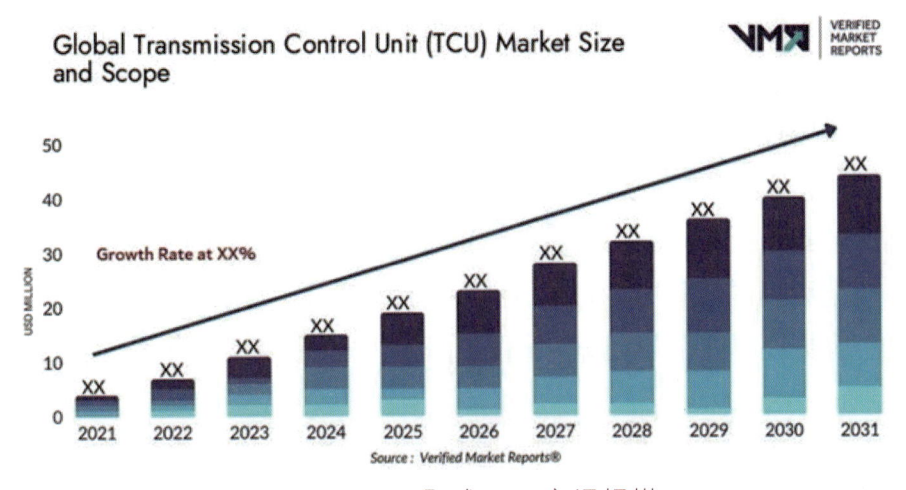

◆ 圖 21-13　全球 TCU 市場規模

　　2023 年 TCU 市場規模為 29 億美元，預計到 2030 年將達到 113 億美元，在預測期內以複合年增長率 21.3% 增長。

1. 全球 TCU 市場概覽

1. 高階駕駛輔助系統（ADAS）的需求不斷增加：現代車輛越來越依賴輔助駕駛，需要更強大的 TCU 才能達成，因此 TCU 的需求不斷增長。
2. 電動車（EV）日益普及：隨著全球向永續交通的轉變，電動車市場正在迅速擴大，電動車逐漸依賴 TCU 來。
3. 變速箱系統的技術進步：雙離合器變速箱（DCT）、無段變速箱（CVT）等，這些傳動系統需要更精確的控制，而需要更高性能的 TCU。

2. TCU 在未來的潛在因素

1. 開發和生產成本高：先進的 TCU 需要在研究、開發和測試方面進行大量投資。此外，這些組件與複雜的傳動系統的整合以及汽車電氣化趨勢增加了製造成本。
2. 與現有系統整合的複雜性：將 TCU 整合到現有車輛，技術上具有挑戰性。將 TCU 整合到舊車型或具有非標準化傳動系統的車輛中時會出現相容性問題。
3. 網路安全問題：隨著 TCU 與車輛網路的連接越來越密集。TCU 中的漏洞可能會危及車輛安全和隱私，各家廠商需要更加關注安全性。

3. TCU 發展趨勢

1. 與車輛電氣化系統整合：隨著電動和混合動力汽車變得主流，TCU 設計為直接與傳動系統連接，實現電動馬達和變速箱系統之間的管理。
2. 轉向自動駕駛汽車技術：自動駕駛車輛需要可靠且響應靈敏的 TCU，TCU 需要不斷進步以滿足需求，為自動駕駛車輛提供增強的性能和適應性。
3. 小型化和提高效率：以適應更緊湊的車輛設計並提高能源效率。開發更小、更輕的 TCU 以減輕重量，滿足消費者對節能環保汽車的需求。

九、生產 TCU 的公司

1. Tremec
2. 大陸集團（continental）
3. MITSUBISHI ELECTRIC（三菱電機）
4. DELPHI（德爾福）
5. ASIN（愛信精工）
6. BOSCH（博世）
7. HITACHI（日立）

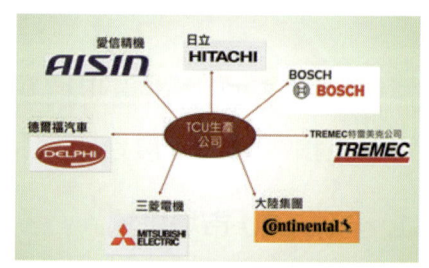

◆ 圖 21-14　生產 TCU 的公司

◆ 圖 21-15　福斯車型所載的 AISIN TCU

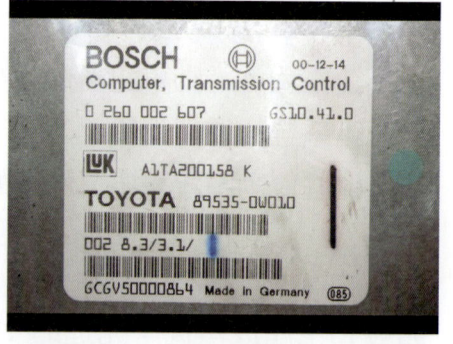

◆ 圖 21-16　豐田車型所搭載的 BOSCH TCU

21-2 遠端資訊處理控制單元（TCU）介紹

遠端資訊處理控制單元也簡稱 TCU（Telematic Control Unit），與自動變速箱控制單元 (TCU) 不同，遠端資訊處理控制單元負責提供與網路和雲端的連線，車輛連接至網路與雲端已越來越常見，在車輛上裝備有 Wi-Fi、Bluetooth 及行動數據等，可在使用者發生事故後進行緊急呼叫功能（eCall）等，也可為車輛數位內容提供 OTA 軟體更新。

此外，車輛在全自動的新趨勢，則是車輛與車輛之間、基礎設施或人員等實體間的通訊，這些功能稱為車對車（V2V）、車對基礎建設（V2I）、車對人（V2P）與車對網路/雲端等。

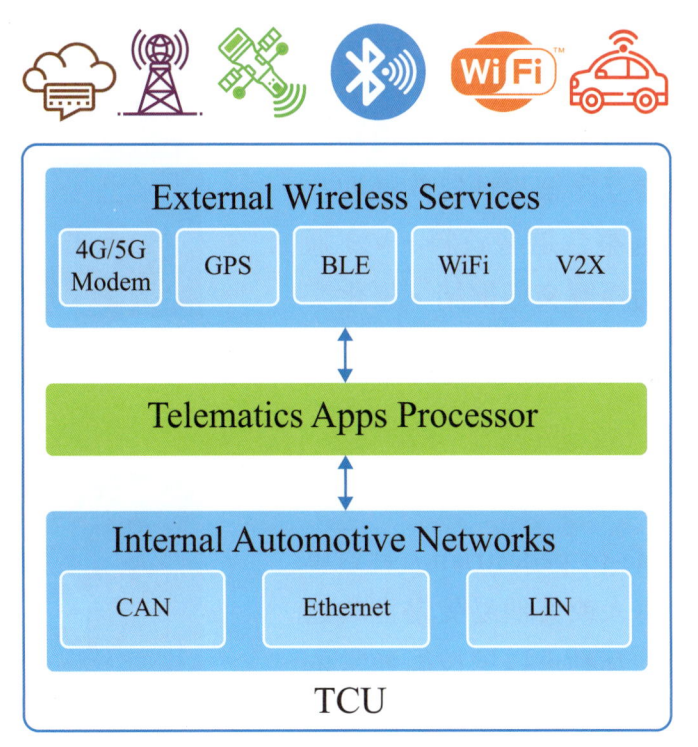

◆ 圖 21-17　遠端資訊處理控制單元（TCU）

一、車對車（V2V）

V2V（vehicle-to-vehicle）指的是車輛之間的資料交換，能夠讓車輛分享如速度、位置和方向等，從而能夠檢測並避免可能發生的碰撞，協調行駛路線，及保持安全距離，有助於預防事故、緩解交通擁堵、節省燃料。

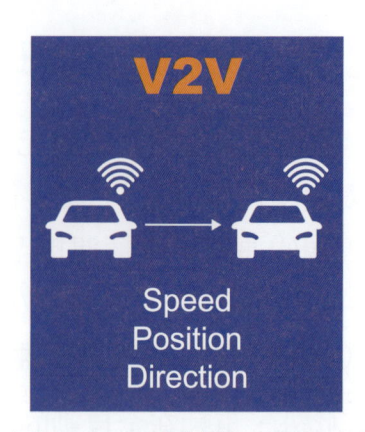

◆ 圖 21-18　車對車 V2V 示意圖

二、車對基礎建設（V2I）

V2I（vehicle-to-infrastructure）讓車輛能夠與道路上的各種設施元素互動，如交通信號燈、路牌、以及道路內的感測器。這種互聯讓車輛能夠獲取重要的資訊，通過整合這些資料，V2I 通信技術可以協助緩解交通擁堵、優化交通信號燈，提高整體交通系統效率。

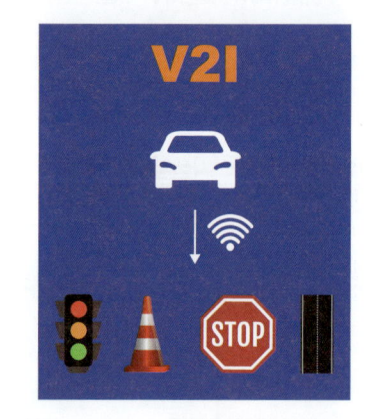

◆ 圖 21-19　車對基礎建設 V2I 示意圖

三、車對人（V2P）

V2P（vehicle-to-pedestrian）針對車輛與行人、騎車人或其他易受傷害的道路使用者之間的互動。這項技術通常依靠行人攜帶的智慧手機、穿戴設備等來發送他們的位置和資料。配備了 V2P 的車輛可以利用這些資訊來發現並避免可能發生的碰撞，保障道路使用者的安全。

◆ 圖 21-20　車對人 V2P 示意圖

四、車對網路 / 雲端（V2N）

V2N（vehicle-to-network）把車輛與通信網路，如移動網路或 Wi-Fi 作連接，讓車輛能夠獲取即時的交通資訊、路線建議等。V2N 還可以實現遠端診斷和線上更新。V2N 將車輛資料與公共交通系統和城市基礎設施等其他來源進行互聯交通生態系統整合。

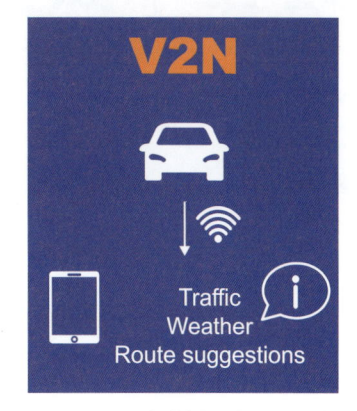

◆ 圖 21-21　車對網路 / 雲端 V2N 示意圖

五、V2N 實車應用

以 Honda CONNECT 為例，藉由智慧型手機 App 即時查看汽車資訊、遙控操作中控鎖、引擎啟閉、空調系統、燈光、喇叭，以及尋車等等功能，這些都是 V2N 車對網路的高階應用。

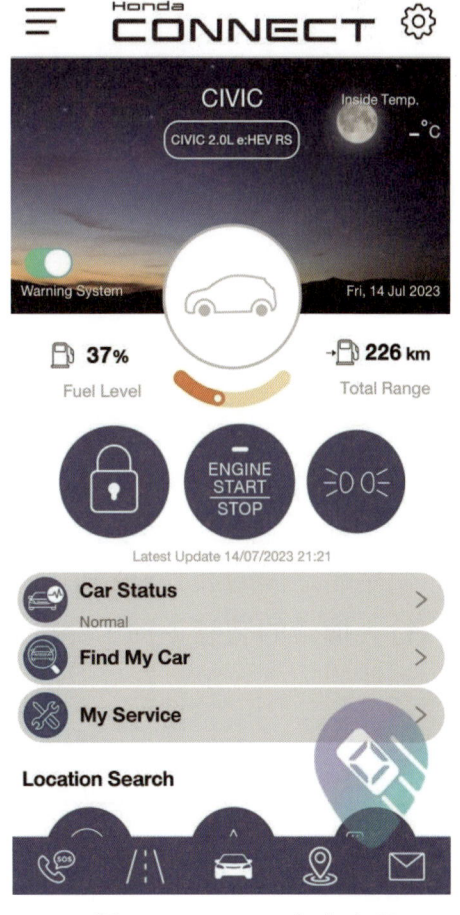

◆ 圖 21-22　V2N 實車應用

第 21 章 ｜ 課後習題

簡答題

1. 試問攝影鏡頭與毫米波雷達在 ADAS 中各有何優缺點？

2. 試問外置與內置 TCU 在應用上的差異為何？請列出三點進行說明。

第 22 章 ADAS_J2 概要

22-1 ADAS 概要說明

一、ADAS 介紹

　　一般人對於 ADAS 比較不熟悉，可能會以為這就是自動駕駛（AD），其實並不對，因為 ADAS（Advanced Driver Assistance System）也就是先進駕駛輔助系統，是一種利用攝影機、感測器、雷達等技術，如圖 22-1，ADAS 能輔助各種系統，幫助減少人為錯誤，協助駕駛員在行車上的安全，更是未來自動駕駛發展重要的基礎技術。

◆ 圖 22-1　Level 2 ADAS 感測器（圖片來源：CARLINK 鍊車網）

　　目前市場上的主流為 Level 2 與 Level 2+，甚至未來幾年 Level 2+ 的使用率會逐漸增加，優先發展智慧車輛，而不是智慧道路。更何況每個輔助駕駛系統，設計並配備在車輛上，就會有使用或作動的機會，如表 22-1。

◆ 表 22-1　ADAS 介紹

主要功能	關鍵特點
ADAS 技術涵蓋多項安全輔助功能，例如自動緊急剎車、車道偏離預警、自適應巡航控制等，有效提升駕駛安全，降低事故發生率。	ADAS 技術通常基於感測器、演算法和控制系統的協同工作，能夠感知周圍環境，做出預判，並介入駕駛操作，提供即時的保護和輔助。

　　ADAS 系統能夠通過感知周圍環境，並自動採取制動或轉向措施，就能讓輔助系統介入，警示或者強制停止車輛。ADAS 系統並不侷限行車輔助，也能配合該車輛的硬體設備，監控駕駛員的狀態，例如疲勞或注意力分散，提醒駕駛員休息或調整狀態，降低疲勞駕駛造成的風險。保持車輛在車道內行駛，防止意外偏離車道，提高行車安全。

　　不只感知環境、ADAS 系統還可以融入智慧座艙當中，並與 AI 人工智慧做整合，智慧座艙也能更好的提供道路資訊，或者顯示重要資訊，顯示在對駕駛者而言更顯眼的地方，如圖二。從而降低眼神飄離而分心的行為。

◆ 圖 22-2　抬頭顯示器概念圖

二、ADAS 常用系統

　　其實 ADAS 的輔助系統就如上節所言，並不只侷限於會介入駕駛的系統，如 ACC、FCM，會直接主動控制車輛的制動，也就是煞車，也有會警示駕駛者目前的周遭環境，能採取什麼動作，或顯示出目前的車輛情況、道路資訊等，每個車廠也會有自家的專有名稱或技術。表 22-2 整理車上常見的輔助系統專有名詞。

◆ 表 22-2　ADAS 常見專有名詞

No.	ADAS 專有名詞 (中文)	ADAS 專有名詞 (英文)
1	主動車距控制巡航系統	ACC (Adaptive Cruise Control)
2	主動式智慧煞車輔助系統	FCM (Forward Collision Warning)
3	車道置中輔助系統	LKA (Lane Keeping Assist)
4	交通壅塞輔助系統	TJA (Traffic Jam Assist)
5	盲區偵測系統	BSW (Blind Spot Monitoring)
6	後方交通警示	RCTA (Rear Cross Traffic Alert System)
7	車道變換輔助	LCA (Lane Changing Assist)
8	後方防追撞警示	RECW (Rear Collision Warning)
9	下車開門警示	DOW (Door Opening Warning)
10	前車駛離警示	LVSA (Lead Vehicle Start Alert)
11	智慧型遠光燈系統	AHB (Adaptive High Beam)
12	胎壓偵測系統	TPMS (Tire-pressure monitoring system)
13	全景停車輔助系統	SVC (Surround View Camera System)
14	前方碰撞警示系統	FCW (Forward Collision Warning)
15	抬頭顯示器	HUD (Heads-Up Display)
16	汽車夜視系統	NVS (Night Vision System)
17	駕駛人生理狀態監控系統	DCW (Driver Condition Warning)
18	注意力檢測系統	DMS (Driver Monitoring Systems)
19	智能車速輔助系統	ISA (Intelligent Speed Assistance)
20	行人檢測系統	PDS (Pedestrian Detection System)

三、ADAS 主要感測器比較

在車輛上有各種感測器，以下會簡述並比較在 ADAS 中主要的感測器，因為要有精準和足夠偵測的數據，這四種感測器會互相配合，發揮個別的優點，如表 22-3，包含攝影鏡頭、毫米波雷達、超聲波雷達、光學雷達，之所以會需要一起作用，是因為各種能蒐集的數據資料，都會進去車載電腦，讓當中的處理器進行運算。

感測器其實從車輛啟動時，就會開始運作，當中能配合的輔助系統，如盲區偵測系統，非常重要也常常發揮作用；或是在車輛行駛時，車輛置中輔助系統、車道變換輔助等，都需要用主要感測器相互配合，能更有效率也準確地收集數據。

◆ 表 22-3　ADAS 主要感測器比較

感測器	優點	缺點
攝影鏡頭	高解析度	易受環境光線影響、深度感知能力弱
毫米波雷達	探測距離遠	低解析度
超音波雷達	成本低、不受光線與影響	探測距離短、低解析度
光學雷達	抗干擾性強、高精度	維護成本、功耗高、易受氣候影響

四、ADAS 面臨挑戰和未來趨勢

在車輛上的自動駕駛輔助系統，由美國汽車工程協會（SAE），所定製的六個等級（如圖 22-3），從第零級的沒有任何輔助功能，到第五級的無論在哪種路面都實行無人駕駛，也就是不用駕駛人親自操控。本篇文章主要介紹未滿第三級的 Level 2+，一旦車廠宣布並販售該台車輛是搭載第三級自動輔助駕駛系統，也就是在部分情況下車輛能自動駕駛，如有需要人為操控，會提醒駕駛人需親自駕駛，這也意味著，Level 3 的車輛如果在自動駕駛的過程中，發生事故，其責任需有車廠全部承擔。

Level 2 至 Level 3 為自駕技術分水嶺

Level 0	Level 1	Level 2	Level 3	Level 4	Level 5
No Automation	Driver Assistance	Partial Automation	Conditional Automation	High Automation	Full Automation
全部由人自己操控，車子本身並無輔助功能。	汽車仍由駕駛操作，但具有一些基本輔助功能，如定速器。	在部分情況可由汽車自行操作，如自動停車輔助、緊急煞車/轉向等。主要仍由駕駛操控。	車子已能完全自動化，車輛可以偵測環境並做出決定，如自動變換車道超車等，但駕駛員仍須保持警覺。	在特定區域、情況，車子已經可以完全自動化，車內乘客並不需要做好準備接手車輛。	任何區域、情況車子皆能完全自動化，完全不需要駕駛員。
由駕駛員監測環境			由車輛監測環境		

◆ 圖 22-3　自動駕駛層級與說明（圖片來源：富果直送）

讀者可能在網路上看過無人計程車，如美國的Waymo、Cruise等廠商，或是中國百度的蘿蔔快跑，又或是特斯拉在2024年十月發表的Robotaxi，事實上這些都是屬於Level 4的自動駕駛，只有在特定區域，車內乘客不需要擔心接管駕駛的部分。

　　隨著科技日新月異，車輛上電子電氣化的設備，可以說是逐年增加，也伴隨著半導體技術的成熟，AI人工智慧的普及與發展，這些技術都可以運用在智慧車輛上，不論是每家車廠的硬體或軟體配備，還是每個零組件廠商生產的感測器，這些都代表著智慧車輛的進步。

　　為什麼要發展智慧車輛，而不只是智慧道路，如果只一昧的發展先進道路，而忽視了車輛的可靠性，道路會因各國、區域的法規不同，而有非常大的差異，況且發展道路的成本，都是會耗費龐大的經濟或時間。例如車廠也不可能為了設計一台車，只能在台北自動駕駛，而在台中卻不能。我們是希望在這個逐漸替換成新能源車的年代，每個地區的法規也能慢慢與時俱進，往ADAS的更高等級邁進。

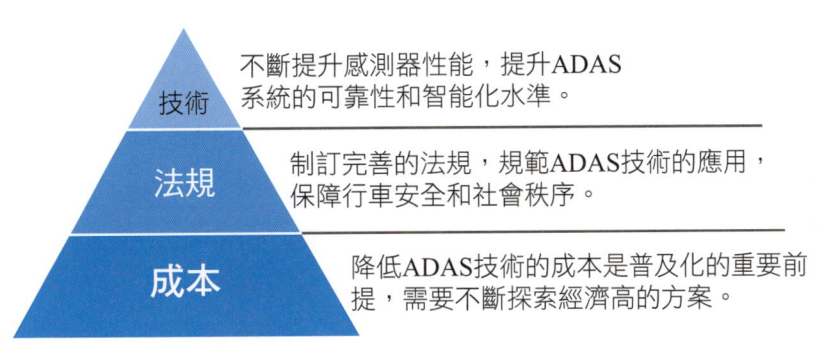

技術　不斷提升感測器性能，提升ADAS系統的可靠性和智能化水準。

法規　制訂完善的法規，規範ADAS技術的應用，保障行車安全和社會秩序。

成本　降低ADAS技術的成本是普及化的重要前提，需要不斷探索經濟高的方案。

◆ 圖 22-4　發展自動駕駛的要素

22-2　Journey 介紹

一、Journey2 簡介

2019 年地平線公司推出 Journey2，如圖 22-5，是中國大陸首創量產車的智能晶片，Journey2（也稱征程 2）能夠高效靈活支援各類智慧計算任務並保持低功耗，在高性能、低延遲、高效能和成本效益之間實現最佳平衡，設計多個 Journey2 能夠實現環景的視覺效果。

◆ 圖 22-5　Journey2 晶片

地平線機器人（Horizon Robotics）是一家在中國大陸創立的公司，主要製造和研發車輛的智能晶片，其中 Journey2 晶片主要用於 Level 2 到 Level 2+ 的車輛上，也因為近幾年的 ADAS 系統需求，與中國大陸龐大的車輛市場，造成車載智能處理器的更多需求。

國外也有許多廠商也生產車載處理器，為了因應 ADAS 的特定需求，甚至也發展出專屬自己處理器的架構，更能在算力需求提升層次，其中著名的有 NVIDIA、Mobileye、Qualcomm Snapdragon。這些也都是能有因應 Level 4 及 Level 5 等級的自動駕駛，當中的處理器性能，可說是遙遙領先地平線機器人。

二、Journey6 簡介

Journey6，透過 SiP 技術將多種功能 IC 晶片以及被動元件集結在一個封裝內部實現 CPU、BPU、GPU 和 MCU 的四合一晶片，全方位覆蓋智慧駕駛全階應用，Journey6 總共推出了 6 個系列（如圖 22-6）。

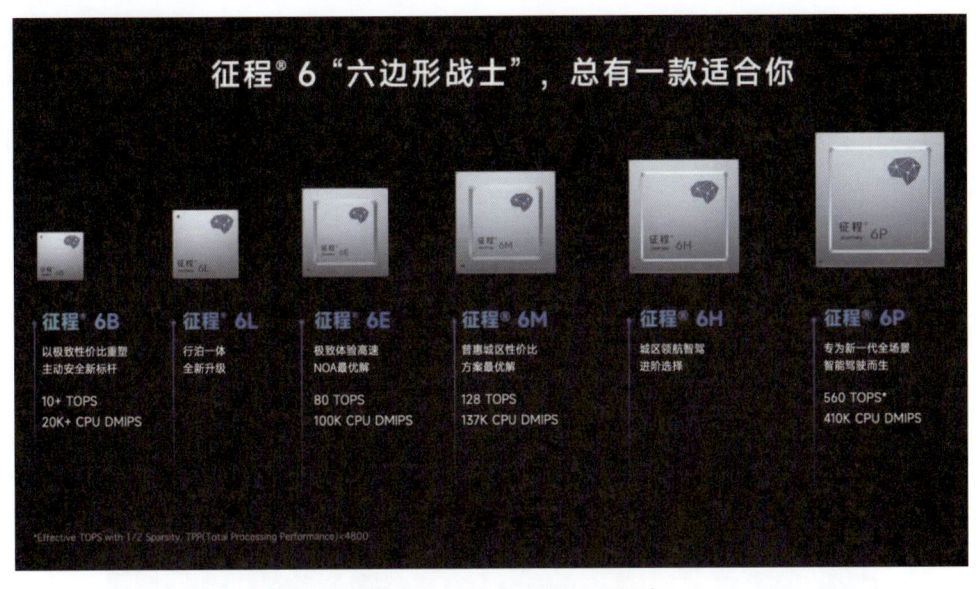

◆ 圖 22-6　Journey6 系列

這是地平線在 2024 年最新發表，預計在明年正式搭載在車輛上，專門應用在 Level 5 全自動駕駛的車輛，但這不代表不能運用在較低自駕等級的車輛，也不代表有配備 Journey6 的所有車輛，就是可以全自動駕駛的。還是要依車廠規範而定，地平線這家公司不僅與中國車廠合作，如比亞迪、理想汽車、蔚來汽車，國外也有如 Audi、Volkswagen、Hyundai。

在這次地平線所發表的 Journey6 的各系列（如表 22-4），不僅拉近與其他國際大廠的差距，也為車廠能在設計 ADAS 的時候，能挑選符合這台車所需的處理器，從而節省成本，也將效益最大化。

◆ 表 22-4　Journey6 系列算力比較

	6P	6H	6M	6E	6L	6B
AI 算力（TOPS）	560	256～300	128	80	30～40	10+
CPU（DMIPS）	410K	250～300K	137K	100K	30～40K	20K+

關鍵提醒
TOPS (Trillions of Operations Per Second)，為每秒兆次運算
DMIPS (Dhrystone Million Instructions Per Second)，為每秒百萬指令

Journey6P 在這次研發當中是最受人矚目的一款高規格 AI 晶片（如圖 22-7），與 MCU 做結合支持多種感測器，AI 算力與 CPU 更是大幅度的成長，功能安全上通過 ISO 26262 ASIL-D 功能安全流程和主動安全 AEB ASIL-B 產品及功能安全認證有助於智慧駕駛的發展。

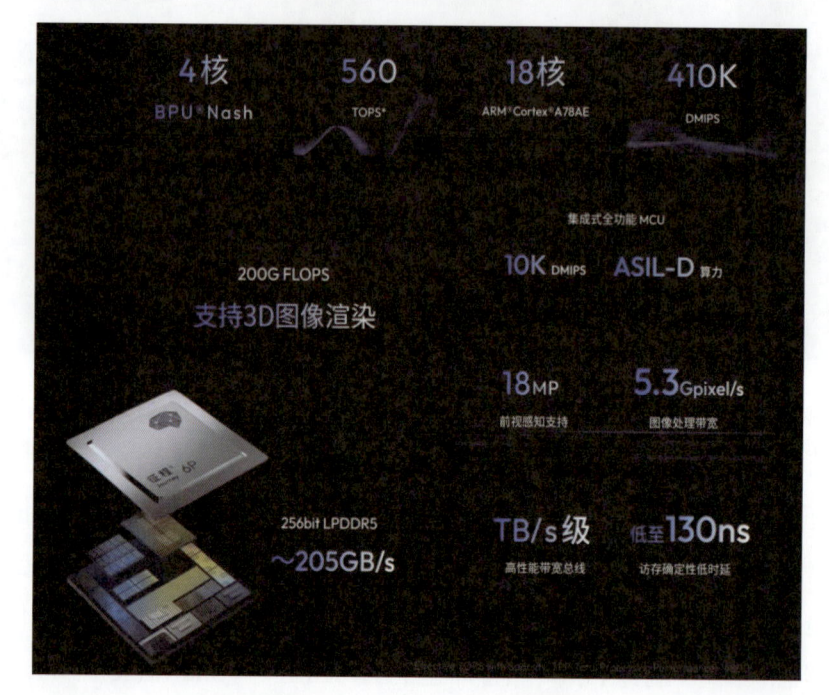

◆ 圖 22-7　Journey6 性能

　　Journey6E/M（如圖 22-8），是這次主要產品，6E 在性能與成本優勢可以在高速下極致體驗 NOA，相比之下 6M 則是擁有更好的性能表現，讓更多人享受更高的智能駕駛與便利。

◆ 圖 22-8　Journey6E/M 處理器

如果讀者還是很難想像，有關車載處理器是如何運作，可以把我們人類的眼睛、耳朵、皮膚，想像成我們車子的感測器，再把我們的大腦想像成車載處理器，大腦裡面也有負責管理視覺、聽覺、觸覺的區域，資訊經由神經進入大腦，再從大腦流出來至手、腳，來判別該做什麼。表 22-5 也整理出不只在電腦設備，常見的處理器，以及前幾頁提到的專業詞語。

◆ 表 22-5　常見處理器專業名詞

No.	專業名詞 (中文)	專業名詞 (英文)
1	系統級封裝	SiP (System in Package)
2	中央處理器	CPU (Central Processing Unit)
3	大腦處理器	BPU (Brain Processing Unit)
4	繪圖處理器	GPU (Graphics Processing Unit)
5	微控制器	MCU (Micro Control Unit)
6	導航輔助駕駛	NOA (Navigate on Autopilot)

三、Journey 各代規格比較

地平線公司雖然已經能量產最新最好的 Journey6，但也並沒有放棄 Journey2 的生產，其中的原因包括經濟成本、市場需求，因為目前在中國大陸新能源車市場中，為了能壓低成本，從而選擇較低效能的處理器，但是其中每個 Journey 系列能負荷的感測器不同，如表 22-6，即使給了再多再好的感測器，也是多餘的，就好比拿文書電腦去打電競遊戲，那個效能可以說是跟不上，當中也會浪費功率。

◆ 表 22-6　Journey 各代規格比較

	Journey2	Journey3	Journey5	Journey6
年份	2019	2020	2021	2024
TOPS	4	5	128	10-560
攝像頭數量	2	6	16	24
規格	28nm	16nm	16nm	7nm
4K 影像攝像頭數目	無	單顆	多顆	多顆

至於為什麼沒有 Journey4，我們也只能猜測四這個字在中華文化當中，是比較不吉利的，或者，地平線公司想在 2020 年到 2021 年間，有一個比較重大的分水嶺，代表這是一個大進步，從而跳過了四這個數字，也能透過此圖表得知，五代跟六代之所以間隔那麼久，可能是因為為了在國產車當中，應對這龐大的市場、車廠，從而衍生出專為不同系統，因此研發出的多種系列。

22-3 ADAS 與 Journey 在新能源車的應用

一、VOLVO-Recharge 電動車

　　Recharge 系列是 VOLVO 的匠心之作，2024 年 11 月 25 日在台正式發布 EX40、EC40 車系於國內上市發表，如圖 22-9、22-10，經過測試將電車在水中浸泡 12 小時電池 0 浸水，電池增加三層防火結構 20 分鐘不起明火，也打造出 SPOC 鑄鋁滑塊分散撞擊力道，車上更是運用了大量的先進駕駛輔助系統。

◆ 圖 22-9　VOL ＋ VO-EX40

◆ 圖 22-10　VOLVO-EC40

　　EX40、EC40 車身搭載 4 個攝影機提供 360° 視野（如圖 22-11），BLIS 系統在變換車道主動提供支援，如果與臨近車道車輛發生碰撞系統則會巧妙調整轉向保持正確位置，不論何時智慧安全輔助系統都能幫助偵測行人、車輛和大型動物發生碰撞則會發出警告，如駕駛者未做出反映，系統會自動煞車。

技術補給站

1. BLIS (Blind Spot Information System)，為盲點資訊系統
2. SPOC 鑄鋁滑塊，當車頭遭到嚴重碰撞擠壓時，將撞擊力道向外分散，保護 A 柱並順勢將車體向外滑動。

◆ 圖 22-11　360° 影像圖

因為 VOLVO-Recharge 系列為純電動車，其中電子電氣化的複雜度，也比一般油車來的更多，其複雜度就像 3C 產品一樣，只是差了個型號，在性能與續航力方面，就差了如此之多，即使在外型上面並無太大差異，但是其內在所配備的硬體方面，如馬達、電池、電控，甚至到 ADAS 系統，就有可能不只價格上有所差異，連買台新車，也要先精算好自己的需求。

為了能夠讓讀者快速理解，特地從 2024 年最新的 VOLVO 純電車當中，挑選了兩個款式分別兩個不同版本，從而整理並列出彼此之間的數據，第一組是 EX40 有 PLUS 與 Ultra 兩個型號（如表 22-7），與第二組 EC40 也是 PLUS 與 Ultra，如表 22-8，兩款都是名稱、外型差別不大，但是續航方面就有距離了。

◆ 表 22-7　EX40 規格比較

	EX40 PLUS,Single motor	EX40 Ultra,Twin motor
馬達形式	同步式電動馬達（後軸）	非同步式電動馬達（前軸） 同步式電動馬達（後軸）
電池類型	鋰電池	鋰電池
電池容量 (kwh)	69	82
最大馬力 (hp/rpm)	238	408
最大扭力 (Nm)	420	670
時速 0～100 公里加速 (sec)	7.3	4.8
續航里程 (km)	567	623
安全極速 (km/h)	180	180
驅動方式	RWD 後輪驅動	四輪傳動 (eAWD)
停車輔助	前、後車方停車輔助雷達	前、後、側車方停車輔助雷達
能源效率 (km/kWh)	5.9	5.5

◆ 表 22-8　EC40 規格比較

	EC40 PLUS,Single motor	EC40 Ultra,Twin motor
馬達形式	同步式電動馬達（後軸）	非同步式電動馬達（前軸）
同步式電動馬達（後軸）		
電池類型	鋰電池	鋰電池
電池容量 (kwh)	69	82
最大馬力 (hp/rpm)	238	408
最大扭力 (Nm)	420	670
時速 0～100 公里加速 (sec)	7.3	4.7
續航里程 (km)	602	668
安全極速 (km/h)	180	180
驅動方式	RWD 後輪驅動	四輪傳動 (eAWD)
停車輔助	前、後車方停車輔助雷達	前、後、側車方停車輔助雷達
能源效率 (km/kWh)	5.6	6.0

　　VOLVO 全新系列的電動車，不只帶給消費者們更多選擇，同時在車輛的安全輔助系統，也有非常可靠的智能輔助，如圖 22-12，上述兩款也都分別有單馬達後輪驅動，跟雙馬達四輪驅動，這幫助消費者在挑選高級款時，能有更明確的性能差異。

全車系標配
- ACC主動車距控制巡航
- PAII智能駕駛輔助
- LKA車道維持輔助
- 路標顯示暨速限警示
- BLIS含轉向輔助
- 車輛邁近警示
- 倒車車側警示暨主動煞車
- 駕駛疲勞警示
- 對向來車閃避輔助暨主動煞車
- 交叉路口安全偵測暨主動煞車
- 碰撞警示暨完全主動煞車
- 後方來車碰撞預防警示暨主動煞車
- 行人偵測暨完全主動煞車
- 單車客偵測暨完全主動煞車
- 大型動物偵測暨完全主動煞車
- 衝出路面安全防護及輔助
- 後方偵測暨主動煞車

◆ 圖 22-12　EX40 與 EXC40 智能配備

在新能源車的市場上，人們可以看到更多，同一個車款，裡面配備的動力系統、能源系統、ADAS 系統，都可能有一般款式與高級款式之區分，不全然是壞事，每個人對於車子的需求本就不同，消費者能用合理的價格，購買並駕駛自己心目中最理想的車輛，重點是自己要先想清楚，自己車輛的自駕等級，如果是未滿三級（L3）的車輛，希望駕駛者不要認為，有了很多智能輔助，車子就是一定安全。

二、理想 L9 油電混合車

2024 年款，理想 L9 在今年 3 月上市，如圖 22-13，共有 Pro、Ultra 兩種車型。在硬體與車體晶片升級至高通驍龍 8295P 高性能版，動力電池容量也升級，標配 52.3 千瓦大電池，CLTC 純電續航里程 280 公里，對外放電 3.5 千瓦。

◆ 圖 22-13　理想 L9 電動車

油電混合車，以下簡稱油電車，英文全名為（Hybrid Electric Vehicle，HEV），油電車一般情況下不需充電，在車子啟動時引擎與馬達兩者會擇一運轉，或是兩者一起，主要以引擎為主要的動力輸出，也要注意不能在沒有汽油時，駕駛油電車，因為它的電池與馬達，主要還是靠引擎提供能量進去，油電車雖然保養及維修車成本高，但卻適合在市區的短程代步。

> **關鍵提醒** CLTC 為（China Light-Duty Vehicle Test Cycle）的縮寫，也稱中國輕型汽車行駛工況，該標準為政府推出，目的是用能源消耗、續航里程、行駛工況的數據，來評斷是否能在國內實際上路。

以下也整理出了，同 2024 年款，L8 與 L9 在硬體設備的差別，如表 22-9，這次蒐集的理想汽車，是確實有跟前面談到的地平線公司，有合作關係，地平線所生產的 Journey 系列車載處理器，也是確實有配備在新車上，也因為地平線為中國第一家，同時是目前最大的車載智能晶片公司，未來讀者在研究中國大陸新能源車時，應該也會經常看到「地平線征程」這個名詞。

◆ 表 22-9 L9 與 L8 規格比較

	2024 年款理想 L8 Pro	2024 年款理想 L9 Pro
智能駕駛處理器	地平線征程 *5 晶片 ×1（128TOPS）	地平線征程 *5 晶片 ×1（128TOPS）
動力系統總功率 (kW)	330	330
動力系統總扭矩 (N-m)	620	620
CLTC 綜合工況續航里程 (km)	1360	1412
0～100km/h 加速時間 (sec)	5.3	5.3
正前感知攝像頭	800 萬像素 ×1	800 萬像素 ×1
車載晶片	高通驍龍 8295P	高通驍龍 8295P 高性能版
記憶體	24GB	32GB
智能空間	理想智能空間 SS Pro	理想智能空間 SS Ultra
艙內感測器	RGB+IR 視覺模組 ×1	RGB+IR 視覺模組 ×2
揚聲器 / 最大功率	19 個 / 1920 瓦	21 個 / 2160 瓦

22-4 新技術分享

地平線公司研發了智慧駕駛處理器，如圖 22-14，當中的專用計算結構 BPU 運用在了增程系列上通過演算法、編譯器、架構設計三者互相結合，實現演算法效率靈活性和硬體效率的最佳解。為了避免圖片不清楚，在圖片下方也列出了這些專業術語。

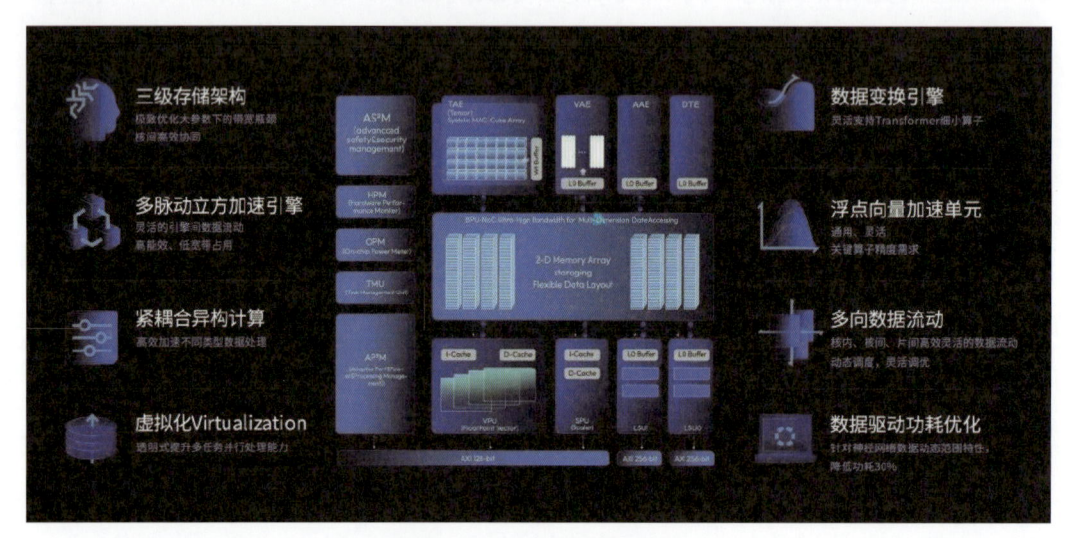

◆ 圖 22-14　智能進化 BPU

1. 三級片存儲架構 – 核間高效協同，極致優化大參數下的頻寬瓶頸。
2. 多脈動立方加速引擎 – 靈活的引擎間數據流動實現高能效且低頻寬佔用。
3. 數據變換引擎 – 靈活支援 Transformer 細小運算元。
4. 向量加速單元 – 具有通用、靈活的特性，滿足關鍵運算元精度需求。
5. 耦合異構計算 – 單元高效加速不同類型數據處理。
6. 多向數據流動 – 核內、核間、片間高效靈活的動態調度與靈活調優。
7. 虛擬化技術 – 透明式提升多任務並行處理能力。
8. 數據驅動功耗優化 – 針對神經網路數據動態範圍特性，降低功耗 30%。

架構包括裏面的計算單元、儲存單元，無論是單核還是多核系統，如不考慮合規情況下，也就是不遵守標準規範，其實能夠達到 1000 TOPS，晶體管因為可伸縮，所以規模也很大，未來的應用發展趨勢，是針對大規模數據驅動、大參數模型，在未來上所要完成的計算越來越大，這些東西就越應該在 BPU 上執行。

地平線公司早在 2016 年便提出智慧計算的新摩爾定律，認為 FPS（Frames Per Second，每秒準確識別幀率）更能體現先進深度學習演算法在晶片上的真實計算效能。

$$\text{FPS}/\$ = \text{TOPS}/\$ \times \text{Utilization} \times \text{FPS}/\text{TOPS}$$

真實計算效能　　理論峰值計算效能　　有效利用率　　演算法效率

◆ 圖 22-15　地平線公司提出的智慧計算的新摩爾定律

第 22 章 ｜ 課後習題

簡答題

1. 解釋為何大多數車廠選擇繼續研發 Level 2+ 的車輛，而不是直接銷售 Level_3 的車輛，其原因主要為何？

2. 試問車載處理器（如：Journey 2），在車輛中用什麼方式定位？如何幫助 ADAS 作用的呢？

第 23 章 ADAS 與 5G 結合

現今技術日新月異的時代，交通運輸的智慧化發展已成為全球關注的焦點。智慧交通（Smart Mobility）與智慧駕駛輔助系統（ADAS）不僅是提升行車安全的重要手段，更是實現未來自動駕駛及智慧城市的關鍵基礎。而這些技術的發展，都離不開第五代行動通訊技術（5G）的支撐。

聚焦於 5G 如何為 ADAS 提供技術輔助，並探討智慧交通的發展現狀與未來可能性。我們研究了 5G 的低延遲、高頻寬及大規模連接的特性，分析了其對於車聯網和智慧號誌等設施的影響。此外，亦探討了 ADAS 在實際應用中的實例與難題，並探討了未來可能的技術突破與科技技術影響。

透過本篇概要，能對於 5G 與智慧交通的結合吸收到更多的知識，並喚起對於科技發展如何塑造未來生活的更多思考。

23-1　ADAS 簡介

1. 目前市場上有高達 9 成以上車輛都配備至少 Level1(含) 以上的智慧駕駛輔助系統，在市場開發層面頗有潛力外，也是目前人類對於生活在地球村中使用車輛過程如何減輕負擔的最佳解答。
2. ADAS，全名又稱 Advanced Driver Assistance Systems，從目前車輛中常見的自適應巡航控制系統、車身穩定輔助系統、煞車優先輔助系統再到防鎖死煞車系統等等，這些都屬於 ADAS 的範疇。
3. SAE(Society of Automotive Engineers)，目前的 ADAS 分級制度正是由該「美國汽車工程師協會」所制訂分級 (表 1-1)，修訂了每一個分級當中，系統能給予駕駛者的輔助程度，目前一共分有 0~5 級共 6 級。

> **關鍵提醒** 由於目前各國法規與保險制度限制，各家車廠對於目前 Level2 的車款功能著墨其實已經幾乎與 Level3 無異，但礙於法規，車輛在販售時也僅能以 Level2 的行銷來做販售，詳細內容請以原廠設計為主。

ADAS輔助駕駛分級	Level 0	駕駛者需全程操作載具，系統將提供最少量操駕輔助
	Level 1	駕駛者需全程操作載具，系統將提供些許操駕輔助
	Level 2	駕駛者需全程操作載具，系統將提供大量操駕輔助
	Level 3	ODD條件下自動駕駛，駕駛者無需自行操作載具
	Level 4	ODD條件下自動駕駛，駕駛者無需自行操作載具
	Level 5	任何條件下都能自動駕駛

◆ 圖 23-1　ADAS 分級

一、市售實際 Level3 應用舉例（Mercedes Benz）

賓士目前的 Drive Pilot 系統已成功通過聯合國專為 ADAS 系統所作的檢測標準（UN-R157），並且也通過美國兩個洲的測試標準，目前已經成為第一家也是唯一一套被授權在美國公共高速公路上使用的量產車的 SAE Level 3 自動駕駛系統。

由圖 23-2 可得知，該 BENZ S-class 在配備了 Drive Pilot 的狀態下，在硬體上配備了如圖中所示的攝影鏡頭、車內監視鏡頭、光達、雷達、天線陣列模組、超音波雷達等感測器，搭配軟體作用下，可以發揮 Level3 規格的自動駕駛，以此降低行車疲勞感。

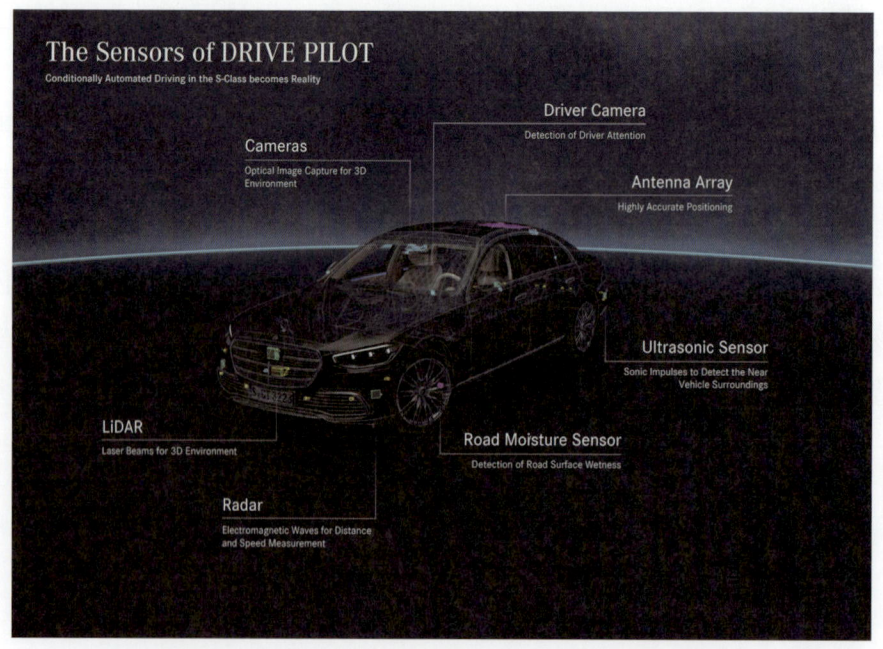

◆ 圖 23-2　左邊為感測系統，右邊為作動系統

這套名為 Drive Pilot 的智慧駕駛輔助系統具有不少將改變未來的新穎功能，例如在 ODD(Operational Design Domain) 條件，又稱運作設計域，在符合這個條件下的系統，不僅能透過（如圖 23-3）所可作動的系統如轉向、煞車、車身穩定系統等在最高時速 64 公里每小時的情況下完全接管車輛實現全自動駕駛，提供全速域自動跟車，並且駕駛者可以全程雙手離開方向盤，腳完全離開踏板，不僅在最大程度上減輕了駕駛者的負擔，也成功推動智慧駕駛技術的廣大進步；然而全自動駕駛也需要一套冗餘設計來防止車輛即將跳脫 ODD 條件下以氣氛燈、儀表燈號、多媒體顯示資訊區甚至是讓音響發出警告提示音來要求駕駛者主動接管車輛，避免系統發生不必要的事故與風險，然而若駕駛者始終未接管車輛時，系統將採與最後一到緊急應變措施—將車輛打開雙黃警示燈後自動降低車速直至車輛停靠於路肩，並且將車門解鎖、自動撥打緊急救援電話、發送位置資訊給賓士緊急求助服務中心，以爭取更多逃脫時間與機會。

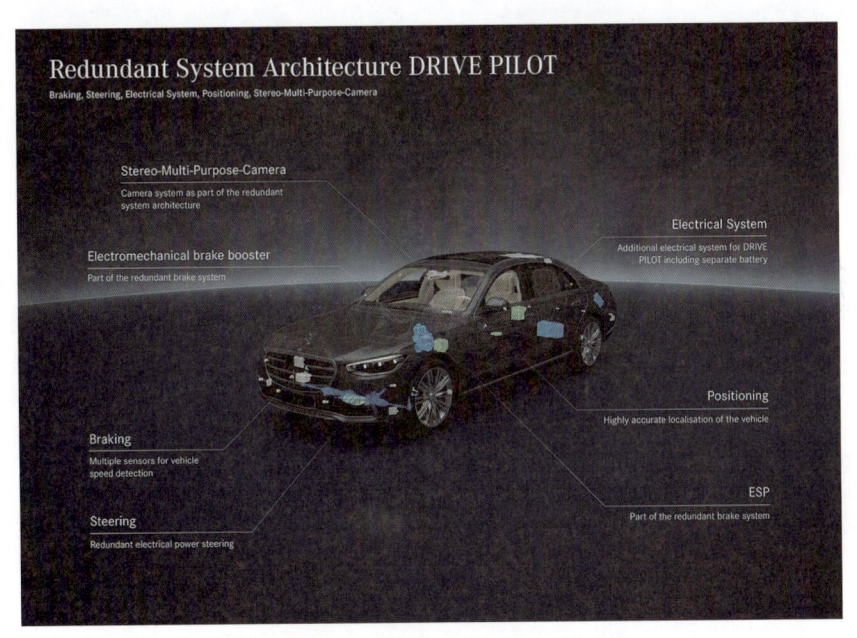

◆ 圖 23-3　車輛 ADAS 作動系統

二、市售實際 Level2 應用舉例（TOYOTA）

1. LTA(Lane Tracking Control) 車道循跡輔助系統

以配備 TSS2.0 的最為熱銷車款 Corolla Altis 12 代為例，該車輛配備了毫米波雷達、位於後照鏡後方的攝影機 (如圖 23-4)，當駕駛者透過方向盤按鍵發出要求後，攝影機會開始辨識前方道路的標線、道路曲率、車道寬度等資訊，交給電腦計算，僅需彈指間的時間，就能發現電腦透過自動轉動方向盤，將車輛自動定位回車道中適當位置（如圖 23-5），使車輛安穩行駛，以提供更輕鬆舒適的乘駕體驗。

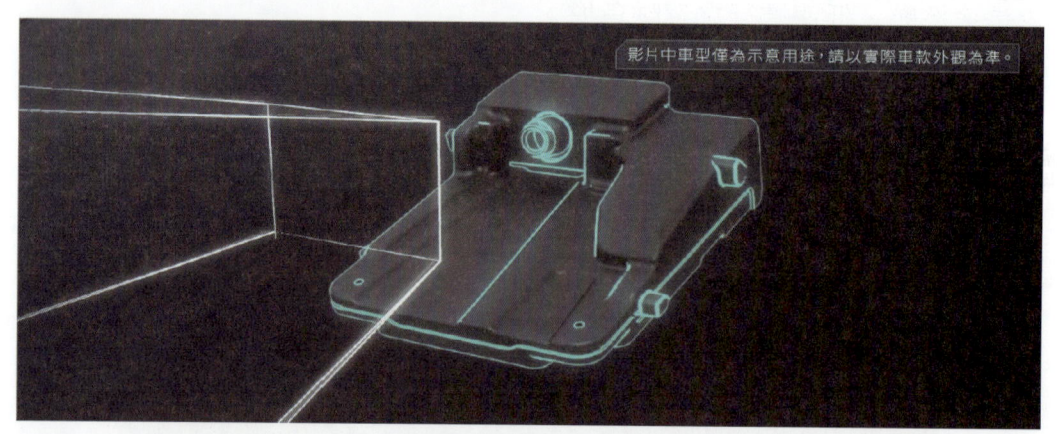

◆ 圖 23-4　車輛配備攝影機位於後視鏡後方

◆ 圖 23-5　車輛開啟 LTA 做動示意

2. ACC（Adaptive Cruise Control）自適應巡航定速

該車輛擁有全速域的 ACC（自適應巡航系統），也就是說在時速 0 到特定最高時速區間中都可以開啟這項功能，在塞車車陣中如果煞停後秒數短暫（如圖 23-6），系統也能自動重新起步，無須人員介入。

系統透過攝影機、毫米波雷達同時蒐集前車距離（如圖 23-7）、前車車速變化、是否塞車等情況，透過電腦經過計算，介入油門與煞車，自動加減速、跟上車流等行為，但由於 TSS2.0 仍屬於 SAE Level2，所以駕駛者仍需全程緊握方向盤，不可分神但油門與煞車可代由電腦控制，以此減輕長途巡航、低速蠕行之駕駛負擔。

◆ 圖 23-6　全速域 ACC 可在短時間內車流靜止

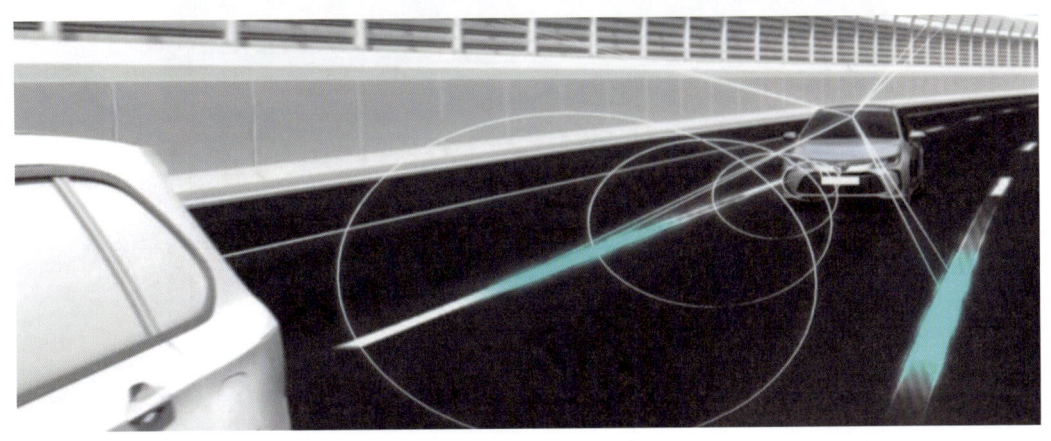

◆ 圖 23-7　ACC 透過毫米波雷達與攝影機偵測車流速度

該車輛不僅擁有全速域的 ACC（自適應巡航系統），使用者還可以透過方向盤按鍵來使前述兩種功能同時開啟（如圖 23-8），並顯示於儀表資訊窗上（如圖 23-9）。

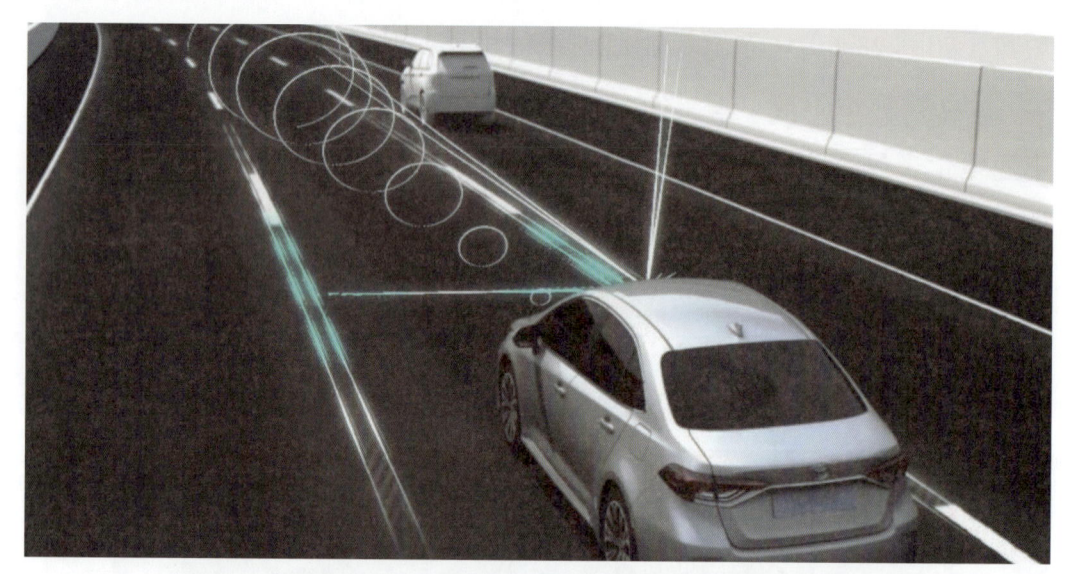

◆ 圖 23-8　ACC 與 LTA 同時做動示意圖

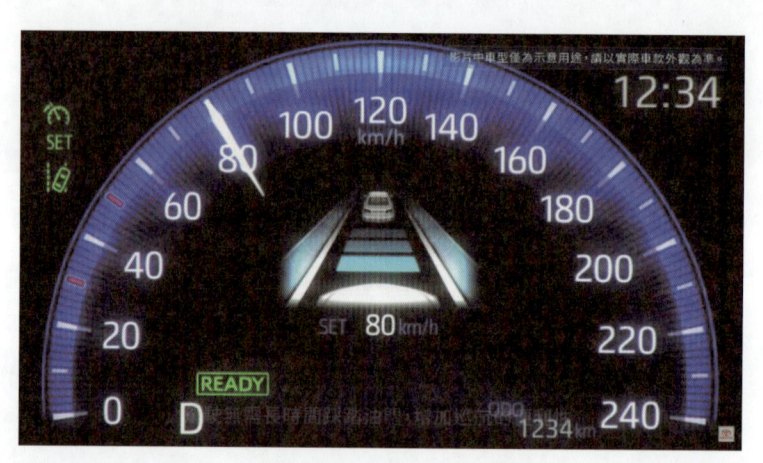

◆ 圖 23-9　儀表資訊窗

23-2　5G 技術簡介

以實際生活應用場景中，只要身處於非訊號偏差區域，絕大多數的 4G 網路速度光是下行就能達到 60~200Mbps（圖 23-10），5G 更是能做到 500Mbps~1Gbps（圖 23-11）的驚人速度，然而在這樣的前提下，5G 能為我們現今的社會帶來甚麼益處何改變？

◆ 圖 23-10　4G+ 測試網速　　　　　◆ 圖 23-11　5G 測試網速

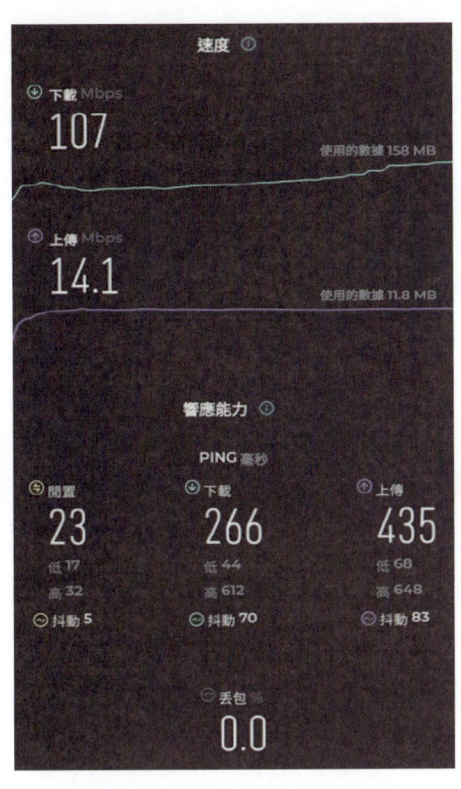

註：同一間電信公司，同一位置測得數據。

　　根據理論值計算，5G 應該能夠處理比當今網路多 1000 倍的流量，甚至比 4G LTE 快出 10 倍之譜；它擁有更低的延遲、更大的頻寬、更高頻率的頻段以創造更多的連接設備數量，甚至在部分國家擁有毫米波可以達到更接近理論數值的超高網速。而 5G 在實際頻段中大致可分為 sub-6GHz 以及 mmWave（如圖 23-12），而後者所說的毫米波，與 sub-6GHz 兩者的差別在於前者的頻率介於 450Mhz~6Ghz，而後者則介於約 24GHz~100GHz 之間；毫米波可以在訊號良好的情況下讓使用者得到最快速的網速使用體驗。

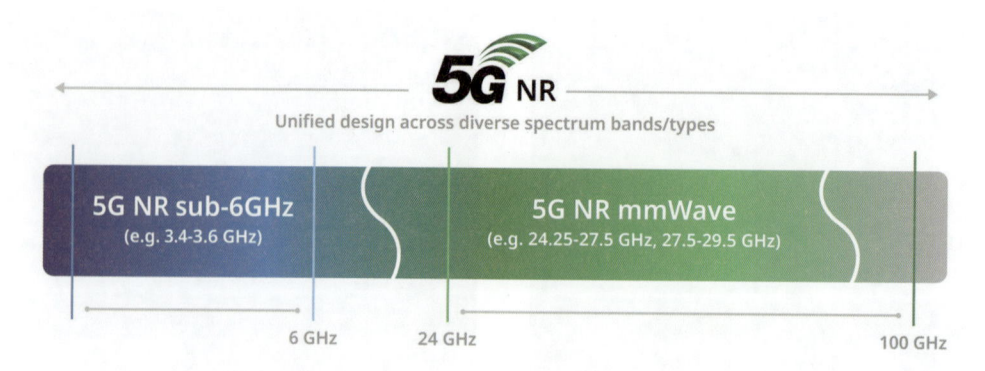

◆ 圖 23-12　5G 毫米波與 sub-6G 頻段

　　接下來，我們從 5G 的核心技術來探討，這代的行動通訊技術主要圍繞三項核心技術，分別為 eMBB（圖 23-13）、eMTC（圖 23-14）、URLLC（圖 23-15），這三項分別代表提升的大頻寬、超大量連接數量、極致可靠性與超低延遲率，這三項核心技術加上 5G 本身提供的超快速資料傳輸率，為現在和未來的科技研發打開更多可能性。

◆ 圖 23-13　透過 5G 高速網路利用雲端方式暢玩遊戲大作

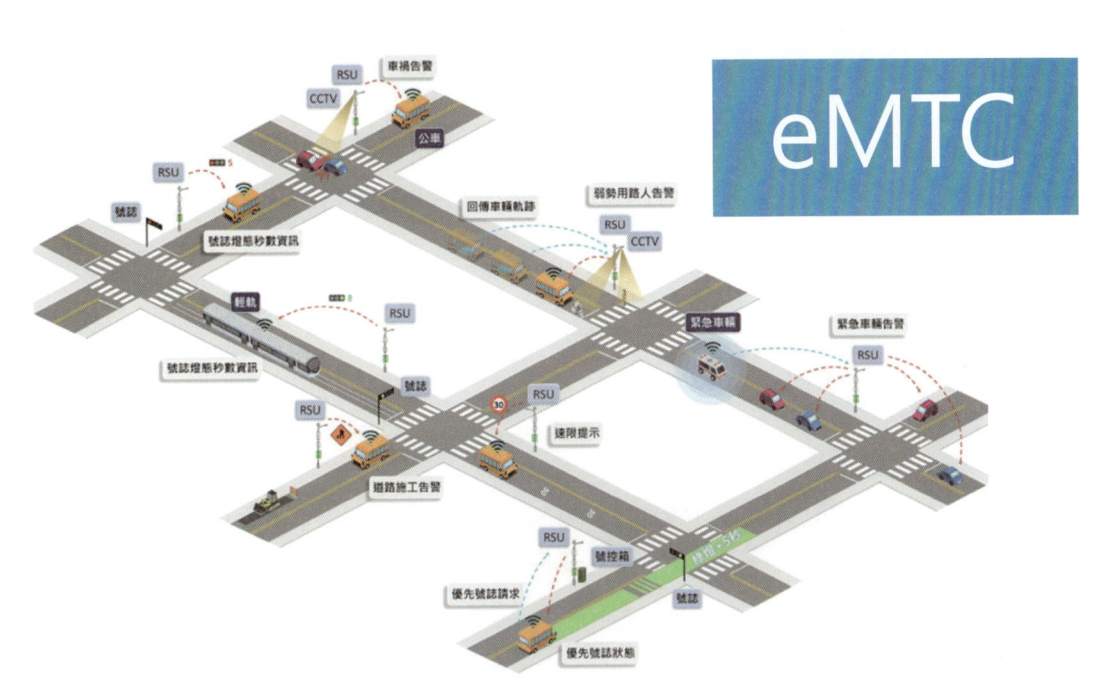

◆ 圖 23-14　智慧交通結合車聯網的願景

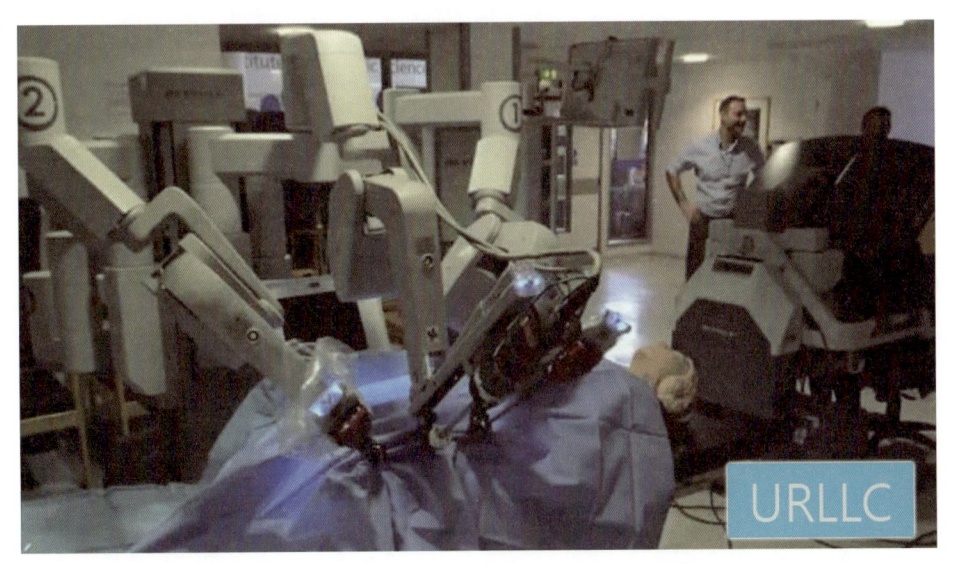

◆ 圖 23-15　透過遠距方式位於舊金山醫生遠端操縱機具為位於台灣病患開刀

23-3 ADAS 與 5G 的結合

　　一部車的 ADAS 經由 5G（第五代行動通訊技術）作為橋梁（圖 23-16）與車聯網連接，不只是傳送自己的數據，同時也進行接收外界提供的資訊（圖 23-17）。

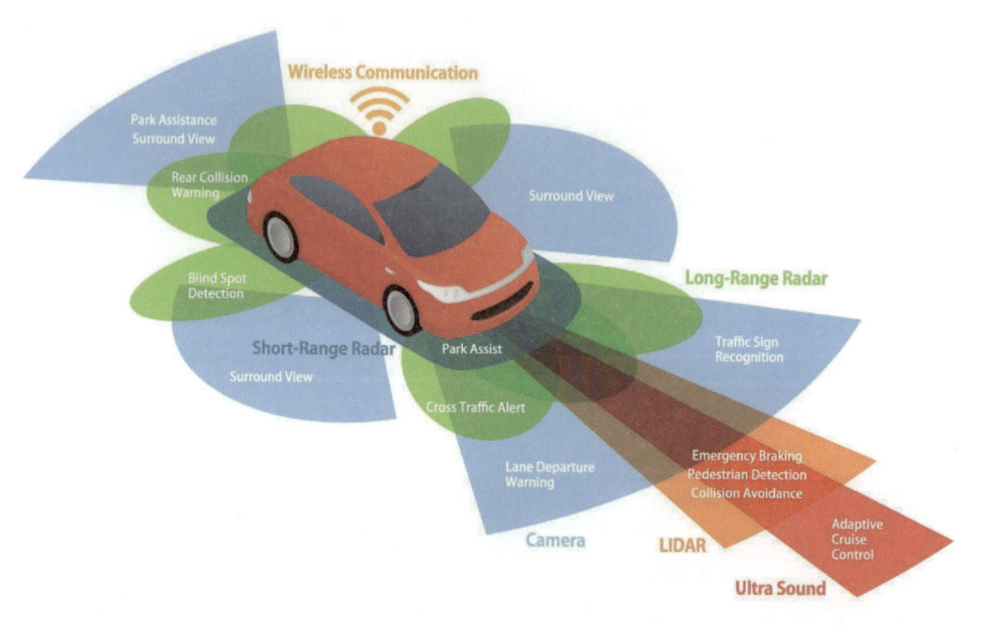

◆ 圖 23-16　ADAS 與 5G 的結合

◆ 圖 23-17　ADAS 與 5G 的示意圖

當兩者結合時，就不再是單一車輛的個體，而是車與車之間能夠互相溝通、同時分享路上的車流、行動的軌跡、即時的影像、危險的警示。配合路上的攝影機(圖 23-18、23-19)、辨識系統將人流車流事故的狀態透過車聯網傳送到有聯網的車輛進而提升安全。

◆ 圖 23-18　臺灣國道攝影機　　　　◆ 圖 23-19　道路攝影機

　　其實 4G 也有辦法做到，但是現在太多人使用會造成佔線，大幅降低傳輸速度進而造成時間上的延遲「塞車」，5G 的速度大約是 4G 的十倍，有速度快、低延遲、邊緣運算等特性。

關鍵提醒 邊緣運算：部分資訊不需回傳至中心，而是切割成更小與更容易管理的部分，分散到邊緣節點去處理，縮短速度，例如自動查驗通關系統（圖 23-20）。

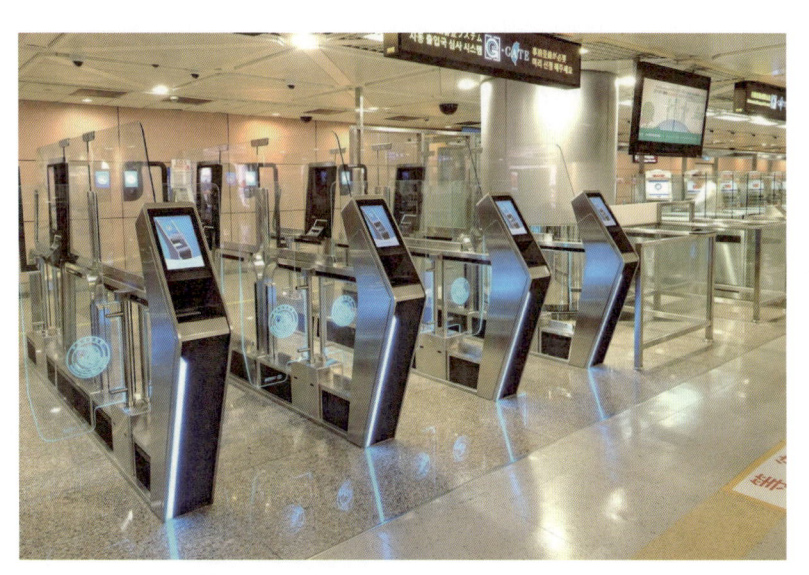

◆ 圖 23-20　自動查驗通關 E-Gate（圖片來源：神通資訊科技）

23-4　ADAS 相關技術

　　ADAS 的運作是先透過感測器（攝影機、雷達、光達、超音波等）（如圖 23-21）監測各方面的數據後，將這些數據傳到控制處理器去做運算，再藉由制動器去做車輛的控制以及對駕駛人的警示。

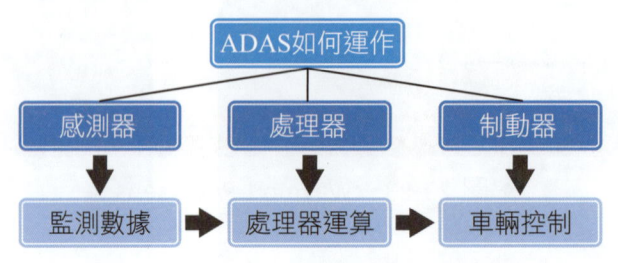

◆ 圖 23-21　ADAS 作動流程

1. ADAS 感測器

　　ADAS 的感測器種類有攝影機、毫米波雷達、超音波雷達以及光達 LiDAR，例如目前在美國已營運的谷歌旗下子公司 Waymo 所推出的無人計程車服務，該車輛就是配備了各式感測器，布局如圖 23-22、23-23 所示。其中毫米波雷達為目前較常見的雷達，依頻段的不同可分為近程雷達及遠程雷達，主要的頻段位於 24GHz（近程）以及 77GHz（遠程）。根據 omdia 資料指出 24GHz 的雷達逐漸被 77GHz 取代，但目前近程雷達通常裝置於汽車的尾部，而遠程雷達裝置於汽車前面車頭及側面的部分。level 3 等級的車款需要較精密的偵測環境，所以幾乎都配有光達 LiDAR，但也有少數的 level 2＋車型有光達感測器。

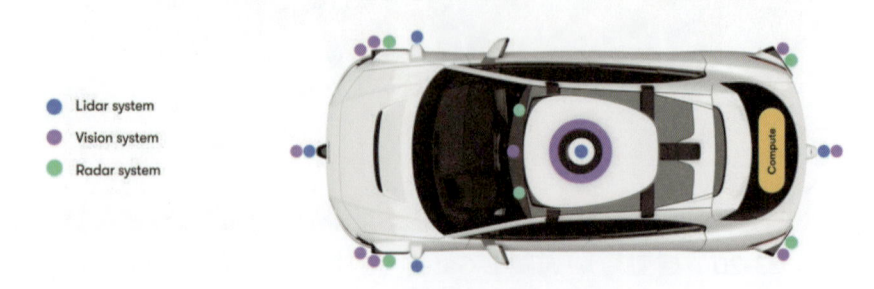

◆ 圖 23-22　Waymo I-PACE sensor

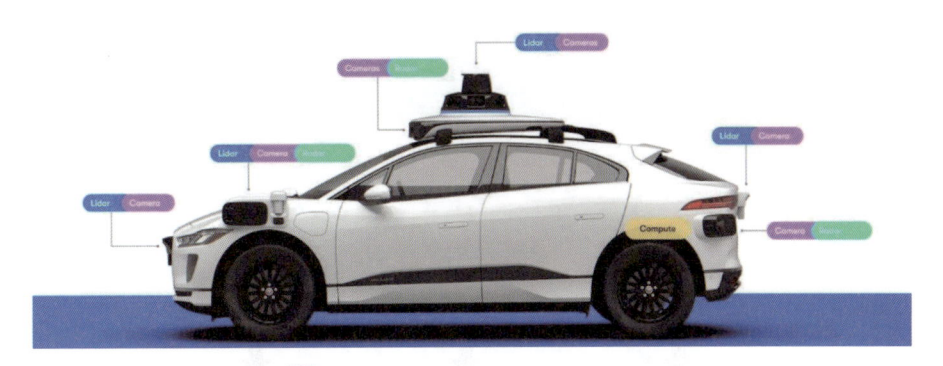

◆ 圖 23-23　Waymo I-PACE sensor

2. 高精地圖

　　除了有強大的感測器，有的也配有高精地圖的輔助。高精地圖（High Definition Maps, HD Maps）是藉由光達 LiDAR、雷達、攝影機及 GPS 等感測器收集多方數據後繪製成點雲地圖（圖 23-24）及向量地圖（圖 23-25）兩大部分之後才組成高精地圖，相比於一般的地圖有更高的精確度，二維（水平距離）的誤差為 20 公分，三維（垂直距離）的誤差為 30 公分，而一般地圖（Google map 為例）誤差為 20000 公分（20 公尺）。

◆ 圖 23-24　點雲地圖

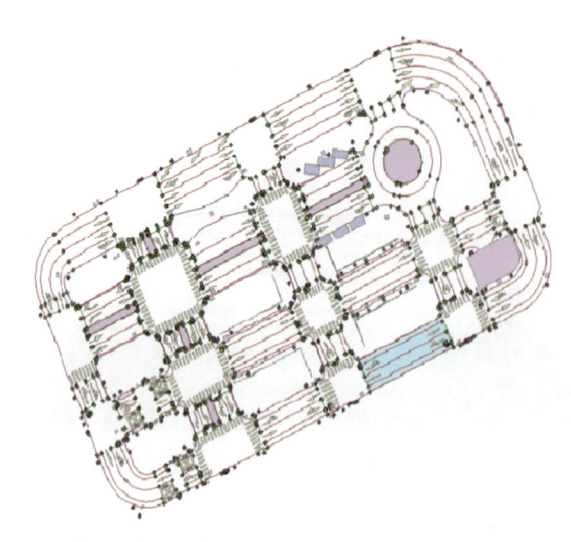

◆ 圖 23-25　向量地圖（圖片來源：高精地圖研究發展中心）

3. 高算力晶片

　　有越多個感測器收集數據的同時也需要藉由高算力晶片來即時處理這些數據，每間晶片製造商也推出越來越高運算力的晶片，製造商包括輝達、高通、Mobileye、華為、地平線和特斯拉等（圖 23-26）。算力以 TOPS（Tera Operations Per Second）為單位，1TOPS 就是每秒進行 10 的 12 次方次運算，目前晶片基本都在 200TOPS 上下，有的可以藉由擴充的方式將算力堆疊上去，高通也推出 700TOPS 的高算力晶片，可支援 20 顆感測器的數據運算，而輝達的 DRIVE Thor 可高達 1000TOPS。

> **關鍵提醒**
> 1. 輸入訊號的種類：雷達感測器、鏡頭攝影機類。
> 2. 高算力晶片：目前市面上眾多在使用於 ADAS 技術之高算力晶片普遍算力都在 200TOPS 以上。
> 3. 驅動器的種類：如燈光、方向機軸馬達、大燈、節氣門、噴油嘴、分泵等。
> 4. 智慧交通：智慧交通我們主要會聚焦在與車聯網有相關的層面來探討。

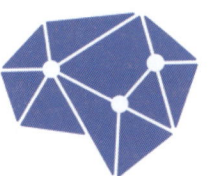

◆ 圖 23-26　晶片製造商

23-5　現階段應用案例 – 車聯網

　　車聯網（Vehicle-to-everything, V2X）（如圖 23-27）是車輛可以藉由通訊連結到人、車、道路基礎設施等後互相傳輸資料的一項技術。V2X 的 X 是指任何物件，車聯網包括 V2P（車對人）、V2V（車對車）、V2I（車對道路設施）、V2N（車對網路）、V2G（車對智慧電網）、V2D（車對裝置）、V2L（車對負載）、V2H（車對家）。透過車聯網可提升道路安全，藉由資料的互相傳遞減少事故的發生，結合道路上的基礎設施，避免車輛走走停停減少怠速運轉的次數，進而節省燃料並減少排放，且能透夠重新安排行駛路線避免上下班尖峰時刻某些路段因車流過高造成塞車。

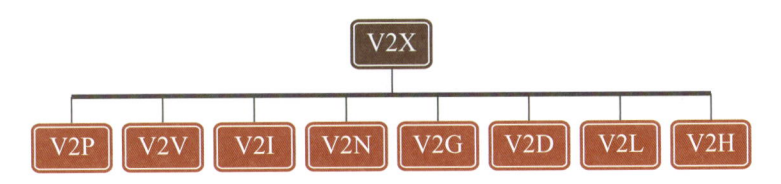

◆ 圖 23-27　車聯網 V2X 實際分支

- V2P（Vehicle-to-Pedestrian）：車輛與行人的電子設備連結，經過路口偵測到行人時，車輛會減速或提醒駕駛人煞車。
- V2V（Vehicle-to-Vehicle）：車輛與附近車輛互相傳送資訊，例如：車與車間的距離、車輛速度、煞車等資訊。
- V2I（Vehicle-to-Infrastructure）：車輛與道路上的基礎設施連結，得知目前交通路況、紅綠燈秒數燈等資訊。

- V2N（Vehicle-to-Network）：車輛透過網路將 V2I、V2P、V2V 等資料上傳至雲端，使能夠遠距離交換資訊。
- V2G（Vehicle-to-Grid）：使用在可充電的電動車、混合動力車上，車輛與智慧電網連結，可讓車輛避免在尖峰時間充電，也可在電網電力不足時將電動車上所儲存的能量反向輸出給電網。
- V2D（Vehicle-to-Device）：車輛透過藍牙或有線的方式與手機連結，使得車上的娛樂系統可播放音樂或接聽電話，例如：Apple CarPlay 和 Android Auto。
- V2L（Vehicle-to-Load）：車輛對負載供電，在某些純電動車上才配有的反向供電功能，藉由電動車所儲存的能量為其他設備供電及充電，例如：在戶外露營時需要一些燈光照明，這時就可以藉由電動車此功能來為燈光設備供電。
- V2H（Vehicle-to-Home）：車輛對家裡供電，跟 V2L 的功能大同小異，但 V2H 主要為家庭設備供電，當家裡停電時可做為家裡備用電源。

23-6 目前瓶頸與限制

1. **隱私**

    當今的社會，人們高度重視權益與隱私，然而強制透過大數據掌控人們的行蹤等等的數據，總讓人擔心這些結果是否在終端有被完好保存，甚至是否有用作其他用途？

2. **高算力控制器的高昂成本**

    並非所有國家都有充足的預算能投放於交通這件事，若是要讓所有道路、路口都使用這樣的技術，不僅機房內的數據庫需要高昂的建置費用，並且需要超高深度學習的神經網路引擎計算中心才有辦法達到這樣的要求，在這樣的前提下，必然提高建置的難度。

3. **法規限制**

    目前僅有少數國家、地區、車廠有開放 Level3 或以上之車輛於公共開放道路上行駛，原因是在 Level3（含）以上的等級中，系統可在 ODD 條件下甚至完全無條件接管車輛，但對於目前交通管理法規中，還並未明實詳定若車輛在自動駕駛狀態時發生事故，則事故究責該如何探討。

4. **高昂成本**

    不僅是智慧交通的公共基礎設施建置成本高昂，尤其是市售車輛數量龐大，每一輛車都需要大量晶片、電腦、感測器來完成 ADAS 功能作動，在這樣的前提下可能導致稅收提高、購置車輛成本提高、車輛保險費用提高等等。

5. **車輛保險問題**

    目前多數保險公司並未對可以完全自動駕駛之車輛祭出相對應的完整保險方案，一方面是由於法規阻礙，另一方面是當發生事故時，車輛的修護成本將大幅提高進而減少保險公司收入，甚至是在究責時，難以追究責任歸屬。

23-7 未來發展可能

1. **智慧交通管理**

    (1) 若以最理想的狀態，人們當然希望用路時不被塞在車陣中，在這樣搭配 AI 的發展下，交通狀況將朝向自動化、無人管理來發展。

    (2) 無號誌城市，省下停等紅綠燈的時間。

2. **透過結合高速網路**

    這整章的篇幅都離不開與 5G 的結合，相對的，未來若是能夠透過高速網路如 5G 甚至是 6G、7G 等有效實行智慧交通、物聯網、車聯網等關鍵技術，也許在未來某一天，我們將能不再為了塞車而煩惱，為了駕車疲憊而苦惱。

3. **高 level 等級自駕車普及**

    目前的高 level 等級自駕車都使用於部分地區的叫車服務，也就是所謂的無人計程車，或許在將來透過各國法規的改善以及技術更完整的發展，可以使得高 level 等級的車款越來越普及，而且越高 level 等級的車款也能夠使用到較完善的車聯網功能。

4. **制定新法，與時俱進**

    規範自駕車相關法律，使不同等級的車種有規範的依據，並且可以加速推動普及速度和範圍，使得各道路都可以有自駕車的身影。

23-8 補充 ADAS 相關科技

前面提到的車聯網（V2X）包含車與車（V2V）、車與基礎設施（V2I）、車與行人（V2P）的數據通訊，實現車輛的互聯互通。

- V2I（Vehicle-to-Infrastructure 車輛對任何基礎設施）：紅綠燈與車輛通訊，最佳化交通流量。
- V2V（Vehicle-to-Vehicle 車輛對車輛）：車輛共享位置、速度，避免碰撞。

然而目前有一塊領域尚未廣泛開發—有關於 AI 搭配智慧交通時，它的角色能為 ADAS 帶來甚麼幫助。

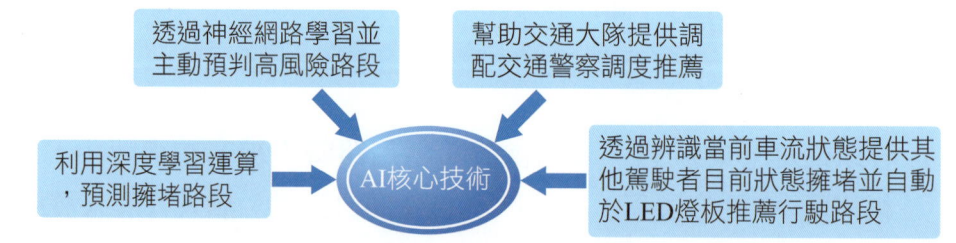

◆ 圖 23-28　車聯網或智慧交通與 AI 結合

最理想的情況下，任何一位用路人一定都希望走到哪都暢通、走到哪都綠燈，如果今天紅綠燈的時相不再是透過人工設定好，而是利用 AI 計算當前和預計未來車流來動態調整交通號誌時相（如圖 23-29)，那豈不是能將道路紓解車流效率最大化？

◆ 圖 23-29　智慧號誌（圖片來源：景翊科技）

若是這些技術所產生的數據，能夠透過車聯網系統，將數據動態分配給當前正打算行駛至該路段的駕駛人，即可及時從導航中得知前方是否壅塞或施工（如圖 23-30），正使用 ADAS 系統亦或是導航系統的用路人，就可以因為這些大數據所計算出來的結果，得知接下來甚麼路段是最適合用路人行駛到目的地的方式。

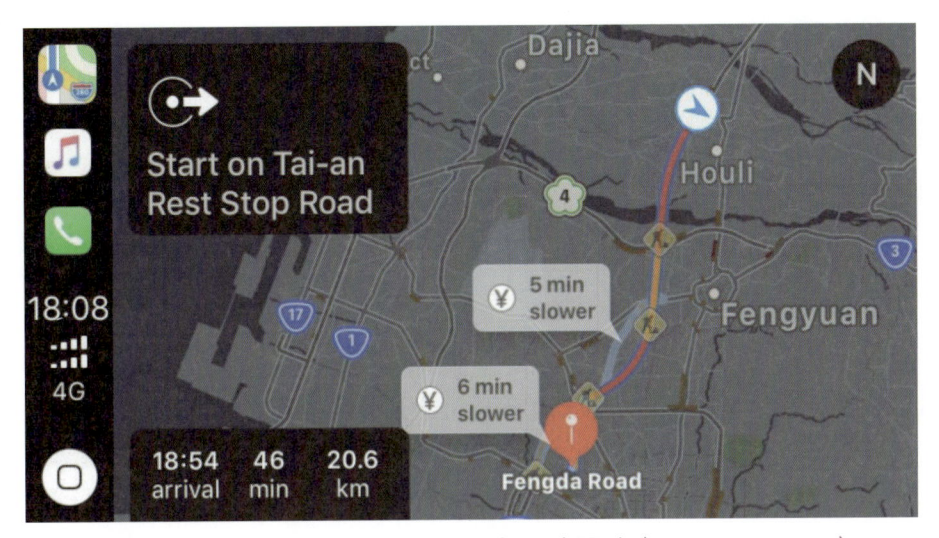

◆ 圖 23-30　Apple CarPlay 搭配地圖（圖片來源：mobile01）

第 23 章 | 課後習題

簡答題

1. 試問 ITOF 和 direct TOF 的差別？

2. 試問何種系統專門為防止兒童獨自待在車上而啟動？

第 24 章 車用 IVI 未來應用

車載資訊系統（IVI, In-vehicle Infotainment System）正在快速的發展，為駕駛者和乘客提供更多元化和個人化的體驗。從互動設計到 AI（Artificial Intelligence）助理和聯網服務，未來車用的 IVI 系統將徹底改變我們駕駛和乘車方式。

關鍵提醒 以下是本章英文詞彙說明：

- IVI, In-Vehicle Infotainment System：車載資訊娛樂系統
- AI, Artificial Intelligence：人工智慧
- AM, Amplitude Modulation：調幅
- FM, Frequency Modulation：調頻
- CD, Compact Disc：雷射唱片
- GPS, Global Positioning System：全球定位系統
- USB, Universal Serial Bus：通用序列匯流排
- ADAS, Advanced Driver-Assistance Systems：先進駕駛輔助系統
- BSM, Blind Spot Monitoring：盲點偵測警示系統
- LTA, Lane Tracing Assist：車道循跡輔助系統
- PCS, Pre-Collision System：預警式防護系統
- RSA, Road Sign Assist：速限辨識輔助系統
- APP, Application：應用程式
- POI, Point of Interest：感興趣區域
- OTA, Over-the-Air：無線更新
- HUD, Head-Up Display：抬頭顯示器
- AR, Augmented Reality：擴增實境
- AR HUD, Augmented Reality Head-Up Display：擴增實境抬頭顯示器
- 3D three-dimensional：三維
- ESG, Environmental, Social , and Governance：環境、社會及公司治理
- V2L, Vehicle to Load：車輛到負載（電源電器分享）
- BVM, Blind-Spot View Monitor：盲區顯影輔助系統

24-1 IVI 系統架構

```
                    系統架構
              ┌────────┴────────┐
             硬體                軟體
       ┌──────┼──────┐       ┌───┴────┐
      晶片  通訊及導航  顯示面板  手機互聯  底層作業系統
            定位組件
```

◆ 圖 24-1　IVI 系統架構

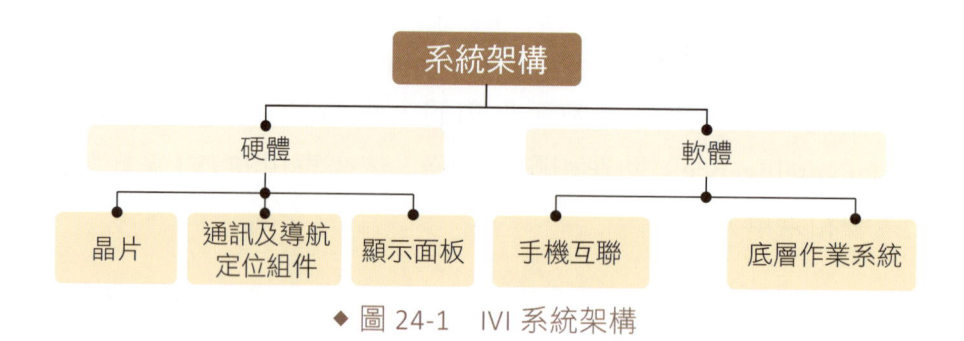

1. 硬體架構：

    (1) 中央處理器（CPU）：IVI 系統的核心，負責處理各種運算和控制任務。

    (2) 圖形處理器（GPU）：用於處理圖像和影片。

    (3) 記憶體：包括隨機存取記憶體（RAM）和唯讀記憶體（ROM），用於儲存系統軟體、應用程式與資料。

    (4) 儲存裝置：如固態硬碟等，用於儲存地圖資料、音樂、影片和多媒體內容。

    (5) 顯示螢幕：通常是觸控螢幕，用於顯示資訊並和使用者互動。

    (6) 音訊系統：包括揚聲器和音訊處理器，用於播放音樂、導航語音與其他音訊。

    (7) 通訊模組：例如 Wi-Fi、藍牙、無線網路和 GPS，用於連接網路、行動裝置和衛星導航系統。

    (8) 輸入 / 輸出介面：包括 USB、HDMI 和其他介面，用於連接外部裝置。

2. 軟體架構：

    (1) 作業系統：例如 Linux、Android 或 QNX，用於管理硬體資源和提供應用程式運行環境。

    (2) 應用程式：包括導航、音樂播放、影片播放、網路瀏覽、車輛資訊顯示等。

    (3) 使用者介面（UI）：提供使用者與 IVI 系統互動的介面，包括圖形介面、語音控制等。

(4) 虛擬化：對於駕駛艙域控制器，虛擬化分為安全關鍵功能和非關鍵功能。安全關鍵應用程式單獨連接到硬體層。

24-2 車用 IVI 的進化歷程

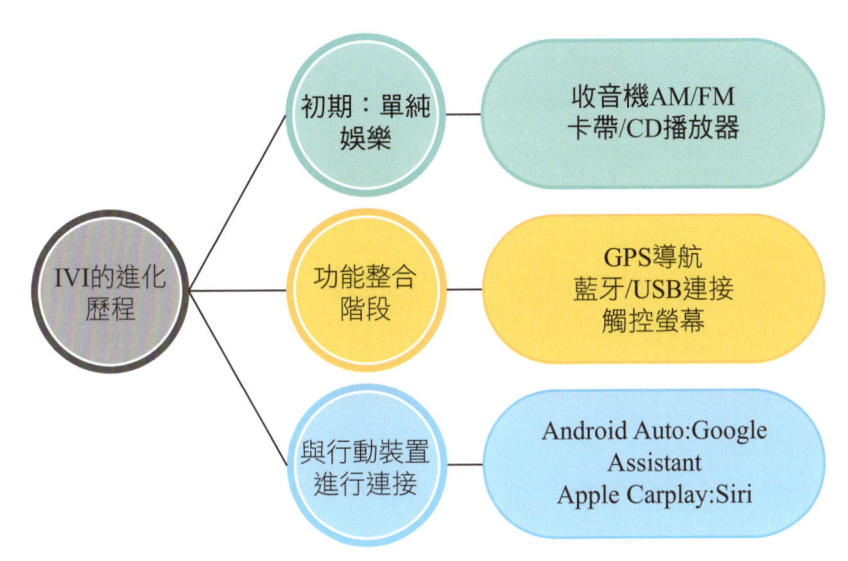

◆ 圖 24-2　車用 IVI 的進化歷程

1. 初期；單純娛樂

    (1) 收音機 AM/FM：提供基本的廣播功能。

    (2) 卡帶 /CD 播放器：擴展了音樂選擇，但功能仍相對單一。

2. 功能整合階段

    (1) GPS 導航：結合地圖資訊，提供更精準的導航服務。

    (2) 藍牙 /USB 連接：讓手機等裝置與車輛進行有線或無線連接，方便播放音樂和接聽電話。

    (3) 觸控螢幕：取代傳統按鈕，操作更直觀。

3. 與行動裝置進行連接

    (1) Android Auto：Google Assistant

    (2) Apple CarPlay：Siri

24-3 IVI 系統的主要功能

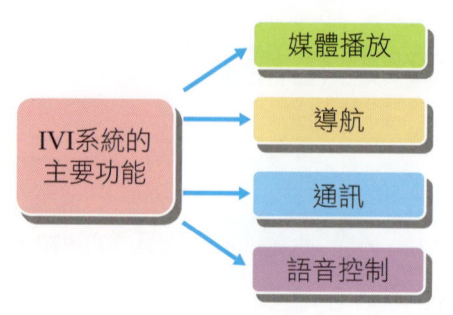

◆ 圖 24-3　IVI 系統的主要功能

1. 媒體播放：CD、AM/FM 廣播與串流服務。
2. 導航：即時交通報告、尋找興趣點和語音導航功能。
3. 通訊：透過網路存取，讓駕駛者可以檢查電子郵件、發送文字、瀏覽網頁和通話。
4. 語音控制：語音控制功能讓駕駛者在保持雙手放在方向盤的情況下，能夠操作車載娛樂系統。

24-4 IVI 與車輛系統的整合

一、ADAS 系統與 IVI 的協作

IVI 與 ADAS 系統的協作可分為兩大部分：

1. 資訊顯示：顯示 ADAS 系統提供的資訊，如車道偏離警示、碰撞預警等。
2. 功能控制：ADAS 功能能夠透過 IVI 系統來調整。

協作的四大系統如圖 24-4 所示。

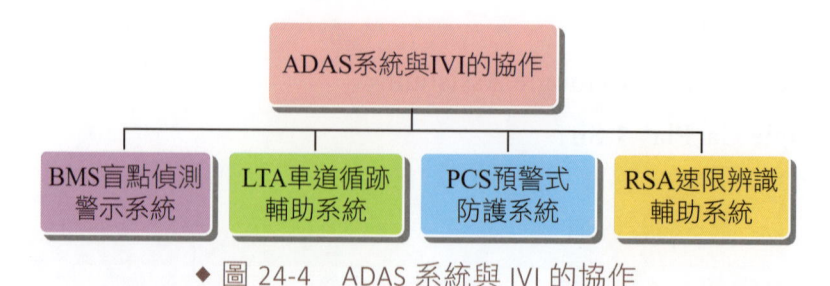

◆ 圖 24-4　ADAS 系統與 IVI 的協作

1. BMS 盲點偵測警示系統：透過視覺和聲音警報，提醒駕駛者注意周圍的環境。
2. LTA 車道循跡輔助系統（車輛偏離警示）：當車輛偏離車道時，系統發出警報，提醒駕駛者保持在車道內。
3. PCS 預警式防護系統（前方碰撞預警）：透過警報和視覺提示，警告駕駛者注意前方，以避免發生碰撞。
4. RSA 速限辨識輔助系統：透過攝影機辨識道路速限，通知駕駛目前行駛路段的交通速限。

二、車輛感測器與 IVI 的協作

1. 個人化設定：駕駛者可以根據個人喜好調整座椅、後視鏡、照明等設定。
2. 故障預警：及時發現引擎、變速箱、煞車系統等部件的故障狀況，避免發生危險。
3. 保養提醒：根據車輛的使用情況，提醒車主進行定期保養維護。
4. 行車安全監控：監測油耗、胎壓、輪胎磨損以及引擎溫度等，確保行車安全。
5. 遠端診斷：透過手機 APP 或雲端平台，遠端監控車輛狀態，並進行故障診斷。

24-5 車聯網與 IVI 的協作

車聯網與 IVI 兩者具有互補的關係：車聯網負責收集車輛運行數據、路況資訊等，為 IVI 系統提供數據來源；IVI 系統負責將這些數據轉化為可視化的資訊，例如：導航系統、車輛狀態監控、娛樂系統等。

一、車聯網服務

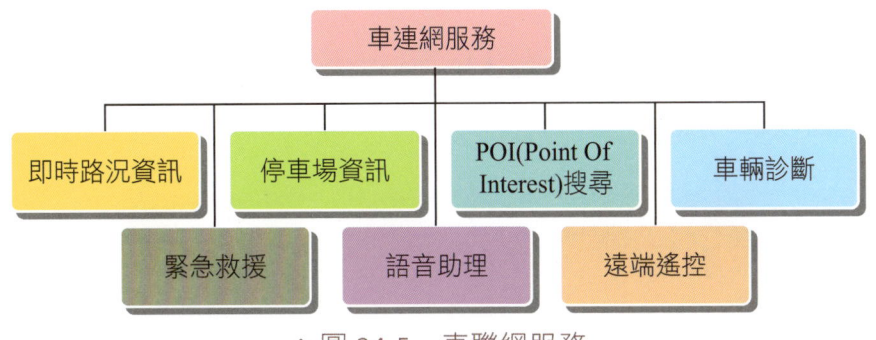

◆ 圖 24-5　車聯網服務

1. 即時路況資訊：透過雲端資料庫，提供最即時的交通狀況，幫助駕駛者選出最佳的路線。
2. 停車場資訊：查詢附近停車場的空位情況，減少找車位的時間。
3. POI（Point of Interest）搜尋：搜尋附近的餐廳、景點等。
4. 車輛診斷：遠端監控車輛的健康狀況，提醒車主進行保養。
5. 緊急救援：在發生事故時，自動撥打緊急電話，並提供車輛位置資訊。
6. 遠端遙控：透過手機 APP 遠端控制車輛。
7. 語音助理：透過語音指令控制車輛功能，如調整空調、撥打電話。

二、車聯網數據分析與應用

1. 數據來源
   (1) 車輛本身：車上設有各種感測器，收集車輛數據。
   (2) 車載感測器：透過使用雷達、攝影機等感測器，提供更精確的位置、環境資訊（如車道線、行人、障礙物等）。
   (3) 道路設施：透過攝影機、交通號誌，收集道路交通狀況與天氣情況。
2. 應用場景
   (1) 交通流量預測：分析歷史交通數據和即時交通狀況，有助於對行車路線的判斷。
   (2) 交通事故預警：分析車輛的運動軌跡和周圍環境，預警潛在交通事故，提高行車安全。

三、車聯網潛在的漏洞

1. 數據隱私洩露

    現代車輛配備的軟體能夠收集大量關於駕駛者的數據，包括駕駛習慣、位置數據、車輛狀況等，這些數據如果落入惡意的第三方手中，可能被用於非法用途。

2. 網路攻擊和遠程控制

    車聯網技術使車輛能夠連接到網際網路，這也意味著車輛面臨著被網路攻擊的風險。

24-6 IVI 與智慧型手機（系統）的整合

◆ 圖 24-6　Volvo 系統
整合廠商：Volvo
整合之系統：Google

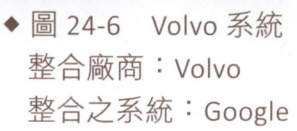

◆ 圖 24-7　Xiaomi 系統
整合廠商：Xiaomi
整合之系統：HyperOS

一、與智慧型手機（系統）整合後的特色

1. Volvo IVI 系統
   (1) 全球獨家首發與 Google 合作開發的車載資訊娛樂系統，意味著 Volvo 的車主可以享受到 Google Play 商店中的眾多應用程式。
   (2) 與 Google Assistant 的深度整合，通過語音控制車輛的各種功能。
2. 小米 IVI 系統
   (1) 整合小米生態系統：與小米手機、智慧家居等產品深度整合，實現了車家互聯，讓駕駛者？可以通過車輛控制家中的智慧設備。
   (2) 一鍵直觀控車：透過中控的車輛模型，直觀地操控車輛，例如開合尾翼、調整懸吊高度、開啟後行李廂或檢查胎壓等。
   (3) AI 語音助手：透過小愛同學，進行交互，實現車輛控制、訊息查詢等功能。

二、小米澎湃智能座艙與一般車載娛樂系統的差異

1. 系統架構與生態整合
   (1) 與小米生態深度融合，實現了全生態互聯。
   (2) 用戶可以通過車機控制家中的智慧設備，如空調、燈光等，實現無縫的智慧生活體驗。

2. 用戶界面與交互

    採用類似手機的操作邏輯,界面設計直觀,操作簡便,支援多種交互方式,包括觸控、語音、手勢等。

3. 軟硬體協同

    軟硬體深度融合,系統可以根據車速自動調整音響的音量、根據天氣情況自動開啟空調。

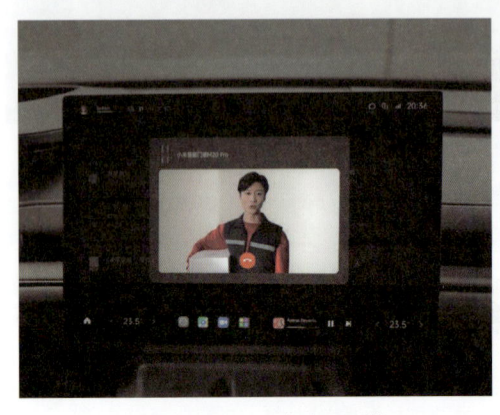

◆ 圖 24-8　車家互聯　　　　◆ 圖 24-9　手車互聯

24-7 車用 IVI 的未來發展趨勢

1. 情緒計算

    IVI 系統將能透過感測器偵測駕駛者的情緒,並提供相應的互動或服務,例如在疲勞時播放輕鬆的音樂或提供休息建議。

2. 駕駛行為監測

    IVI 系統將能更精準地監測駕駛行為,並在發生危險情況時發出警示。

3. AI 驅動的使用者介面

    透過 AI 學習駕駛者的偏好、習慣,提供個人化的內容推薦、設定調整。

24-8 車載資訊娛樂系統：硬體進化與普及

1. 電子後視鏡的普及
   (1) 視野更廣：消除傳統後視鏡的死角，提高行車安全性。
   (2) 夜視效果佳：採用高感光元件，在夜間或惡劣天氣下也能提供清晰影像。
2. 中控台的完全數位化
   (1) 將按鍵整合到中控螢幕，使中控台的介面更加簡潔。
   (2) 學習成本：使用者需要一定的時間適應新的操作方式。
3. 抬頭顯示器 HUD 的進化

一、電子後視鏡的普及

電子後視鏡透過小型攝影機捕捉後方視野，並在車內的顯示螢幕上呈現，取代傳統的玻璃後視鏡。所以傳統後照鏡後方車輛頭燈的眩光問題，就不復存在。並且由於體積變小，還能夠大幅降低空氣阻力，提高行駛效能。

◆ 圖 24-10　電子後視鏡

二、中控台的完全數位化

汽車中控台完全數位化，將按鍵包括空調、音響、以及駕駛模式切換等功能，整合進中控螢幕進行顯示。

◆ 圖 24-11　中控台

三、抬頭顯示器 HUD 的進化

AR HUD 相較於沒有擴增實境的擋風玻璃型 HUD，優勢在於 AR 具有實景貼合的特性，圖像不會遮蔽前方路面的實際物體，並且能夠結合 ADAS 系統功能，提供 3D 成像的安全提醒、導航、車速、限速指示和道路警示等功能。

◆ 圖 24-12　擴增實境抬頭顯示器 AR HUD（圖片來源：大眾電腦）

24-9 何謂 ESG

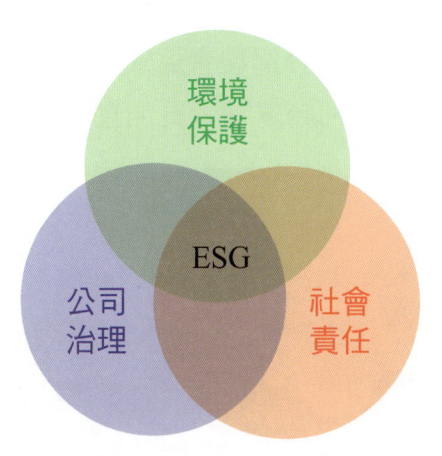

◆ 圖 24-13 ESG 三大指標

ESG 指標與具體項目如表 24-1 所示。

◆ 表 24-1　ESG 指標與具體項目

ESG 指標	具體項目
環境（Environment）	減碳排放、資源再利用、環境永續、汙染處理
社會責任（Social）	員工的權益、消費者的權益、社會貢獻
公司治理（Governance）	資訊透明、企業道德、內部控管、股東權益

ESG 與 IVI 的關聯如下：

1. 材料選擇：利用回收塑料、生物可分解材料等，減少對環境的污染。
2. 資訊安全與隱私保護：建立完善的資訊安全機制，保護用戶隱私。
3. 材料重複利用：一件多用，以減少增開模具生產所消耗的能源，減少對環境的污染。

24-10 IVI 實例介紹 -KIA EV9

1. KIA EV9 以電動車市場少有的 2+2+2 六人座與 2+3+2 七人座打入市場。
2. 800V 高壓充電系統：只需約 15 分鐘就能補充兩百多公里的續航里程，10?80％快充也僅需約 24 分鐘。
3. V2L 電源電器分享：最大可達到 1800W 的功率輸出，讓車輛成為大型的行動電源，為外接電器供電。

一、KIA EV9 電子數位後視鏡

與 Audi 的電子數位後視鏡不同，KIA 將數位後視鏡位置放置於更加接近傳統後視鏡的位置，以利於駕駛者更快的熟悉後視鏡位置，以及保留後照鏡調整的實體按鍵，以利於駕駛者更加直觀的進行操作。

◆ 圖 24-14　電子數位後視鏡（圖片來源：車勢文化）

二、KIA EV9 BVM 盲區顯影輔助系統

當駕駛打任一側的方向燈時，BVM 盲區顯影輔助系統便會在儀錶板中顯示方向燈側的畫面，幫助駕駛確認欲切換車道方向的後側視野，也能在路口轉彎時減少該側的視線盲區。

◆ 圖 24-15　BVM 盲區顯影輔助系統（圖片來源：KIA 汽車）

三、KIA EV9 全數位化的中控螢幕

整合空調、音響等實體按鈕於中央資訊幕，使其中控介面更加簡潔，但仍舊保留部分的實體按鈕，以利於駕駛者在行車時更加直觀的進行操作，以免分心造成危險。

◆ 圖 24-16　全數位化的中控螢幕

四、KIA EV9 內裝環保材質的採用

KIA 與 The Ocean Cleanup 組織合作，採用回收的漁網製作腳踏墊，回收塑膠瓶製作椅面布料，以達到永續的目地。

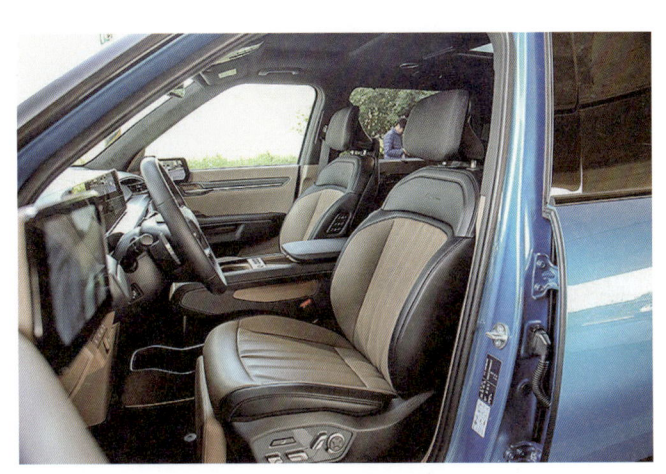

◆ 圖 24-17　內裝環保材質

五、結語

IVI 系統不斷進化，為駕駛者提供更安全、更智慧、更互聯的駕駛體驗，未來 IVI 系統將繼續改變我們與汽車互動的方式。

第 24 章 ｜ 課後習題

簡答題

1. 試問 V2X 各類通信方式的啟動與執行順序為何？

2. 電動車在設計 IVI 系統時，需特別考量哪些與傳統燃油車不同的需求？

3. 試問 ESG 與 IVI 系統的關聯為何？

4. 試問 ADAS 系統與 IVI 協作的四大系統為何？

第 25 章 電動車電池應用

隨著全球對環境保護和可持續發展的關注日益增強，電動車 (EV) 已成為現代交通領域的重要發展方向。燃油車因其高碳排放和能源消耗，被認為是全球氣候變化和資源危機的重要推手，而電動車憑藉其低排放、能源效率高等優勢，正在成為未來的主流。

電池作為電動車的核心組件，不僅影響車輛的續航里程和性能，還關乎生產成本、使用壽命和環境影響。目前，鋰離子電池是電動車應用中最廣泛使用的技術，但隨著需求的快速增長，圍繞電池性能提升、回收再利用以及新型技術成為發展重點。

25-1 電池概述

電池（electric battery）全稱電池組（如圖 25-1），是由一個或多個帶外部連接的電化學電池（electrochemical cell）組成的電源裝置，用於為電氣化設備提供可用電源；電池組若由多個電池組合而成，它們之間可以並聯、串聯或串並聯方式連接。

◆ 圖 25-1　電池組

電池（如圖 25-2）是將本身儲存的化學能轉換成電能的裝置，現在生活上要用到電的用品非常多，故電池在我們的生活中扮演了非常重要的角色，並發展出更多用在不同地方的強大電池，如電瓶、鋰電池等。

◆ 圖 25-2　電池組組件

25-2　EV 電池設計

EV 電池的電池組是由數百個並聯的鋰離子電芯組成。而如果沒有嚴格的控管，鋰離子電芯容量和壽命就會隨時間而衰退，所以電池管理系統 (BMS) 負責讓這些電芯保持最大容量和壽命，為了確保安全還有電芯監測器從而確定每個電芯的荷電狀態（SOC）和健康狀態（SOH）。

一、EV 電池種類

目前市面上常見應用於電動車的電池如下：

1. 鉛酸電池

鉛蓄電池（如圖 25-3），又稱鉛酸電池，是充電電池的一種。電極主要由鉛製成，電解液是硫酸溶液的一種蓄電池。一般分為開口型電池及閥控型電池兩種。前者需要定期注酸維護，後者為免維護型蓄電池。按電池型號可分為小密、中密及大密。其結構由正極板、負極板、隔板、電池槽、電解液和接線端子組成。

◆ 圖 25-3　鉛酸電池

2. 鎳氫電池

鎳氫電池（Nickel Metal Hydride, NiMH）是由鎳鎘電池（NiCd battery）改良而來的（如圖 25-4），其以能吸收氫的金屬代替鎘（Cd）。它以相同的成本提供比鎳鎘電池更高的電容量、較不明顯的記憶效應、以及較低的環境污染（不含有毒的鎘）。讓它擁有比鎳鎘電池擁有更好的性價比。

◆ 圖 25-4　鎳氫電池

3. 鋰電池

鋰電池（如圖 25-5）以高能量密度、無記憶效應、低自放電率等優點廣泛使用於各類數位電子產品，其中從傳統燃油車轉變成電動車的轉型當中扮演了相當重要的角色。正極材料通常是含鋰的金屬氧化物，如：鋰鈷氧化物、鋰錳氧化物，而負極材料則是一種能夠嵌入和釋放鋰離子的碳材料，例如石墨。

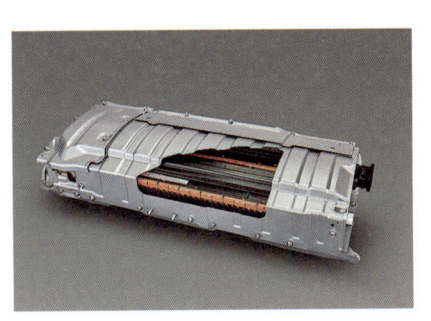

◆ 圖 25-5　鋰電池

4. 三元鋰電池

三元鋰電池（如圖 25-6）材料是由鎳鈷錳酸鋰或鎳鈷鋁酸鋰等材料組合而成，其中「三元」指的是鎳、鈷及錳（或鋁）3 種金屬元素的聚合物，三元材料具有優異的高比容量、高標準電壓、高壓實密度以及低溫性能。

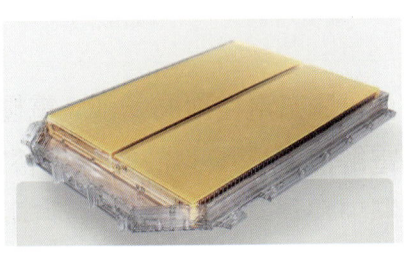

◆ 圖 25-6　三元鋰電池

5. 其他電池

未來可能成為電動車能量來源的電池種類有：固態電池（如圖 25-7）、磷酸鐵電池（如圖 25-8）、鎳鈷錳電池（如圖 25-9）、鎳鈷鋁電池（如圖 25-10）等。

◆ 圖 25-7　固態電池
◆ 圖 25-8　磷酸鐵電池
◆ 圖 25-9　鎳鈷錳電池
◆ 圖 25-10　鎳鈷鋁電池

二、EV 電池比較

EV 電池比較表如（表 25-1）所示：

◆ 表 25-1　常見 EV 電池比較表

項目	鉛酸電池	鎳氫電池	鋰電池	三元鋰電池
工作電壓	2V	1.2V	3.7V	3.7V
充放電次數	大約 300 次	約 500 次	大約 500 次	約 1000 次
危險性	有釋放有毒氣體與爆炸危險	過放電會造成電池損壞	過充可能引發爆炸	耐熱性差，撞擊易爆炸
環境污染	鉛酸污染	輕度	輕度	輕度
原料成本	低	中	高	高

三、EV 電池主要設計結構

電動車電池芯主要三種設計結構如下：

1. 圓柱型電池

由金屬的圓型外殼所包覆，讓電池擁有良好的機械性質，也因為體積纖細所以可以有效率的使用車體空間。缺點：低能量密度、接線比其他電池複雜。

2. 方罐電池：方罐電池

以鋁材質作為硬式外殼，做成電池時會緊密堆疊，讓它比其他電池擁有較高的能量密度。 缺點：成本高、品質管控也需注意。

3. 軟包型電池

採用高導電性凝膠聚合物作為電解質，被包裹在輕薄的鋁箔軟包中，可以製成多種自定義形狀和尺寸。缺點：製造成本較高，且對物理損傷更敏感，可能在壓力或穿刺下導致嚴重故障。

25-3 EV 電池應用

EV 電池在現今日常生活中的應用相當廣泛，除了運用在 EV 電動汽車上（如圖 25-11）之外，還有如再生能源、穿戴式裝置，以及我們現在一機在手什麼都有的手機上。

◆ 圖 25-11 EV 電池

一、動力儲能

動力儲能如：EV（電動車）、HEV（油電混合車）的車用電池、住宅用太陽能發電、燃料電池。因為它們具有高功率特性、寬工作溫度範圍、充放電速度快等優點。而鋰鐵磷、鋰鈦為動力儲能領域常用的鋰離子正極材料，它們具有更高的安全性和循環壽命但相對的能量密度和充放電效率較低。

二、居家儲能

EV 電池除了可以為電動車、穿戴式裝置、手機來儲存電力供電，現在還可以為家庭提供所需要的電力，以備突然停電時的緊急家庭電源，甚至有些廠商也會利用賣電來賺取金錢，如：Tesla、通用汽車。通用汽車在 2024 年 10 月宣布旗下廠商 GM Energy 推出名為「PowerBank」的家庭儲能產品其目的是為了和 Tesla 在 2015 年推出的「Powerwall」做比拚。

三、GM 家庭儲能

GM 家庭儲能 PowerBank 可讓房主在停電期間提供備用電源，或幫助抵消高峰需求期間的更高電價。PowerBank 還可以儲存從家庭太陽能電池板收集的免費能源，作為家庭供電或為電動汽車充電減少對當地電網的依賴。而 GM 公司提供了兩種不同的電池容量：10.6 kWh 和 17.7 kWh，由於採用模塊化設計，兩個更高容量的 PowerBank 可以組合起來提供 35.4kWh 的固定儲存，足以為普通美國家庭供電長達 20 小時。

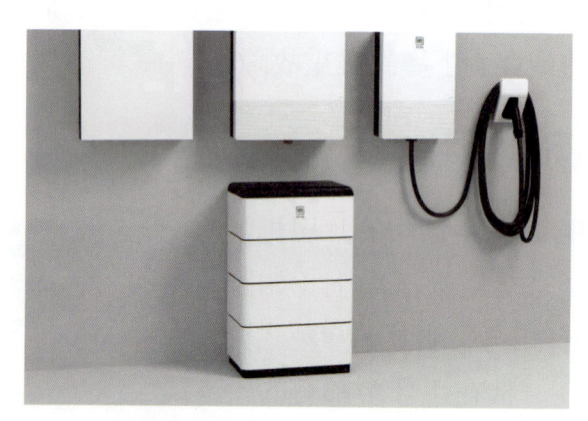

◆ 圖 25-12　GM PowerBank

PowerBank 和 Powerwall 比較表格如表 25-2 所示。

◆ 表 25-2　PowerBank 和 Powerwall 比較表

項目	GM 家庭儲能 PowerBank	Tesla Powerwall
儲存能量	有 10.6 和 17.6KWh 兩種選擇。客戶可以將兩個更高容量的 PowerBank 組合起來提供 35.4kWh 的固定儲存	13.5KWh
價格	10.6 kWh 版本的 PowerBank 起價為 10,999 美元	14,858 美元

四、電池安全性與風險

跟內燃機相比,電動車的燃燒風險較低,這得歸功於電動車配備的先進電池管理系統(Battery Management System),該系統可即時監控溫度、電壓和充電狀態等關鍵參數。BMS 可以偵測並回應異常情況,採取預防措施,從而降低安全隱患,有效保護車輛和乘客。

此外,電動車電池採用陶瓷塗層隔膜等一系列防火防爆材料,可有效減緩電池在極端情況下的熱失控速度,進一步確保電池安全。製造商也會在電動車電池的設計和生產過程中進行嚴格的安全測試。

技術補給站

BMS 詳細介紹:

先進電池管理系統(BMS)核心功能有保護電池免於超出其安全工作範圍、即時監控電池的電壓、溫度和電流、並回報相關數據、控制電池的工作環境以及確保電池的平衡,從而提升電池效能、延長電池壽命、預防安全隱患。

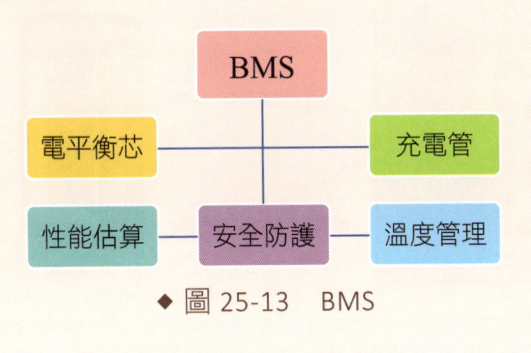

◆ 圖 25-13　BMS

25-4 電池的未來

　　用過的電池組中的可用電池可以在再生能源電網內重新利用，以儲存風能、太陽能、水力發電或地熱發電廠產生的多餘電力。EV 電池也可以拆卸成更小的電池模組，用於要求較低的用途，如電動工具、堆高機或電動滑板車，另外現在也有許多的車廠開始研究固態電池、石墨烯電池、能量儲存和管理、還有電池的支援回收與利用。

一、固態電池

　　固態電池（如圖 25-14）是一種使用固體電極和固體電解質的電池。鋰離子電池發展已經達到了飽和，而固態電池則是現在多家車廠都在研究的新型電池。它比鋰電池好的地方在於它採用鋰、鈉製成的玻璃化合物為傳導物質，取代了鋰離子電池的電解液，大幅的提升了電池的能量密度。車用固態電池的商業化目前仍在持續推動中，但也有許多分析家認為固態電池的普及還要非常的久，所以車廠都轉而投資半固態電池。

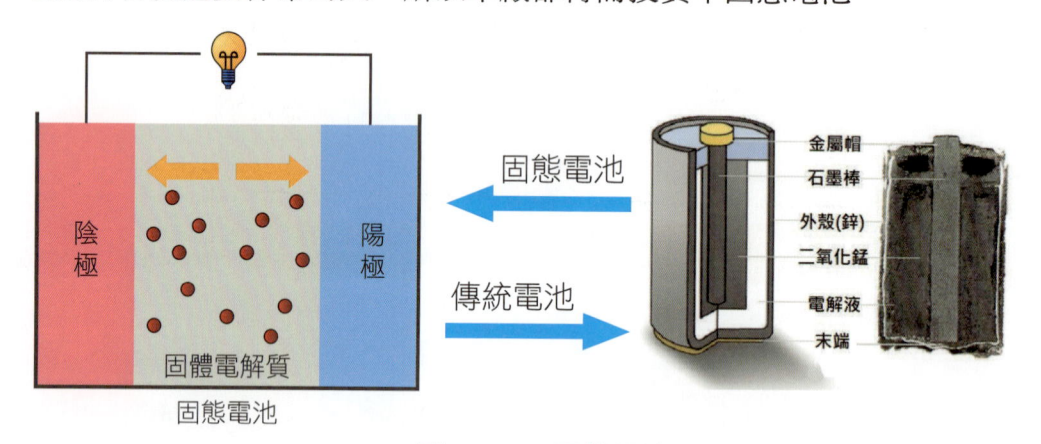

◆ 圖 25-14　固態電池

二、半固態電池

　　將液體與固體以外的電解質定義為半固態電池，京瓷（KYOCERA）於 2020 年開始生產的黏土型 LiB 即屬其一。黏土型 LiB 未使用液態 LiB 在電極塗佈時所必需的有機溶劑（1-Methyl-2-pyrrolidone），而此溶劑為歐盟 REACH 法規列入限制規範之物質。KYOCERA 在半固態電池量產方面領先一步，已於 2021 年成功達到全球首次的量產化，目前年產能相當於 2 萬台住宅用蓄電系統，達 200 MWh，而稼動率約 50%。現已推出半固態電池品牌「Enerezza」。

KYOCERA 的黏土型 LiB 採用了懸浮液與電解液混合而成的電解質，無需黏合劑且鋰離子容易擴散，可形成 300～500μm 的厚膜電極，易於提升電池特性。此外，電解液在最初即與活性材料混合，因此不需注入液體製程。鋁箔等零組件成本可削減 30%，工序亦隨之減少。另一項優勢則是銅箔變薄，將可提高電動車所需之能量密度。黏土型 LiB 即使出現較大變形也不易發生內部短路，且因使用無黏合劑電極材料，具有高性能並支援寬廣的工作溫度區間。在提高了安全性的同時，黏土型 LiB 實現了約 1.5 倍的長使用壽命，且可減少製造時約 40% 的二氧化碳。

　　半固態電池被認為是固態電池和鋰離子電池間的橋梁，而中國大陸的部分車廠已經實現了商業化裝車，如：寧德時代 CATL（圖 25-15）、蔚來汽車、贛鋒鋰電，智己汽車在 2024 年 10 月將量產第一批半固態電池，號稱電力續行可超過 1000 公里，其充電功率擁有 400kW 的快充，只需 12 分鐘就能增加超過 400km 的續航能力。

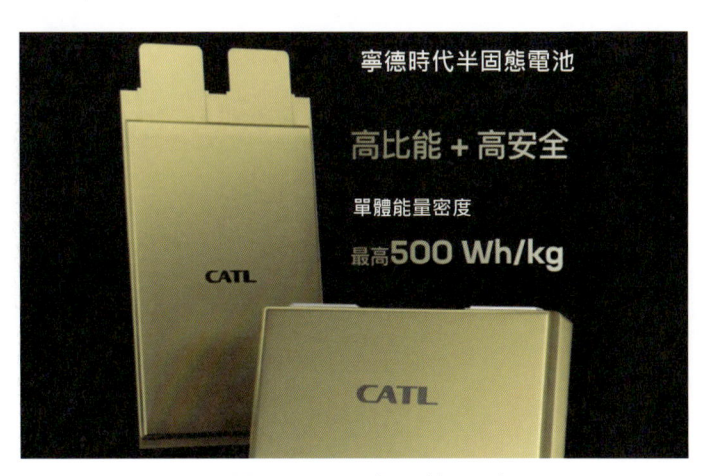

◆ 圖 25-15　半固態電池

第 25 章 ｜ 課後習題

簡答題

1. 目前電動車主要使用哪一類型的電池？有何優點？

2. 為什麼說快充雖然便利，但不適合每天使用？

附 錄 Appendix

課後習題簡答

課後習題簡答

第 1 章

填充題

1. 引擎、車體、電裝
2. 正極、負極
3. 串聯。
4. 無法
5. 串聯
6. 並聯
7. 部分
8. 短路
9. 前
10. 開關、電源、搭鐵
11. 搭鐵

第 3 章

填充題

1.

常見電線顏色代號		
序號	代號	顏色
1	G	綠
2	LG	淺綠
3	B	黑
4	R	紅
5	B/W	黑 / 白
6	G	綠
7	B	黑
8	SB	空 / 天空藍 / 淺藍
9	O	橙 / 橘
10	GR	灰
11	Y	黃
12	BR	茶 / 棕
13	PU 或 V	紫
14	P	桃 / 粉紅
15	W/L	白 / 藍
16	L	藍
17	W	白
18	B	黑

2.

開關名稱	英文名稱
起動開關	START SW
喇叭開關	HORN SW
主開關	MAIN SW
方向燈開關	WINKER SW
前燈開關（AC 點燈）	LIGHT SW
遠近燈切換 / 超車燈開關	DIMMER & PASSING SW
超車警示燈開關	HAZARD SW
前煞車燈開關	FR STOP SW
後煞車燈開關	RR STOP SW

第 4 章

填充題

(1) 點火線圈
(2) 汽油泵浦
(3) 燃油泵繼電器
(4) 燃油噴嘴驅動端
(5) 惰速控制單元 A+
(6) 惰速控制單元 A−

(7) 頭燈繼電器
(8) 曲軸位置感知器電源
(9) 曲軸位置感知器
(10) 曲軸位置感知器
(11) 曲軸位置感知器負級
(12) 控制搭鐵
(13) 感知器電源
(14) 感知器搭鐵
(15) 節流閥位置感知器
(16) 含氧量感知器加熱器
(17) 進氣壓力感知器
(18) 進氣溫度感知器
(19) 引擎冷卻水溫度感知器
(20) 車輪速感知器 2
(21) 含氧量感知器
(22) 含氧感知器搭鐵
(23) 水溫感知器
(24) 引擎溫度感知器
(25) 傾倒感知器
(26) 起動開關
(27) 側支架開關
(28) 怠速熄火控制開關
(29) 煞車開關
(30) 循跡防滑控制
(31) 引擎控制單元
(32) 起動發電機控制單元
(33) 控制器區域網路 H
(34) 控制器區域網路 L

書　　　名	達人必學 - 先進智駕汽車與機車電控技術概論
書　　　號	CB056
版　　　次	2025年6月初版
編 著 者	周國達・邱裕仁
責 任 編 輯	楊清淵
校 對 次 數	6次
版 面 構 成	林伊紋
封 面 設 計	林伊紋

國家圖書館出版品預行編目資料

達人必學:先進智駕汽車與機車電控技術概論/周國達, 邱裕仁編著. -- 初版. -- 新北市:台科大圖書股份有限公司, 2025.06
　　面；　公分
ISBN 978-626-391-458-2(平裝)
1.CST:汽車工程 2.CST:汽車電學　3.CST:機電整合
447.1　　　　　　　　　　114004208

出 版 者	台科大圖書股份有限公司
門 市 地 址	24257新北市新莊區中正路649-8號8樓
電　　　話	02-2908-0313
傳　　　真	02-2908-0112
網　　　址	tkdbook.jyic.net
電 子 郵 件	service@jyic.net
版 權 宣 告	**有著作權　侵害必究**

本書受著作權法保護。未經本公司事前書面授權，不得以任何方式（包括儲存於資料庫或任何存取系統內）作全部或局部之翻印、仿製或轉載。

書內圖片、資料的來源已盡查明之責，若有疏漏致著作權遭侵犯，我們在此致歉，並請有關人士致函本公司，我們將作出適當的修訂和安排。

郵 購 帳 號	19133960
戶　　　名	台科大圖書股份有限公司
	※郵撥訂購未滿1500元者，請付郵資，本島地區100元 / 外島地區200元
客 服 專 線	0800-000-599
網 路 購 書	勁園科教旗艦店　蝦皮商城　　博客來網路書店　台科大圖書專區　　勁園商城
各服務中心	總　公　司　02-2908-5945　　台中服務中心　04-2263-5882 台北服務中心　02-2908-5945　　高雄服務中心　07-555-7947

線上讀者回函
歡迎給予鼓勵及建議
tkdbook.jyic.net/CB056